石油教材出版基金资助项目

高等院校特色规划教材

石油化工过程烃类反应原理

夏道宏　刘　东　殷长龙　主编

石油工业出版社

内 容 提 要

本书全面系统介绍了石油化工过程传统与前沿技术领域烃类反应原理，深入揭示了烃类反应的本质，展现了近十年来石油化工理论研究最新进展。全书从反应机理角度阐释烃类转化反应，具有独到的理论高度，可以满足当前国内高校一流专业、一流课程建设的要求。

本书可作为高等学校化工相关专业的教材和石油化工技术人员的参考书。

图书在版编目（CIP）数据

石油化工过程烃类反应原理/夏道宏，刘东，殷长龙主编.—北京：石油工业出版社，2021.3

高等院校特色规划教材

ISBN 978-7-5183-4414-7

Ⅰ.①石…　Ⅱ.①夏…②刘…③殷…　Ⅲ.①石油化工-烃-化学反应-高等学校-教材　Ⅳ.①TE65

中国版本图书馆 CIP 数据核字（2020）第 251865 号

书　　名：石油化工过程烃类反应原理

作　　者：夏道宏　刘　东　殷长龙　朱丽君　师　楠

出版发行：石油工业出版社

　　　　　（北京市朝阳区安华里 2 区 1 号楼　100011）

　　　　　网　址：www.petropub.com

　　　　　编辑部：（010）64256990

　　　　　图书营销中心：（010）64523633　　（010）64523731

经　　销：全国新华书店

排　　版：三河市燕郊三山科普发展有限公司

印　　刷：北京中石油彩色印刷有限责任公司

2021 年 3 月第 1 版　2021 年 3 月第 1 次印刷

787 毫米×1092 毫米　开本：1/16　印张：15.25

字数：365 千字

定价：36.00 元

（如发现印装质量问题，我社图书营销中心负责调换）

前　言

石油化工过程主要进行烃类相互转化反应，烃类反应是核心。石油化工生产由"反应—工艺—设备—控制"环节完成，只有深入学习烃类反应原理，才能深刻认识石油化工过程并将理论应用于生产实际，掌控生产过程及产物分布，更好地达到生产目的。

随着石油化工的发展，特别是近十年来，烷烃异构化、烷烃脱氢制备低分子烯烃、烃类烷基化、芳构化以及烃类制氢等新过程、新技术不断涌现，并取得了长足发展，而且对某些传统烃类加工过程也获得了新的认识，创建了新的理论。例如不断完善与发展了烃类催化裂化五配位碳正离子反应相理。但有关这些烃类反应的原理未见有相关教材进行系统归纳、介绍。本书首次全面系统介绍了石油化工过程传统与前沿技术领域的烃类转化反应原理。

另一方面，随着国内高等教育改革的深入，一流专业、一流课程建设日趋重要，本书根据当前石油化工领域最新发展，以及相关专业本科生、研究生需要进一步提高石油化工方面理论水平的现状，从烃类反应原理（机理）核心入手，深化基础知识内容，有利于当前教学改革及培养新时代高级专业人才。

本书由中国石油大学（华东）化学工程学院组织相关教师编写，由夏道宏、刘东、殷长龙担任主编，朱丽君、师楠参编。具体编写分工如下：第一章由朱丽君、夏道宏编写；第二章、第三章由夏道宏编写；第四章、第五章由师楠编写；第六章由殷长龙编写；第七章由夏道宏、刘东编写；第八章由刘东编写。全书由夏道宏统稿。

对烃类反应机理的认识是一个不断深入、不断完善的过程，本书涉及面较广，有关文献资料浩如烟海，加之编者水平有限，难免有不少谬误、遗漏之处，恳请读者批评指正。

编　者
2020 年 10 月

目　录

第一章 烃类的热转化反应与机理

第一节 概 述

烃类的热转化是指靠热的作用，将烃进行化学转化的过程。在石油化工领域，热转化一般是指将石油烃类原料经过高温加热，得到轻质燃料、烯烃或黏度降低的中间馏分油的过程。在众多的石油二次加工过程中，热转化过程出现得最早，这是一种单纯靠加热提高温度，使较大分子烃类分解为较小分子烃类的方法。该方法在 1860 年左右被提出，1890—1920 年建成工业装置。目前，虽然石油加工过程以催化转化过程为主，但热转化过程仍具有重要的地位。例如，石脑油热裂解制乙烯、重油减黏裂化以及渣油延迟焦化等过程仍是目前石油化工的重要过程。在介绍烃类的热转化反应及机理之前，首先对这几种热转化过程进行简介。

烃类热裂解是将石油系烃类原料（天然气、炼厂气、石脑油、柴油、重油等）经高温作用（750~900℃），使烃类分子发生碳链断裂或脱氢反应，生成分子量较小的烯烃、烷烃以及其他分子量不同的烃类的过程。烃类热裂解制乙烯、丙烯等低分子烯烃，并联产丁二烯和苯、甲苯、二甲苯等芳烃的工业，是石油化学工业的基础，也是世界各个国家化学工业的命脉。

一般在高温裂解过程中同时通入一定量的水蒸气，所以该过程也称为蒸汽裂解。高温裂解反应在管式反应炉的炉管中进行，原料在炉管中的停留时间很短，往往不足 1s。反应后的产物在炉管出口处急速降温冷却以终止其反应，然后经分馏塔分离得到裂解气、裂解汽油、裂解柴油和裂解焦油等。如果采用石脑油为裂解原料，其乙烯产率可达到 30%。裂解汽油的收率视原料的轻重和组成的不同而异，一般为原料的 15% 左右。裂解汽油中有一半以上是苯、甲苯、二甲苯等芳烃，同时还含有大量的烯烃和二烯烃。该过程已成为芳烃有机化工原料的重要来源。如用较重的原料进行裂解，则还会得到一定量的裂解柴油，其中含有相当多的 C_{10}~C_{16} 芳烃，主要是萘及其衍生物。裂解焦油是高度缩合的芳香性物质，一般只能用作燃料油。

美国是世界上乙烯产能最大的国家，我国乙烯产能排在世界第二位，并呈现出逐年递增的趋势。目前，往往把一个国家乙烯产能的大小作为衡量该国石油化工发展水平的重要标志。乙烯除了少量来自酒精脱水和从炼厂气、焦炉气分离得到以外，绝大部分是用热裂解的方法生产的。丙烯除了一部分从催化裂化气或重整气中分离得到以外，更多的是来自裂解过程中乙烯的联产物。

减黏裂化是将重油或减压渣油经轻度裂化使其黏度降低以便符合燃料油的使用要求或生产出中间馏分油的过程。减黏裂化属于重油轻度热转化过程，反应温度 380~450℃，反应压力 0.5~1.0MPa，反应时间为几十分钟至几小时。减黏裂化按生产目的不同分为两种类型：一种是降低重油黏度和倾点，使之可少量或不掺轻质油而得到合格的燃料油；另一种是生产中间馏分油，为其他二次加工过程提供原料。减黏裂化由于工艺简单、投资少、效益较好，现在仍为重油加工的重要手段。

焦化是以减压渣油为原料经过热反应生产汽油、柴油、中间馏分（焦化蜡油）和焦炭的过程。由于焦化装置原料适应性强，反应是单纯的热转化过程，不使用催化剂因而不存在催化剂污染、中毒等问题，而且生产操作费用低，因此是目前重要的重油加工过程之一。

渣油焦化过程根据工艺不同分为延迟焦化、流化焦化、灵活焦化等，我国以延迟焦化工艺为主。由于原料在加热炉中短暂停留，并获得反应所需能量，然后将裂解缩合反应"延迟"至焦炭塔中进行，因此该过程称为延迟焦化。延迟焦化过程进料时必须向炉管中注水或蒸汽，以显著增加流速从而降低原料在其中的停留时间，进而避免炉管结焦。加热炉出口的温度约为500℃，由于焦化是吸热反应，在焦炭塔中温度有所降低，一般焦炭塔塔顶温度为415~460℃。延迟焦化的产物分布随原料性质及反应条件的不同而不同。焦化汽油馏分的辛烷值较低，其马达法辛烷值（MON）仅在80左右；溴值较高，在40~60g Br/100g；安定性较差，必须经加氢精制以改善其安定性。焦化柴油的十六烷值较高，可达50左右，但是溴值也较高，在35~40g Br/100g，也需经加氢精制才能成为合格的产品。焦化蜡油可以作为催化裂化或加氢裂化的原料。石油焦的挥发分含量较高（8%~12%），经1300℃煅烧后可降至0.5%以下，可以用作冶炼工业和化学工业的原料。焦化气组成的特点是 C_1、C_2 组分的含量高于 C_3、C_4 组分的含量，同时烯烃的含量也较多。

总之，烃类的热裂解与重油减黏裂化、渣油焦化等裂化反应有许多共同点，均是依靠热反应进行油品加工。但是加工条件与生产目的不同，一是反应温度不同，一般在600℃以上进行的过程称为裂解，在600℃以下进行的过程称为裂化；二是生产目的不同，烃类裂解目的产物是乙烯、丙烯以及联产丁二烯、芳烃等化工产品，而重油减黏裂化是为了获得减黏油，渣油焦化的目的产物则是获得液化气、汽油等燃料产品或给其他装置提供加工原料。

在热反应过程中可发生一系列复杂的反应，其中最主要的是脱氢和断链反应，生成分子量比原料小的产物。此外，不同类型的烃在热的作用下，还可以同时发生脱氢环化、异构化、芳构化、缩合等反应。目前认为，这些反应均与加热过程中产生的自由基有关。

第二节　自由基及自由基反应

当共价键断裂时，存在两种方式：

$$A:B \longrightarrow A\cdot + B\cdot$$
$$A:B \longrightarrow A^+ + B^-$$

第一种断裂方式称为均裂，第二种断裂方式称为异裂。在均裂反应中，共价键断裂时一对共用电子平均分配给两个原子或原子团，每一个原子或原子团带有一个未成对的电子，这些物质称为自由基。自由基是电中性的，但由于它们带有未配对电子，通常具有高反应活性。

一、自由基的产生

作为化学反应的活性物种之一，自由基的发现距今已有 120 年的历史，化学家们起初检测到的自由基是相对比较稳定的自由基。两个重要发现为自由基化学打下了基础。

1900 年，Gomberg 在进行三苯甲基氯与 Ag 反应研究时，获得了稳定的三苯甲基自由基：

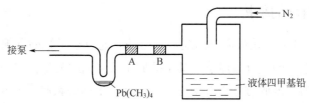

这是历史上最早发现的自由基物种，从而确立了自由基的概念。

1929 年，Paneth 在如图 1-1 所示的特制容器中进行了 $Pb(CH_3)_4$ 的分解反应，发现有 $CH_3 \cdot$ 生成。

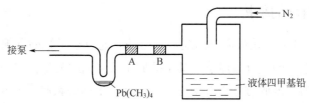

图 1-1　帕内斯（Paneth）装置（检验四甲基铅分解生成甲基自由基）

该装置首先让 N_2 气流通过四甲基铅溶液，并将部分四甲基铅带进容器左侧的长玻璃管中，接着在玻璃管壁 A 处加热，则有铅镜在玻璃管壁 A 处生成。然后在玻璃管壁 B 处加热，则同样有铅镜在 B 处生成。但与此同时，A 处原有的铅镜消失，并在弯管处有四甲基铅溶液出现。通过实验得出结论：四甲基铅在 B 处受热分解生成非常活泼的甲基自由基（$CH_3 \cdot$）以及金属铅，甲基自由基流经玻璃管壁 A 处使原有铅镜消失，并重新生成四甲基铅被收集在弯管处，此外反应中还有乙烷生成。

铅镜形成反应如下：

$$Pb(CH_3)_4 \xrightarrow{450℃} Pb(s) + 4CH_3 \cdot$$
$$2CH_3 \cdot \longrightarrow CH_3CH_3$$

铅镜消失反应如下：

$$Pb(s) + 4CH_3 \cdot \xrightarrow{100℃} Pb(CH_3)_4$$

铅镜消失说明反应又逆向进行，证明 $CH_3 \cdot$ 的存在。后来人们不断获得各种自由基。1931 年 Norrish 指出，羰基化合物光解的中间体是自由基。1934 年 Rice 从烃的热解反应研究中也制得自由基，并用自由基连锁反应历程解释了热解反应。1937 年 Kharasch 经过几年努力，进行了几百次实验以后，第一次发现了过氧化物效应，解释了溴化氢和不对称烯烃的反马尔科夫尼科夫加成的原因，是由于自由基反应机理造成的。从那以后，自由基化学不断发展，逐步形成了系统的自由基化学理论。

利用光照、加热以及自由基引发剂均可促进共价键均裂产生自由基。在烃类加工过程中，热均裂是产生烷基自由基的最主要形式。在温度400~500℃以上时，烃分子的热运动变得十分强烈，甚至足以断裂烷烃分子中的比较稳定的碳—碳共价键（键能为360kJ/mol）。焦化、减黏裂化过程就是在这个温度范围内进行的，热裂解反应则需要750℃以上的反应温度。这些热加工过程中自由基都主要由烃的碳—碳键均裂产生，这也是石油热加工过程需要较高反应温度的原因。

除了天然的自由基和那些由于存在共轭体系而稳定的自由基外，一般自由基是非常活泼的，仅能瞬时存在。目前已经设计了许多检测和鉴定自由基的方法，包括捕集法、化学分离法和利用分光镜直接检测法等。在这些方法中，电子顺磁共振波谱（ESR）法是应用最广的方法。采用顺磁共振波谱法检测自由基的最大优点在于它的高灵敏度，可以检测浓度下限低达10^{-10}数量级的自由基。顺磁共振波谱不仅能检测自由基，而且还为研究它们的电子结构和化学结构、性质与分子轨道的相互关系提供一种有用的工具。此外，顺磁共振波谱还能测定自由基的生成和消失速率、自由基寿命以及它们转化的本征动力学。可以说自由基理论的深入认识离不开顺磁共振波谱技术的发展。

二、烷基自由基的结构

甲基自由基（$CH_3 \cdot$）是最简单的烷基自由基，通过电子顺磁共振波谱证明，甲基自由基是具有七个价电子的三价碳原子。其中碳原子采用sp^2杂化，三个C—H之间的σ共价键处在同一平面内，未成对电子占据在垂直于分子平面的碳原子的p轨道上，因此甲基自由基是平面结构，或是十分接近平面结构，如图1-2所示。

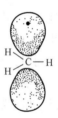

图1-2 甲基自由基的结构

而其他烷基自由基中，自由基的空间结构具有三种可能的构型：一种是与甲基自由基结构类似，是平面或接近平面型的；一种是四面体型的；还有一种是角锥体型的（图1-3）。

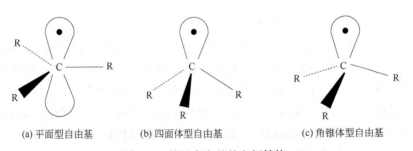

(a) 平面型自由基　　　　(b) 四面体型自由基　　　　(c) 角锥体型自由基

图1-3 烷基自由基的空间结构

近年来，通过顺磁共振波谱研究了许多稠环和笼形等刚性分子结构形成的自由基的构型，证明确实存在具有角锥体型的自由基。这些角锥体型自由基包括 1-金刚烷基自由基、1-双环[2,2,2]辛基自由基以及阿朴樟脑基自由基等，如图 1-4 所示。

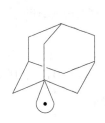

(a) 1-金刚烷基自由基

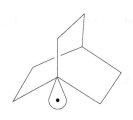

(b) 1-双环[2,2,2]辛基自由基

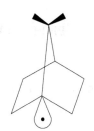

(c) 阿朴樟脑基自由基

图 1-4　角锥体型自由基的结构

三、自由基的一般反应

自由基反应可以广义地分为自由基化合反应和自由基转移反应。自由基化合反应由两个自由基相结合，生成所有电子都成对的非自由基产物，又称自由基偶联反应。自由基转移反应则是原有自由基发生变化，产生一个新的自由基的反应。这个新的自由基进一步和周围的分子反应，因而可以发生自由基链式反应。一般反应中，自由基夺氢反应、加成反应以及分解反应等都属于自由基转移反应。

1. 化合反应或偶联反应

两个自由基可以发生化合生成新的共价键，该反应热力学上是有利的，反应过程仅需少量活化能或不需活化能就能发生，反应的速率常数很大。但是在反应过程中，由于自由基的浓度非常低，导致自由基偶联反应速率较慢，这是由于反应速率取决于自由基浓度的平方的原因。对于苄基自由基这种比较稳定的自由基，转移反应并不显著，化合反应往往占优势。稳定的自由基对其他分子的进攻倾向比较弱，因而可以一直存留在反应体系中，存在时间较长，直到与其他自由基碰撞而发生偶联反应生成"二聚体"为止。自由基化合反应方式如下：

$$R\cdot + R'\cdot \longrightarrow R—R'$$

2. 夺氢反应

自由基从其他烃分子中夺取一个氢原子，使自身变成一个分子，同时生成新的自由基：

$$H\cdot + RH \longrightarrow H_2 + R\cdot$$
$$R\cdot + R'H \longrightarrow RH + R'\cdot$$

3. 加成反应

自由基可以与烯烃等不饱和化合物发生加成反应生成一个新自由基，有时也能与炔烃化合物或羰基化合物加成生成一个较稳定的新自由基。例如自由基与烯烃的加成反应如下：

$$R\cdot + \quad \mathrm{C}{=}\mathrm{C} \quad \longrightarrow \quad R—C—C\cdot$$

如果新生成的自由基继续加成到另外一个不饱和底物上去，然后再与不饱和底物连续加成，自由基不断传递下去，这就是一个自由基聚合反应。例如，苯乙烯可以通过自由基聚合得到聚苯乙烯：

$$Ph \cdot + CH_2=CHPh \longrightarrow PhCH_2-\overset{\cdot}{C}HPh$$

$$PhCH_2-\overset{\cdot}{C}HPh + CH_2=CHPh \longrightarrow PhCH_2-\underset{\underset{Ph}{|}}{CH}-CH_2-\overset{\cdot}{C}HPh$$

$$PhCH_2-\underset{\underset{Ph}{|}}{CH}-CH_2-\overset{\cdot}{C}HPh \xrightarrow{nCH_2=CHPh} Ph\left(CH_2-\underset{\underset{Ph}{|}}{CH}\right)_{n+1}CH_2-\overset{\cdot}{C}HPh$$

4. 分解反应

自由基可以发生分解反应，一般按两种方式进行分解：一种方式是分解生成一个烯烃和一个碳原子比原来自由基少的新自由基；另一种方式是分解出一个 H· 和生成同碳原子数目的烯烃：

$$C_mH_{2m+1}^{\cdot} \longrightarrow \underset{烯}{C_nH_{2n}} + C_kH_{2k+1}^{\cdot} \qquad m=n+k$$

$$C_mH_{2m+1}^{\cdot} \longrightarrow \underset{烯}{C_mH_{2m}} + H\cdot$$

5. 歧化反应

与自由基碳原子相邻的碳原子上的氢原子转移至另一个自由基碳原子上，生成两个非自由基产物的反应称作歧化反应。例如两个乙基自由基可以经过歧化反应生成乙烷和乙烯：

$$\backslash CH-C\diagdown\cdot \; + \; \backslash CH-C\diagdown\cdot \longrightarrow \backslash CH-HC\diagdown \; + \; \diagup C=C\diagdown$$

6. 氧化还原反应

与通过电子转移的氧化还原反应类似，自由基也可以进行电子转移而发生反应生成非自由基。自由基可以被过渡金属离子还原，生成阴离子，自由基也可以被氧化生成阳离子，例如：

$$OH\cdot \; + Fe^{2+} \longrightarrow OH^- + Fe^{3+}$$

$$Ar\cdot \; + Cu^{2+} \longrightarrow Ar^+ + Cu^+$$

总之，由于自由基活性很高，自由基和其他分子的反应通常较快，并具有较低的反应活化能。因此，有时可以看到自由基的几种反应途径同时发生，导致生成复杂的产物，这是自由基反应选择性较低的原因。

第三节　烃类的热裂解反应机理

烃类在高温条件下，可发生一系列复杂的反应，其中最主要的是脱氢反应、断链反应，生成分子量比原料小的产物，同时还可以发生异构化、脱氢环化、芳构化以及缩合反应等。目前，一般认为烃类的热裂解反应主要是自由基链反应机理，具有自由基反应的特征。

一、乙烷的热裂解反应机理

下面以乙烷热裂解反应为例，说明烃类的热裂解反应机理。乙烷热裂解生成乙烯，主要反应如下：

$$C_2H_6 \longrightarrow C_2H_4 + H_2$$

乙烷在高温下并不是直接脱氢生成乙烯分子，而是 C—C 键发生断裂生成两个 $CH_3\cdot$ 自由基，之后，再发生几步基元反应才生成乙烯分子。通常自由基反应分为三个阶段：链引发、链增长、链终止。

1. 链引发（produce of radicals）

在高温、光照或自由基引发剂等条件下，烃类分子共价键发生均裂生成自由基。乙烷的热裂解反应温度高达 750~900℃，在这样的温度下，乙烷分子中的 C—C 键、C—H 键会发生断裂，并且 C—C 键会优先断裂，生成甲基自由基，引发自由基链反应：

$$\begin{matrix} H & H \\ | & | \\ H—C—C—H \\ | & | \\ H & H \end{matrix} \xrightarrow{k_1} 2CH_3\cdot \qquad E_a = 360kJ/mol \qquad (1)$$

为什么乙烷分子中的 C—C 键会先于 C—H 键断裂呢？这是由于 C—C 键、C—H 键的键能不同造成的。C—C 键键能为 360kJ/mol，C—H 键键能为 410kJ/mol，因此乙烷分子断键时优先在两个碳原子间形成的共价键处断裂。C—C 键、C—H 键都为 σ 共价键，为什么键能具有差别？这是由于成键轨道不同造成的。C—C 键由 sp^3–sp^3 轨道重叠形成，C—H 键由 sp^3–s 轨道重叠形成，由于 s 轨道或 s 成分多的杂化轨道的重叠程度大，因此 C—H 键更为牢固。所以在链引发过程中，主要发生 C—C 键均裂生成甲基自由基。反应（1）的活化能为 360kJ/mol。

2. 链增长（transfer of radicals）

生成的自由基较活泼，不稳定，易发生反应生成新的自由基，这一阶段称为链增长过程，反应如下：

$$CH_3\cdot + C_2H_6 \xrightarrow{k_2} CH_4 + C_2H_5\cdot \qquad E_a = 45.2kJ/mol \qquad (2)$$

$$C_2H_5\cdot \xrightarrow{k_3} C_2H_4 + H\cdot \qquad E_a = 170.7kJ/mol \qquad (3)$$

$$H\cdot + C_2H_6 \xrightarrow{k_4} H_2 + C_2H_5\cdot \qquad E_a = 29.3kJ/mol \qquad (4)$$

链增长阶段，发生各种链转移反应。链引发阶段生成的 $CH_3\cdot$ 按反应（2）与乙烷发生夺氢反应生成 CH_4 和 $C_2H_5\cdot$，$C_2H_5\cdot$ 又按反应（3）分解为 C_2H_4 和 $H\cdot$，$H\cdot$ 再按反应（4）与乙烷发生夺氢反应生成 H_2 和 $C_2H_5\cdot$，$C_2H_5\cdot$ 又按反应（3）分解为 C_2H_4 和 $H\cdot$，如此整个过程依靠自由基的转变不断传递，使反应继续进行，循环下去。其中反应（3）和（4）所构成的反应链是链增长阶段的关键。反应（3）、（4）不断循环，最终使乙烷转变成乙烯。反应（2）、（3）、（4）的活化能均比反应（1）的要低一些。

3. 链终止（end/termination of radicals）

随着反应进行，反应体系中自由基的浓度不断增加，当自由基相互碰撞，可发生偶联反应形成稳定的分子，而使链反应终止：

$$2CH_3\cdot \longrightarrow C_2H_6$$

$$H\cdot + C_2H_5\cdot \xrightarrow{\ k_5\ } C_2H_6 \qquad E_a \approx 0kJ/mol \qquad (5)$$

由于反应的活化能接近于零，自由基偶联反应非常容易发生。

根据阿累尼乌斯方程可知，活化能越小，反应的速率常数越大。对于上述五个基元反应，不同温度下各反应的速率常数见表 1-1。

表 1-1　不同温度下乙烷裂解的速率常数

T, K	k_1, s^{-1}	k_2, L/(mol·s)	k_3, s^{-1}	k_4, L/(mol·s)	k_5, L/(mol·s)
973	3.02×10^{-3}	9.36×10^8	3.62×10^5	1.07×10^{11}	7×10^{13}
1073	1.911×10^{-1}	1.576×10^9	2.591×10^6	1.425×10^{11}	7×10^{13}
1173	5.953	2.427×10^9	1.324×10^7	1.886×10^{11}	7×10^{13}
1273	1.080×10^2	3.493×10^9	5.237×10^7	2.387×10^{11}	7×10^{13}
1373	1.285×10^3	4.768×10^9	1.696×10^8	2.920×10^{11}	7×10^{13}

由表 1-1 看出，反应（5）的速率常数 k_5 最大，反应（1）的速率常数 k_1 最小，为什么还能发生链增长反应？这是由于对于基元反应来说，反应速率不仅与速率常数有关，而且还与反应物浓度有关。反应（5）的速率方程为：$r_5 = k_5[H\cdot][C_2H_5\cdot]$，反应（3）的速率方程为：$r_3 = k_3[C_2H_5\cdot]$。由于反应体系中自由基的浓度非常小，一般在 $10^{-7} \sim 10^{-9}mol/L$ 范围，可以看出，尽管 k_5 很大，但 r_5 并不大，在较高的温度下，r_3 会大于 r_5，因此链增长反应会发生。

二、丙烷热裂解反应机理

丙烷热裂解的自由基链反应机理比乙烷的要复杂，因为从烯烃产物来说，乙烷裂解主要是生成乙烯，而丙烷裂解既生成乙烯又生成丙烯，如下面两个反应式所示：

$$CH_3CH_2CH_3 \longrightarrow H_2C{=}CH_2 + CH_4$$

$$CH_3CH_2CH_3 \longrightarrow CH_3CH{=}CH_2 + H_2$$

反应的结果生成了乙烯、丙烯、甲烷、氢气等分子。丙烷裂解的自由基反应历程如下：

链引发：

$$CH_3CH_2CH_3 \longrightarrow CH_3\cdot + C_2H_5\cdot$$

链增长：

$$C_2H_5\cdot + C_3H_8 \longrightarrow C_2H_6 + C_3H_7\cdot$$

$$CH_3\cdot + C_3H_8 \longrightarrow CH_4 + C_3H_7\cdot$$

$$C_3H_7\cdot \longrightarrow CH_3\cdot + C_2H_4$$

$$C_3H_7\cdot \longrightarrow H\cdot + C_3H_6$$

$$H\cdot + C_3H_8 \longrightarrow H_2 + C_3H_7\cdot$$

链终止：

$$CH_3 \cdot + CH_3 \cdot \longrightarrow C_2H_6$$
$$CH_3 \cdot + C_3H_7 \cdot \longrightarrow CH_4 + C_3H_6$$
$$C_3H_7 \cdot + C_3H_7 \cdot \longrightarrow C_3H_6 + C_3H_8$$

根据在链增长阶段中自由基的夺氢和分解反应，丙烷可有两种不同的裂解途径，其产物不同。以 800℃ 时丙烷的裂解为例介绍。

第一种途径是：

$$CH_3 \cdot + CH_3CH_2CH_3 \longrightarrow CH_4 + CH_3CH_2CH_2 \cdot$$
$$CH_3CH_2CH_2 \cdot \longrightarrow CH_2\!=\!CH_2 + CH_3 \cdot$$

反应总结果是：

$$CH_3CH_2CH_3 \longrightarrow CH_2\!=\!CH_2 + CH_4$$

裂解的产物为乙烯和甲烷。

第二种途径是：

$$CH_3 \cdot + CH_3CH_2CH_3 \longrightarrow CH_4 + CH_3\overset{\cdot}{C}HCH_3$$
$$CH_3\overset{\cdot}{C}HCH_3 \longrightarrow CH_3CH\!=\!CH_2 + H \cdot$$
$$H \cdot + CH_3CH_2CH_3 \longrightarrow CH_3\overset{\cdot}{C}HCH_3 + H_2$$

反应总结果是：

$$CH_3CH_2CH_3 \longrightarrow CH_3CH\!=\!CH_2 + H_2$$

裂解产物为丙烯、氢气。

上面两种裂解的途径都可以进行，第一种途径丙烷被夺取的是伯氢，第二种途径丙烷被夺取的是仲氢，从氢原子被夺取的难易程度方面考虑，后者更容易。但最终哪一条裂解途径的产物占优势？丙烷裂解生成乙烯与丙烯的比例又如何？这可以由丙烷中可能被夺取的不同类型的氢原子数以及它们的相对速度计算而得出：

$$\frac{乙烯的量}{丙烯的量} = \frac{丙烷按第一种途径生成乙烯的量}{丙烷按第二种途径生成丙烯的量}$$

$$= \frac{丙烷中伯氢原子数 \times 伯氢原子的相对速度}{丙烷中仲氢原子数 \times 仲氢原子的相对速度}$$

$$= \frac{6 \times 1}{2 \times 1.7}$$

$$= 1.76$$

可以看出，丙烷裂解主要产物是乙烯，生成乙烯与丙烯量的比例与丙烷裂解初期产物比例的实验数据一致。

三、烃类的热裂解反应过程

1. 链引发反应

在烃的热裂解反应中，烷烃的链引发反应主要是 C—C 键断裂而生成两个自由基的过程，可以用下面的通式表示：

$$R{-}R' \longrightarrow R\cdot + R'\cdot$$

对乙烷的裂解，每引发生成一个 $CH_3\cdot$ 自由基，究竟可以生成多少个乙烯分子？即链引发效率如何？可以用链反应长度（L_{ch}）来衡量，链反应长度（简称链长度）的定义如下：

$$L_{ch} = \frac{产物分子生成的速度}{原料分子的引发反应速度}$$

表 1-2 列出了乙烷裂解反应中不同温度下的链反应长度。

表 1-2　不同温度乙烷裂解反应的链反应长度

T, K	973	1073	1173	1273	1373
L_{ch}	417.6	166.6	77.90	41.16	23.97

从表 1-2 中所列的数据可见：

（1）乙烷裂解反应的 L_{ch} 很大，表明在裂解过程中，乙烯生成的速度比乙烷分解速度大得多。

（2）温度升高，链反应长度降低，但在高温下，L_{ch} 仍然是一个很大的数值。

（3）提高温度，k_1 增长很快，因此，提高温度，尽管 L_{ch} 下降（其数值仍很大），对提高整个裂解反应速度还是有利的。

2. 链增长反应

链增长反应是一种自由基转变为另一种自由基的过程，虽然可能发生多种多样的反应，但从本质上看可归纳为两类：自由基夺氢反应和自由基分解反应。

（1）自由基夺氢反应。自由基夺氢反应的特点是自由基从原料烃分子中夺取一个氢原子而使自身转变为分子，被夺氢的烃成为一个新的自由基，这样使自由基传递下去。这种反应可以用下面通式表示：

$$H\cdot + RH \longrightarrow H_2 + R\cdot$$
$$R'\cdot + RH \longrightarrow R'H + R\cdot$$

烃分子中不同类型的氢原子被自由基夺走的难易程度不同，这与它们的 C—H 键的离解能（dissociation energy）有关，伯、仲、叔三类氢原子的离解能不同。以异戊烷为例，说明三类氢原子离解能的大小，见表 1-3。

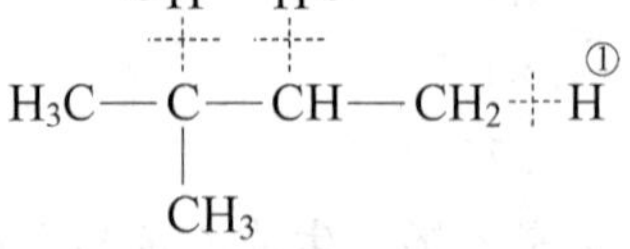

$$\overset{③H}{H_3C} \overset{H②}{-C-CH-CH_2} \overset{①}{+H}$$
$$\underset{CH_3}{|}$$

表 1-3　伯、仲、叔三类氢原子的离解能

氢类型	C—H 键离解能，kJ/mol
①伯氢	410
②仲氢	395.4
③叔氢	380.7

从表 1-3 看出，伯氢的 C—H 键离解能最大，叔氢的 C—H 键离解能最小，因此三类

氢原子被夺走的难易程度为：叔氢原子>仲氢原子>伯氢原子。

与之相对应，自由基从烷烃中夺取三类氢原子的相对速率也按同样顺序而递减。表1-4是伯、仲、叔氢原子在不同温度下与自由基反应的相对速率。由表中数据可见，随着温度升高，三类氢的反应速率差别缩小。

表1-4 伯、仲、叔氢原子与自由基反应的相对速度

温度，℃	伯氢	仲氢	叔氢
300	1	3.0	33
600	1	2.0	10
700	1	1.9	7.8
800	1	1.7	6.3
900	1	1.65	5.65
1000	1	1.6	5

（2）自由基分解反应。自由基分解有两种方式：一是自由基进行自身分解，生成一个烯烃和一个碳原子比原来自由基少的新自由基；第二种是自由基分解出一个 H· 和生成同碳原子数目的烯烃。自由基分解的两种方式如下：

$$a \qquad C_mH_{2m+1}^{\cdot} \longrightarrow \underset{\text{烯}}{C_nH_{2n}} + C_kH_{2k+1}^{\cdot} \qquad m = n+k$$

$$b \qquad C_mH_{2m+1}^{\cdot} \longrightarrow \underset{\text{烯}}{C_mH_{2m}} + H\cdot$$

自由基按上述两种方式(a、b方式) 分解所需要的活化能不同。表1-5是一些自由基分解反应的活化能。

表1-5 一些自由基分解反应方式及活化能

自由基	分解反应	分解方式	E_a，kJ/mol
正丙基	$CH_3CH_2CH_2\cdot \longrightarrow C_2H_4 + CH_3\cdot$	a	137.2
异丙基	$CH_3\overset{\cdot}{C}HCH_3 \longrightarrow C_3H_6 + H\cdot$	b	174.5
正丁基	$CH_3CH_2CH_2CH_2\cdot \longrightarrow C_2H_4 + C_2H_5\cdot$	a	118.0
异丁基	$(CH_3)_2CHCH_2\cdot \longrightarrow C_3H_6 + CH_3\cdot$	a	132.6
仲丁基	$CH_3CH_2\overset{\cdot}{C}HCH_3 \longrightarrow C_3H_6 + CH_3\cdot$	a	138.9
叔丁基	$(CH_3)_3C\cdot \longrightarrow 异-C_4H_8 + H\cdot$	b	176.6

从表1-5数据可以看出：

① 若自由基分解反应按a方式进行，活化能较低；若按b方式进行分解（生成H·），活化能较高，反应不易进行。

② 当自由基碳原子上连接的氢原子较少时，主要按b方式分解；若连接的氢原子较多，则主要按a方式分解。

自由基若按a方式进行分解，遵循β位断键规则，即优先断裂处于自由基碳原子β位的 C—C 键。例如：

$$\overset{4}{C}H_3 \overset{\gamma}{\underline{\qquad}} \overset{3}{C}H_2 \overset{\beta}{\underline{\qquad}} \overset{2}{C}H_2 \overset{\alpha}{\underline{\qquad}} \overset{1}{C}H_2 \cdot$$

在上面这个正丁基自由基中，标出了自由基碳原子的 α、β 以及 γ 位 C—C 键，为什么 β 位 C—C 键优先断裂？这是由于不同位置的 C—C 键牢固程度不同造成的。

α 位 C—C 键由 sp^2-sp^3 轨道重叠形成，而且 1、2 号碳原子间还具有 σ-p 共轭效应；β 以及 γ 位 C—C 键由 sp^3-sp^3 轨道重叠形成。sp^2-sp^3 轨道重叠比 sp^3-sp^3 轨道重叠形成的共价键牢固，σ-p 共轭效应的存在更加强了 1、2 号碳原子间的作用，所以 β 位 C—C 键不如 α 位 C—C 键牢固。β 位、γ 位 C—C 键均由 sp^3-sp^3 轨道重叠形成，但由于受到 α 位 C—C 键以及 σ-p 共轭效应的影响，导致 β 位 C—C 键也不及 γ 位 C—C 键牢固。所以自由基在按 a 方式发生分解时，优先断裂 β 位 C—C 键。

总之在自由基分解反应中，断链反应比脱氢反应容易，而且在断链时优先断裂 β 位 C—C 键。这一点已经被实验所证实，例如丙烷进行热裂解反应，得到的产物中以乙烯为主，乙烯的量约占到总烯烃含量的 60% 以上，这是由于丙烷断链反应比脱氢反应容易所导致的。

（3）自由基加成反应。自由基与烯烃双键可以发生加成反应：

$$R\cdot + CH_2 \!=\!\! CH \!-\! R' \longrightarrow R \!-\! CH_2 \!-\! \overset{\cdot}{C}H \!-\! R'$$

（4）自由基重排反应。不稳定的自由基可以进一步重排为稳定的自由基，但由于自由基能量差别不大，自由基重排反应的热效应较低，它们可以很快地相互转化：

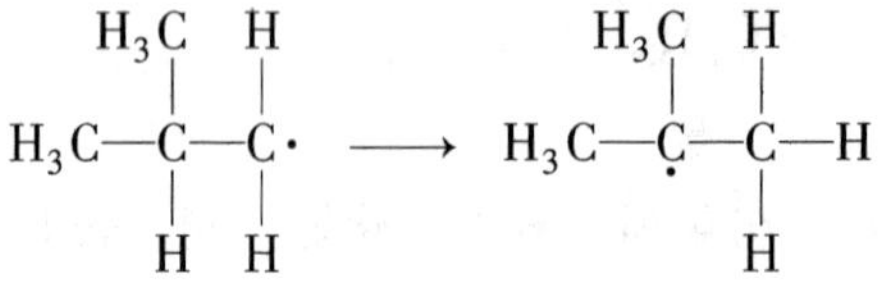

$$\text{H}_3\text{C}-\overset{\overset{\displaystyle \text{H}_3\text{C}\quad \text{H}}{|}}{\underset{\underset{\displaystyle \text{H}\quad \text{H}}{|}}{\text{C}}}-\overset{}{\text{C}}\cdot \longrightarrow \text{H}_3\text{C}-\overset{\overset{\displaystyle \text{H}_3\text{C}\quad \text{H}}{|}}{\underset{\underset{\displaystyle \text{H}}{|}}{\text{C}}}-\text{C}-\text{H} \qquad \Delta H = -5.9 \text{kJ/mol}$$

$$\text{Ph}-\text{CH}_2-\overset{*}{\text{C}}\text{H}_2\cdot \rightleftharpoons \overset{\cdot}{\text{C}}\text{H}_2-\overset{*}{\text{C}}\text{H}_2-\text{Ph}$$

3. 链终止反应

在裂解过程中，自由基之间可以相互化合或偶联，也可以发生氢转移（歧化反应），这些反应均导致自由基消失，称为链终止反应。

自由基可分为两大类：

β 自由基：凡在链增长反应中参加夺氢反应的自由基即为 β 自由基，如乙烷裂解中的 $H\cdot$ 和 $CH_3\cdot$，丙烷裂解中的 $H\cdot$、$CH_3\cdot$ 和 $C_2H_5\cdot$ 等。

μ 自由基：凡在链增长反应中发生分解反应的自由基即为 μ 自由基，如丙烷裂解中的 $CH_3CH_2CH_2\cdot$ 等。

两类自由基发生终止反应的形式有三种：

（1）β-β 终止，如：

$$H\cdot + H\cdot \longrightarrow H_2$$
$$H\cdot + R\cdot \longrightarrow RH$$
$$R\cdot + R\cdot \longrightarrow RR$$

（2）β-μ 终止，如：

$$H\cdot + R'\cdot \longrightarrow R'H$$

$$R \cdot + R' \cdot \longrightarrow RR'$$
$$R \cdot + R' \cdot \longrightarrow R(烷) + R'(烯)$$

（3）μ-μ 终止，如：

$$R' \cdot + R' \cdot \longrightarrow R'R'$$

自由基发生终止反应的形式不同，对总反应级数的影响也不一样。由于反应条件不同，在反应体系中 β 和 μ 自由基比例的不同，影响着总反应的级数，即链终止反应属于何类自由基结合，与各类自由基的浓度有关。例如丙烷的裂解，在反应初期 $CH_3 \cdot$ 的浓度较大，随着转化率的增加，反应体系中 $C_3H_7 \cdot$ 的浓度渐增，链终止的形式发生变化，使总反应级数也发生变化（表1-6）。

表1-6　丙烷裂解总反应级数的变化

转化率	链终止反应	链终止类型	总反应级数
反应初期	$CH_3 \cdot + CH_3 \cdot \longrightarrow C_2H_6$	β-β	3/2
转化率渐增	$CH_3 \cdot + C_3H_7 \cdot \longrightarrow CH_4 + C_3H_6$	β-μ	1
转化率增大	$C_3H_7 \cdot + C_3H_7 \cdot \longrightarrow C_3H_6 + C_3H_8$	μ-μ	1/2

四、其他烷烃热裂解反应机理

1. 正己烷热裂解反应机理

碳原子数更多的烷烃，自由基链反应机理更为复杂。以正己烷为例，下面列出其中一部分基元反应：

链引发：

$$C_6H_{14} \longrightarrow 2C_3H_7 \cdot \quad （主）$$
$$C_6H_{14} \longrightarrow C_4H_9 \cdot + C_2H_5 \cdot$$
$$C_6H_{14} \longrightarrow C_5H_{11} \cdot + CH_3 \cdot$$

链增长：

$$C_3H_7 \cdot + C_6H_{14} \longrightarrow C_3H_8 + C_6H_{13} \cdot$$
$$C_2H_5 \cdot + C_6H_{14} \longrightarrow C_2H_6 + C_6H_{13} \cdot$$
$$CH_3 \cdot + C_6H_{14} \longrightarrow CH_4 + C_6H_{13} \cdot$$
$$C_6H_{13} \cdot \longrightarrow C_4H_9 \cdot + C_2H_4$$
$$C_6H_{13} \cdot \longrightarrow CH_3 \cdot + C_5H_{10}$$
$$C_6H_{13} \cdot \longrightarrow C_2H_5 \cdot + C_4H_8$$
$$C_6H_{13} \cdot \longrightarrow H \cdot + C_2H_4 + C_4H_8$$

链终止：

$$CH_3 \cdot + CH_3 \cdot \longrightarrow C_2H_6$$
$$CH_3 \cdot + C_2H_5 \cdot \longrightarrow C_3H_8$$
$$C_6H_{13} \cdot + CH_3 \cdot \longrightarrow CH_4 + C_6H_{12}$$
$$H \cdot + C_2H_5 \cdot \longrightarrow C_2H_6$$

2. 正十六烷裂解反应机理

长链烷烃的裂解反应更加复杂，正十六烷裂解过程也由 C—C 键均裂引发。一般正十六烷碳链中间的 C—C 键键能最低，容易断裂，以形成两个 $C_8H_9\cdot$ 自由基为主，但同时也可能有位于其他中间位置的 C—C 键断裂，得到碳原子数不同的自由基。由于仲氢的 C—H 键键能低于伯氢的 C—H 键键能，上述自由基形成后，会夺取正十六烷分子中的仲氢，生成正十六烷基仲碳自由基。或者生成的自由基不夺取氢，而是发生 β 位断键，得到碳原子数更少的自由基与乙烯分子。正十六烷基仲碳自由基发生 β 位断键，生成丙烯以及 C_{13} 自由基，这些碳原子数减少的自由基继续进行 β 位断键，不断得到小分子烯烃以及碳原子数更少的自由基。随着反应的进行，体系中反应物浓度逐渐降低，自由基发生偶联反应或者歧化反应，生成小分子烷烃及烯烃，最终得到正十六烷裂解的混合产物。下面给出正十六烷裂解的部分反应途径：

$$CH_3(CH_2)_{14}CH_3 \longrightarrow 2CH_3(CH_2)_4CH_2CH_2\overset{\centerdot}{C}H_2$$

$$CH_3(CH_2)_{14}CH_3 \longrightarrow CH_3(CH_2)_8CH_2CH_2\overset{\centerdot}{C}H_2 + \cdot CH_2CH_2CH_2CH_3$$

$$CH_3(CH_2)_4CH_2CH_2\overset{\centerdot}{C}H_2 + CH_3(CH_2)_{14}CH_3 \longrightarrow$$
$$CH_3(CH_2)_4CH_2CH_2CH_3 + CH_3(CH_2)_{11}CH_2CH_2\overset{\centerdot}{C}HCH_3$$

$$CH_3(CH_2)_8CH_2CH_2\overset{\centerdot}{C}H_2 + CH_3(CH_2)_{14}CH_3 \longrightarrow$$
$$CH_3(CH_2)_8CH_2CH_2CH_3 + CH_3(CH_2)_{11}CH_2CH_2\overset{\centerdot}{C}HCH_3$$

$$\cdot CH_2CH_2CH_2CH_3 + CH_3(CH_2)_{14}CH_3 \longrightarrow$$
$$CH_3CH_2CH_2CH_3 + CH_3(CH_2)_{11}CH_2\overset{\centerdot}{C}HCH_2CH_3$$

$$CH_3(CH_2)_4CH_2CH_2\overset{\centerdot}{C}H_2 \longrightarrow CH_3(CH_2)_4\overset{\centerdot}{C}H_2 + CH_2{=\!=}CH_2$$

$$CH_3(CH_2)_8CH_2CH_2\overset{\centerdot}{C}H_2 \longrightarrow CH_3(CH_2)_8\overset{\centerdot}{C}H_2 + CH_2{=\!=}CH_2$$

$$CH_3(CH_2)_{11}CH_2CH_2\overset{\centerdot}{C}HCH_3 \longrightarrow CH_3(CH_2)_{11}\overset{\centerdot}{C}H_2 + CH_2{=\!=}CHCH_3$$

$$CH_3(CH_2)_8\overset{\centerdot}{C}H_2 \longrightarrow CH_3(CH_2)_6\overset{\centerdot}{C}H_2 + CH_2{=\!=}CH_2$$

$$\cdot CH_2CH_2CH_2CH_3 + \cdot CH_2CH_3 \longrightarrow CH_3CH_2CH_2CH_2CH_2CH_3$$

$$2\cdot CH_2CH_2CH_2CH_3 \longrightarrow CH_2{=\!=}CHCH_2CH_3 + CH_3CH_2CH_2CH_3$$

3. 石脑油的热裂解——乙烯形成机理

以石脑油为原料，通过热裂解制备乙烯是目前石油化工行业最常见的方法。由于石脑油本身是烃类的混合物，所以石脑油的裂解是非常复杂的过程。尽管如此，以自由基机理能够很好解释乙烯的生成过程，并且能够说明原料组成变化对产物分布的影响。在这里以正壬烷为模型化合物，讨论石脑油的热裂解机理。

首先 C—C 键断裂引发链反应：

$$CH_3CH_2CH_2CH_2CH_2CH_2CH_2CH_2CH_3 \longrightarrow CH_3CH_2CH_2CH_2CH_2\cdot + \cdot CH_2CH_2CH_2CH_3$$

生成的自由基进行 β 位 C—C 键断裂，产生乙烯分子：

$$CH_3CH_2CH_2CH_2CH_2\cdot \longrightarrow CH_3CH_2CH_2\cdot + CH_2{=\!=}CH_2$$

$$CH_3CH_2CH_2CH_2\cdot \longrightarrow CH_3CH_2\cdot + CH_2{=\!=}CH_2$$

14

丙基自由基也会进行 β 位 C—C 键断裂，产生乙烯分子：

$$CH_3CH_2CH_2 \cdot \longrightarrow CH_3 \cdot + CH_2\!\!=\!\!CH_2$$

产生的甲基自由基夺取原料烃分子的仲氢，使反应链传递下去：

$$CH_3 \cdot + CH_3CH_2CH_2CH_2CH_2CH_2CH_2CH_2CH_3 \longrightarrow$$

$$CH_3CH_2CH_2CH_2CH_2CH_2CH_2\overset{\displaystyle\cdot}{C}HCH_3 + CH_4$$

正壬基仲自由基发生 β 位 C—C 键断裂，生成新的自由基及丙烯分子：

$$CH_3CH_2CH_2CH_2CH_2CH_2CH_2\overset{\displaystyle\cdot}{C}HCH_3 \longrightarrow$$

$$CH_3CH_2CH_2CH_2CH_2CH_2 \cdot + CH_3CH\!\!=\!\!CH_2$$

从以上两个反应看出，在裂解得到乙烯的同时，产物中还有甲烷、丙烯等其他分子。

上述仲自由基一般不进行 β 位 C—H 键断裂，生成壬烯及氢自由基，这是由于 β 位 C—H 键键能大于 β 位 C—C 键键能的缘故。

同样反应体系中的乙基自由基若进行 β 位 C—H 键断裂脱氢形成乙烯，反应速率较慢。而乙基自由基引发原料壬烷分子形成仲自由基、自身生成乙烷反应较快：

$$CH_3CH_2 \cdot \overset{\displaystyle \overset{慢}{\longrightarrow} CH_2\!\!=\!\!CH_2 + H\cdot}{\underset{\underset{C_9H_{20}}{快}}{\longrightarrow} CH_3CH_3 + C_9H_{19}\cdot}$$

反应体系中的氢自由基、甲基自由基以及乙基自由基通过夺取原料分子中的氢而生成氢气、甲烷以及乙烷等：

$$CH_3CH_2CH_2CH_2CH_2CH_2CH_2CH_2CH_3 + H\cdot \text{ 或者 } CH_3\cdot \text{、} CH_3CH_2\cdot \longrightarrow$$

$$CH_3CH_2CH_2CH_2CH_2CH_2\overset{\displaystyle\cdot}{C}HCH_3 + H_2 \text{ 或者 } CH_4\text{、} CH_3CH_3$$

或者进行自由基偶联而使自由基链终止：

$$H\cdot + H\cdot \longrightarrow H_2$$
$$CH_3\cdot + H\cdot \longrightarrow CH_4$$
$$CH_3CH_2\cdot + H\cdot \longrightarrow CH_3CH_3$$
$$CH_3\cdot + CH_3\cdot \longrightarrow CH_3CH_3$$

上述自由基反应机理能够很好地说明在石脑油热裂解过程中乙烯的生成机理。

以上所列举的自由基链反应机理仅仅是简化的，只列出了其中一部分基元反应，如果把可能发生的基元反应都表示出来是极为繁琐的。

总之，烃类热反应时，某些容易反应的分子首先在键能较弱的化学键处发生断裂生成自由基。其中较小的自由基能在较短的时间里存在，因而可与别的分子碰撞生成新的自由基。较大的自由基比较活泼，不稳定，只能瞬间存在，并很快再次断裂，生成烯烃和较小的自由基。自由基之间也可以相互结合生成烷烃。其最终结果是生成较原料分子小的烯烃和烷烃，其中也包括气体烃类，很难生成异构烷烃和异构烯烃。

综上，大量实验和研究已经证明自由基链反应机理是揭示烃类热裂解反应过程本质的一种有效理论，它在裂解技术发展中具有重要实际意义，不仅可以预测反应产物分布，而且可以确定反应的动力学，这对工程设计具有很大的帮助。但是由于裂解反应的复杂性，要探明裂解反应的具体详细情况，还需要不断深入研究。目前已经能合理地解释 $C_2 \sim C_6$ 烷烃的裂解过程，以及较大单一烃为原料的裂解过程，但还不能全面阐明多组分的混合烃原料的裂解过程。该机理已能预测裂解过程一次反应的产物分布，但还不能预测工业裂解的高转化率条件下的产物分布。因为反应进行到较高转化率时，反应初期所生成的产物又进一步发生了二次反应，反应系统变得极为复杂。所谓一次反应是指原料烃分子在裂解过程中首先发生的反应，二次反应是指一次反应的生成物继续发生的后继反应。烃分子在裂解初期发生平行竞争的一次反应。在裂解中、后期发生一次反应与二次反应的连串反应。从整个裂解进程看，属于比较典型的连串反应。

重油的热裂化反应机理与烃类的热裂解反应机理类似，也为自由基机理，只是反应温度低一些（500℃左右），在这样的温度下，自由基反应同样分为链引发、链增长以及链终止三个阶段。这部分不再赘述。

第四节　各族烃的热裂解反应

在学习烃类热裂解反应机理的基础上，本节主要介绍各族烃的热裂解反应原理。在石油加工过程中，热反应的原料主要是烃类，但是多数裂解原料是各种烃的复杂混合物，主要为烷烃、环烷烃和芳烃，某些来自炼厂的炼厂气和二次加工油品还含有一些烯烃。而这些裂解原料中各族烃的相对含量差别较大，当原料的烃族组成不同时，原料的裂解反应规律就不同。这是因为正构烷烃、异构烷烃、烯烃、环烷烃、芳烃在发生裂解反应时的反应机理存在差异。因此在热反应过程中，各种烃发生多种不同的热反应，反应的产物又会促进或抑制其他原料的热反应，所以热裂解反应是比较复杂的。

本节先介绍各族烃的热反应原理，进而讨论混合烃的裂解规律，以及在混合裂解过程中各种烃之间的相互作用和混合烃原料组成对于裂解反应的影响规律。

一、正构烷烃的热裂解反应

在裂解反应原料中，正构烷烃是最主要的组成，因此正构烷烃的反应也是最主要的反应。对于正构烷烃，在热裂解反应过程中主要发生脱氢反应和断链反应。C_6 以上正构烷烃还会发生环化脱氢反应。

1. 脱氢反应

脱氢反应就是 C—H 键的断裂反应，从而形成烯烃并释放出氢气，反应式如下：

$$C_n H_{2n+2} \rightleftharpoons C_n H_{2n} + H_2$$

2. 断链反应

断链反应是 C—C 键断裂，形成烯烃和小分子烷烃的反应，反应式如下：

$$C_n H_{2n+2} \longrightarrow C_m H_{2m} + C_k H_{2k+2} \qquad n = m + k$$

一般认为脱氢反应是可逆反应，而断链反应是不可逆反应。下面比较不同结构的烷烃中 C—C 键、C—H 键的键能情况：

$$\text{键能，kJ/mol}$$

$$\begin{cases} \text{CH}_3 \!+\! \text{CH}_3 & 360 \\ \text{C}_2\text{H}_5 \!+\! \text{H} & 410 \end{cases}$$

$$n-\text{C}_4\text{H}_9 \!+\! \text{C}_4\text{H}_9 - n \quad 310$$

$$n-\text{C}_4\text{H}_9 \!+\! \text{H}(\text{仲氢}) \quad 394$$

$$i-\text{C}_4\text{H}_9 \!+\! \text{H}(\text{叔氢}) \quad 373$$

$$t-\text{C}_4\text{H}_9 \!+\! \text{C}_4\text{H}_9 - t \quad 264$$

正辛烷中各 C—C 键键能大小为（单位为 kJ/mol）：

$$\text{CH}_3 \overset{335}{\rule{1.5em}{0.4pt}} \text{CH}_2 \overset{322}{\rule{1.5em}{0.4pt}} \text{CH}_2 \overset{314}{\rule{1.5em}{0.4pt}} \text{CH}_2 \overset{310}{\rule{1.5em}{0.4pt}} \text{CH}_2 \overset{314}{\rule{1.5em}{0.4pt}} \text{CH}_2 \overset{322}{\rule{1.5em}{0.4pt}} \text{CH}_2 \overset{335}{\rule{1.5em}{0.4pt}} \text{CH}_3$$

由以上数据得出结论：

（1）C—H 键键能大于 C—C 键键能，因此断链反应比脱氢反应容易。

（2）长链烷烃中，越靠近中间，C—C 键键能越小，越易断裂。

（3）随着烷烃分子碳链增长，C—C、C—H 键键能呈减小趋势，即高级烷烃热稳定性下降，易于热裂化。

（4）异构烷烃的 C—C 及 C—H 键键能均小于正构烷烃，说明异构烷烃易于断链和脱氢，其热稳定性差，易于热裂化。

此外，从反应的自由能变化也可以判断反应的难易程度。因为裂解反应一般是在低压高温下进行，所以可以把各种气态烃视作理想气体，反应的自由能可近似用标准自由能变化 $\Delta G^{\ominus}$ 表示。反应平衡常数 K_p 和标准自由能变化 $\Delta G^{\ominus}$ 有如下关系：

$$\Delta G^{\ominus} = -RT \ln K_p$$

反应向自由能减小方向进行，$\Delta G^{\ominus}$ 负值的绝对值越大，反应向正方向进行程度越大，表示反应达到平衡时，生成物越占优势，或者说反应物的平衡转化率越高。$\Delta G^{\ominus}$ 为正值，表明烃类裂解平衡转化率比 $\Delta G^{\ominus}$ 为负值时要小，反应向正方向进行的程度较小。若 $\Delta G^{\ominus}$ 为很大的正值，则反应进行的程度极小。因此可以用 $\Delta G^{\ominus}$ 值的大小来比较各种烷烃进行脱氢反应和断链反应的难易程度。表 1-7 是几种烷烃在 1000K 下进行脱氢反应和断链反应的标准自由能变化 $\Delta G^{\ominus}$。

表 1-7　正构烷烃于 1000K 的裂解反应的 $\Delta G^{\ominus}_{1000}$

脱氢反应	$\Delta G^{\ominus}_{1000}$ kJ/mol	断链反应	$\Delta G^{\ominus}_{1000}$ kJ/mol
$\text{CH}_4 \rightleftharpoons 1/2\text{C}_2\text{H}_4 + \text{H}_2$　（1）	39.94	$\text{C}_3\text{H}_8 \longrightarrow \text{C}_2\text{H}_4 + \text{CH}_4$　（7）	−53.89
$\text{C}_2\text{H}_6 \rightleftharpoons \text{C}_2\text{H}_4 + \text{H}_2$　（2）	8.87	$\text{C}_4\text{H}_{10} \longrightarrow \text{C}_3\text{H}_6 + \text{CH}_4$　（8）	−68.99
$\text{C}_3\text{H}_8 \rightleftharpoons \text{C}_3\text{H}_6 + \text{H}_2$　（3）	−9.54	$\text{C}_4\text{H}_{10} \longrightarrow \text{C}_2\text{H}_4 + \text{C}_2\text{H}_6$　（9）	−42.34
$\text{C}_4\text{H}_{10} \rightleftharpoons \text{C}_4\text{H}_8 + \text{H}_2$　（4）	−5.94	$\text{C}_5\text{H}_{12} \longrightarrow \text{C}_4\text{H}_8 + \text{CH}_4$　（10）	−69.08
$\text{C}_5\text{H}_{12} \rightleftharpoons \text{C}_5\text{H}_{10} + \text{H}_2$　（5）	−8.08	$\text{C}_5\text{H}_{12} \longrightarrow \text{C}_3\text{H}_6 + \text{C}_2\text{H}_6$　（11）	−61.13
$\text{C}_6\text{H}_{14} \rightleftharpoons \text{C}_6\text{H}_{12} + \text{H}_2$　（6）	−7.41	$\text{C}_5\text{H}_{12} \longrightarrow \text{C}_2\text{H}_4 + \text{C}_3\text{H}_8$　（12）	−42.72

脱氢反应	$\Delta G_{1000}^{\ominus}$ kJ/mol	断链反应	$\Delta G_{1000}^{\ominus}$ kJ/mol
......	......	$C_6H_{14} \longrightarrow C_5H_{10} + CH_4$ （13）	−70.08
		$C_6H_{14} \longrightarrow C_4H_8 + C_2H_6$ （14）	−60.08
		$C_6H_{14} \longrightarrow C_3H_6 + C_3H_8$ （15）	−60.38
		$C_6H_{14} \longrightarrow C_2H_4 + C_4H_{10}$ （16）	−45.27

从表1-7中可得到下面规律：

（1）断链反应的 $\Delta G_{1000}^{\ominus}$ 均为负值，且其绝对值较大，从热力学来看，断链反应比脱氢反应容易。而且随着烷烃分子量的增大，断链反应的优势不断增加。

（2）对于低分子烷烃，在断链反应中，C—C 键断裂在分子两端的优势比断裂在分子中央大［例如，比较式（8）与式（9）］，断链所得的分子，较小的是烷烃，较大的是烯烃。随着烷烃分子量的增加，C—C 键断裂在两端的优势减弱，断裂在中央的可能性增加［比较式（8）与式（9）、式（10）~式（12）、式（13）~式（16）］。

（3）烷烃裂解中，脱出甲烷比脱出乙烯或丙烯容易。

正构烷烃裂解时，温度变化对其裂解方式也具有影响，例如正辛烷可发生如下断链反应以及脱氢反应：

$$\text{断链反应} \quad C_8H_{18} \longrightarrow C_4H_{10} + C_4H_8$$
$$\text{脱氢反应} \quad C_8H_{18} \Longleftrightarrow C_8H_{16} + H_2$$

不同温度下正辛烷裂解反应的自由能变化见表1-8。由表1-8看出，随着裂解温度由500℃升高至700℃，正辛烷的断链反应和脱氢反应的自由能变化均进一步降低，并且各温度下断链反应都比脱氢反应容易，随着温度升高，脱氢反应变化显著。

表1-8　正辛烷在不同温度下裂解反应的自由能变化

T,℃	断链反应 $\Delta G^{\ominus}$, kJ/mol	脱氢反应 $\Delta G^{\ominus}$, kJ/mol
500	−13.0	3.02
700	−24.3	−10.03

从反应动力学的角度考虑，烃热裂解的反应性能也可以由其裂解反应的速率常数大小来判断。

由化学反应动力学可知，反应速率常数 k 有如下的关系：

$$k = A e^{-E_a/(RT)}$$

取对数：

$$\ln k = \ln A + \frac{-E_a}{R} \cdot \frac{1}{T}$$

几种烷烃热裂解总反应的速率常数 $\ln k$ 与 $1/T$ 的关系，如图1-5所示。

由图1-5可见：温度越高，反应速率常数越大，高温有利于裂解；正构烷烃中的碳原子数目越多，反应速率常数越大，即正构烷烃分子越大越容易裂解，乙烷最难裂解。

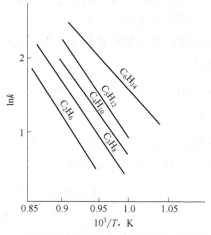

图 1-5 正构烷烃裂解反应速率常数与温度的关系

利用石蜡的热裂化反应制取长链烯烃在工业上取得了应用，所得烯烃产品主要为 α-烯烃，常用作洗涤剂生产的原料。石蜡主要为含有 16~56 个碳原子的直链烷烃，热裂化温度一般为 540~570℃，于高压下进行，产品为 $C_6~C_{20}$ 的 α-烯烃。石蜡的热裂化反应主要涉及断链反应：

$$石蜡(C_{16}~C_{56}) \xrightarrow[\text{高压}]{540~570℃} C_6~C_{20} \text{ 的 } α\text{-烯烃}$$

3. 环化脱氢反应

C_6 以上正构烷烃可以发生环化脱氢反应，得到环烷烃，如下列反应：

$$\text{（环化脱氢反应结构式）} \longrightarrow \text{（六元环）} + H_2$$

二、异构烷烃的热裂解反应

异构烷烃的结构比正构烷烃复杂，所以异构烷烃的热裂解反应也更加复杂，一般没有简单规则可循。

具有一个甲基侧链的异丁烷是最简单的异构烷烃，其裂解反应具有一定代表性。在热裂解过程中，异丁烷既可以发生断链反应，也可以进行脱氢反应，但主要是通过断链反应得到比原料异丁烷分子少一个碳原子的丙烯。通过脱氢反应也可获得一定量的同碳原子数的异丁烯，反应如下：

$$H_3C-CH-CH_3 \begin{cases} \xrightarrow{\text{断链}} CH_2=CH-CH_3 + CH_4 \\ \xrightarrow{\text{脱氢}} H_2C=C-CH_3 + H_2 \end{cases}$$

异丁烷

在异丁烷一次裂解产物中没有乙烯，这是因为乙烯不是由异丁烷一次反应直接生成的，而是由丙烯、异丁烯二次裂解获得的。

而新戊烷（2,2-二甲基丙烷）主要是断链反应，生成比它少一个碳原子的异丁烯：

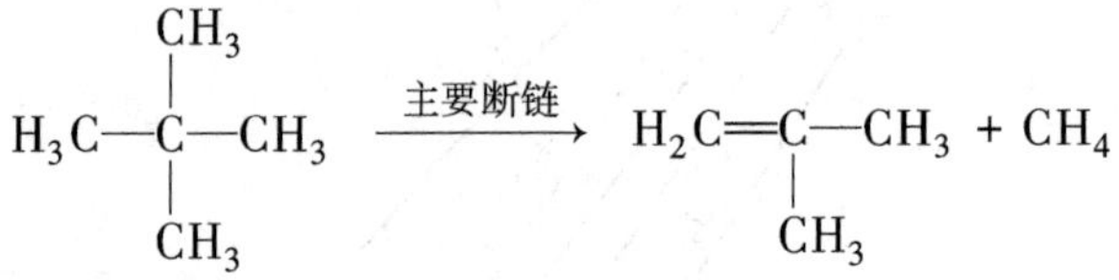

$$
\underset{\substack{\displaystyle | \\ CH_3}}{\overset{\substack{CH_3 \\ \displaystyle |}}{H_3C-C-CH_3}} \xrightarrow{\text{主要断链}} \underset{\substack{\displaystyle | \\ CH_3}}{H_2C=C-CH_3} + CH_4
$$

2,3-二甲基丁烷裂解主要是发生断链反应，生成比它少一个碳原子的两种取代丁烯（2-甲基-2-丁烯和3-甲基-1-丁烯）以及生成丙烯：

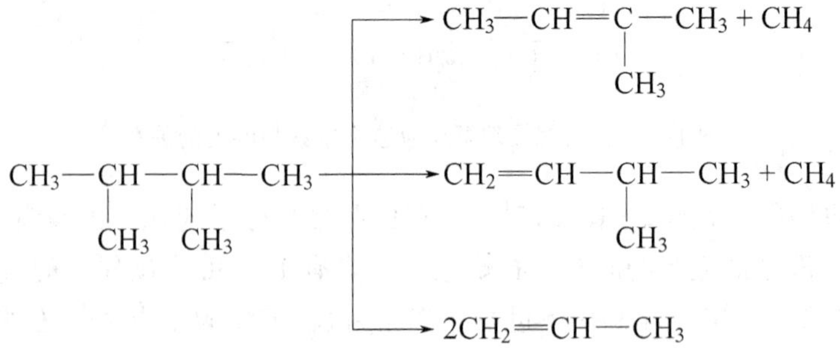

$$
\underset{\substack{\displaystyle | \quad | \\ CH_3 \; CH_3}}{CH_3-CH-CH-CH_3}
\begin{cases}
\longrightarrow \underset{\substack{\displaystyle | \\ CH_3}}{CH_3-CH=C-CH_3} + CH_4 \\[2ex]
\longrightarrow \underset{\substack{\displaystyle | \\ CH_3}}{CH_2=CH-CH-CH_3} + CH_4 \\[2ex]
\longrightarrow 2CH_2=CH-CH_3
\end{cases}
$$

总体来说，异构烷烃的裂解与正构烷烃相比有如下一些特点：

（1）异构烷烃裂解所得乙烯和丙烯的收率比正构烷烃低，而氢气、甲烷、C_4 和 C_4 以上的烯烃收率则较高。但随着碳原子数的增大，异构烷烃与正构烷烃的这种差别减小。

（2）在单甲基取代的异构烷烃中，如果甲基连在第二个碳原子上，比其他异构烷烃裂解时大分子烯烃收率低，而乙烯、丙烯收率较高。这种异构烷烃裂解速度比同碳原子数的正构烷烃要慢，大体上与比它少一个碳原子的正构烷烃相当。对于二甲基取代的烷烃，如果两个甲基不在同一碳原子上，趋向于生成比其少一个碳原子的异构烯烃。这种异构烷烃的裂解速度比同碳原子数的正构烷烃为快，大体上与比它多一个碳原子的正构烷烃相当。

（3）异构烷烃裂解所得一次产物中丙烯与乙烯的质量比比同碳原子数的正构烷烃大，所以如果希望产品中乙烯对丙烯之比较高时，异构烷烃含量较高的油品不是合适的原料。

三、烯烃的热裂解反应

由于烯烃的化学活泼性，从自然界所得的石油系原料中基本上不含烯烃。但是在原油经过一次及二次加工所得到的油品中则含有一定量的烯烃。在热裂解过程中，烯烃可能发生的主要反应有断链反应、脱氢反应、歧化反应、双烯合成反应、芳构化反应。

1. 断链反应

大分子烯烃通过断链反应可以生成两个较小的烯烃分子：

$$
\underset{\text{烯}}{C_mH_{2m}} \longrightarrow \underset{\text{烯}}{C_nH_{2n}} + C_kH_{2k} \qquad m=n+k
$$

烯烃碳链在什么位置断裂？由于烯烃分子中含有双键，双键的存在对断链位置具有一定影响。下面以 1-戊烯为例来说明，同时与正戊烷进行对比。在 1-戊烯分子中与双键相邻的 C—C 键为 α 位键，与 α 位 C—C 键相邻的为 β 位 C—C 键：

$$H_2C\!=\!\overset{\alpha}{CH\!-\!\!-}CH_2\!\overset{\beta}{-\!\!-}CH_2\!-\!CH_3$$

正戊烷分子中，标出相应位置 C—C 键的离解能为：

$$CH_3\!-\!CH_2\!-\!CH_2\!-\!CH_2\!-\!CH_3$$

$$D=342.3\text{kJ/mol}$$

将实验测定的 1-戊烯 α、β 位 C—C 键的离解能以及相应位置成键轨道形式及电子效应列入表 1-9 中。

表 1-9　1-戊烯 C—C 键的离解能和成键轨道形式

C—C 键位置	α 位	β 位
键离解能 D，kJ/mol	380.7	288.7
成键轨道形式	sp^2-sp^3	sp^3-sp^3
电子效应	σ-π 共轭	无

烯烃 α 位 C—C 键由 sp^2-sp^3 轨道重叠形成，而且它们之间还存在 σ-π 共轭效应；β 位 C—C 键由 sp^3-sp^3 轨道重叠形成，不存在超共轭效应。因此理论上分析得出，α 位 C—C 键比 β 位 C—C 键牢固。实验测定的 α 位 C—C 键的离解能为 380.7kJ/mol，β 位 C—C 键的离解能为 288.7kJ/mol，两个位置键离解能大小与理论分析一致。因此烯烃在裂解反应过程中断链主要在键离解能低的 β 位 C—C 键上进行。

比较 1-戊烯与正戊烷分子，烯烃 β 位 C—C 键的离解能比烷烃分子 C—C 键的离解能要低，而烯烃 α 位 C—C 键的离解能比烷烃分子 C—C 键的离解能高，因此具有 β 位 C—C 键的烯烃的裂解比烷烃容易，但没有 β 位 C—C 键的烯烃的裂解比烷烃要难。丙烯、异丁烯、2-丁烯由于没有 β 位置的 C—C 键，只有 α 位置的 C—C 键，所以这些烯烃难于裂解，而且比相应的烷烃（丙烷、异丁烷、正丁烷）还难于裂解。而 1-丁烯和碳原子数大于 4 的端烯烃，由于存在 β 位 C—C 键，所以比相应的正构烷烃易于裂解。

所以 1-戊烯的裂解主要是 β 位 C—C 键断裂，生成一个丙烯和一个乙烯分子：

$$CH_2\!=\!CH\!-\!CH_2\!\!-\!\!\!\mid\!\!-\!CH_2\!-\!CH_3 \longrightarrow CH_2\!=\!CH\!-\!CH_3 + CH_2\!=\!CH_2$$

同时还有少量 1-戊烯断裂链端 C—C 键生成丁二烯和甲烷分子。

同理 2-戊烯的裂解也主要是 β 位的 C—C 键发生断链而生成一个丁二烯分子和一个甲烷分子：

$$CH_3\!-\!CH\!=\!CH\!-\!CH_2\!-\!CH_3 \longrightarrow CH_2\!=\!CH\!-\!CH\!=\!CH_2 + CH_4$$

2. 脱氢反应

除了断链反应，烯烃可进一步脱氢生成二烯烃或炔烃，例如 1-丁烯脱氢转化为丁二烯，乙烯脱氢转化为乙炔：

$$H_2C{=}CH{-}CH_2{-}CH_3 \longrightarrow H_2C{=}CH{-}CH{=}CH_2 + H_2$$

$$H_2C{=}CH_2 \longrightarrow HC{\equiv}CH + H_2$$

3. 歧化反应

两分子相同烯烃可以歧化为两个不同的烃（烯、炔、烷）和 H_2 等。

$$2C_3H_6 \longrightarrow C_2H_4 + C_4H_8$$
$$2C_3H_6 \longrightarrow C_2H_6 + C_4H_6$$
$$2C_3H_6 \longrightarrow C_5H_8 + CH_4$$
$$2C_3H_6 \longrightarrow C_6H_{10} + H_2$$

4. 双烯合成（Diels-Alder）反应

二烯烃与烯烃进行双烯加成而生成环烯烃，进一步脱氢生成芳烃：

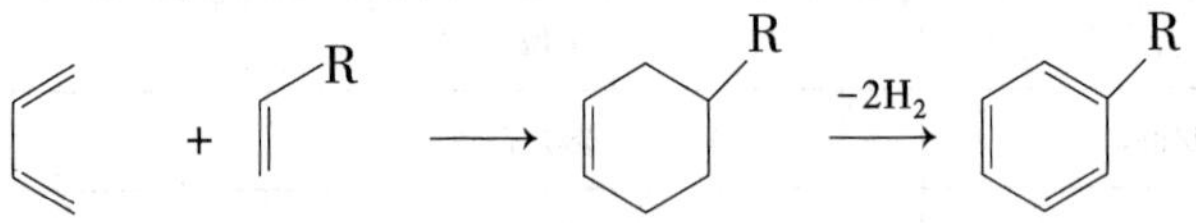

丁二烯和乙烯反应，环化成环己烯，然后脱氢生成苯：

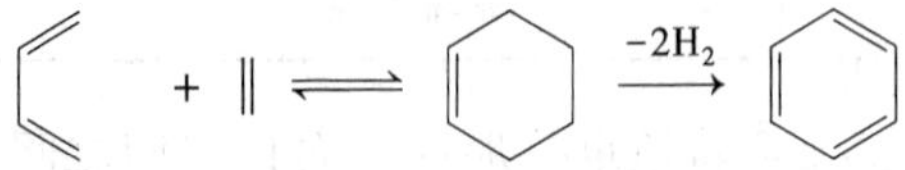

丁二烯和环己烯可以生成萘：

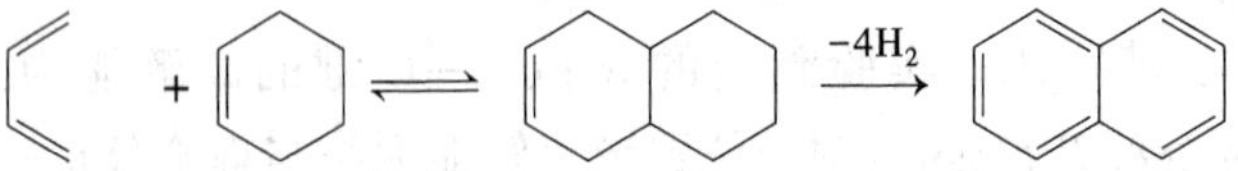

5. 芳构化反应

C_6 以上烯烃可以发生芳构化反应：

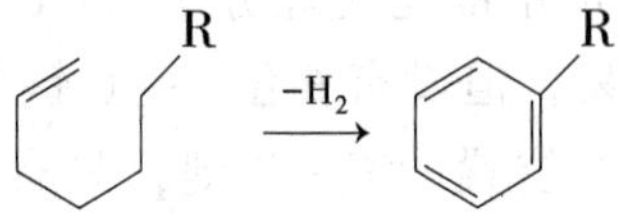

总体来说，烯烃裂解反应的特点是既有由大分子烯烃生成乙烯、丙烯等小分子烯烃的反应，又有小分子烯烃进一步反应转化为较大分子的反应。反应开始时，乙烯、丙烯产率上升，此时乙烯、丙烯的生成反应占优势，而随着反应时间的延长，乙烯、丙烯的产率达到一个最高点，随后就开始下降，此时乙烯、丙烯的转化反应占了优势，而 H_2、CH_4、芳烃等产物的产率逐渐增加。为了多产乙烯及丙烯，就要严格控制反应时间，使反应在一定时间内停止，从而促进乙烯、丙烯的生成，抑制乙烯、丙烯发生转化反应。

四、环烷烃的热裂解反应

原料中存在的环烷烃以及由正构烷烃脱氢环化生成的环烷烃，均可发生裂解反应。环烷烃可以发生开环反应生成乙烯、丁烯、丁二烯等，也可以发生脱氢反应生成环烯烃和芳烃。例如 800℃ 左右环己烷裂解反应如下：

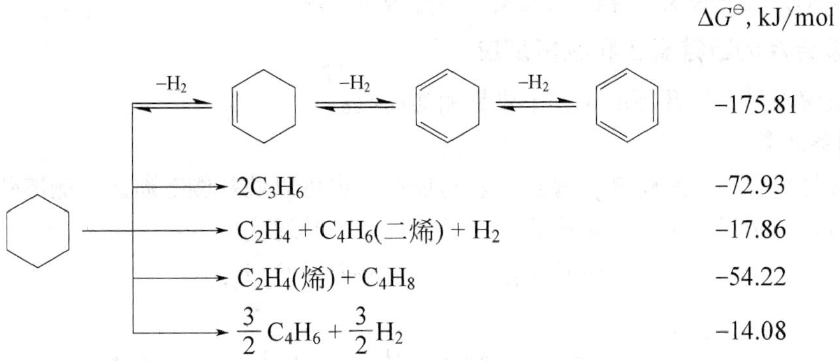
ΔG⊖, kJ/mol
−H2
−H2
−H2
−175.81
2C3H6
−72.93
C2H4 + C4H6(二烯) + H2
−17.86
C2H4(烯) + C4H8
−54.22
3/2 C4H6 + 3/2 H2
−14.08

由反应的标准自由能变化可以看出，在800℃左右的高温条件下，环烷烃生成苯的可能性最大。

在煤油、柴油馏分中含有的单环环烷烃绝大部分都带有较长的侧链，烷基侧链比烃环易于裂解。长侧链上离烃环较近的C—C键较不易断裂，长侧链的断链反应一般是从侧链中部开始，一直进行到侧链为甲基或乙基为止，带侧链的环己烷也可以裂化到不带侧链为止，例如：

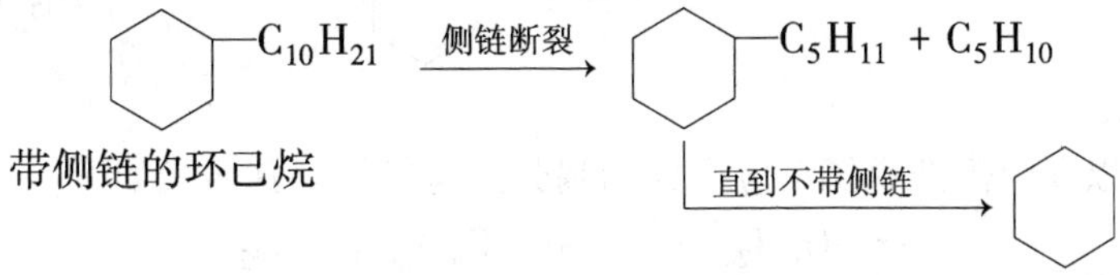
C10H21
侧链断裂
C5H11 + C5H10
带侧链的环己烷
直到不带侧链

柴油馏分中含有的多环环烷烃，裂解情况就更复杂些，除了具有单环环烷烃所能发生的反应以外，还能发生开环脱氢反应生成单环烯烃、单环二烯烃，乃至单环芳烃。例如：

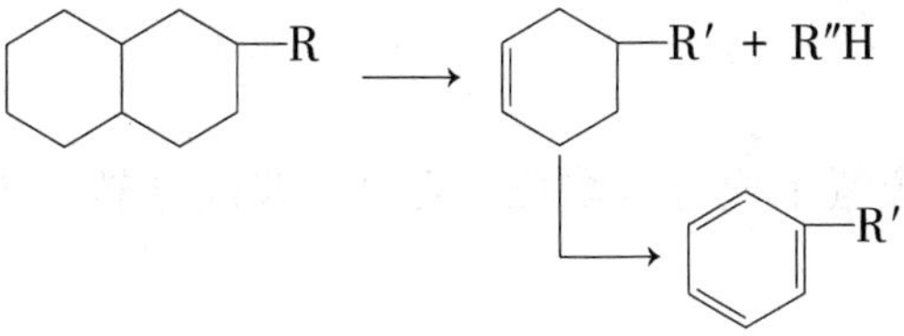
R
R′ + R″H
R′

环烷烃裂解具有如下一些规律：

（1）环烷烃脱氢比开环容易，所以脱氢生成芳烃的反应优先于开环生成烯烃的反应。

（2）侧链烷基比烃环易于裂解，所以长侧链的环烷烃比无侧链的环烷烃容易裂解。

（3）五碳环的环烷烃比六碳环的环烷烃较难于裂解。烷基环戊烷、烷基环己烷的裂解速度比同碳原子数的正构烷烃要慢。

（4）在裂解原料中，如果环烷烃含量相对于正构烷烃含量有所增加时，则乙烯产率会有所降低，丁二烯和芳烃产率会有所增长。环烷烃不是通过热裂解制备乙烯的理想原料。

五、芳烃的热裂解反应

裂解原料中含有的芳烃以及在裂解过程中由环烷烃脱氢反应生成的芳烃或由烯烃、二烯烃经过双烯加成反应再经脱氢生成的芳烃，在裂解过程中都可能发生变化。但由于芳环的稳定性，芳烃在裂解过程中，不易发生开环反应，而能发生烷基芳烃的断链反应、脱氢反应和环烷基芳烃的脱氢、异构化脱氢、缩合脱氢反应。

1. 烷基芳烃的断链反应和脱氢反应

芳烃裂解不易发生开环反应，主要是侧链反应。

1）侧链断裂

烷基芳烃可以完全脱烷基，得到芳烃与烯烃，也可以烷基侧链断链。侧链断链时可以生成烷基芳烃与烯烃，也可以生成烯基芳烃与烷烃，其通式如下：

$$Ar-C_nH_{2n+1} \longrightarrow Ar-H + C_nH_{2n}$$
$$烯$$

$$Ar-C_nH_{2n+1} \begin{cases} \longrightarrow Ar-C_mH_{2m+1} + C_kH_{2k} \quad n = m + k \\ 或 \\ \longrightarrow Ar-C_mH_{2m} + C_kH_{2k+2} \quad n = m + k \end{cases}$$

例如：

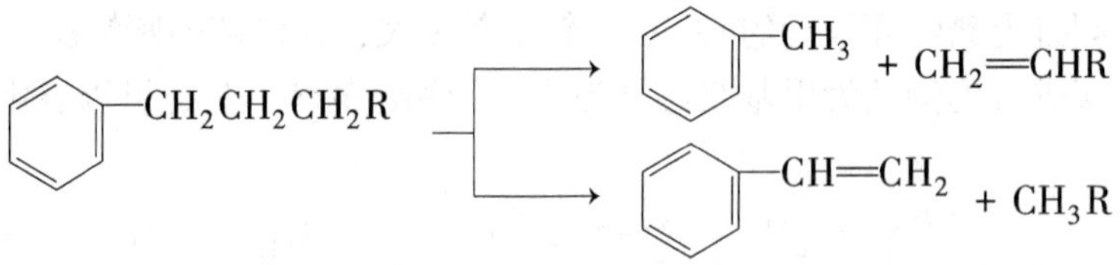

2）侧链脱氢

烷基芳烃可以发生侧链脱氢反应生成烯基芳烃与氢气，其通式如下：

$$Ar-C_nH_{2n+1} \longrightarrow Ar-C_nH_{2n-1} + H_2$$

例如乙苯脱氢制苯乙烯具有重要的工业意义：

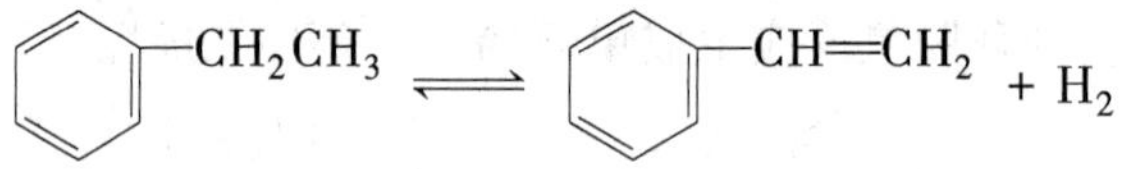

3）缩合反应

烷基芳烃通过烷基脱氢生成芳基烷烃，再进一步缩合转化为稠环芳烃，直至结焦，例如：

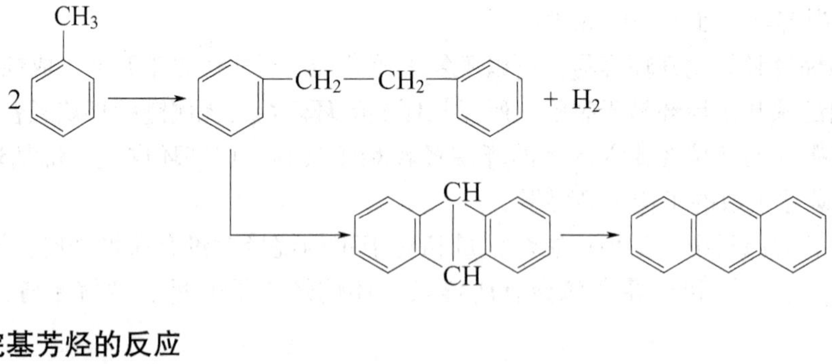

2. 环烷基芳烃的反应

1）脱氢和异构化脱氢

环烷基芳烃中的环烷基可以脱氢，生成双环或稠环芳烃，或环烷基发生环异构化后再脱氢得到双环或稠环芳烃，例如：

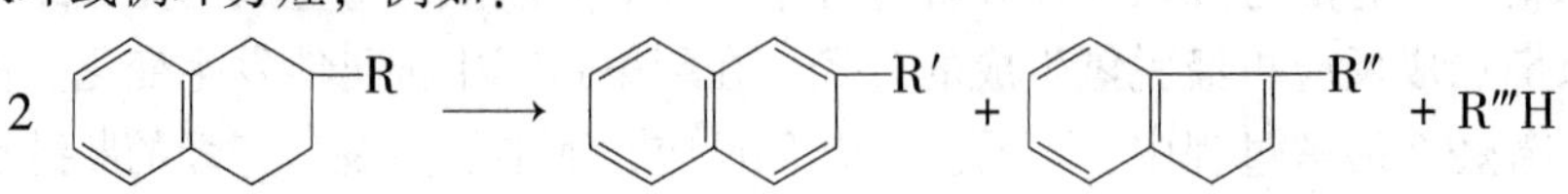

2）缩合脱氢反应

两分子环烷基芳烃经过缩合脱氢，得到稠环芳烃，例如：

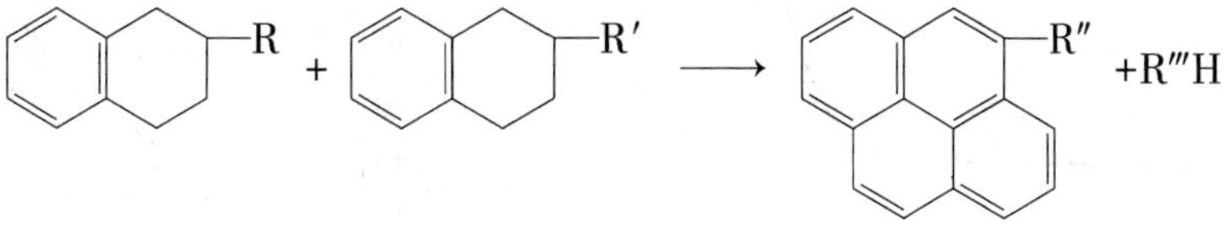

生成的产物进一步缩合，最后生成焦油，甚至结焦。

总的来说，芳烃由于其分子结构中芳环的稳定性，在裂解温度下不易发生裂开芳环的反应，而主要发生两类反应：一类是烷基芳烃的侧链发生断链和脱氢反应，一类是芳烃的缩合反应而使产物芳烃分子中的芳环增多、分子量增大，直至生成焦炭。缩合反应是裂解过程中不希望发生的反应。

以上详细介绍了各族烃进行热裂解的情况，实际上主要对各族烃裂解过程中一次反应进行了讨论。由于各族烃结构特点不同，其裂解反应不同，但都涉及断链反应与脱氢反应。为便于学习，将各族烃热裂解一次反应的特点总结于表1-10中。

表1-10　不同族烃分子一次反应及特点

烃类	烷烃	环烷烃	芳烃	烯烃
类型	（1）脱氢反应 （2）断链反应	（1）脱氢反应 （2）断链反应	（1）侧链脱氢反应 （2）侧链断链反应	（1）脱氢反应 （2）断链反应
特点	（1）脱氢和断链都是强吸热反应，先断链后脱氢 （2）脱氢可逆、断链不可逆	（1）烷基侧链比烃环易裂解，长侧链先在中间位置断链，有侧链的环烷烃得较多烯烃 （2）环烷烃脱氢生成芳烃比开环生成烯烃容易 （3）六碳环比五碳环易裂解	芳烃的热稳定性很高，在一般的裂解温度下不易发生芳环开裂的反应，但可以发生以下反应： （1）芳环脱氢缩合 （2）烷基芳烃的侧链发生断裂生成烷基或烯基芳烃，或侧链脱氢生成烯基芳烃	反应生成乙烯、丙烯等低级烯烃和二烯烃

六、混合烃的热裂解反应

单一烃的裂解反应系统已经相当复杂，主要表现在：每一烃分子可发生多种反应，每种反应可按不同机理进行；除一次反应外，还可发生二次反应，在反应的后期，相当于裂解原料与各种裂解产物共同进行裂解反应。如果是混合烃进行裂解，反应系统则更为复杂，这是因为：（1）原料中各烃分子除了进行自身的反应以外，不同类别烃分子相互之间还能发生反应；（2）裂解产物分子之间和产物分子与原料分子之间也有相互影响。某些组分能加速其他组分的裂解，而某些组分则可能抑制另外一些组分的裂解。于是混合烃在裂解过程中的裂解行为不是各烃单独裂解时的叠加，致使混合烃裂解和各烃单独裂解具有不同的裂解结果。现已证明，烷烃—烷烃、烷烃—烯烃以及烷烃—环烷烃等混合烃的裂解过程中，都表现出具有相互影响的行为。下面首先以烷烃—环烷烃的混合裂解为例来进行说明。

将乙烷、丙烷分别与环己烷混合，研究乙烷—环己烷、丙烷—环己烷混合裂解的情况。图1-6、图1-7分别是环己烷中乙烷、丙烷分子分率对它们混合裂解转化率的影响。

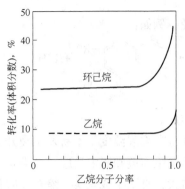 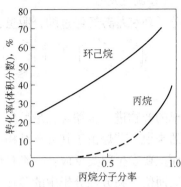

图 1-6 乙烷—环己烷混合裂解转化率与组成的关系   图 1-7 丙烷—环己烷混合裂解转化率与组成的关系
（反应条件：800℃，接触时间 0.055s）   （反应条件：800℃，接触时间 0.080s）

由图 1-6 和图 1-7 看出，随着混合烃原料中乙烷和丙烷含量的增加，环己烷的裂化转化率提高了。这表明乙烷、丙烷对环己烷的裂解有促进作用。这种作用在乙烷、丙烷含量高时尤其明显。反之，随着原料混合物中环己烷含量的增加，乙烷和丙烷的转化率下降了，这表明环己烷对乙烷和丙烷的裂解有抑制作用。

烷烃对环烷烃裂解的促进作用，主要原因是烷烃生成的自由基 $R \cdot$ （或 $H \cdot$），促使环己烷按自由基链反应机理发生反应：

$$R \cdot + \bigcirc \longrightarrow \bigcirc \cdot + RH$$

$$H \cdot + \bigcirc \longrightarrow \bigcirc \cdot + H_2$$

生成的环己基自由基进一步发生下列反应：

$$\bigcirc \cdot \longrightarrow H_2C{=}CH{-}CH_2{-}CH_2{-}CH_2{-}CH_2 \cdot$$

$$H_2C{=}CH{-}CH_2{-}CH_2 \cdot + H_2C{=}CH_2$$

$$-H \cdot$$

$$CH_2{=}CH{-}CH{=}CH_2$$

$$H_2C{=}CH{-}CH_2{-}CH_2{-}\overset{\cdot}{C}H{-}CH_3$$

$$CH_2{=}CH{-}CH_3 + CH_2{=}CH{-}CH_2 \cdot$$

$$H_2C{=}CH{-}\overset{\cdot}{C}H{-}CH_2{-}CH_2{-}CH_3$$

$$CH_2{=}CH{-}CH{=}CH_2 + CH_3CH_2 \cdot$$

$$H_2C{=}CH_2 + H \cdot$$

因此使得环己烷裂解转化率提高。反过来，环己烷对烷烃裂解的抑制作用，主要是环己烷夺走一部分乙烷、丙烷裂解链增长反应所需要的 H· 和 R· ，抑制了以下反应的发生：

$$H· + C_2H_6 \longrightarrow C_2H_5· + H_2$$
$$H· + C_3H_8 \longrightarrow C_3H_7· + H_2$$
$$CH_3· + C_3H_8 \longrightarrow C_3H_7· + CH_4$$

另外还研究了 C_6、C_7 烷烃与环己烷混合裂解的动力学，表 1-11 列出了它们单独裂解和混合裂解时反应速率常数和活化能的大小情况。

表 1-11 C_6、C_7 烷烃与环己烷混合裂解及单独裂解反应速率常数和活化能

烃	E_a, kJ/mol	单独裂解		
		k, s^{-1}		
		727℃	750℃	800℃
环己烷	270.4	1.6	3.0	13.3
正己烷	220.5	6.8	11.4	38.6
2，4-二甲基戊烷	259.69	12.8	21.5	89.7
2-甲基戊烷	248.66	12.6	17.9	70.6
烃	E_a, kJ/mol	混合裂解		
		k, s^{-1}		
		727℃	750℃	800℃
环己烷	194.97	5.2	8.1	23.7
正己烷	206.69	4.8	6.6	20.5
2，4-二甲基戊烷	224.68	3.5	5.8	20.0
2-甲基戊烷	224.26	2.3	3.8	13.2

由表中的数据可知：

（1）各温度下环己烷单独裂解时，其反应速率常数 k 最小，表明它最不易裂解；而在混合裂解时，其 k 值明显增大，表明它的裂解加快了；其他 C_6、C_7 烷烃组分结果正好相反，表明混合裂解时，它们的裂解被抑制了。

（2）单独裂解时，各烃 k 相差较大，而在混合裂解时，k 值差别缩小。随着温度的升高，k 值更加接近。

（3）烃类在混合裂解时，本身难裂解的组分对其他易裂解组分有抑制作用；反之，本身易裂解的组分对其他难裂解组分有促进作用。从反应机理看，凡能提供 H·、CH_3· 或 C_2H_5· 的组分，均能加速系统中最慢组分的裂解，起促进作用。凡能从系统中夺取 H·、CH_3· 等自由基的组分，起抑制作用。

下面再看看乙烷—丙烯混合体系进行热裂解的情况。图 1-8 是在 800℃、875℃ 温度下测得的乙烷—丙烯混合裂解中乙烷的速率常数、丙烯的速率常数分别随混合烃中丙烯的物质的量的分数增大而变化的曲线。

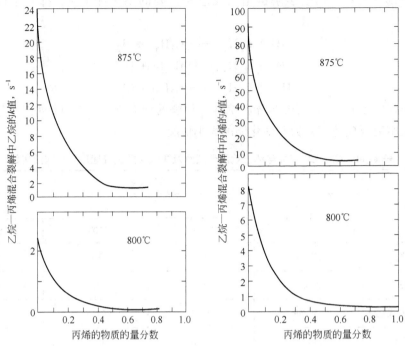

图1-8　乙烷—丙烯混合裂解中乙烷的速率常数、丙烯的速率
常数与混合烃中丙烯的物质的量分数的关系

从图1-8可以看出，随着混合烃中丙烯的物质的量分数增大，乙烷—丙烯混合裂解中乙烷的速率常数逐渐下降，在丙烯的物质的量分数为0到0.5的范围内，乙烷的速率常数下降得最明显。随着混合烃中丙烯的物质的量分数再增大，乙烷的速率常数与原料组成无关。而丙烯的反应速率常数则随着混合烃中乙烷物质的量分数的增大而一直增大。以上结果表明丙烯对乙烷的裂解具有明显的抑制作用，而乙烷对丙烯的裂解则具有促进作用。下面从反应机理进行分析。

简化的乙烷的裂解机理为：

$$C_2H_6 \longrightarrow 2CH_3 \cdot \tag{1}$$

$$CH_3 \cdot + C_2H_6 \longrightarrow CH_4 + C_2H_5 \cdot \tag{2}$$

$$C_2H_5 \cdot \longrightarrow H \cdot + C_2H_4 \tag{3}$$

$$H \cdot + C_2H_6 \longrightarrow C_2H_5 \cdot + H_2 \tag{4}$$

丙烯加入乙烷中后，丙烯的裂解反应为：

$$H \cdot + C_3H_6 \longrightarrow C_3H_7 \cdot \tag{5}$$

$$H \cdot + C_3H_6 \longrightarrow CH_3 \cdot + C_2H_4 \tag{6}$$

$$C_3H_7 \cdot \longrightarrow CH_3 \cdot + C_2H_4 \tag{7}$$

由于丙烯夺走了反应系统中的H·，而使得乙烷按反应(4)进行的程度削弱了，从而影响到反应(3)、(4)构成的反应链。而且由于反应(5)比反应(4)的速度要快得多，约快两个数量级，所以表现出丙烯对乙烷裂解的抑制作用。而当所有H·都被C_3H_6按反应(5)和(6)所夺走，C_2H_6只能按反应(2)与CH_3·发生反应，此时，丙烯表现出最大的抑制作用。而丙烯由于接受了乙烷所提供的H·进行了反应(5)、(6)和(7)，所以表现出了被乙烷的促进作用。由于丙烯夺取 H· 的能力很强，所以对乙烷裂解的抑制作用很强。

此外，研究还表明，丙烯对较大分子量烷烃裂解的抑制作用，没有对乙烷的作用明显，这是由于烷烃分子链越长，其生成 $CH_3·$、H· 等自由基浓度就越大，很容易使自由基链反应传递下去。

总之烃类混合热裂解，不仅影响反应速度，而且也影响产品分布。

七、渣油的热裂化反应

上面介绍了烷烃—环烷烃、烷烃—烯烃等混合烃的热裂解反应行为，对于渣油体系实际上也是不同烃类与胶质、沥青质组成的混合物。通常把渣油组成分为饱和分（Saturates）、芳香分（Aromatics）、胶质（Resin）和沥青质（Asphaltene）四个组分。饱和分主要包括大分子烷烃、带侧链的环烷烃等，芳香分包括带不同长度侧链的单环、双环与多环芳烃以及带有侧链的环烷基芳烃等，胶质、沥青质则分子量更大，是以烷基链连接起来的含有杂原子的稠并芳环。

渣油的热裂化反应同样遵循自由基链反应机理，由链引发、链传递和链终止三步组成，并且在裂化过程中，不同烃类以及胶质、沥青质之间相互影响。四组分中饱和分一般发生碳链断裂和环烷环开环反应，生成相对分子质量较小的裂解产物；芳香分一方面发生侧链断裂生成相对分子质量较小的裂解产物，另一方面则缩合成相对分子质量较大的胶质；胶质也可以发生侧链断裂，同时缩合成相对分子质量更大的沥青质；沥青质除因侧链断裂生成小分子烃类物质外，大多进一步发生缩合反应，形成次生沥青质（苯不溶物）、中间相小球体（喹啉不溶物）直至生成焦炭。渣油的热裂化反应机理可表示为：

（1）链引发：

$$\left.\begin{array}{l}\text{饱和分 S} \\ \text{芳香分 A} \\ \text{胶质 Re} \\ \text{沥青质 Asp}\end{array}\right\} \longrightarrow \text{R·}$$

R· 代表烷基自由基，主要由饱和分生成，部分由芳香分、胶质、沥青质烷基侧链断裂形成。

（2）链转移：链转移主要是芳香分、胶质和沥青质侧链发生氢转移，侧链上形成自由基。

$$\left.\begin{array}{l}\text{A} \\ \text{Re} \\ \text{Asp}\end{array}\right\} + \text{R·} \longrightarrow \text{RH} + \left\{\begin{array}{l}\text{A·} \\ \text{Re·} \\ \text{Asp·}\end{array}\right.$$

（3）脱烷基：芳香分、胶质和沥青质的侧链自由基断裂，发生部分或完全脱烷基。

$$\left.\begin{array}{l}\text{A·} \\ \text{Re·} \\ \text{Asp·}\end{array}\right\} \longrightarrow \text{R}_1· + \left\{\begin{array}{l}\text{A}' \\ \text{Re}' \\ \text{Asp}'\end{array}\right.$$

或

$$\left.\begin{array}{l} A\cdot \\ Re\cdot \\ Asp\cdot \end{array}\right\} \longrightarrow R'\,(烯) + \left\{\begin{array}{l} \cdot A' \\ \cdot Re' \\ \cdot Asp' \end{array}\right.$$

(4) 烷基自由基裂化：由饱和分形成的烷基自由基或由芳香分、胶质和沥青质的侧链断裂生成的烷基自由基进一步发生裂化反应。

$$R\cdot \longrightarrow \underset{烯}{C_mH_{2m}} + R_2\cdot$$

$$R_1\cdot \longrightarrow \underset{烯}{C_kH_{2k}} + R_3\cdot$$

(5) 饱和分（S）裂化：各种自由基发生夺氢反应，促使饱和分形成自由基，进而发生裂化。

$$R\cdot\,(R_1\cdot 、R_2\cdot 、R_3\cdot) + S \longrightarrow S\cdot + RH\,(R_1H、R_2H、R_3H)$$

$$\downarrow 裂化$$

$$S_1^= + S_2\cdot \longrightarrow 继续裂化$$

(6) 缩合反应：芳香分、胶质和沥青质侧链断裂后形成的自由基（·A'、·R'以及·Asp'）之间结合，进一步脱氢得到缩合产物。

$$\left.\begin{array}{l} \cdot A' \\ \cdot Re' \\ \cdot Asp' \end{array}\right| \longrightarrow A'{-}A',\ Re'{-}Re',\ Asp'{-}Asp',\ A'{-}Re',\ A'{-}Asp',\ Re'{-}Asp'$$

减压渣油焦化过程中，通过添加供氢剂，可以抑制渣油生焦，提高渣油的裂化转化率。这是因为在供氢剂的存在下，能够大大减缓胶质和沥青质的缩合反应。所谓供氢剂是指本身富含氢而且在热反应中容易给出氢的物质，例如四氢萘、环己烷均是很好的供氢剂。供氢剂的供氢效果与其结构密切相关，一般情况下，含有芳并环烷环结构的化合物具有较强的供氢能力。以四氢萘为例，它的分子中含有一个环烷环并合一个苯环，环烷环上和苯环相邻的两个氢原子（α-位氢原子）受苯环大π键的作用变得特别活泼，在与渣油进行热反应时向外提供活泼氢。大量研究表明供氢剂存在时，煤和重油中的沥青质大分子经热裂化处理后分子量得到了明显降低。这是由于供氢剂在高温下热裂解中释放出活泼氢自由基并参与到反应体系中，改变了重油热反应的自由基反应历程。

无供氢剂参与时，重油热反应裂化生成的大分子自由基（As·）相互缩合，逐步生长直至生焦［反应式(1)］；而加入供氢剂（HDH）时，大分子自由基与供氢剂提供的活泼氢自由基结合［反应式(3)、(4)、(5)］，链增长反应受到阻滞，更大分子的形成概率减小，体系生焦过程得到抑制，而供氢剂自身失氢成为芳烃化合物（$D_{Aromatics}$）。Bianco等的研究验证了这个反应历程，并证实了供氢剂在渣油热反应中封闭大分子自由基的行为。反应式如下：

$$As\cdot + As\cdot \longrightarrow As{-}As \longrightarrow 结焦 \tag{1}$$

$$H{-}D{-}H \longrightarrow H\cdot + H{-}D\cdot \tag{2}$$

$$As\cdot + H\cdot \longrightarrow As{-}H \tag{3}$$

$$As\cdot + H{-}D\cdot \longrightarrow As{-}H + D_{Aromatics} \tag{4}$$

$$As \cdot + H-D \cdot \longrightarrow H-D-As \qquad (5)$$

在渣油的热反应过程中，裂化反应和缩合反应是主要反应形式，二者是同时存在、并且相互联系。渣油的热裂化反应过程并不是完全不可控过程，通过控制一定的反应条件，可以使反应有选择地进行。渣油减黏裂化反应的目的是通过裂化反应使平均分子量和胶团的直径变小，表现在物理性质上是其黏度变小和凝点降低，同时得到少量裂化轻质油和裂化气。渣油焦化的目的则是通过较深度裂化，获得焦化气体、焦化石脑油、焦化柴油等。

图1-9列出了渣油四组分在热裂化过程中的相互转化途径。

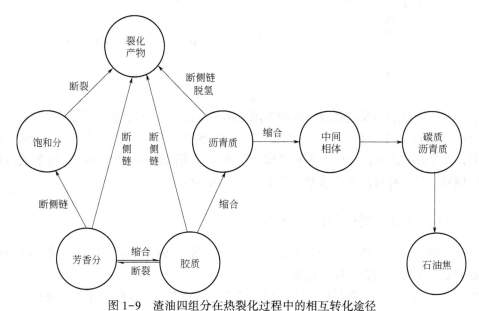

图1-9　渣油四组分在热裂化过程中的相互转化途径

第五节　烃类热裂解过程中生碳结焦机理

烃类经高温裂解，释放出氢或其他小分子化合物生成碳，这一过程称为生碳。若生成的产物中碳含量在95%以上，则称为"焦"，这一过程称为"结焦"。在炉管中生成焦炭是制约乙烯生产装置开工周期的主要因素。焦炭的前身物是裂解生成的烯烃、二烯烃以及原料中原有的和生成的芳烃。

结焦的确切机理还没弄清楚。目前的研究结果表明：温度不同，结焦的途径也不同。一般将苯（或甲苯）不溶物定义为焦炭。不同族的烃结焦机理存在差异，下面对其进行分类讨论。

一、烯烃通过炔烃中间阶段而生碳

裂解过程中，生成的乙烯在900~1000℃或更高温度下，经过乙炔而生碳：

$$CH_2=CH_2 \xrightarrow{-H\cdot} CH_2=CH\cdot \xrightarrow{-H\cdot} HC\equiv CH \xrightarrow{-H\cdot} HC\equiv C\cdot \xrightarrow{-H\cdot} \cdot C\equiv C \cdot$$
$$\xrightarrow{-H\cdot} C_n$$

C_n 不是单个碳原子，而是 n 个 C 碳原子（$n = 300 \sim 400$）按六角形排列的平面分子。

在温度为 $600 \sim 900\,^{\circ}\!C$ 时，生成的乙炔也可以直接聚合生成乙炔聚合物：

$$nC_2H_2 \longrightarrow (C_2H_2)_1 \longrightarrow (C_2H_2)_m \longrightarrow (C_2H_2)_n$$

$$\text{挥发性液体} \quad \text{不挥发性液体} \quad \text{固体}$$

环烯烃在高温下可以通过开环—断链—脱氢等过程生碳：

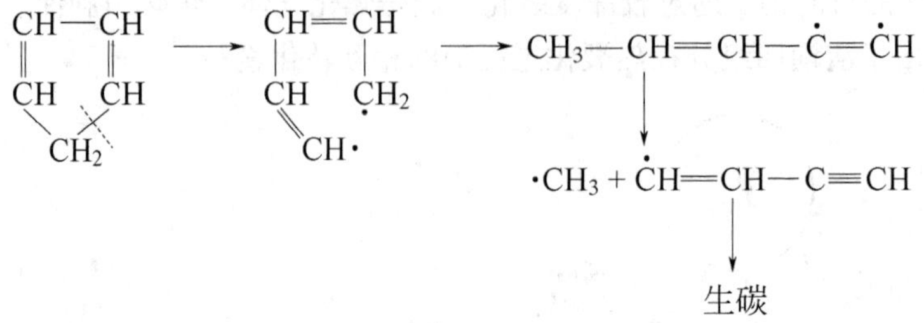

当烃气体通过加热反应管时，碳的析出有两种可能：一种可能是在气相中析出，一般约需 $900 \sim 1000\,^{\circ}\!C$ 以上温度，它经过两步：一是碳核的形成（核晶过程），二是碳核增长为碳粒。如果碳核形成的速度大于碳核增长的速度（当高温快速加热时），则形成高度细分散的碳粒。另一种可能是在管壁表面上沉积为固体碳层。

二、烯烃通过芳烃中间阶段结焦

不管是烯烃与二烯烃发生双烯加成后生成的芳烃，还是原料中的芳烃或产物中的芳烃，都容易发生脱氢缩合反应而结焦。

如二烯烃和苯经过一系列反应生成高度稠并的稠环芳烃，这种稠环芳烃极易进一步反应结焦：

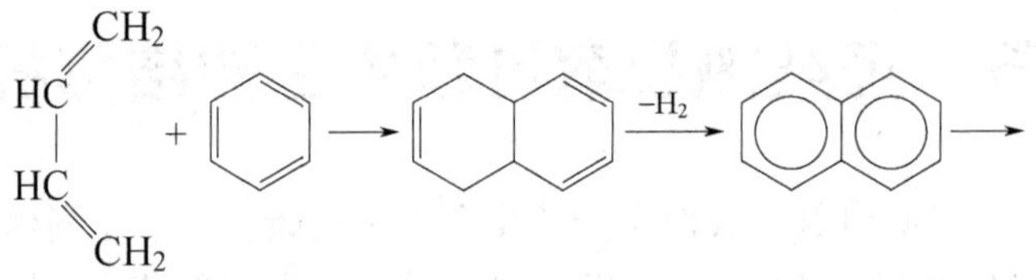

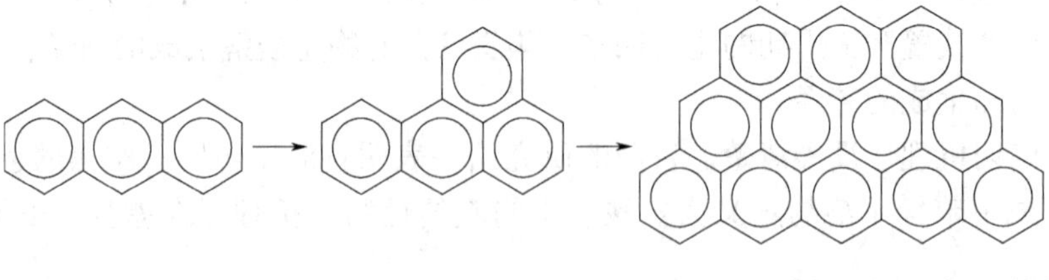

苯可在 $300\,^{\circ}\!C$ 以上的温度生成联苯，在 $400 \sim 500\,^{\circ}\!C$ 之间脱氢缩合为多环芳烃，继续升温则结焦：

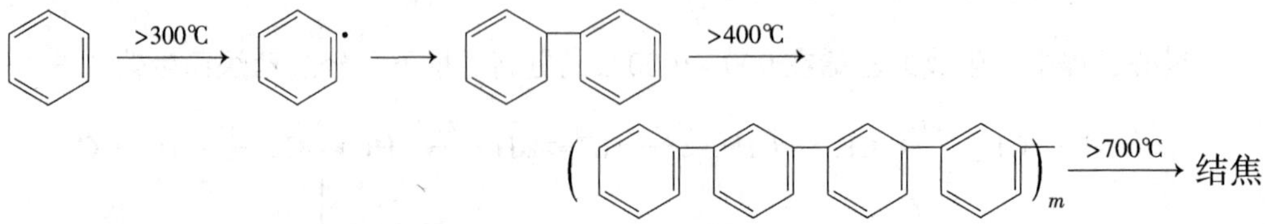

萘在 $800\,^{\circ}\!C$ 下，可发生脱氢缩合反应直至结焦，其中一种方式为：

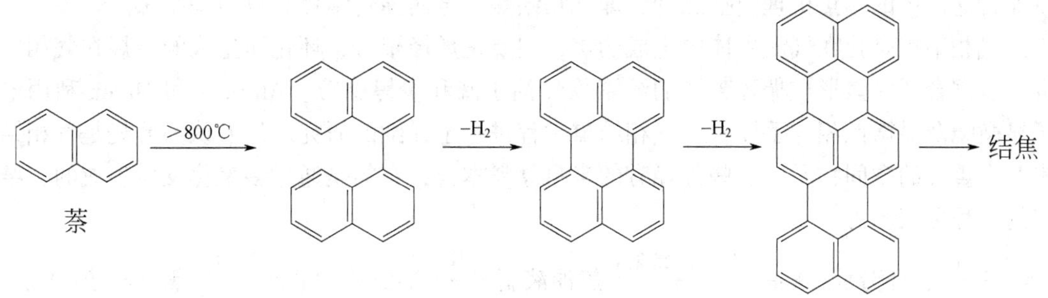

萘

蒽在裂解过程中，也可以发生脱氢缩合反应而生焦：

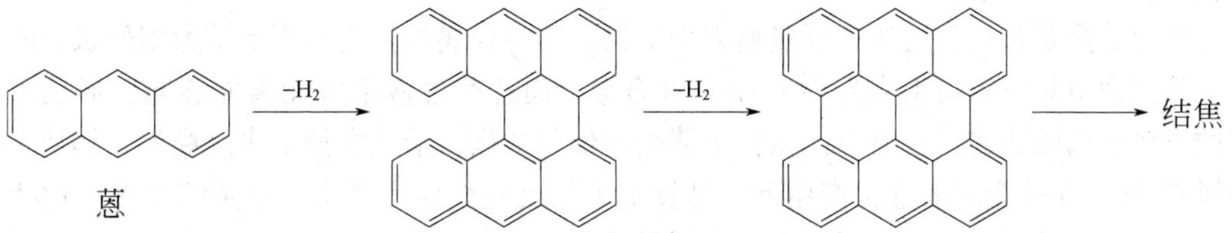

蒽

苊、苊烯在裂解过程中发生双烯加成生成十环烯，再进一步反应而结焦：

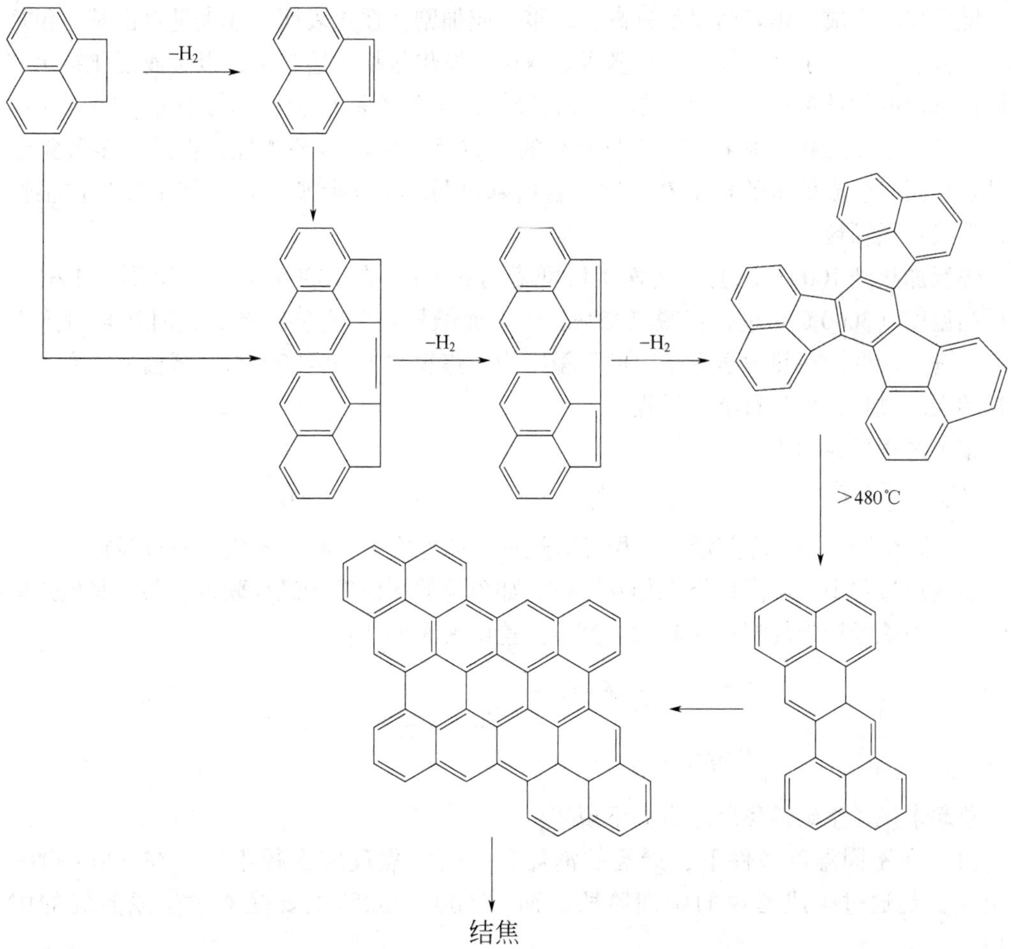

结焦

国内外科研工作者对热裂解（热裂化）过程中炉管结焦机理进行了大量的研究工作。

目前普遍认可的结焦机理包括三种，即气相结焦、金属催化结焦和自由基结焦。

气相结焦是指在气流主体中生成的焦，主要是烯烃聚合、环化而生成的芳烃在气相中进一步缩合、脱氢形成稠环芳烃的缩聚物焦油小滴和炭黑微粒。Albright 和 Marek 利用电子显微镜及显微照相等手段，对气相结焦过程进行了详细的研究。他们认为芳烃是气相结焦非常重要的中间物质，这些芳烃有的来自原料本身，有的是通过多聚化反应生成的，结焦的过程可表示为：

$$\text{芳烃}\xrightarrow{-H_2}\text{多环芳烃(焦油)}\xrightarrow{\text{结焦/缩聚}}\text{焦油液滴}\xrightarrow{-H_2}\text{半焦油状液滴}\xrightarrow{-H_2}\text{焦油粒子(烟灰)}$$

气相结焦过程在低于 700℃ 时不明显，发生气相结焦的反应温度取决于焦化原料的性质。

催化结焦是指烃类气体在反应器表面的铁、镍等金属的催化作用下结为细丝状焦的过程。目前裂解炉炉管材料多为 Fe、Cr、Ni 合金，而这些过渡金属元素能够与碳形成不稳定的过渡金属碳化物，在适合的条件下能引起催化结焦，造成大量积炭。烃类尤其是不饱和烃在 Fe、Ni 等金属的催化作用下极易发生脱氢反应而生成焦炭，这类结焦多以丝状形式生长。金属的表面催化作用不但与金属材质有关，也与金属表面的结构有关。表面粗糙有利于结焦的形成，而光滑的表面则有防止结焦的作用。

随着焦的生成，焦表面温度升高，缩聚反应加剧，在焦表面生成大量自由基，包括甲基、乙基、丙基、丁基、苯基自由基等。自由基结焦是指上述自由基以金属催化结焦和气相结焦形成的细丝焦炭和炭黑微粒为结焦母体，与分子量小于 100 的小分子物质（如乙炔、乙烯、丁二烯和其他烯烃）自身聚结的微粒反应生成多环芳烃，再进一步脱氢缩合而结焦，同时生成更多的自由基，这些自由基再与小分子物质反应，使结焦母体很快增大，形成焦炭颗粒。

焦炭加热到 1000℃ 以上，其含氢量可降到 0.3%，在 1300℃ 以上可降到 0.1% 以下，在更高温度（3000℃）进一步脱氢交联，由平面结构转为立体结构，此时氢含量降至近于零，进而转变为在热力学上稳定的石墨结构。焦炭在 1000～3000℃ 的高温下转变为石墨结构的碳的过程，称为石墨化过程。

整个过程可表示为：

$$\begin{array}{ccccccccccc} H_2\text{及气态烃} & & H_2 & & H_2 & & H_2 & & H_2 & & \\ \uparrow & & \uparrow & & \uparrow & & \uparrow & & \uparrow & & \\ \text{原料烃} & \longrightarrow & \text{单环芳烃} & \longrightarrow & \text{稠环芳烃} & \longrightarrow & \text{沥青质} & \longrightarrow & \text{高分子焦} & \longrightarrow & \text{石墨碳} \end{array}$$

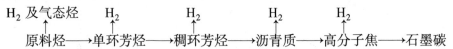

在生焦过程中，不同烃类也相互影响，如单纯的无侧链芳烃如联苯、萘，其生焦速度较慢，当把烷烃和芳烃混在一起时，其生焦速度大大加快：

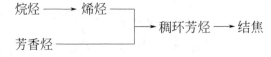

总起来说，生碳结焦反应有如下规律：

（1）在不同温度条件下，烯烃的消耗和生碳结焦反应途径不同。在 900～1100℃ 以上主要是通过生成乙炔的中间阶段，而在 500～900℃ 主要是通过生成芳烃的中间阶段。

（2）生碳结焦反应是典型的连串反应。随着温度的提高和反应时间的延长，不断释放出氢，生成的缩合物氢含量逐渐下降，碳氢比、分子量和密度逐渐增大。

（3）随着反应时间的延长，单环或环数不多的芳烃，转变为多环芳烃，进而转变为稠环芳烃，由液体焦油转变为固体沥青质，进而转变为碳青质，再进一步转变为高分子焦炭。

总之，烃类的热反应主要朝着两个方向发展，一是裂解反应，主要生成分子量更小的产物；另一是缩合反应，主要生成分子量更大的产物直至得到焦炭。总体来看，通过控制适当的反应条件，使裂解反应为主，缩合反应为辅，以便达到生产目的。

图 1-10 以较大分子烷烃热裂解为例，具体列出了裂解过程中一些主要产物的变化情况，其他族烃具有类似的反应途径，不再一一列举。

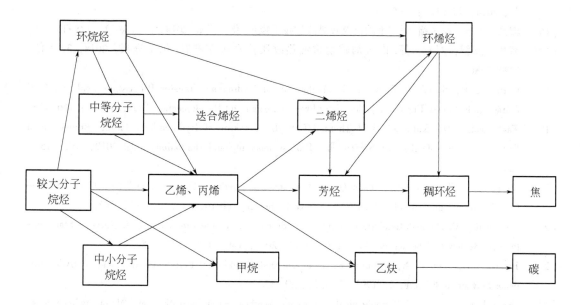

图 1-10　烃类裂解过程中一些主要产物变化示意图

参 考 文 献

[1]　邹仁鋆.石油化工裂解原理与技术.北京：化学工业出版社，1982.

[2]　苏贻勋.烃类的相互转变反应.北京：高等教育出版社，1989.

[3]　徐春明，杨朝合.石油炼制工程.4 版.北京：石油工业出版社，2009.

[4]　穆光照.自由基反应.北京：高等教育出版社，1985.

[5]　穆光照.自由基化学.上海：上海科学技术出版社，1983.

[6]　梁文杰.重质油化学.东营：石油大学出版社，2000.

[7]　梁文杰，阙国和，刘晨光，等.石油化学.2 版.东营：中国石油大学出版社，2009.

[8]　Olah G A，Molnar A. Hydrocarbon Chemistry. 2nd ed. New Jersy：John Wiley & Sons，Inc.，2003.

[9]　Kossiakoff A，Rice F O. Thermal Decomposition of Hydrocarbons，Resonance Stabilization and Isomerization of Free Radicals. J. Am. Chem. Soc.，1943，65（4）：590-595.

[10]　Rice F O. The Thermal Decomposition of Organic Compounds from the Standpoint of Free Radicals. Ⅲ. The Calculation of the Products Formed from Paraffin Hydrocarbons. J. Am. Chem. Soc.，1933，55（7）：3035-3040.

[11] Rice F O, Telle E. The Role of Free Radicals in Elementary Organic Reactions. J. Chem. Phys., 1938, 6 (8): 489-496.

[12] Rice F O, Johnston W R. The Thermal Decomposition of Organic Compounds from the Standpoint of Free Radicals. V. The Strength of Bonds in Organic Molecules. J. Am. Chem. Soc., 1934, 56 (1): 214-219.

[13] 李福超, 袁起民, 王亚敏, 等. 3-甲基庚烷热裂化和催化裂化甲烷生成机理. 石油学报 (石油加工), 2015, 31 (04): 35-42.

[14] 李福超, 张久顺, 袁起民. 正辛烷热裂化和催化裂化生成甲烷反应机理. 燃料化学学报, 2014, 42 (6): 697-703.

[15] 李福超, 袁起民, 张久顺. 2,5-二甲基己烷热裂化和催化裂化生成甲烷的机理研究. 石油炼制与化工, 2014, 45 (12): 1-5.

[16] 郭磊, 王齐, 李凤绪, 等. 重油供氢减黏改质技术概述. 化工进展. 2014, 33 (A01), 128-132.

[17] 龚旭, 薛鹏, 刘贺, 等. 供氢剂辅助重油热改质技术研究进展. 化工进展, 2018, 37 (4): 1374-1380.

[18] Curran G P, Struck R T, Gorin E. Mechanism of Hydrogen-Transfer Process to Coal and Coal Extract. Industrial & Engineering Chemistry Process Design and Development, 1967, 6 (2): 166-173.

[19] Fakhroleslam M, Sadrameli S M. Thermal/Catalytic Cracking of Hydrocarbons for the Production of Olefins, a State-of-the-art Review Ⅲ: Process modeling and simulation, Fuel. 2019, 252 (15): 553-566.

[20] Li Fuchao, Zhang Jiushun, Yuan Qimin. Mechanism of Methane Formation in Thermal and Catalytic Cracking of Octane. Journal of Fuel Chemistry & Technology, 2014, 42 (06): 697-703.

[21] Sadrameli S M. Thermal/Catalytic Cracking of Hydrocarbons for the Production of Olefins: A State-of-the-Art Review I: Thermal cracking review. Fuel, 2015, 140 (15): 102-115.

[22] Bianco A D, Panariti N, Prandini B, et al. Thermal Cracking of Petroleum Residues: 2. Hydrogen-donor Solvent Addition. Fuel, 1993, 72 (1): 81-85.

[23] Chauvel A, Lefebvre G. Petrochemical Processes: Synthesis-gas Derivatives and Major Hydrocarbons. Editions Technips, Paris, 1989.

[24] Castellanos E S, Neumann H, Prieto I J. Thermal Cracking, Thermal Hydrocracking and Catalytic Cracking of Deasphalted Oils. Fuel Science & Technology International, 1993, 11 (12): 1731-1758.

[25] Albright L F, Marek J C. Analysis of Coke Produced in Ethylene Furnaces: Insights on Process Improvements. Industrial & Engineering Chemistry Research, 1988, 27 (5): 751-755.

[26] 万书宝, 张永军, 汲永钢, 等. 抑制乙烯装置裂解炉炉管结焦的措施. 石油炼制与化工, 2012, 43 (2): 97-103.

第二章　烃类催化裂化反应与机理

第一节　概　　述

　　催化裂化是在高温和催化剂的作用下使重质原料油发生裂化反应，得到轻质燃料汽油、柴油以及液化石油气的工艺。由催化裂化过程所得到的汽油、柴油是目前汽车发动机的主要燃料，液化石油气含有较丰富的低碳烯烃，是重要的化工原料来源，因此作为石油二次加工的主要过程之一，催化裂化在炼厂占有重要地位。目前，全世界催化裂化装置加工能力达到 800Mt/a，中国已成为催化裂化发展的主要增长点，催化裂化加工能力超过 300Mt/a。

　　自 1936 年世界上首套催化裂化工业装置建成以来，催化裂化技术在工艺上不断地发展变化，由最初的固定床工艺发展到 20 世纪四五十年代的移动床工艺，60 年代又开发出流化催化裂化（Fluid Catalytic Cracking，FCC）工艺。目前炼厂主要采用提升管流化催化裂化工艺，同时研究应用了针对渣油加工的重油催化裂化（Residue Fluid Catalytic Cracking，RFCC）技术、深度催化裂化（Deep Catalytic Cracking，DCC）技术以及重油接触裂化（Heavy-Oil Contact Cracking，HCC）技术等。催化裂化工艺条件一般为反应温度 480~540℃，压力 0.2~0.4MPa，在催化剂存在下原料油在反应器中的停留时间 1~4s。

　　烃类的催化裂化反应与催化剂密切相关，催化剂在催化裂化过程中发挥着举足轻重的作用，可以说催化裂化技术的发展始终离不开催化剂的研究与创新。催化裂化催化剂为固体酸催化剂，从最初使用的天然粉末状酸性白土、硅酸铝发展到合成微球型硅酸铝，再到目前使用的合成分子筛，尽管催化剂的来源以及形状发生了变化，但具有酸性是催化裂化催化剂的核心。为适应催化裂化原料变化、目标产品需求以及工艺发展，分子筛催化剂的活性、选择性以及稳定性不断提升。目前催化裂化催化剂采用的分子筛主要包括 X 型分子筛、Y 型分子筛、超稳 Y 型分子筛（USY）、稀土 Y 型分子筛（REY）以及择型分子筛 ZSM-5、介孔分子筛等。分子筛催化剂不仅具有可调变的酸性，而且具有可调变的孔道，这为控制催化反应过程中催化活性中心（活性位）数目以及反应物、产物分子扩散通道提供了可能，因此能够根据需要控制反应，满足生产要求。

　　分子筛的基本结构单元为硅氧四面体和铝氧四面体，硅—氧键的键长为 0.160nm，铝—氧键的键长为 0.175nm，由于铝是 +3 价，所以铝氧四面体带有一个负电荷，即 AlO_4^-。分子筛不仅具有 L 酸性位（Lewis acid site，非质子酸），而且 L 酸性位遇到微量水后还能形成 B 酸性位（Bronsted acid site，质子酸），见图 2-1。分子筛的酸性位数大约为 $2×10^{13}$ 个/cm²。

　　图 2-2 为沸石催化剂上质子酸与非质子酸的相互转化过程。加热温度超过 450℃时，质子酸脱水形成非质子酸。沸石上每生成一个非质子酸需要两个质子酸，这种转换可以逆

L酸性位　　　　　　　　　　　　　　B酸性位

图 2-1　分子筛 L 酸性位及 B 酸性位

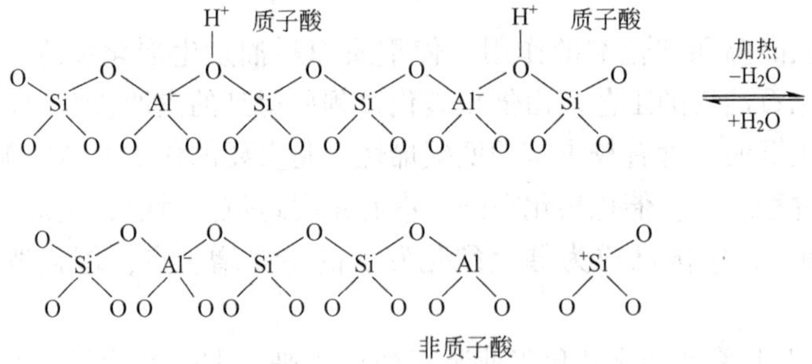

非质子酸

图 2-2　沸石催化剂上质子酸与非质子酸的相互转化过程

向进行，非质子酸遇水也可形成质子酸。

在烃类的催化裂化反应过程中，催化剂分子筛的 L 酸及 B 酸均参与催化作用，促进烃分子的断键、异构化及氢转移等反应。催化裂化工艺以固体酸作催化剂，并且采用较高的反应温度（500℃左右），因此催化裂化过程实质上是以酸催化裂化为主，并伴有少量热裂化的过程。

第二节　碳正离子及反应

一、碳正离子的结构

碳正离子（又称正碳离子）是烃类反应中十分常见的活泼中间体，它的生成方式、结构及稳定性对反应机理的阐明及反应产物分布十分重要。对碳正离子的研究已经有 100多年的历史。早期由于分析手段的缺乏以及碳正离子非常活泼、存在时间短而很难被分离鉴定。1891 年 Merling 在将溴加入到环庚三烯的实验中发现存在不明结构的物种，1902 年Norris 与 Kehrman 分别发现无色的三苯基甲醇在浓硫酸中会变成深黄色。碳正离子在许多有机反应中扮演中间物的角色被陆续发现，其概念最早由 Stieglitz 于 1899 年提出并发表。1922 年 Meerwein 在做莰烯氯化氢加成物的 Wagner 重排反应研究时对碳正离子概念进一步发展。早期由于碳正离子不能用实验手段来直接观察，一直停留在碳正离子假说阶段。20年代末，英国的 Ingold 和 Hughes 在对 S_N1 和 E1 反应机理的研究中，进一步阐述了碳正离子活性中间体在有机反应中的意义。1932 年美国的 Whitmore 在对碳正离子进行一系列研究后，人们才开始普遍认为碳正离子是非常不稳定的活性中间体。40 年代和 50 年代，许多化学家在对碳正离子活性中间体的立体化学、反应动力学和产物分析进行了大量研究后，碳正离子活性中间体的概念才慢慢地成熟起来，但仍然无法用实验方法加以观测，主要原因是碳正离子在一般的有机反应条件下，其存在时间非常短（$10^{-10} \sim 10^{-6}$s）。直到1958年Doering等人首次采用核磁共振波谱（NMR）分析技术在溶液中检测出了一种稳定的碳正离子，以及1962年Olah等人发现在超强酸中能使碳正离子长时间稳定存在并可用NMR直接检测到它，从而毫无疑问地证实了碳正离子存在的真实性。这一发现为后来的碳正离子研究和人们对碳氢化合物的反应活性的研究和应用开辟了新的领域，从而使碳正离子理论研究发展成为碳正离子学说。1984年，Maciel首次利用NMR技术检测到固体酸$AlCl_3$表面上的三苯甲基碳正离子，1995年Xu等采用相同的技术，检测到了$AlCl_3$表面上的叔丁基碳正离子，Haw等（1989年）首次利用^{13}C CP/MAS NMR技术检测到HY沸石表面上存在的1,3-二甲基环戊二烯基碳正离子。至此，在固体酸催化剂表面上也能生成碳正离子逐渐为人们接受。

　　Olah对碳正离子的贡献，不仅在于实验方面，更重要的是他在1972年提出了碳正离子的系统新概念。根据这个新概念，所有碳正离子（carbocation）分为两类：第一类是三配位碳正离子，中心碳原子的轨道为sp^2杂化，称为carbenium ion，即通常所称的经典碳正离子，如CH_3^+，经典碳正离子一般被认为是中间体；第二类为五配位（或更高配位）碳正离子，称为carbonium ion，也称为非经典碳正离子，如CH_5^+，非经典碳正离子既可以是中间体也可以是过渡态，目前已证实的非经典碳正离子属于中间体的例子并不多。图2-3为经典碳正离子的结构图，碳原子带一个正电荷，进行sp^2轨道杂化，其具有的空的p轨道垂直于碳原子的三个sp^2杂化轨道所在的平面。当碳正离子的邻位碳上具有C—H σ键时，σ键轨道与p轨道可以侧面相互重叠，发生σ-p共轭效应，即存在超共轭效应，见图2-4。由于存在σ-p共轭效应，使得碳正离子稳定性增强，C—C键能增大。碳正离子的稳定性与其结构相关，一般烷基碳正离子稳定性大小次序为：叔＞仲＞伯＞甲基正离子，例如：

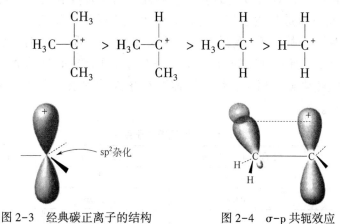

图2-3　经典碳正离子的结构　　　图2-4　σ-p共轭效应

　　图2-5为非经典碳正离子CH_5^+的结构，CH_5^+相当于CH_3^+结合了一分子的氢气，存在一个三中心两电子键（3c-2e，即Three centers-Two electrons），电子在三个中心原子中离域，而非限定在一个碳原子上，有利于稳定碳正离子。图2-6为降冰片基非经典碳正离

子（桥连碳正离子）中间体结构，其中 6 号位碳连有 2 个氢原子，属于五配位碳并起到桥连原子的作用。

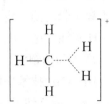

图 2-5 非经典碳正离子 CH_5^+ 的结构

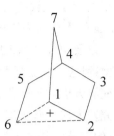

图 2-6 降冰片基非经典碳正离子中间体结构

长期以来，对非经典碳正离子是中间体还是过渡态存在争论。目前对非经典碳正离子的认识基本已有定论，认为非经典碳正离子既可以是中间体，也可以是过渡态，而且在某些情况下，例如降冰片基非经典碳正离子（图 2-6）是最稳定的中间体。普遍认为，叔碳正离子比较稳定，一般为经典碳正离子，伯碳正离子可以经过非经典碳正离子（桥连碳正离子）过渡态重排为比较稳定的仲或叔碳正离子。一般来说，在超强酸或气相中容易形成非经典碳正离子（桥连碳正离子）。在催化裂化催化剂上烷烃能否形成非经典碳正离子中间体，目前缺乏直接的实验证据，许多文献只是推测而已。

二、碳正离子的产生

在烃类参与的反应过程中，有多种途径可以生成碳正离子，例如烯烃质子化、烷烃氢负离子转移以及超强酸作用下烷烃脱除分子氢等都能生成碳正离子。通常以质子亲和能大小来表征烃类形成碳正离子的难易程度，并与氨或有机胺进行比较。氨或有机胺类化合物中的氮原子具有孤对电子，这对电子处于非键轨道（n 轨道）上，表现出碱性并能够与质子相结合，具有较大的质子亲和能。对于烃类化合物，可以提供含有孤对电子的 π 轨道或 σ 轨道与质子相结合，同样表现出碱性，见表 2-1。烃类的质子亲和能越高，代表碱性越强，越容易质子化产生碳正离子；质子亲和能越低，碱性越弱，越难转化为碳正离子。烯烃和芳烃与 H_2SO_4、HF 等质子酸或普通的 $AlCl_3/HCl$ 等 Lewis 酸均可反应，形成经典碳正离子，烷烃则需要在超强酸的条件下才能够被质子化，形成非经典碳正离子。

表 2-1 常见烃类质子亲和能

化合物种类	质子亲和能，kJ/mol	化合物种类	质子亲和能，kJ/mol
氨气[①]	846.0	乙烯	680.5
异丁烯	802.1	异丁烷	677.8
甲苯	784.0	丙烷	625.7
1，3-丁二烯	783.4	乙烷	596.3
丙烯	751.6	甲烷	543.5
苯	750.4		

①氨气用于对比。

1. 经典碳正离子的产生

经典碳正离子在相对缓和的条件下即能生成，例如烯烃质子化、烷烃氢负离子转移均可产生比较稳定的碳正离子：

$$RHC{=\!\!=}CH_2 + H^+ \rightleftharpoons R\overset{+}{C}HCH_3$$

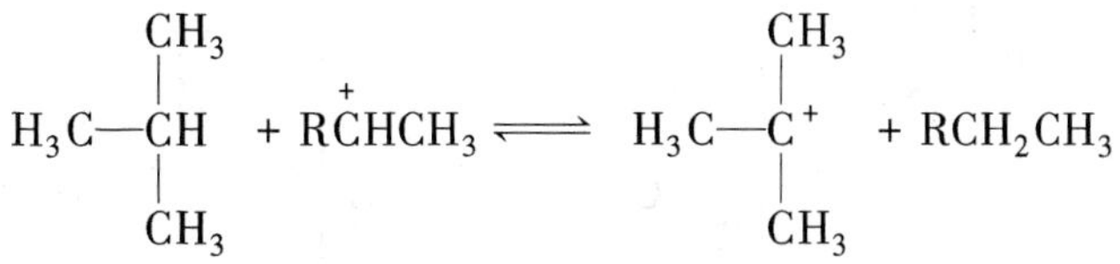

$$H_3C\underset{CH_3}{\overset{CH_3}{\underset{|}{\overset{|}{C}}}}H + R\overset{+}{C}HCH_3 \rightleftharpoons H_3C\underset{CH_3}{\overset{CH_3}{\underset{|}{\overset{|}{C^+}}}} + RCH_2CH_3$$

在质子酸催化下，芳烃也可以形成碳正离子：

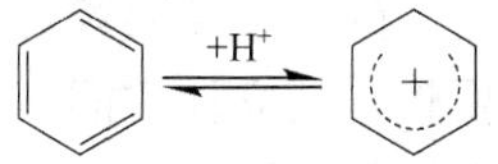

2. 非经典碳正离子的产生

在超强酸（CH_3SO_3H、FSO_3H、$HF{-}SbF_5$、$FSO_3H{-}SO_3$ 等）的条件下，烷烃可以直接被质子化，得到非经典碳正离子（桥连碳正离子），并且生成的非经典碳正离子可以继续转化为经典碳正离子。例如在超强酸 FSO_3H/SbF_5 作用下，甲烷经过非经典碳正离子过渡态，释放一分子氢气，得到 CH_3^+：

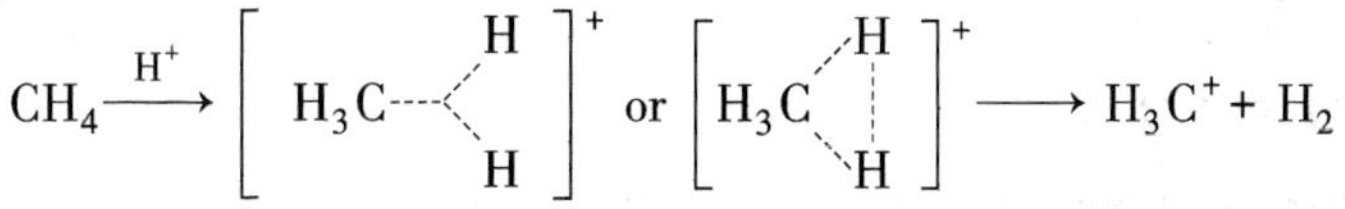

$$CH_4 \xrightarrow{H^+} \left[H_3C{\cdots}\!\!\begin{array}{c}H\\ \\H\end{array} \right]^+ \text{ or } \left[H_3C{\cdots}\!\!\begin{array}{c}H\\ \\H\end{array} \right]^+ \longrightarrow H_3C^+ + H_2$$

同样的，含有叔氢的烷烃在超强酸作用下，也经过五配位碳正离子过渡态，通过释放氢气转化为三配位碳正离子。

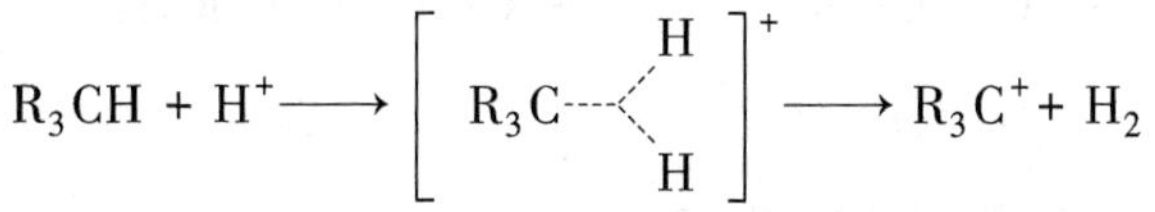

$$R_3CH + H^+ \longrightarrow \left[R_3C{\cdots}\!\!\begin{array}{c}H\\ \\H\end{array} \right]^+ \longrightarrow R_3C^+ + H_2$$

新戊烷在 FSO_3H/SbF_5 作用下，经过非经典碳正离子过渡态，随后释放一分子甲烷，得到 $(CH_3)_3C^+$。

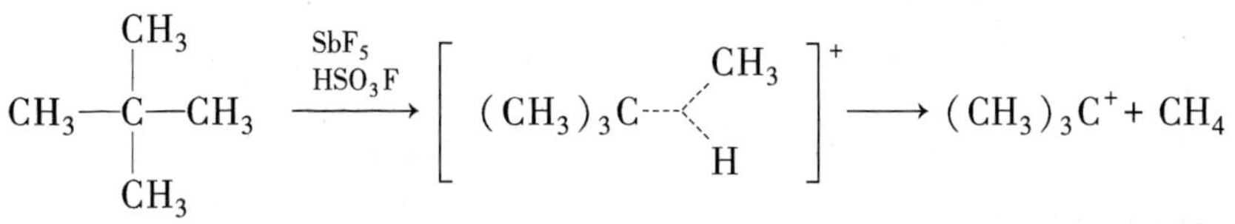

$$CH_3\underset{CH_3}{\overset{CH_3}{\underset{|}{\overset{|}{C}}}}CH_3 \xrightarrow[HSO_3F]{SbF_5} \left[(CH_3)_3C{\cdots}\!\!\begin{array}{c}CH_3\\ \\H\end{array} \right]^+ \longrightarrow (CH_3)_3C^+ + CH_4$$

3. 分子筛催化下五配位碳正离子的产生

目前不仅催化裂化过程采用分子筛做催化剂，而且其他许多化学反应也以分子筛为催化剂，分子筛上烷烃能否形成五配位碳正离子（非经典碳正离子）一直是人们关注的重点。目前一些研究表明，在温度较高或酸性较强的条件下，反应体系中的烷烃有可能直接与分子筛质子酸中心作用形成五配位碳正离子，由于五配位碳正离子稳定性较差，容易分解形成新的经典碳正离子，同时伴随着氢气或低分子烷烃的生成：

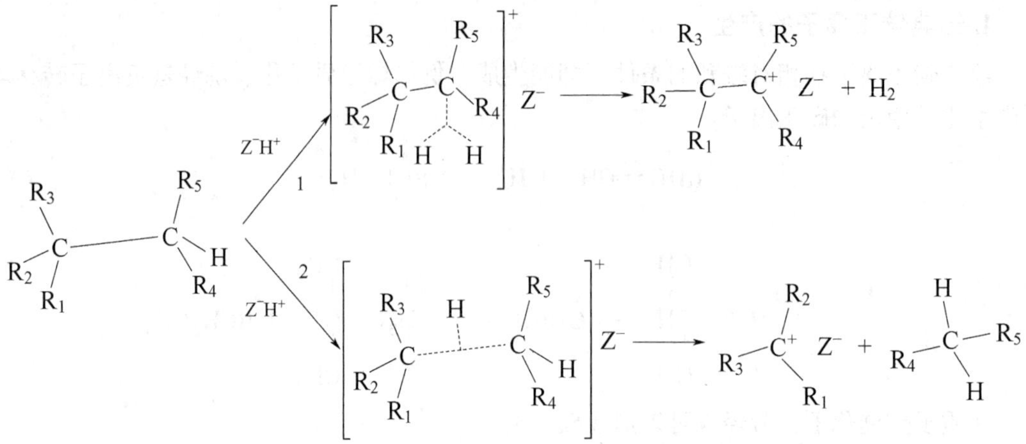

在上述碳正离子中，经典碳正离子的产生需要烯烃与质子、烷烃氢负离子转移等两分子的共同作用，是双分子反应，需要较大的立体空间。五配位碳正离子的产生只需要烷烃参与，属于单分子反应，对空间要求较低。因此，对于孔道较小的分子筛，更容易产生五配位碳正离子；当孔道较大时，由于五配位碳正离子的产生需要的条件更为苛刻，自身稳定性较差，更容易产生经典碳正离子。

三、碳正离子的反应

由于碳正离子的缺电子性，导致其能够发生许多反应，这些反应是烃类发生裂化、异构化以及氢转移反应的基础。

1. 邻位碳脱除氢质子

碳正离子邻位碳上的氢以质子形式脱除，得到烯烃：

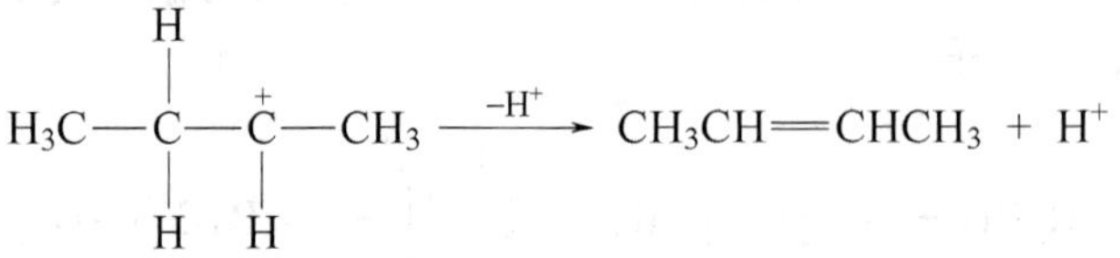

2. 邻位碳上负氢（氢负离子）转移

邻位碳上的氢可带着一对电子迅速转移至碳正离子上，得到稳定性更大的碳正离子：

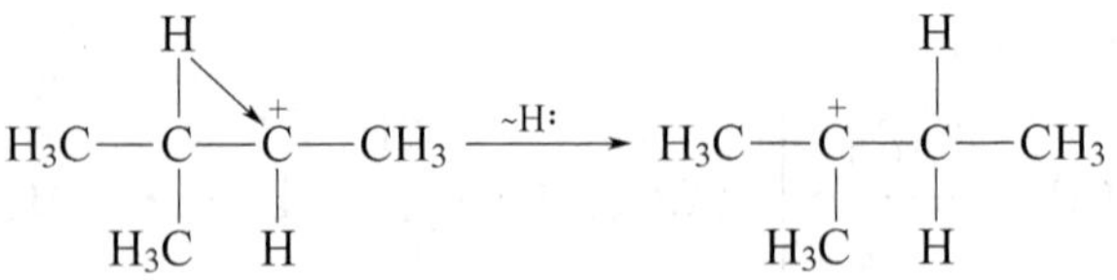

3. 邻位碳上烷基转移

邻位碳上的烷基碳原子携带着一对电子转移至碳正离子上，同样得到稳定性更大的碳正离子：

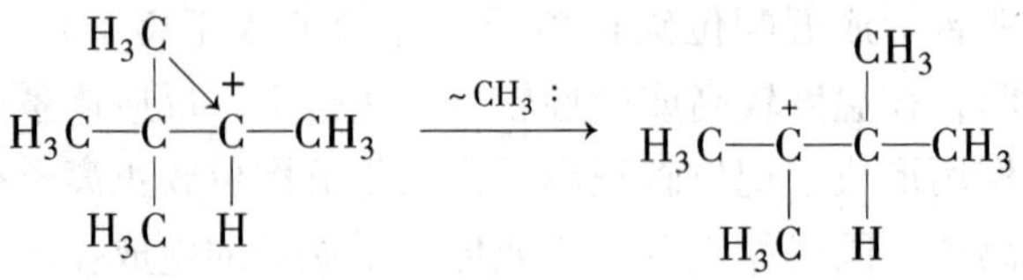

4. 从其他烃分子得到负氢

（1）在98%浓硫酸催化下，一个烃分子的叔氢可以转移至另一叔碳正离子上，形成更稳定的叔碳正离子：

$$(CH_3)_3C^+ + (CH_3)_2CHCH_2CH_3 \longrightarrow (CH_3)_3CH + (CH_3)_2\overset{+}{C}CH_2CH_3$$

（2）只有在很强的酸，例如超强酸 FSO_3H/SbF_5 存在下，一个烃分子的伯氢可以转移至另一碳正离子上，形成新的碳正离子：

$$(CH_3)_2CH^+ + (CH_3)_4C \longrightarrow (CH_3)_2CH_2 + (CH_3)_3CCH_2^+$$

（3）由于烯丙基碳正离子更加稳定，在96%的硫酸催化下烯丙基仲氢可转移至另一碳正离子上，形成新的烯丙基碳正离子：

$$(CH_3)_3C^+ + RCH{=\!=}CHCH_2R' \longrightarrow (CH_3)_3CH + RCH{=\!=}CH\overset{+}{C}HR'$$
$$R, R' = alkyl$$

5. 碳正离子对烯烃或芳烃的加成反应

（1）碳正离子加成于烯烃双键，得到新的碳正离子：

$$(CH_3)_3C^+ + CH_2{=\!=}C(CH_3)_2 \longrightarrow (CH_3)_3CCH_2\overset{+}{C}(CH_3)_2$$

（2）碳正离子加成于芳环上，得到新的碳正离子：

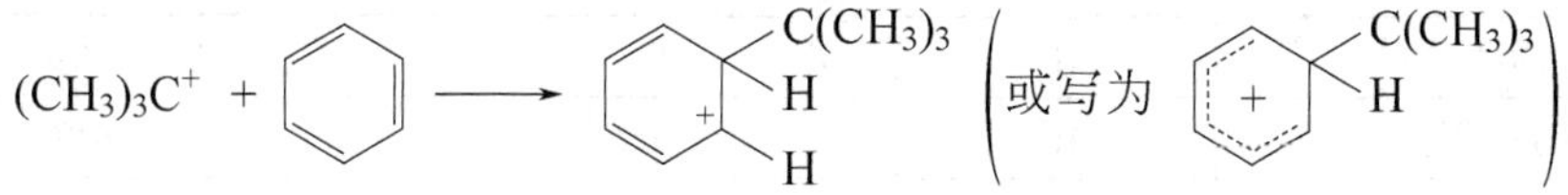

6. 碳正离子 β-断裂

碳正离子的 β 位 C—C 键断裂，生成新的碳正离子和一分子烯烃。当能够生成新的叔碳正离子时，β-断裂非常迅速。

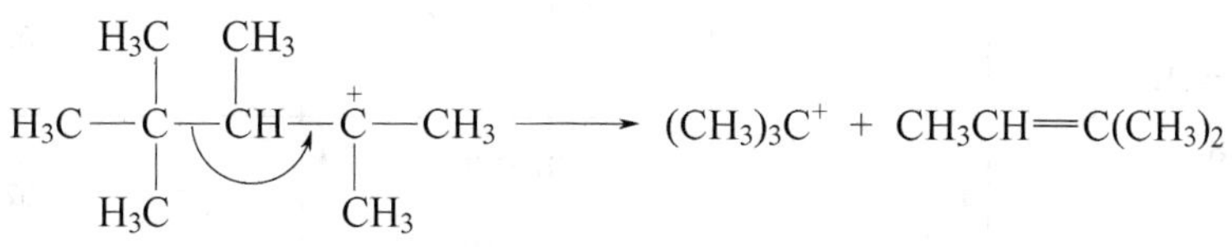

第三节　烃类催化裂化反应机理

目前关于酸催化下烃类裂化反应机理被广泛接受的是碳正离子机理。以碳正离子学说解释烃类裂化反应机理始于20世纪50年代，主要是根据在无定形硅酸铝以及结晶型分子筛催化剂上烃类反应的研究结果来阐述的。也有研究者从其他角度（如催化剂晶格内产生静电场、晶格内反应物局部浓度高等）来揭示催化裂化反应机理，但所获结论缺乏解释催化裂化产物分布的合理性以及普遍适用性，没有被广泛采纳。本节主要介绍酸催化下烃类裂化反应碳正离子机理。

一、碳正离子的生成

在催化裂化反应条件下，生成碳正离子的途径如下。

1. 由烯烃生成碳正离子

首先需要明确烯烃从哪里来？烯烃的来源主要有两个：一是催化裂化原料本身所携带的烯烃，由于催化裂化所加工的原料来自一次加工装置（常压、减压蒸馏），经高温蒸馏时油品中可能生成了少量烯烃而存在于催化裂化原料中；二是催化裂化原料在催化裂化装置内经过热反应生成的烯烃，由于催化裂化过程是伴有少量热反应的过程，反应温度在500℃左右，催化裂化原料中部分烃类在如此高的温度下发生了热裂化生成少量烯烃。

1）烯烃与催化剂 B 酸的 H^+ 发生质子化

催化剂 B 酸中心的 H^+ 亲电进攻烯烃的 π 键，经过一个质子化过渡态生成稳定的碳正离子：

$$RCH{=}CH_2 + H^+[Cat.]^- \longrightarrow \left[\begin{array}{c} R{-}CH{-}CH_2 \\ {\overset{+}{\underset{H}{\diagdown\diagup}}} \end{array} \right] \longrightarrow R{-}\overset{+}{CH}{-}CH_3$$
（B酸）

表 2-2 为一些烯烃与 H^+ 结合的标准结合能（$\Delta H^{\ominus}$）大小。不同结构的烯烃与 H^+ 结合能力不同，所得到的碳正离子的结构不同：

$$C_nH_{2n}(g) + H^+(g) \longrightarrow C_nH_{2n+1}^+$$

表 2-2 不同结构烯烃与 H^+ 结合的标准结合能

烯烃	H^+	R^+	$\Delta H^{\ominus}$，kJ/mol
$CH_2{=}CH_2$	H^+	$C_2H_5^+$	-640
$H_3C{-}CH{=}CH_2$	H^+	$CH_3CH_2CH_2^+$	-690
		$CH_3\overset{+}{C}HCH_3$	-757
$H_3C{-}CH_2{-}CH{=}CH_2$	H^+	$CH_3(CH_2)_2CH_2^+$	-682
		$CH_3CH_2\overset{+}{C}HCH_3$	-791
$H_3C{-}\underset{CH_3}{\overset{|}{C}}{=}CH_2$	H^+	$CH_3\underset{CH_3}{\overset{|}{C}}HCH_2^+$	-695
		$CH_3\underset{CH_3}{\overset{|}{\overset{+}{C}}}CH_3$	-820
$RCH{=}CH_2$	H^+	$RCH_2CH_2^+$	-690
		$R\overset{+}{C}HCH_3$	-795

从表 2-2 可以看出生成仲 C^+ 比生成伯 C^+ 多放出 63~105kJ/mol 能量；而生成叔 C^+ 比仲 C^+ 又以约 42kJ/mol 能量之差占优势。因此，烯烃质子化生成 C^+ 的难易次序为：叔 C^+>仲 C^+>伯 C^+。

2）烯烃与碳正离子结合

碳正离子亲电进攻烯烃 π 键，发生亲电加成反应，生成新的碳正离子：

$$R^+ + CH_2{=}CH_2 \longrightarrow R\overset{+}{CH}{-}CH_3$$

下列反应 1~5 列举了碳正离子与同一结构烯烃及不同结构烯烃反应，生成不同碳正离子的结构。

反应 1： $R^+ + CH_2{=}CH_2 \longrightarrow RCH_2\overset{+}{C}H_2$

反应 2： $R^+ + CH_2{=}CH_2 \longrightarrow R\overset{+}{C}HCH_3$

反应 3： $R^+ + H_3C{-}CH{=}CH_2 \longrightarrow RCH_2\overset{+}{C}H{-}CH_3$

反应 4： $R^+ + H_3C{-}CH_2{-}CH{=}CH_2 \longrightarrow RCH_2\overset{+}{C}HCH_2CH_3$

反应 5： $R^+ + H_3C{-}\underset{\underset{CH_3}{|}}{C}{=}CH_2 \longrightarrow R{-}CH_2{-}\underset{\underset{CH_3}{|}}{\overset{+}{C}}{-}CH_3$

表 2-3 列出了不同碳正离子进行反应 1~5 时，碳正离子与烯烃结合的标准结合能大小。

表 2-3　不同碳正离子与烯烃结合的标准结合能 $\Delta H^{\ominus}$　　　单位：kJ/mol

R^+	CH_3^+	$CH_3CH_2^+$	伯-$C_3H_7^+$	仲-$C_3H_7^+$	伯-$C_4H_9^+$	仲-$C_4H_9^+$	叔-$C_4H_9^+$
反应 1	−290.8	−146.4	−94.1	−35.6	−104.6	0	+31.4
反应 2	−357.7	−255.2	−198.7	−140.2	−209.2	−104.6	−73.2
反应 3	−378.6	−248.9	−188.3	−125.5	−196.6	−92.0	−60.6
反应 4	−384.9	−251.0	−188.3	−125.6	−196.6	−92.0	−60.6
反应 5	−431.0	−247.1	−234.3	−175.7	−244.8	−138.1	−100.4

从表 2-3 中可以看出：

（1）碳正离子（R^+）越小，越易与烯烃结合。在表 2-3 中的 7 种碳正离子中，甲基碳正离子的体积最小，与其他碳正离子相比较，它发生反应 1~5 时，放出的热量最多。

（2）伯 C^+ 比仲 C^+、叔 C^+ 容易与烯烃结合。

（3）C^+ 与烯烃结合，以形成叔 C^+ 最优先，其次为仲 C^+。

为什么会有这样的反应规律呢？这是因为碳正离子与烯烃反应为亲电加成反应，碳正离子上所连接的烷基取代基越少，R^+ 亲电性就越强，同时 R^+ 的空间效应也越小，这两方面因素导致小的碳正离子就越容易进攻烯烃 π 键。

总之，在催化裂化过程中，由烯烃形成碳正离子是非常容易的。

2. 由烷烃生成碳正离子

1）共价键发生异裂

在烷烃分子中 C—C、C—H 键发生异裂，产生正、负离子：

$$\overset{|}{\underset{|}{C}}{\!+\!}CH_3 \longrightarrow \overset{|}{\underset{|}{C^+}} + CH_3^-$$

$$\overset{|}{\underset{|}{C}}{\!+\!}H \longrightarrow \overset{|}{\underset{|}{C^+}} + H^-$$

上述共价键的异裂需要很高的电离能（E_+）。表 2-4 是部分烷烃 C—H 键发生异裂的电离能大小。

表 2-4　烷烃 C—H 键异裂的电离能

反应	E_+，kJ/mol
$CH_4 \longrightarrow CH_3^+ + H^-$	1393
$CH_3CH_3 \longrightarrow CH_3CH_2^+ + H^-$	1255
$CH_4CH_2CH_3 \longrightarrow CH_3\overset{+}{C}HCH_3 + H^-$	1159
$CH_3CHCH_3 \longrightarrow CH_3\overset{+}{C}CH_3 + H^-$ 带有 CH_3 支链	1096

从表 2-4 可以看出，C—H 键异裂时，不同类型氢原子形成氢负离子（H^-，又称负氢）由易到难的次序是：叔氢>仲氢>伯氢>甲烷氢。

不对称 C—C 键异裂时，连接氢原子少的碳原子容易生成 C^+，连接氢原子多的碳原子容易生成 C^-：

$$C{-}\overset{\underset{\displaystyle |}{\displaystyle C}}{\underset{\displaystyle |}{\displaystyle C}}{-}CH_3 \longrightarrow C{-}\overset{\underset{\displaystyle |}{\displaystyle C}}{\underset{\displaystyle |}{\displaystyle C}}{}^+ + CH_3^-$$

$R{-}C{-}C{-}R'$ 不对称性越大，相对来说，越易电离成 C^+、C^-。由于电离需要的能量很高，所以在催化裂化条件下，烷烃按异裂方式生成 C^+ 是相当困难的。

2）烷烃在催化剂 L 酸中心上脱除 H^-

烷烃在催化剂的 L 酸中心上脱除 H^-，实际上是烷烃氢以负氢形式转移给 L 酸，形成碳正离子：

$$RCH_2CH_3 + L(Cat.) \longrightarrow R\overset{+}{C}HCH_3 + LH^-$$

3）烷烃负氢转移生成 C^+

反应体系中烷烃分子遇到较小的不稳定的 C^+，则发生负氢转移生成较大的稳定的 C^+：

$$RH + CH_3CH_2^+ \longrightarrow R^+ + CH_3CH_3$$

由上述 2）、3）烷烃形成碳正离子要求的能量较低，容易进行。

总之，在催化裂化过程中，生成 C^+ 的较合理途径是：首先烷烃发生部分热裂化，生成微量的小分子烯烃，小分子烯烃和酸性催化剂作用，形成小的 C^+，小的 C^+ 再与大的烷烃分子作用，生成大的 C^+：

$$RCH_2CH_3 \xrightarrow{热裂化} RH + CH_2{=}CH_2$$
$$\xrightarrow{H^+[Cat.]^-} CH_3CH_2^+ \xrightarrow{RH} CH_3CH_3 + R^+$$

催化裂化过程中生成碳正离子是反应的关键，像自由基链反应中的自由基一样，碳正离子也可以传递，不断生成新的碳正离子，使反应延续下去。

二、碳正离子的转化

1. 碳正离子 β-断裂

与碳正离子直接相连的 C—C 键为 α 位键，与 α 位键相邻的 C—C 键为 β 位键，再其次为 γ 位键。下式标出了碳原子的轨道杂化类型、α 位、β 位 C—C 键的杂化轨道重叠方式以及 σ-p 共轭效应：

$$
\begin{array}{ccccc}
\text{sp}^3 & \text{sp}^2 & \text{sp}^3 & \text{sp}^3 & \text{sp}^3 \\
\end{array}
$$

$$
\text{C}\overset{\alpha}{-}\overset{+}{\text{C}}\overset{\alpha}{-}\text{C}\overset{\beta}{\vdash}\text{C}\overset{\gamma}{-}\text{C}-\text{C}
$$

$$
\begin{array}{c}
\text{sp}^2\text{-sp}^3\ \text{sp}^3\text{-sp}^3 \\
\sigma\text{-p}
\end{array}
$$

碳正离子在发生 C—C 键断裂时，优先进行 β 位 C—C 键断裂，这种断裂方式称为 β-断裂规律。例如下列碳正离子发生 β-断裂生成新的碳正离子及一分子烯烃：

$$
\text{C}_4\text{H}_9\text{CH}_2\overset{\beta}{\vdash}\text{CH}_2\overset{+}{\text{C}}\text{HCH}_2\text{CH}_3 \longrightarrow \text{C}_4\text{H}_9\text{CH}_2^+ + \text{CH}_2\!\!=\!\!\text{CHCH}_2\text{CH}_3
$$

为什么 β 位 C—C 键优先断裂？这是由于 β 位 C—C 键键能低。下面分析 β 位 C—C 键键能低的原因。

碳正离子为 sp^2 杂化，形成三个 sp^2 杂化轨道，同时还具有一个垂直于 sp^2 杂化轨道所在平面的 p 轨道。碳正离子邻位碳原子为 sp^3 杂化，形成四个 sp^3 杂化轨道。因此 α 位 C—C 键为以 sp^2-sp^3 轨道重叠形成的 σ 键，β 位 C—C 键为以 sp^3-sp^3 轨道重叠形成的 σ 键，同样 γ 位 C—C 键也以 sp^3-sp^3 轨道重叠形成 σ 键。α 位键的 s 轨道特性大，轨道重叠更加牢固，所以 α 位键比 β、γ 位键牢固。另外由于碳正离子还存在 σ-p 共轭效应，也使得 α 位键更加牢固。与碳正离子相连的邻位碳原子上的电子云由于受到 sp^2 杂化轨道以及超共轭效应的影响，而偏向于碳正离子，导致该碳原子形成的 β 位键被削弱，但 γ 位键受此影响较小，故 γ 位键强于 β 位键。因此在 α、β、γ 位三个 C—C 键中，β 位键最弱，键能最低，所以 β 位 C—C 键优先断裂，具有 β-断裂规律。

通常与 sp^2 杂化碳原子相连形成的 C—C 键键能均较高，从下面两个化合物不同位置的 C—C 键的离解能大小可以看出这样的规律。

$$
\text{CH}_2\!\!=\!\!\text{CH}\overset{\alpha}{\vdash}\text{CH}_3 \qquad\qquad \text{CH}_2\!\!=\!\!\text{CH}-\text{CH}_2\overset{\beta}{\vdash}\text{CH}_3
$$

离解能，kJ/mol　　　　406　　　　　　　　　　　　310

当一个烷基碳正离子有两个或两个以上的 β 位 C—C 键可以断裂时，优先在需要能量较低的那个 β 位键断裂。

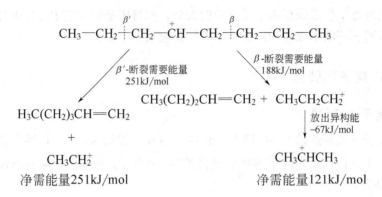

上面这个烷基碳正离子若进行 β'-断裂，生成的乙基碳正离子不能继续进行异构化，净需能量 251kJ/mol；若进行 β-断裂，生成的正丙基碳正离子可以继续异构化，放出 67kJ/mol 的异构化能，净需能量 121kJ/mol，所以优先进行 β 位键断裂。

同样地，下列烷基碳正离子进行 β-断裂净需能量为 121kJ/mol，若进行 β'-断裂则需要能量为 385kJ/mol，所以也优先进行 β 位键断裂。

$$H_3C\overset{\beta'}{\dashv}CH_2\overset{+}{-}CH-CH_2\overset{\beta}{\dashv}CH_2-CH_2-CH_3$$

因此，当 C^+ 有两个或两个以上 β 位键可能断裂时，断键多在不产生 CH_3^+、$CH_3CH_2^+$ 的那个位置上进行。这就是为什么在催化裂化过程中，所得液化气中 C_1、C_2 化合物含量较少，C_3、C_4 烃类含量较多的原因。这一产物分布特征与热裂化所得液化气产物组成明显不同，正是不同反应机理造成的。

以上述经典碳正离子（三配位碳正离子）β-断裂方式解释烷烃催化裂化产物及反应性能方面也存在不足：按照此种断键方式分析，正构碳正离子裂化主要得到的是线型烃类产物（正构烷烃、正构烯烃，见下式），但实验得到的主要是支链产物。

为此，1992 年 Sie 等人根据实验研究结果提出了基于非经典碳正离子（质子化环丙烷）中间体的断裂方式：

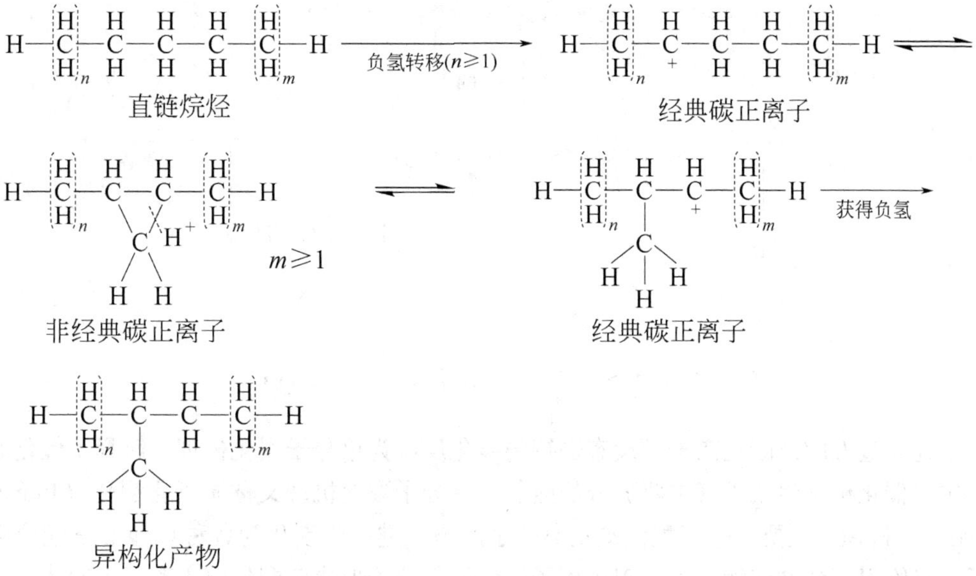

直链烷烃　　　　　　　　　经典碳正离子

非经典碳正离子　　　　　　经典碳正离子

异构化产物

　　按上述机理可以直接得到异构烷烃，并且发现在 HF—SbF$_5$ 催化下，正戊烷、正己烷异构化程度很大，但正丁烷异构化程度很小。可能是由于对于正丁烷，不满足 $m \geqslant 1$ 的条件，在非经典碳正离子向经典碳正离子转化时，形成伯碳正离子需要很高能量的原因。

　　目前有些学者认为，催化裂化过程生成的少量干气（主要组成为氢气、甲烷、乙烷以及乙烯等）不完全是烃类的热反应导致的，而是烷烃分子与催化剂 B 酸中心作用，通过五配位碳正离子过渡态，进一步裂化得到 H_2、CH_4、C_2H_6 等，例如：

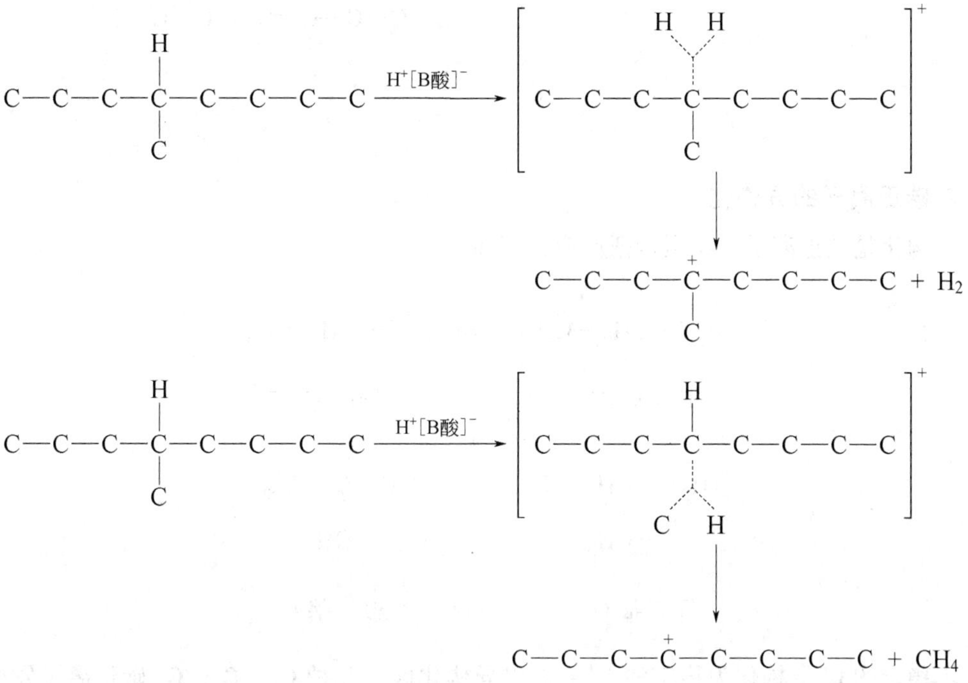

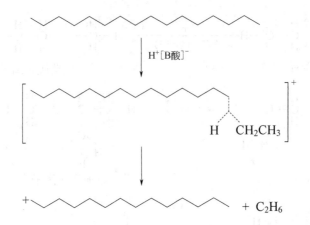

上述经过五配位碳正离子过渡态进行的裂化反应为单分子裂化机理，解释了催化裂化过程中以催化机理生成干气主要成分的路径。单分子裂化机理又称质子化裂化（Protolytic Cracking）机理，主要经过五配位碳正离子过渡态，进一步裂化为各种可能的三配位碳正离子，最终得到各种产物。若以碳正离子引发烷烃分子形成三配位碳正离子中间体，进而进行裂化的机理称为双分子裂化机理（Bimolecular Cracking），例如：

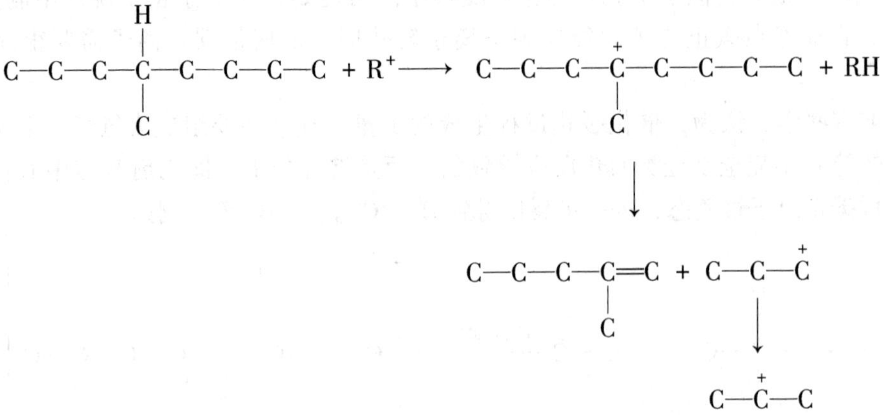

$$
\begin{array}{c}
\underset{\underset{C}{|}}{C-C-C-\overset{H}{\overset{|}{C}}-C-C-C-C} + R^+ \longrightarrow C-C-C-\overset{+}{C}-C-C-C-C + RH \\
\underset{C}{|}
\end{array}
$$

$$
\downarrow
$$

$$
C-C-C-\underset{\underset{C}{|}}{C}=C + C-C-\overset{+}{C}
$$

$$
\downarrow
$$

$$
C-\overset{+}{C}-C
$$

2. 碳正离子的异构化

异构化是碳正离子的典型特征反应，例如：

$$
H_3C-CH_2-\overset{+}{C}H_2 \rightleftharpoons H_3C-\overset{+}{C}H-CH_3
$$

正丙基 C^+ 　　　　　　异丙基 C^+

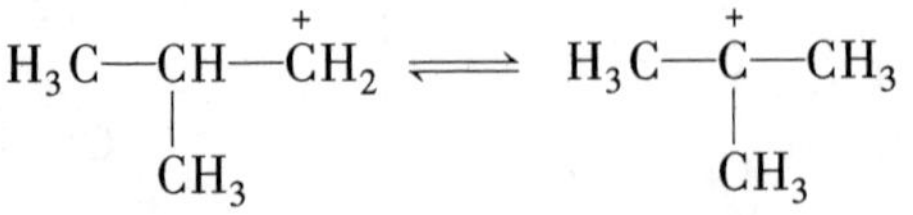

$$
H_3C-\underset{\underset{CH_3}{|}}{C}H-\overset{+}{C}H_2 \rightleftharpoons H_3C-\underset{\underset{CH_3}{|}}{\overset{+}{C}}-CH_3
$$

异丁基 C^+ 　　　　　　叔丁基 C^+

不稳定的 C^+ 异构化为稳定的 C^+，放出异构化能。几种 C_3、C_4、C_5 碳正离子发生异构化的异构化能见表 2-5。

表 2-5　碳正离子的异构化能

异构化反应	异构化能, kJ/mol
正—$C_3H_7^+$ ⟶ 异—$C_3H_7^+$	-67
正—$C_4H_9^+$ ⟶ 仲—$C_4H_9^+$	-109
正—$C_4H_9^+$ ⟶ 叔—$C_4H_9^+$	-152.7
正—$C_4H_9^+$ ⟶ 异—$C_4H_9^+$	-27.2
异—$C_4H_9^+$ ⟶ 叔—$C_4H_9^+$	-125.5
仲—$C_4H_9^+$ ⟶ 叔—$C_4H_9^+$	-41.8
异—$C_4H_9^+$ ⟶ 仲—$C_4H_9^+$	-81.6
正—$C_5H_{11}^+$ ⟶ 仲—$C_5H_{11}^+$	-104.6
正—$C_5H_{11}^+$ ⟶ 叔—$C_5H_{11}^+$	-163.2
异—$C_5H_{11}^+$ ⟶ 叔—$C_5H_{11}^+$	-18.8
异—$C_5H_{11}^+$ ⟶ 叔—$C_5H_{11}^+$	-146.4
仲—$C_5H_{11}^+$ ⟶ 叔—$C_5H_{11}^+$	-60.7
异—$C_5H_{11}^+$ ⟶ 仲—$C_5H_{11}^+$	-85.8

从表 2-5 看出，异构化能并不太大，所以异构化反应是可逆的。

碳正离子异构化机理常见的是 1,2-转移机理，包括 1,2-负氢转移、1,2-烷基（芳基）转移。

1,2-负氢转移（1,2-Hydride Shift）：H 带着一对电子（该氢称为负氢）转移至邻位的碳正离子上，生成更稳定的碳正离子。

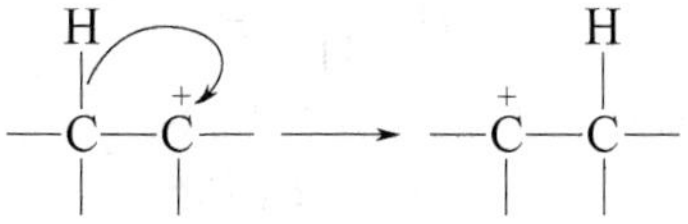

1,2-负氢转移

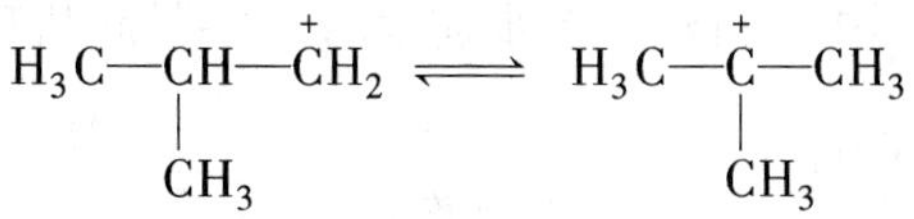

1,2-烷基（芳基）转移 [1,2-Alkyl（Aryl）Shift]：烷基（芳基）带着一对电子转移至邻位的碳正离子上，生成更稳定的碳正离子。

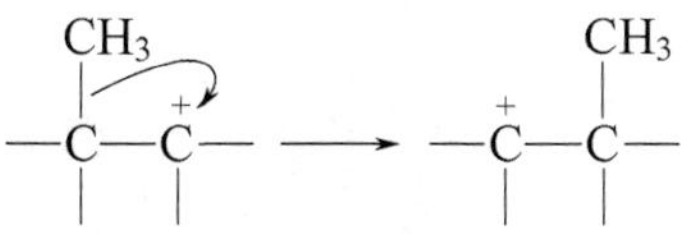

1,2-烷基转移

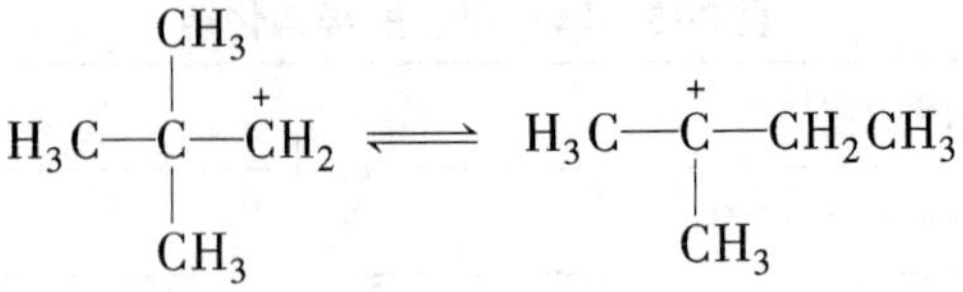

$$\begin{array}{c} \text{CH}_3 \\ | \\ \text{H}_3\text{C} - \overset{|}{\underset{|}{\text{C}}} - \overset{+}{\text{CH}}_2 \\ | \\ \text{CH}_3 \end{array} \quad \rightleftharpoons \quad \begin{array}{c} \\ \text{H}_3\text{C} - \overset{+}{\underset{|}{\text{C}}} - \text{CH}_2\text{CH}_3 \\ | \\ \text{CH}_3 \end{array}$$

不同基团转移能力大小为：H>芳基>烷基。

从成键轨道理论来看，1,2-负氢转移是由于 C^+ 的 p 轨道与相邻碳原子上的 C—H σ 键在空间上接近共平面，它们的轨道电子云可以部分重叠，并且随着重叠程度增大，形成了具有三中心—二电子键的结构对称的能量最低的过渡态，此过渡态可以返回至原来的碳正离子，也可以重叠轨道电子云进一步偏转，直至氢原子带着一对电子发生完全转移，形成新的碳正离子。整个转化过程如下：

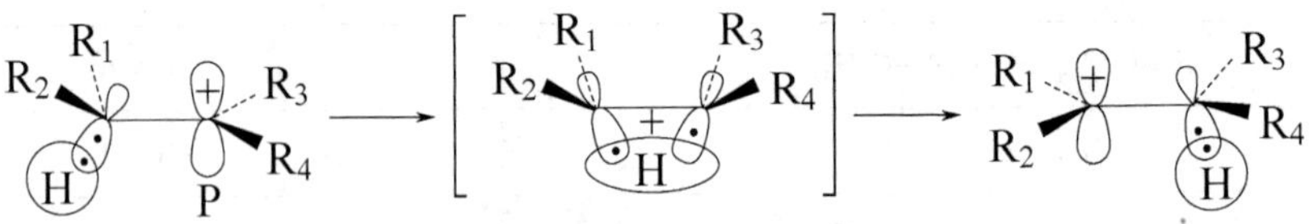

C^+ 的 p 轨道与相邻碳原子上的 C—H σ 键在空间上接近共平面 　　　形成具有三中心—二电子键结构的对称的过渡态 　　　负氢转移

1,2-烷基转移具有类似的过程，只是 C^+ 的 p 轨道与相邻碳原子上的 C—C σ 键在空间上接近共平面，它们的轨道电子云可以部分重叠，经过过渡态，发生烷基碳原子带着一对电子转移，生成新的更稳定的碳正离子。整个转化过程如下：

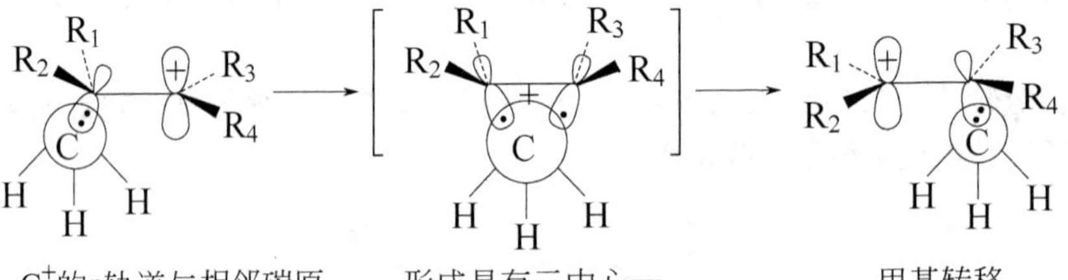

C^+ 的 p 轨道与相邻碳原子上的 C—C σ 键在空间上接近共平面 　　　形成具有三中心—二电子键结构的对称的过渡态 　　　甲基转移

在碳正离子异构化过程中，可经过多步连续的 1,2-转移机理，例如：

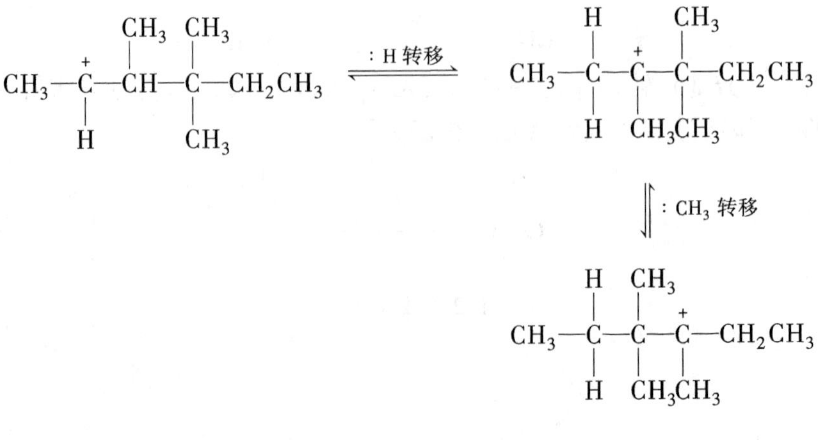

$$\underset{\underset{CH_3}{|}}{\overset{\overset{CH_3}{|}}{CH_3-C}}-CH_2-\overset{+}{CH}-CH_3 \;\underset{}{\overset{:H\text{ 转移}}{\rightleftharpoons}}\; \underset{\underset{CH_3}{|}}{\overset{\overset{CH_3}{|}}{CH_3-C}}-\overset{+}{C}-CH_2-CH_3 \;\underset{}{\overset{:CH_3\text{ 转移}}{\rightleftharpoons}}$$

$$\underset{\underset{CH_3}{|}}{\overset{\overset{CH_3}{|}}{CH_3-\overset{+}{C}}}-CH-CH_2-CH_3 \;\underset{}{\overset{:H\text{ 转移}}{\rightleftharpoons}}\; \underset{\underset{CH_3}{|}}{\overset{\overset{CH_3}{|}}{CH_3-CH}}-\overset{+}{C}-CH_2-CH_3 \;\underset{}{\overset{:H\text{ 转移}}{\rightleftharpoons}}$$

$$\underset{\underset{CH_3}{|}}{\overset{\overset{CH_3}{|}}{CH_3-CH}}-CH-\overset{+}{CH}-CH_3 \;\underset{}{\overset{:CH_3\text{ 转移}}{\rightleftharpoons}}\; \underset{\underset{CH_3}{|}}{\overset{\overset{CH_3}{|}}{CH_3-CH}}-\overset{+}{CH}-CH-CH_3 \;\underset{}{\overset{:H\text{ 转移}}{\rightleftharpoons}}$$

$$\overset{\overset{CH_3}{|}}{CH_3-CH}-CH_2-\underset{\underset{CH_3}{|}}{\overset{+}{C}}-CH_3$$

在多步连续的1,2-转移机理中，生成了多种碳正离子的混合物，其中稳定性大的叔碳正离子浓度较高。这是导致催化裂化过程中产物结构复杂的原因。

3. 氢转移反应

烷烃分子向碳正离子供给负氢，发生氢转移反应，生成更稳定的碳正离子：

$$RH + CH_3CH_2^+ \longrightarrow R^+ + CH_3CH_3$$

以上介绍的三类碳正离子反应是催化裂化过程具有代表性的反应，它们决定着催化裂化产物分布。除这些反应外，碳正离子还可以发生其他反应，见第二节第三部分碳正离子的反应，这里不再重复。

三、碳正离子反应终止

碳正离子的裂化反应、异构化反应以及氢转移反应等不可能无限地进行下去，这些反应具有终止阶段。例如，3-戊基碳正离子很难进行β-断裂，不会继续裂化下去：

$$H_3C-CH_2-\overset{+}{CH}-CH_2-CH_3 \longrightarrow \times \text{（不能裂化）}$$

在下列裂化反应中，反应(1) β-断裂需要的能量低，反应(2) β-断裂需要的能量高，在一般催化裂化条件下，反应(1) 可以进行，反应(2) 不能进行，同样反应(3) 也不能进行。

$$(1)\quad CH_3\overset{+}{CH}CH_2\overset{\beta}{|}CH_2CH_2CH_3 \longrightarrow CH_3CH{=}CH_2 + CH_3\overset{+}{CH}CH_3$$

$$(2)\quad CH_3CH_2\overset{+}{CH}CH_2\overset{\beta}{|}CH_2CH_3 \overset{\times}{\longrightarrow} CH_3CH_2CH{=}CH_2 + CH_3\overset{+}{CH_2}$$

$$(3)\quad CH_3CH_2CH_2\overset{+}{CH}CH_2\overset{\beta}{|}CH_2CH_3 \overset{\times}{\longrightarrow} CH_3CH_2CH_2CH{=}CH_2 + CH_3\overset{+}{CH_2}$$

故对任何一个大的正构烷烃裂化得到的仲碳正离子，当裂化到 $4\text{-}C_7^+$（4-庚基碳正离子）、$3\text{-}C_6^+$（3-己基碳正离子）、C_5^+、C_4^+、C_3^+，就不能再裂化下去了。

不能再裂化的碳正离子通过与催化剂发生质子转移，自身生成烯烃，使碳正离子终止，同时使催化剂获得再生：

$$CH_3CH_2\overset{+}{C}HCH_2CH_2CH_3 + [\,Cat.\,]^- \longrightarrow CH_3CH_2CH\!=\!CHCH_2CH_3 + H^+[\,Cat.\,]^-$$

催化剂还原

或者不能再裂化的小的碳正离子夺取其他大的烷烃分子的负氢，使小的碳正离子终止，同时生成大的碳正离子，使裂化反应继续下去：

$$4\text{-}C_7H_{15}^+ + C_{16}H_{34} \longrightarrow C_7H_{16} + 仲\text{-}C_{16}H_{33}^+$$

$$\longrightarrow 继续裂化$$

上述关于烃类催化裂化反应机理是基于纯烃模型化合物实验研究的结果，但实际上催化裂化原料组成是相当复杂的，是多种烃类混合物而不是单一的烃类，并且催化裂化过程反应条件较苛刻，因此实际的催化裂化反应机理比纯烃化合物的催化裂化反应机理复杂得多。

第四节　各族烃的催化裂化反应及机理

催化裂化原料主要由烷烃、环烷烃以及芳烃组成，在二次加工原料中还含有部分烯烃，并且在催化裂化过程中各种烃类相互转化。烃类催化裂化反应比热裂化反应活化能低很多，前者约为 42~125kJ/mol，后者约为 210~290kJ/mol，因此相同反应温度下，烃类催化裂化反应速率比热裂化反应快 1~2 个数量级。学习各族烃的催化裂化反应及机理有助于加深对催化裂化过程的理解，在实际生产中可以对反应过程进行调控，获得需要的产物分布及产品性能。

一、烃类催化裂化过程主要反应、热力学及动力学

1. 烃类催化裂化过程主要反应

烃类在催化裂化过程中反应极其复杂，既有以催化为主的反应，又伴有热反应；既有裂化反应，又有异构化反应、氢转移反应。通常把催化裂化过程中，原料烃中 C—C 键断裂生成较小分子量烃的反应称为"一次反应"，一次反应产物进一步发生的反应称为"二次反应"。经过二次反应后，最终得到产品。

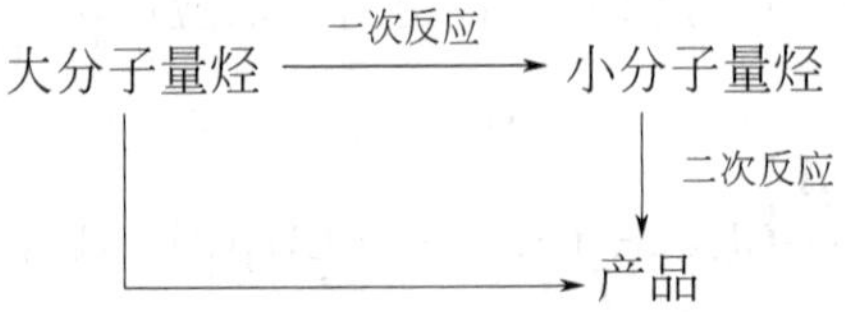

$$大分子量烃 \xrightarrow{\ 一次反应\ } 小分子量烃$$
$$\downarrow 二次反应$$
$$\longrightarrow 产品$$

1）一次反应

（1）烷烃裂化。烷烃裂化得到一分子烷烃及一分子烯烃：

$$C_nH_{2n+2} \longrightarrow \underset{烯}{C_mH_{2m}} + \underset{烷}{C_kH_{2k+2}} \qquad n=m+k$$

（2）烯烃裂化。烯烃裂化得到两分子烯烃：

$$C_nH_{2n} \longrightarrow C_mH_{2m} + C_kH_{2k} \qquad n=m+k$$
$$\text{烯} \qquad\quad \text{烯} \qquad\ \text{烯}$$

（3）烷基芳烃裂化。烷基芳烃裂化可以使烷基侧链完全脱除，得到芳烃及烯烃：

$$ArC_nH_{2n+1} \xrightarrow{\text{脱烷基}} ArH + C_nH_{2n}$$
$$\qquad\qquad\qquad \text{芳烃} \quad\ \text{烯}$$

也可以烷基芳烃侧链裂化得到烯基芳烃及烷烃或者得到烷基芳烃及烯烃：

$$ArC_nH_{2n+1} \xrightarrow{\text{侧链裂化}} ArC_mH_{2m-1} + C_kH_{2k+2}$$
$$\qquad\qquad\qquad\quad \text{烯基芳烃} \qquad \text{烷}$$

$$ArC_nH_{2n+1} \xrightarrow{\text{侧链裂化}} ArC_mH_{2m+1} + C_kH_{2k}$$
$$\qquad\qquad\qquad\quad \text{烷基芳烃} \qquad \text{烯}$$

（4）环烷烃裂化。对于不含环己烷环的环烷烃，裂化得到两分子烯烃：

$$C_nH_{2n} \longrightarrow C_mH_{2m} + C_kH_{2k}$$
$$\text{非环己烷环} \qquad \text{烯} \qquad\ \text{烯}$$

对于含环己烷环的环烷烃，裂化后保留环己烷，同时得到一分子烯烃及一分子烷烃：

$$C_nH_{2n} \longrightarrow C_6H_{12} + C_mH_{2m} + C_kH_{2k+2} \qquad n=m+k+6$$
$$\text{含环己烷环} \quad \text{环己烷} \quad \text{烯} \qquad \text{烷}$$

以上为各族烃催化裂化的主要反应。

2）二次反应

（1）异构化反应。异构化反应属于可逆反应，主要包括：

碳骨架异构：正构烷烃、正构烯烃 $\longrightarrow$ 异构烷烃、异构烯烃。

双键位置异构：α-烯烃 $\longrightarrow$ 非 α-烯烃。

异构化反应有利于提高汽油馏分的辛烷值。

（2）氢转移反应。例如环烷烃、芳烃与烯烃之间的氢转移：

$$\text{环烷烃+烯} \longrightarrow \text{芳烃+烷}$$
$$\text{芳烃+烯} \longrightarrow \text{多环芳烃+烷}$$
$$\text{多环芳烃+烯} \longrightarrow \text{焦炭+烷}$$

氢转移反应促进了催化裂化过程中芳烃的生成，但同时也加速了生焦反应。

（3）烷基转移反应。例如芳环上取代基发生转移：

芳烃分子间取代烷基的转移反应生成了单烷基芳烃。

（4）环化及芳构化反应。烯基碳正离子能够形成以六圆环为主的环状碳正离子，随后环状碳正离子能够夺取一个负氢离子生成环烷烃，或者失去一个质子生成环烯烃，环烯烃再脱氢生成芳烃：

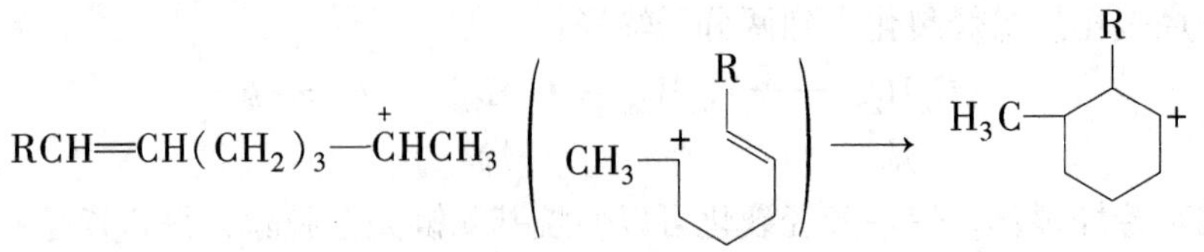

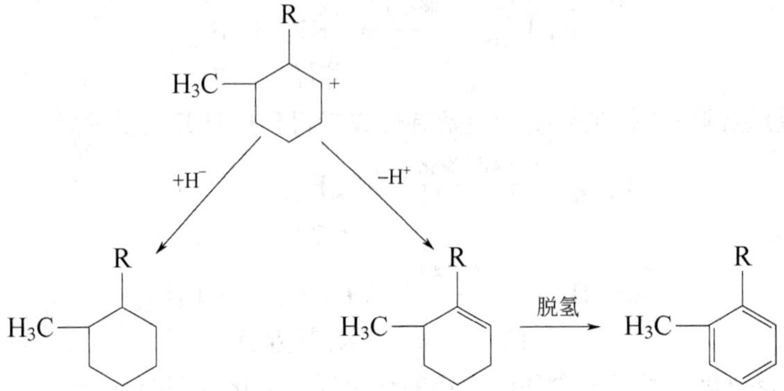

$$RCH=CH(CH_2)_3-\overset{+}{C}HCH_3 \quad \left(CH_3 \ \overset{+}{} \ R \right) \longrightarrow$$

（5）烷基化反应。烯烃与碳正离子发生烷基化反应，最终生成异构烷烃：

$$(CH_3)_3C^+ + CH_2=\underset{\underset{CH_3}{|}}{C}-CH_3 \longrightarrow (CH_3)_3CCH_2\overset{+}{C}(CH_3)_2$$

$$\downarrow +H^-$$

$$(CH_3)_3CCH_2CH(CH_3)_2$$

烯烃与芳环发生烷基化反应，最终生成烷基芳烃：

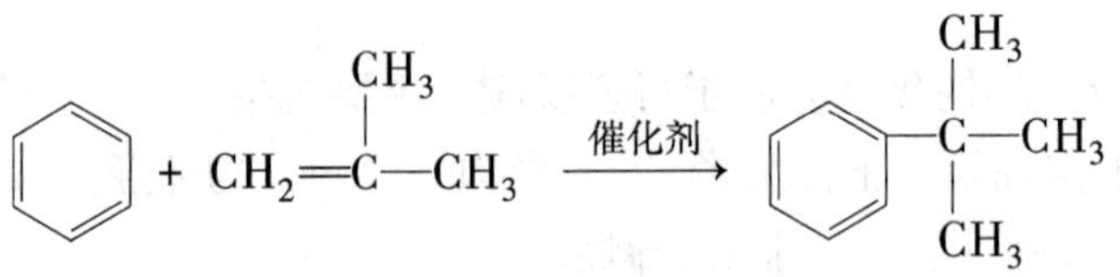

（6）缩合反应。缩合反应是通过氢转移使芳环稠并，最终生成稠环芳烃直至焦炭，例如：

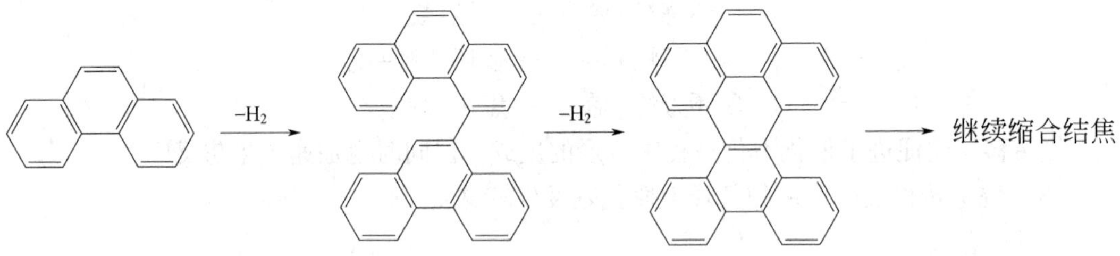

从烯烃生成焦炭的途径是烯烃首先环化，然后脱氢生成芳烃，一旦芳烃生成就可与其他芳烃缩合生成焦炭：

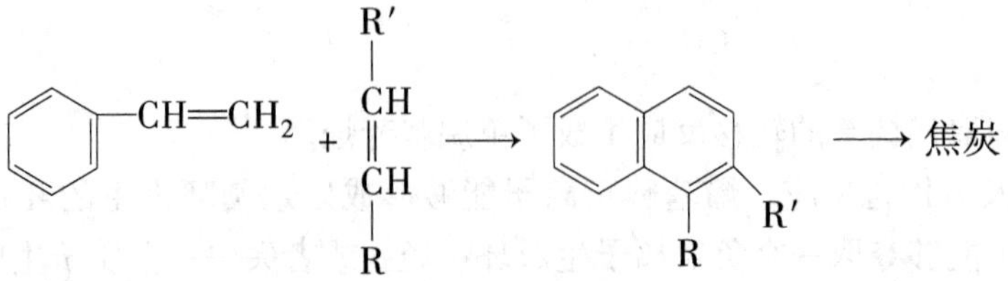

缩合反应导致生焦，是不希望的反应。

56

2. 烃类催化裂化过程热力学、动力学

对于可逆的化学反应，热力学研究可以对反应趋向以及进行的程度进行判断，虽然催化裂化过程主要进行不可逆的裂化反应，但部分二次反应存在可逆反应，热力学数据有助于了解在催化裂化条件下可能进行的化学反应，并可预测二次反应的平衡数据。

Voge 从热力学角度，将在常压、400~500℃时进行的化学反应分为三类：第一类是平衡时基本上进行完全的反应（转化率超过 95%），如长链烷烃或烯烃的裂化及环烷烃与烯烃间的氢转移；第二类是平衡时进行不完全的反应，如异构化及烷基转移等反应；第三类是第一类反应的逆反应，在催化裂化条件下很少发生。

对于第一类烷烃裂化反应，其化学反应的标准自由能变化 ΔG^0 是负值，从热力学方面来看，几乎可以完全裂化为小分子烷烃及烯烃。例如正辛烷的分解反应：

$$n\text{-}C_8H_{18} \longrightarrow n\text{-}C_5H_{12} + C_3H_6$$

在 477℃时，此反应的 $\Delta G^0 \approx -28.9\text{kJ/mol}$，$K_p \approx 102.3$，$K_p$ 值很大，表明在此温度下正辛烷几乎可以完全裂化，可以说烃类裂解反应实际上不受化学平衡的限制。另外一些反应，例如烯烃异构化、环烷烃脱氢生成芳烃、烯烃环化生成芳烃等反应的 K_p 值也很大，在催化裂化反应条件下，大部分都没有达到化学平衡，它们的反应深度主要由反应速率及反应时间决定。

在催化裂化过程中，裂化反应、脱氢反应吸热，异构化反应、缩合反应以及氢转移反应放热，但总体以裂化反应为主，在热力学上表现为吸热反应，所以催化裂化过程需要高温，一般在 500℃左右。裂化、脱氢以及脱烷基反应属于吸热反应，异构化、氢转移以及环化反应为放热反应，而且不同的烃分子作为反应物时，吸收、放出的热量也不一样。部分烃分子一次反应、二次反应的反应热及平衡常数见表 2-6。

表 2-6 部分一次反应、二次反应的反应热及平衡常数

反应种类	反应式	$\lg K_p$（平衡常数）			反应热，kJ/mol
		454℃	510℃	527℃	510℃
裂化	$n\text{-}C_{10}H_{22} \longrightarrow n\text{-}C_7H_{16} + C_3H_6$	2.04	2.46	—	74.36
	$i\text{-}C_8H_{16} \longrightarrow 2i\text{-}C_4H_8$	1.68	2.10	2.23	78.13
氢转移	$4C_6H_{12} \longrightarrow 3C_6H_{14} + C_6H_6$	12.44	11.9	—	−254.56
	$\bigcirc +3i\text{-}C_5H_{10} \longrightarrow 3C_5H_{12} + C_6H_6$	11.22	10.35	—	−170.00
异构化	$n\text{-}C_4H_8 \longrightarrow i\text{-}C_4H_8$	0.32	0.25	0.09	−11.31
	$n\text{-}C_4H_{10} \longrightarrow i\text{-}C_4H_{10}$	−0.2	−0.23	−0.36	−7.94
	$o\text{-}C_6H_4(CH_3)_2 \longrightarrow m\text{-}C_6H_4(CH_3)_2$	0.33	0.30	—	−3.04
	$\bigcirc \longrightarrow \bigcirc\!\!-CH_3$	1.00	1.09	1.10	14.54
烷基转移	$C_6H_6 + m\text{-}C_6H_4(CH_3)_2 \longrightarrow 2C_6H_5CH_3$	0.65	0.65	0.65	−0.51
脱烷基	$i\text{-}C_3H_7C_6H_5 \longrightarrow C_6H_6 + C_3H_6$	0.41	0.88	1.05	94.24

反应种类	反应式	lgKp（平衡常数）			反应热，kJ/mol
		454℃	510℃	527℃	510℃
环化	$i\text{-}C_7H_{14} \longrightarrow$ 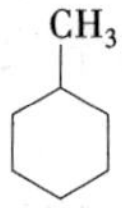 （甲基环己烷）	2.11	1.54	—	-88.00
脱氢	$n\text{-}C_6H_{14} \longrightarrow$  （环己烷） $+H_2$	-2.21	-1.52	—	129.80

值得注意的是，催化裂化过程中随着反应程度的加深，某些放热的二次反应例如氢转移、缩合等反应渐趋重要，会导致总体热效应降低。由于催化裂化原料及产物组成十分复杂，从理论上根据原料及产品的生成热计算反应热误差很大，常常是行不通的。通常工业生产中一般采用经验方法对反应热进行估算。

从反应动力学方面考虑，单体烷烃的催化裂化反应程度随着烷基链增长而增大，而且每增加一个 CH_2 系列差，烷烃的裂化反应速度增加明显。表 2-7 列出了烷烃链长对裂化反应活化能的影响。可以看出，从正己烷到正辛烷，烷烃链增加了 2 个碳原子，但催化裂化活化能却降低了近三分之一。烷烃裂化活化能越低，裂化反应速度则越快。

表 2-7 烷烃链长对裂化反应活化能的影响

烃类分子	$n\text{-}C_6H_{14}$	$n\text{-}C_7H_{16}$	$n\text{-}C_8H_{18}$
活化能，kJ/mol	153.0	122.9	104.1

实际生产中，烃类催化裂化反应是一个气—固非均相催化反应(渣油催化裂化时还有液相)，其反应过程与普通的多相催化反应类似，包括以下七个步骤：

(1) 反应物从主气流中扩散到催化剂表面；
(2) 反应物沿催化剂微孔向催化剂的内部扩散；
(3) 反应物被催化剂表面吸附；
(4) 被吸附的反应物在催化剂表面上进行化学反应；
(5) 产物自催化剂表面脱附；
(6) 产物沿催化剂微孔向外扩散；
(7) 产物扩散到主气流中去。

催化反应的表观速率并非单纯取决于烃类在催化剂表面上的本征反应速率，而是同时受到扩散速率与吸附速率的制约。扩散、吸附以及反应三者中，速率最慢的即为该过程的控速步骤，通常分为反应控制及扩散控制。在一般工业条件下，催化裂化反应通常表现为反应控制，反应控制主要与原料（烃类）组成、催化剂活性、反应温度以及反应压力相关。

石油馏分进行催化裂化时，由于原料组成极为复杂，不仅各组分的反应之间相互影响，而且反应物与产物之间也会发生反应。总体来看，催化裂化反应为平行—连串反应，一是大分子裂化为小分子、氢碳比逐渐增大的裂化反应，最后生成气体；另一是小分子逐渐增大、氢碳比不断变小的缩合反应，最后形成焦炭。图 2-7 为催化裂化平行—连串反应模型图。

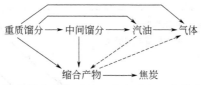

图 2-7　石油馏分催化裂化平行—连串反应（虚线表示次要反应）

目前，对于石油馏分的催化裂化反应动力学，不能像单体烃一样进行单一的动力学描述，而是采用集总动力学的研究方法，把产物性质相近的归为一个集总，将反应体系划分为若干个集总，据此建立集总动力学模型，例如催化裂化三集总、十集总动力学等。

二、各族烃的催化裂化反应过程

1. 烷烃的催化裂化反应及机理

在催化裂化过程中，烷烃主要发生裂化反应。正构烷烃碳链越长，催化裂化反应速率越快，这是由于随着碳链增长，正构烷烃形成的仲碳正离子 β-断裂可能的数目增加，裂化速率增大。表 2-8 列出了不同正构烷烃的仲基碳正离子 β-断裂可能的数目。

表 2-8　仲基碳正离子 β-断裂可能的数目

正构烷烃的仲基碳正离子	β-断裂可能数目
仲-$C_6H_{13}^+$	1
仲-$C_7H_{15}^+$	2
仲-$C_8H_{17}^+$	3
仲-$C_{12}H_{25}^+$	6
仲-$C_{16}H_{33}^+$	11

从表 2-8 可以看出，随着烷烃链长度增加，烷烃形成的仲基碳正离子 β-断裂可能的数目增加，因此直链烷烃裂化速度随着碳原子数目的增加而增大。在 500℃ 以及 SiO_2—Al_2O_3—ZrO_2 催化剂存在下，4 个不同直链烷烃的裂化转化率见表 2-9。

表 2-9　不同直链烷烃的裂化转化率

直链烷烃	裂化转化率（质量分数），%
n-C_5H_{12}	<1
n-C_7H_{16}	3
n-$C_{12}H_{26}$	18
n-$C_{16}H_{34}$	42

从表 2-9 看出，随着直链烷烃碳原子数增加，相同催化裂化反应条件下，烷烃裂化转化率较快增加。

有人对正构烷烃和 2-甲基异构烷烃在相同条件下的裂化反应活性进行了对比研究，结果如图 2-8 所示。可以看出，同碳原子数的情况下，2-甲基异构烷烃始终比正构烷烃的催化裂化活性大，且碳数越多，其差异也随之增大。无论是正构烷烃还是 2-甲基异构烷烃，随着烃分子变大，裂化反应活性明显提高。

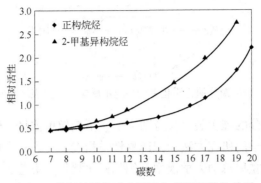

图 2-8　烷烃的裂化反应活性与碳原子数的关系

此外，对于直链烷烃，越靠近中间的 C—C 键键能越低，例如正辛烷各 C—C 键键能（单位，kJ/mol）：

$$CH_3 \overset{335}{——} CH_2 \overset{322}{——} CH_2 \overset{314}{——} CH_2 \overset{310}{——} CH_2 \overset{314}{——} CH_2 \overset{322}{——} CH_2 \overset{335}{——} CH_3$$

这是由于空间效应作用，使烷烃直链发生绕曲，中间的 C—C 键绕曲的概率较大，使得形成 C—C 键的电子云重叠受到减弱，故而导致中间的 C—C 键键能低。因此直链烷烃裂化时多从中间处 C—C 键断裂，并且分子链越长越易从中间处断裂，如在相同反应条件下，正十六烷的裂化反应速率约是正十二烷的 2.5 倍，正十八烷的裂化反应速率约是正辛烷的 20 倍。

由于含有叔碳原子的烷烃较易生成碳正离子，所以含有叔碳原子的烷烃比正构烷烃以及含有季碳原子的烷烃的裂化速度大得多，例如在 550℃下裂化不同己烷异构体，含有叔碳原子的 2-甲基戊烷以及 2,3-二甲基丁烷的转化率较高，而且烷烃中含有的叔碳原子越多，其裂化转化率越高；相比较而言，正构烷烃及含有季碳原子的烷烃的裂化转化率要明显低一些，见表 2-10。

表 2-10　不同己烷异构体的裂化转化率

不同己烷异构体	裂化转化率（质量分数），%
正己烷　$CH_3CH_2CH_2CH_2CH_2CH_3$	13.8
2-甲基戊烷　$CH_3CH(CH_3)CH_2CH_2CH_3$	24.9
3-甲基戊烷　$CH_3CH_2CH(CH_3)CH_2CH_3$	25.4
2,3-二甲基丁烷　$CH_3CH(CH_3)CH(CH_3)CH_3$	31.7
2,2-二甲基丁烷　$CH_3C(CH_3)_2CH_2CH_3$	9.9

表 2-11 给出了在反应温度 482℃、水蒸气老化的 REHX 催化剂催化下不同长链烷烃及部分异构烷烃的裂化反应结果。同样可以看出，含有叔碳原子越多的烷烃（表 2-11 中四甲基正十五烷），其裂化反应速率常数越大，含有季碳原子越多的烷烃（表 2-11 中七甲基壬烷），其裂化反应速率常数明显要小。对于正构烷烃，由正辛烷到正十六烷，裂化速率常数急剧增加，随后随着烷烃碳原子数进一步增加，裂化反应速率常数降低。反应过程中，催化剂上焦炭含量随着原料烷烃的链长增加而增加，可能由于焦炭的影响导致正十七烷、正十八烷的反应速率常数降低。四甲基正十五烷裂化时，尽管催化剂上焦炭含量很高，但其裂化能力约是正十八烷的 5 倍，这显然是由于叔碳正离子裂化能力强的结果。七

甲基壬烷含有较多的季碳原子，尽管催化剂上焦炭含量很低，但其裂化能力仅为正十六烷的六分之一。

表 2-11　不同碳数烷烃的裂化结果（482℃，反应 2min 瞬时取样）

纯烷烃	反应速率常数 k（mol/kg of catalyst · h · atm）	催化剂上焦炭含量,%	$\dfrac{\text{产品量}}{\text{裂化原料量}}$（物质的量比）
$n\text{-}C_8H_{18}$	36	0.25	2.0
$n\text{-}C_{12}H_{26}$	660	0.7	2.5
$n\text{-}C_{14}H_{30}$	984	1.0	2.75
$n\text{-}C_{16}H_{34}$	1000	1.4	3.0
$n\text{-}C_{17}H_{36}$	738	1.7	3.1
$n\text{-}C_{18}H_{38}$	680	2.2	3.2
四甲基正十五烷	3300	2.8	3.1
七甲基壬烷	164	0.5	3.5

注：四甲基正十五烷为 2,6,10,14-四甲基十五烷（含有 4 个叔碳原子）；七甲基壬烷（含有三个季碳原子及一个叔碳原子）。

在各族烃的催化裂化反应中，烷烃主要发生裂化反应，以正十六烷的催化裂化反应为例，其裂化过程如下：

$$C_{11}H_{23}(CH_2)_2CH_2CH_2CH_3 + R^+ \longrightarrow C_{11}H_{23}(CH_2)_2CH_2\overset{+}{C}HCH_3 + RH$$

$$C_{11}H_{23}(CH_2)_2CH_2\overset{+}{C}HCH_3 \longrightarrow C_{11}H_{23}CH_2\overset{+}{C}H_2 + CH_2{=}CHCH_3$$

$$C_{11}H_{23}CH_2\overset{+}{C}H_2 \longrightarrow C_{11}H_{23}\overset{+}{C}HCH_3$$

$$C_{11}H_{23}\overset{+}{C}HCH_3 \xrightarrow{-H^+} C_{10}H_{21}CH{=}CHCH_3 \xrightarrow{H^+} C_{10}H_{21}\overset{+}{C}HCH_2CH_3$$

$$C_{10}H_{21}\overset{+}{C}HCH_2CH_3 \longrightarrow C_8H_{17}\overset{+}{C}H_2 + CH_2{=}CHCH_2CH_3$$

$$C_{10}H_{21}\overset{+}{C}HCH_2CH_3 \longrightarrow C_{10}H_{21}\overset{CH_3}{\underset{}{CH}}\overset{+}{C}H_2 \longrightarrow C_{10}H_{21}\overset{+}{\underset{CH_3}{C}}{-}CH_3$$

$$C_{10}H_{21}\overset{+}{\underset{CH_3}{C}}{-}CH_3 \quad\longrightarrow\quad C_8H_{17}\overset{+}{C}H_2 + H_2C{=}\overset{}{\underset{CH_3}{C}}{-}CH_3$$

$$\xrightarrow{-H^+} C_9H_{19}HC{=}\overset{}{\underset{CH_3}{C}}{-}CH_3$$

$$\xrightarrow{RH} C_{10}H_{21}\overset{}{\underset{CH_3}{CH}}{-}CH_3 + R^+$$

$$C_8H_{17}\overset{+}{C}H_2 \longrightarrow C_7H_{15}\overset{+}{C}HCH_3 \longrightarrow C_5H_{11}\overset{+}{C}H_2 + CH_2{=}CHCH_3$$

在热裂化反应中，烷烃主要生成直链产物，包括分子链长更小的烷烃及烯烃。但不同于热裂化反应的是，烷烃在催化裂化过程中主要生成含有支链的异构化产物，例如上述纯正十六烷催化裂化时，每100mol正十六烷裂化得到的异丁烷及异丁烯二者之和就达到50~60mol，此外还生成其他异构化烃。催化裂化过程中异构化产物的生成，有利于提高汽油馏分的辛烷值，这也是催化裂化工艺生产的汽油馏分辛烷值高的原因之一。

2. 烯烃的催化裂化反应及机理

由于烯烃比烷烃更易生成碳正离子，所以烯烃发生催化裂化反应的速率比烷烃要快得多。例如在同样条件下，1-十六烯与正十六烷的裂化转化率分别为90%和42%，1-十六烯在硅铝催化剂上的裂化速率常数大约是正十六烷的50倍。这些都说明，烯烃比烷烃易于发生催化裂化反应。表2-12列出了具有4~8个碳原子的1-烯烃及相应直链烷烃分别在相同催化剂催化下于510℃及510~540℃条件下进行催化裂化反应的速率常数大小及比值。可以看出，相同碳原子数的烯烃与烷烃相比，前者裂化速率常数是后者的几十到2000多倍。

表 2-12 烯烃和烷烃在 HZSM-5 沸石上的裂化反应

碳数	速率常数		速率常数比 k_o/k_p
	烷烃 k_p，s^{-1}	烯烃 k_o，s^{-1}	
4	0.08	—	—
5	0.30	9.5	32
6	0.84	231.0	275
7	1.49	1823.0	1220
8	2.25	5732.0	2550

而且对于不同链长的正构烯烃来说，随着烯烃碳原子数增加，烯烃的催化裂化能力增强。表2-13列出了分别在硅铝催化剂以及REHX（稀土改性X型分子筛）催化剂上不同碳数正构烯烃裂化的速率常数大小。总体来看，在两种固体酸催化剂上，正十六烯与正十二烯的裂化速率常数分别大约是正辛烯的3倍及2倍以上。

表 2-13 不同碳数正构烯烃的裂化反应速率常数

烯烃	$n\text{-}C_8H_{16}$		$n\text{-}C_{12}H_{24}$		$n\text{-}C_{16}H_{32}$	
催化剂	Si-Al	REHX	Si-Al	REHX	Si-Al	REHX
催化反应速率常数 k，s^{-1}	868	792	1958	1931	2833	2502
催化剂上碳，%	0.8	7.8	1.7	7.9	0.9	6.5

烯烃发生的催化裂化反应主要有：

1) 裂化反应

$$C_mH_{2m} \longrightarrow C_nH_{2n} + C_kH_{2k} \qquad m=n+k$$

烯烃裂化生成两分子链长更短的烯烃。大分子烯烃比小分子烯烃裂化速度快，能生成叔碳正离子的异构烯烃比正构烯烃裂化得快，这一点同烷烃相似。由于烯烃裂化与烷烃裂化机理一样，都通过碳正离子进行裂化，所以烯烃与烷烃裂化的产物基本一致。

2) 异构化反应

烯烃主要发生两类异构化反应，一类是双键位移，另一类是骨架异构。从立体化学角度来讲，这两类异构化反应都包括烯烃的顺—反异构化。异构化后所得到的烯烃碳原子数不发生变化，只是双键位置发生变化，或者生成含有同碳数的支链烯烃，具有两种顺—反异构体，例如：

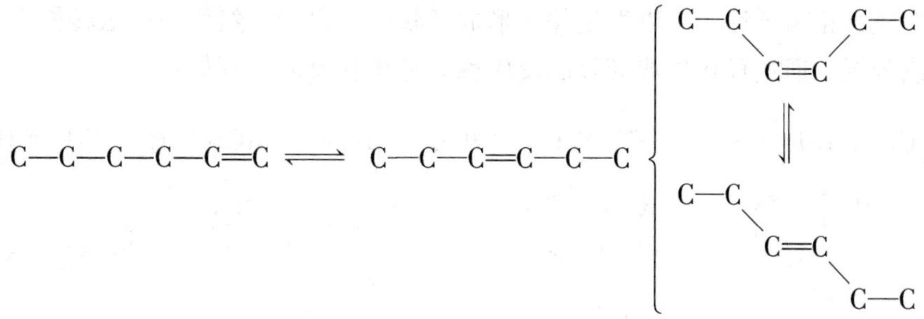

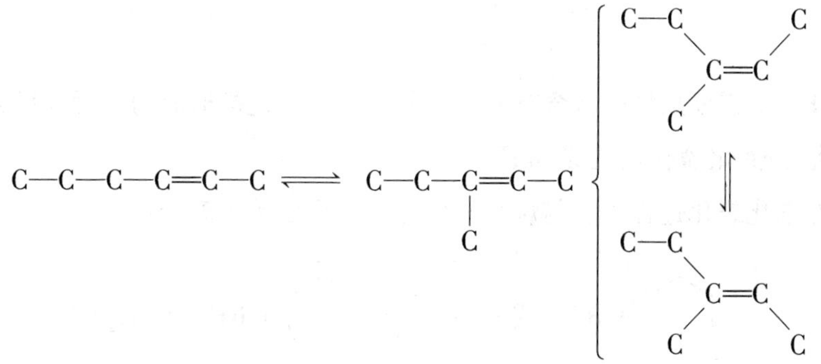

在催化裂化过程中，烯烃在酸性催化剂作用下，可以异构化为同碳数的异构烯烃，但烷烃一般不能异构化为具有同等碳原子数的异构烷烃，例如正十六烷在裂化时，没有正十六烷的异构体产生，而十二烯裂化时，有一部分转变成了十二烯的异构体，这是由于烯烃容易生成碳正离子，迅速进行异构化的缘故。

相比较而言，烯烃发生双键位移比发生碳骨架异构要快得多，例如在100℃下，在酸性Y型沸石催化剂上1-己烯异构化为混合的1-、2-及3-己烯，在反应时间为0.02s时就可以达到充分的热力学平衡。烯烃各类型异构化反应通常由快到慢的顺序为：顺—反异构>双键位移>骨架异构。

3) 氢转移反应

氢转移反应包括分子内氢转移及分子间氢转移，烯烃双键位移或骨架异构其实就伴随着分子内氢转移。一般来说氢转移反应是指分子间的氢转移，即氢从一个分子转移至另一个分子。烯烃作为受氢体发生分子间氢转移反应对催化裂化产物分布及产品性质具有重要影响。例如烯烃与环烷烃之间发生氢转移，环烷烃作为供氢体，烯烃作为受氢体，氢转移的结果生成了烷烃及芳烃：

$$环烷烃 + 烯烃 \longrightarrow 芳烃 + 烷烃$$

同样，若烯烃与芳烃之间发生氢转移，则生成烷烃及多环芳烃：

$$芳烃 + 烯烃 \longrightarrow 多环芳烃 + 烷烃$$

氢转移反应的结果使产物中烯烃含量降低，可改善产品的稳定性，同时生成的芳烃量增加可提高汽油馏分的辛烷值，但多环芳烃的生成则有可能吸附于催化剂表面，进一步缩合产生焦炭，降低催化剂活性。可以看出氢转移反应有利有弊，一般较低的反应温度及较高的催化剂活性能够促进氢转移反应，因此为获得适度的氢转移反应，需要控制适宜的催化裂化温度及催化剂活性。

4）环化及芳构化反应

烯烃形成碳正离子后，可以发生关环形成环状碳正离子，然后通过氢转移反应生成环烷、环烯或芳烃。通过环化生成芳烃的反应称为芳构化反应。例如：

$$R(CH_2)_4CH = CH_2 \xrightarrow{R_1^+} R(CH_2)_3 \overset{+}{C}HCH = CH_2 \rightleftharpoons R\overset{+}{C}H(CH_2)_3CH = CH_2$$

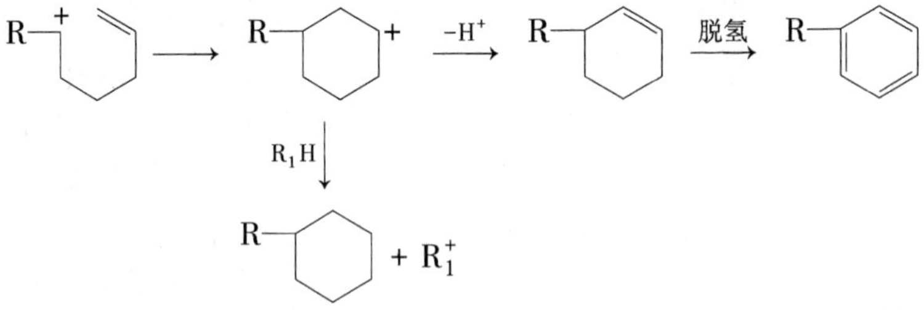

烯烃环化反应需要烯烃碳链含有 6 个碳原子以上，这样形成的六元环烃类比较稳定。

3. 环烷烃的催化裂化反应及机理

环烷烃在催化裂化过程中，与烷烃一样，首先形成碳正离子：

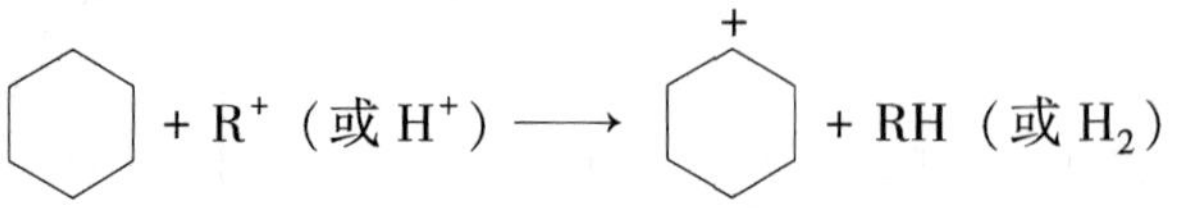

环烷烃的裂化速度与碳原子数相同的烷烃接近，同样含有叔碳原子的环烷烃易裂化。在相同条件下，几种环烷烃的裂化转化率见表 2-14。

表 2-14　几种环烷烃的裂化转化率

环烷烃		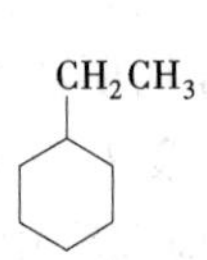	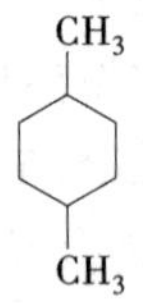	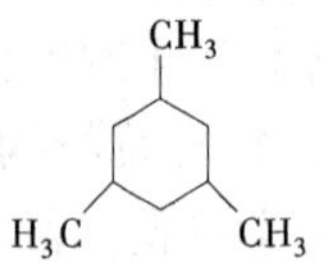	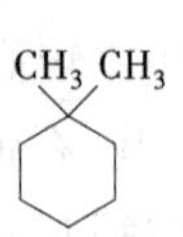
裂化转化率,%	47.0	63.0	75.6	78.6	51.8

表 2-14 中，1,3,5-三甲基环己烷含有三个叔碳原子，含有的叔碳原子数最多，同样条件下催化裂化转化率最高。

环烷烃裂化反应有（以六元环为例）：

1）断环反应

取代的环己烷经过碳正离子机理发生断环反应，例如：

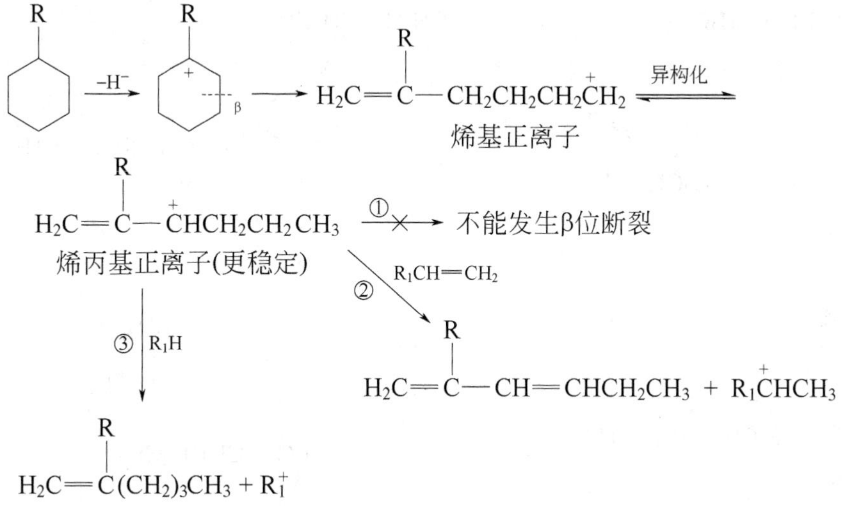

上述反应过程中，取代的环己烷首先发生氢负离子转移，生成环己基叔碳正离子，随后发生β-断裂，得到烯基碳正离子，再异构化为更稳定的烯丙基碳正离子，烯丙基碳正离子不能继续发生β-断裂反应①，但可以发生氢转移反应②与③，分别得到二烯及单烯烃。

2）脱氢芳构化反应

环烷烃脱氢得到环烯烃，继续脱氢得到芳烃：

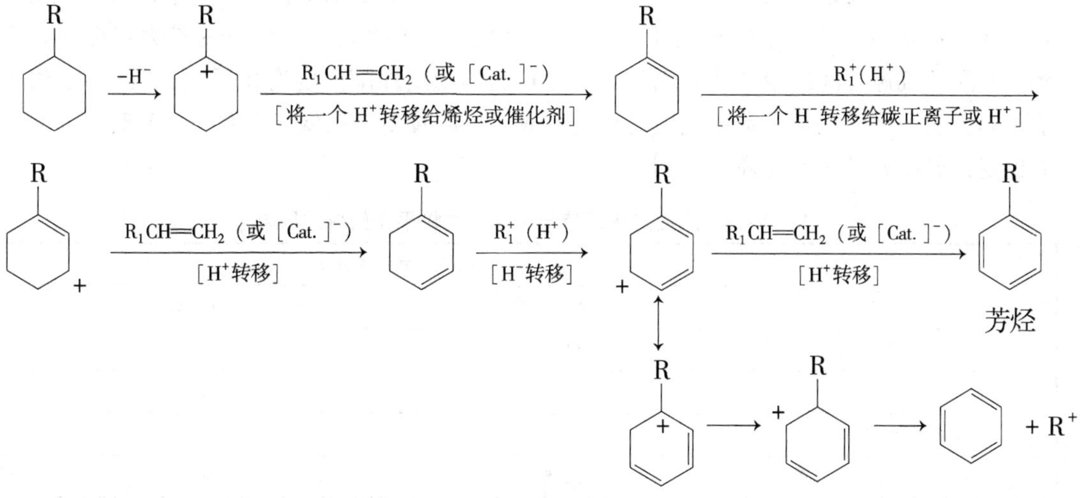

上述反应机理中，取代的环己烷首先发生氢负离子转移，生成叔碳正离子，随后发生交替的氢质子、氢负离子转移，经过环烯、环二烯阶段，最终得到芳烃。

苯并环烷烃更容易发生芳构化反应，生成稠环芳烃，例如在 500℃、采用 SiO_2—Al_2O_3—ZrO_2 为催化剂，四氢萘与十氢萘发生裂化反应，前者脱氢得到萘的产率为 28%，而后者脱氢得到四氢萘与萘的产率分别小于 10.5% 及 5%。这是由于四氢萘的环烷环上更易形成碳正离子，随之迅速发生氢质子、氢负离子转移，得到稠环芳烃。

3）断侧链反应

取代环烷烃发生裂化时，侧链发生断裂，生成环烯及脂肪烃。例如丁基环己烷侧链断裂，得到环己烷、环己烯、丁烷以及丁烯等产物：

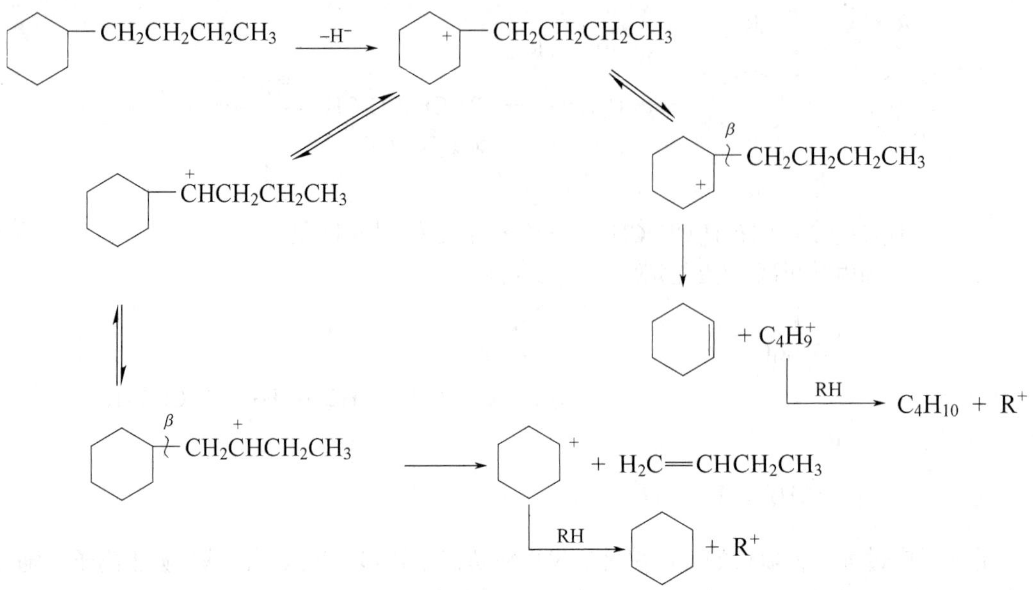

一般来说，含有较长取代基的取代环烷烃侧链断裂比开环反应容易，特别对含有五元环、六元环这些比较稳定的环的取代环烷烃，更是如此。

4）环异构化反应

通常四元环及以下的环烷烃和七、八及九元环烷烃都不稳定，所以石油馏分中主要含有五元、六元环烷烃，并且五元环、六元环可以发生异构化，进行环的扩大或缩小。五元、六元环烷烃之间的稳定性差别不大，但它们的稳定性随温度变化很大，表 2-15 给出了不同温度下环己烷与甲基环戊烷的平衡组成，可以看出，在低于 120~140℃时，六元环更稳定，温度升高对五元环更有利。

表 2-15 温度对环己烷与甲基环戊烷平衡组成的影响

T,℃	液体产品（摩尔分数），%	
	甲基环戊烷	环己烷
27	11.4	88.6
59	20	80
80	25	75
100	33.5	66.5
120	40	60
150	63	37

五元环、六元环发生环异构化以经典碳正离子的 1,2-转移机理解释为：

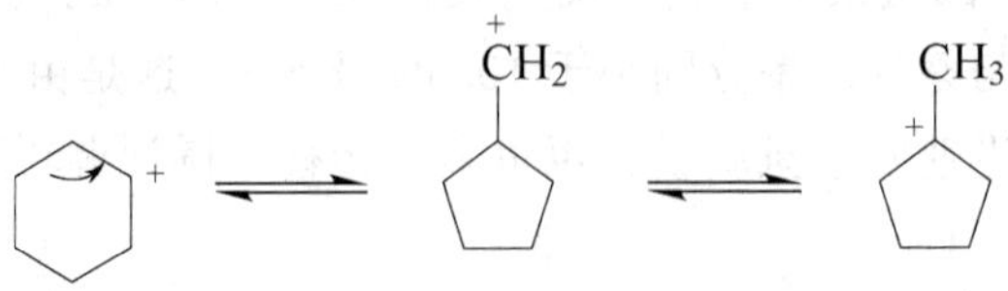

异构化热力学上可行，但上述由 a 到 c 经过 b 这样一个伯 C^+，需要比较高的活化能，

动力学上不利。更倾向于认为通过质子化环丙烷过渡态发生异构化：

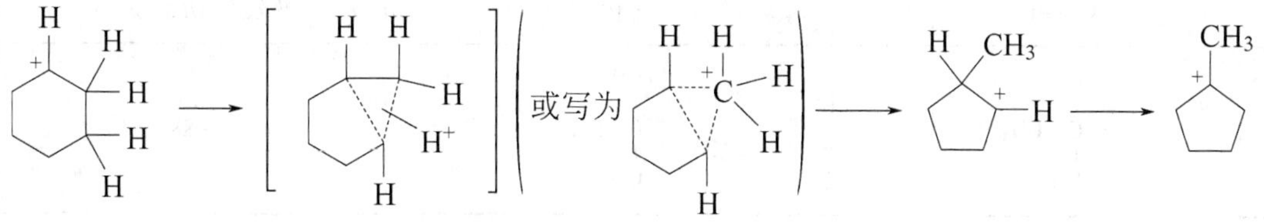

质子化环丙烷过渡态　　　五配位碳正离子

4. 芳烃的催化裂化反应及机理

芳烃的芳环比较稳定，在催化裂化过程中一般不被裂化开环，但芳环的侧链可以裂化，芳环之间也可以发生缩合。

1）烷基芳烃

烷基芳烃在催化裂化过程中，发生的主要反应有侧链断裂、烷基转移反应等。

（1）烷基侧链断裂反应。烷基芳烃的烷基侧链可以完全从芳环上断裂下来，也可以侧链部分断裂，按碳正离子机理进行，例如经过裂化完全脱烷基：

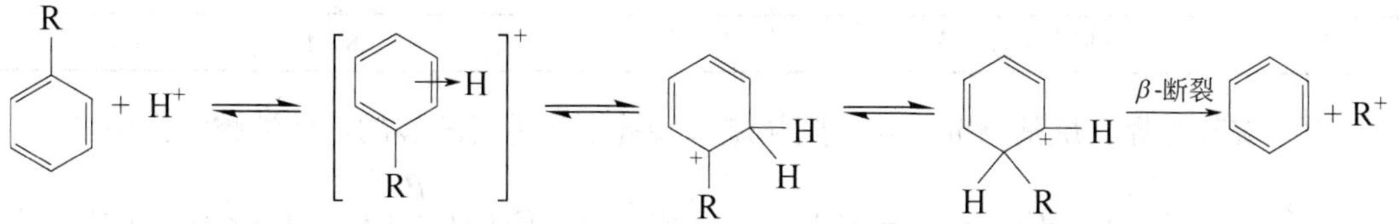

Π-络合物　　　　　σ-络合物
（过渡态）　　　　　（中间体）

具有不同结构烷基侧链的芳烃，脱烷基的难易程度不同。表 2-16 列出了具有不同烷基侧链长度及不同烷基侧链异构化程度的芳烃发生完全脱烷基的热效应大小。

完全脱烷基反应：

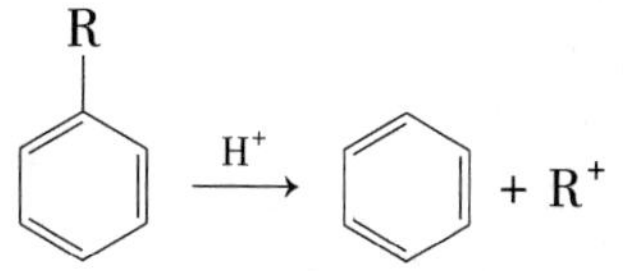

表 2-16　不同结构侧链芳烃裂化的热效应

Ar—R	R^+	热效应 ΔH，kJ/mol
—CH_3	CH_3^+	201
—CH_2CH_3	$CH_3CH_2^+$	84
—$CH_2CH_2CH_3$	$CH_3CH_2CH_2^+$	67
CH_3CHCH_3 |	$CH_3\overset{+}{C}HCH_3$	54
—$CH_2CH_2CH_2CH_3$	$CH_3CH_2CH_2CH_2^+$	59
$CH_3CHCH_2CH_3$ |	$CH_3\overset{+}{C}HCH_2CH_3$	13

续表

Ar—R	R^+	热效应 ΔH，kJ/mol
$-C(CH_3)_3$	$^+C(CH_3)_3$	-88

从表 2-16 可以看出，取代基碳链越长，异构化程度越高，ΔH 就越小，甚至为负值，表明反应的容易程度随取代基链长增加而增大，对相同碳原子数的取代基，取代基异构化程度越大，越易裂化。从表 2-17 给出的裂化反应转化率也可以看出同样规律。

表 2-17　500℃下，不同结构侧链芳烃裂化转化率

烷基苯	裂化转化率,%
$PhCH_3$	1
$PhCH_2CH_3$	11
$PhCH_2CH_2CH_3$	43
$PhCH(CH_3)CH_2CH_3$	49.2
$PhC(CH_3)_3$	80.4

对于烷基芳烃，烷基侧链越长，则从烷基碳链中间进行断裂的可能性越大，例如：

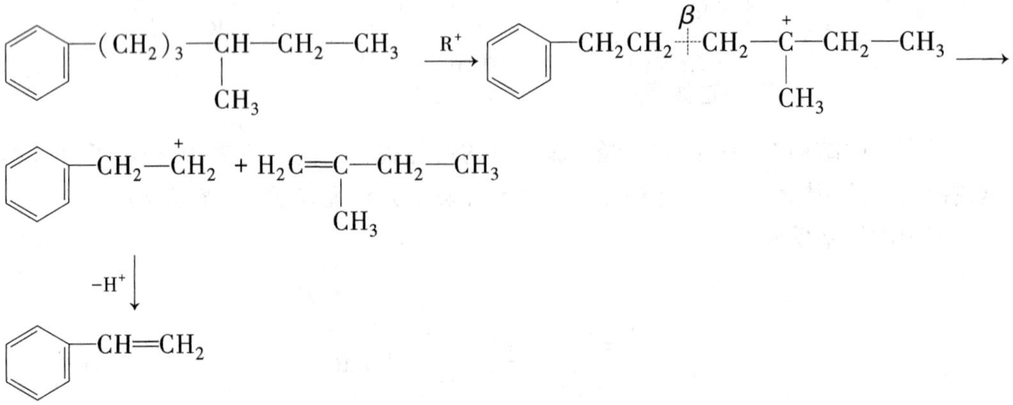

（2）烷基转移反应。甲苯在催化裂化条件下，进行裂化生成 CH_4 的转化率很低，主要进行烷基转移反应，例如：

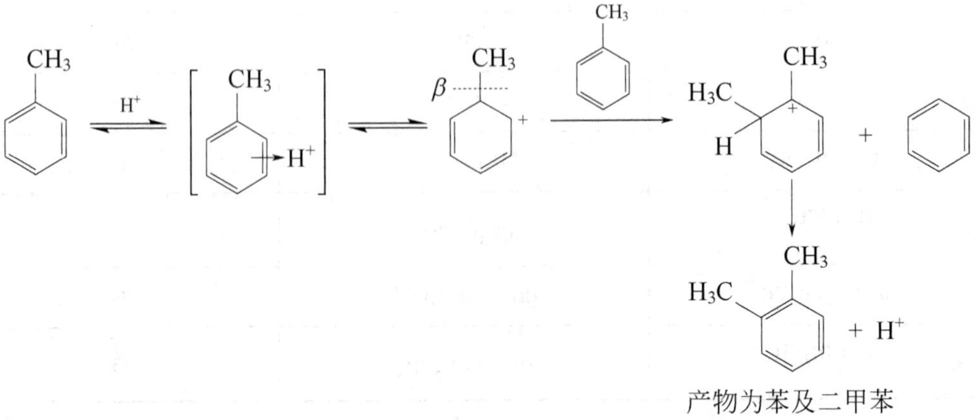

产物为苯及二甲苯

二苯基乙烷裂化，产物为苯及苯乙烯：

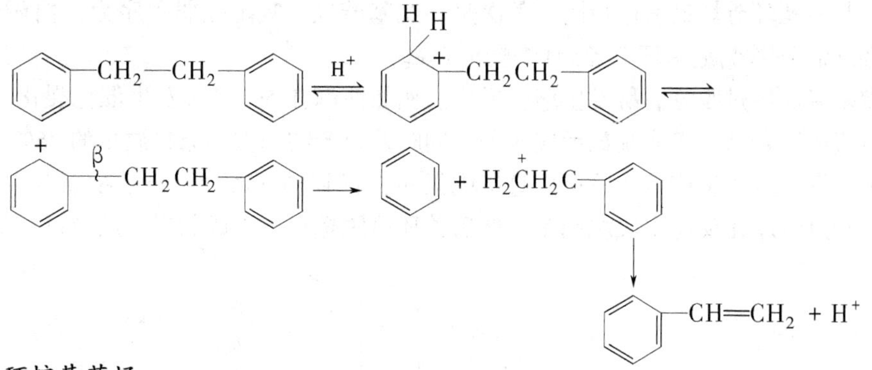

2）环烷基芳烃

环烷基芳烃在催化裂化条件下，主要发生环烷基开环反应、环异构化反应、环烷基脱氢以及缩合反应。

（1）环烷基开环反应。开环裂化反应发生在环烷基上，例如四氢萘催化裂化得到苯、甲苯、丁基苯以及丁烯等：

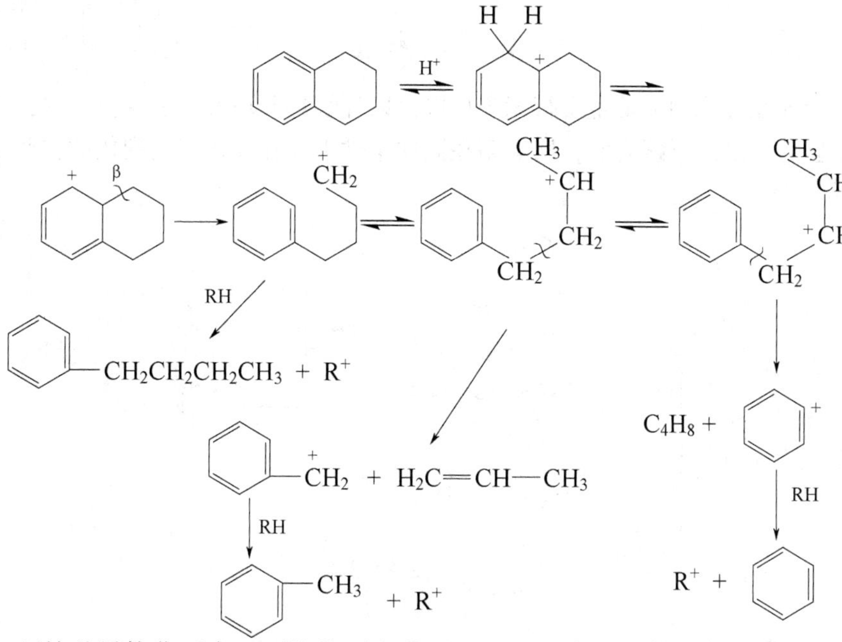

（2）环烷基异构化反应。环烷基不发生开环，而是发生异构化，进行环扩大或缩小，例如四氢萘转化为甲基环戊基苯：

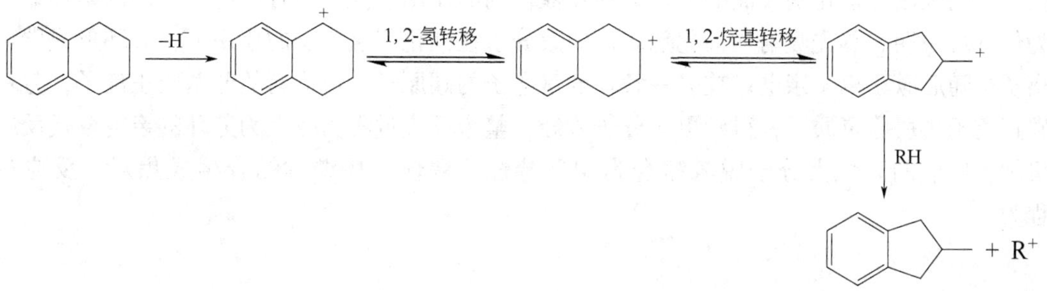

（3）环烷基脱氢以及缩合反应。催化裂化过程中，各类烃在催化剂表面上的吸附能力不同，其中稠环芳烃最易被吸附，其次是环烷基芳烃，吸附强弱顺序为：稠环芳烃>环烷基芳烃>烯烃>单侧链单环芳烃>环烷烃>烷烃。

环烷基芳烃经过脱氢后易发生缩合反应。例如茚满在500℃时发生催化裂化反应，裂化气中氢气浓度较高，表明脱氢反应显著，同时缩合产物约占到原料质量的26%。

四氢萘发生脱氢生成萘，萘可以直接脱氢缩合得到稠环芳烃，再继续缩合生成焦炭；萘也可以经过烷基化反应生成烷基萘，然后关环再脱氢直至生成焦炭，反应过程如下：

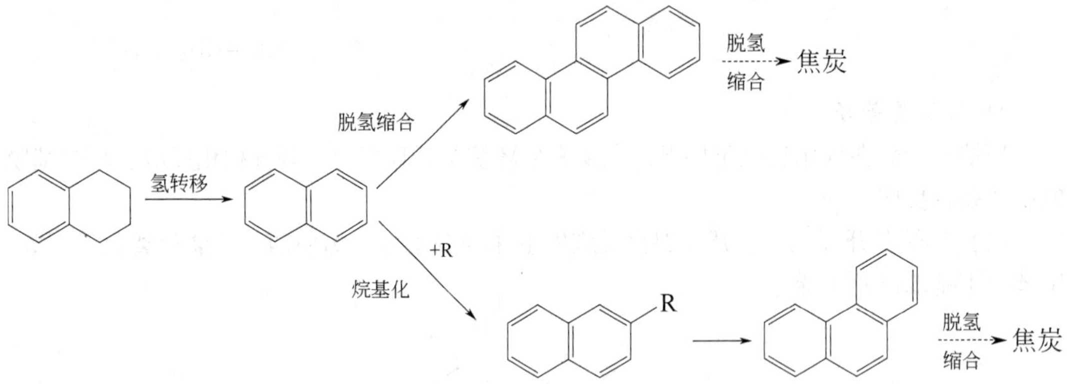

环烷基芳烃在催化剂上发生平行竞争反应，以环烷环开环及脱氢反应为主，环异构化反应则并不显著。以四氢萘为例，四氢萘在同样条件下，在催化剂上裂化的主要反应及产物比例如下：

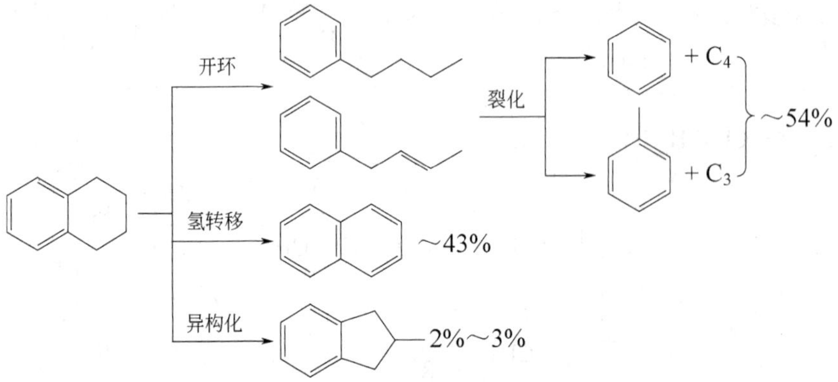

3）无取代基芳烃

当芳环上没有取代基时，芳烃分子的平面性较好，这类芳烃最容易在催化剂表面吸附。牢固吸附在催化剂表面的芳环容易在催化剂的作用下发生缩合反应。下面以萘环缩合为例进行说明，首先吸附在催化剂表面的萘分子在催化剂氢质子的作用下，萘环形成碳正离子，随后碳正离子亲电进攻另一萘环的富电子的碳原子，形成新的芳基碳正离子，芳基碳正离子再脱除氢质子，得到更大分子芳烃，整个反应过程实际上为芳环的亲电取代反应机理。生成的芳烃大分子脱氢缩合为稠环芳烃，稠环芳烃继续缩合生成焦炭。反应过程为：

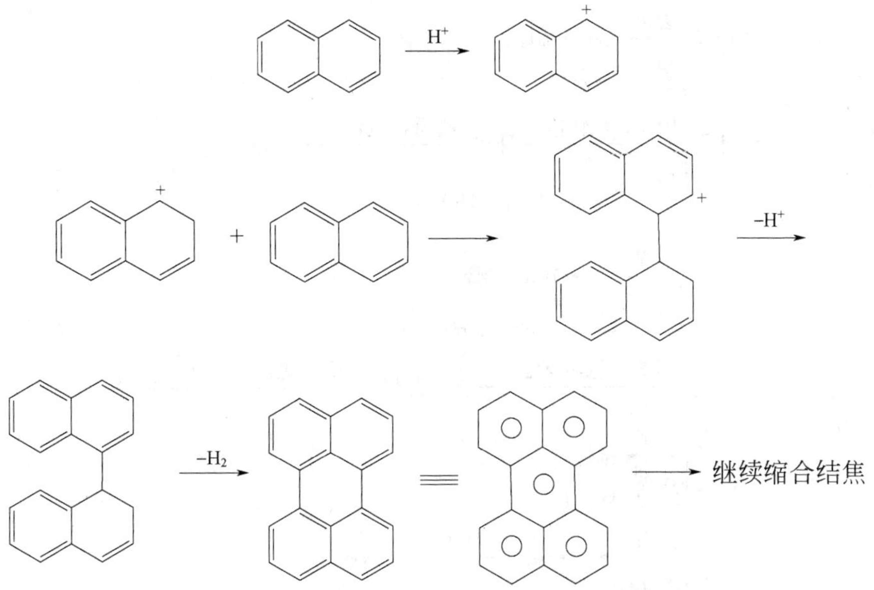

因此无取代基芳烃特别是不含取代基的稠环芳烃易在催化裂化催化剂表面结焦，使催化剂失去活性。

以上讨论了各类烃的催化裂化反应及机理，可以看出，不同种类的烃在催化裂化过程中发生的反应不同，这是由于它们的结构及反应活性不同造成的。表 2-18 给出了不同烃类在相同催化剂上发生催化裂化反应的转化率大小。数据表明，烯烃最易发生反应，其次是含有叔碳原子的取代芳烃。一般地，各种烃发生裂化反应的能力大小顺序为：烯烃>异构的长侧链取代芳烃>异构烷烃、环烷烃及大分子正构烷烃>短侧链取代芳烃>小分子正构烷烃>稠环芳烃。这里需要注意，芳烃特别是不含取代基的稠环芳烃虽然裂化反应能力最小，但它们发生缩合反应的能力是所有烃中最强的。从缩合反应方面考虑，反应能力大小顺序为：稠环芳烃>环烷基芳烃>短侧链取代芳烃>异构的长侧链取代芳烃>烯烃>烷烃。

表 2-18　各种烃的催化裂化反应能力（锆铝催化剂，500℃）

化合物	碳原子数	转化率,%
正庚烷	7	3
正十二烷	12	18
正十六烷	16	42
2,7-二甲基辛烷	10	46
十氢萘	10	44
1,3,5-三甲苯	9	20
异丙苯	9	84
环己烯	6	62
正十六烯	16	90

作为本节总结，图 2-9 给出了不同烃类在催化裂化过程中可能发生的反应类型以及产物。

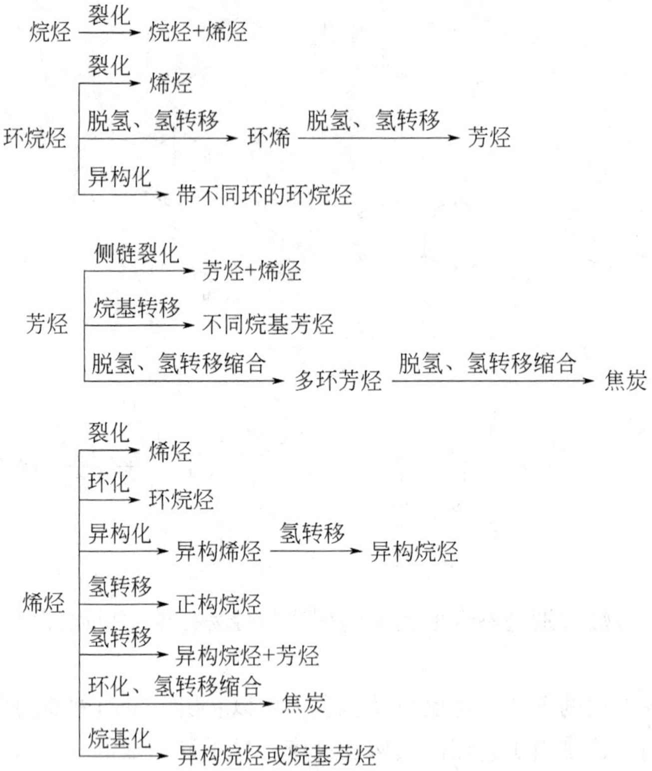

图 2-9 不同烃类发生催化裂化反应类型及产物

参 考 文 献

[1] Olah G A, Molnar A, Surya Prakash G K. Hydrocarbon Chemistry. 3rd ed. Hoboken：John Wiley & Sons, Inc., 2018.

[2] Germain J E. Catalytic Conversion of Hydrocarbons. London：Academic Press Inc., 1969.

[3] Pines H. The Chemistry of Catalytic Hydrocarbon Conversions. New York：Academic Press Inc., 1981.

[4] Gates B C, Katzer J R, Schuit G C A. Chemistry of Catalytic Processes. New York：McGraw-Hill Inc., 1979.

[5] Marcilly C. Acido-Basic Catalysis, Application to Refining and Petrochemistry. Paris：Editions Technip, 2006.

[6] Carey F A, Sundberg R J. Advanced Organic Chemistry Part A：Structure and Mechanisms. 2nd ed. New York：Plenum Press, 1984.

[7] 苏贻勋. 烃类的相互转变反应. 北京：高等教育出版社, 1989.

[8] 梁文杰, 阙国和, 刘晨光, 等. 石油化学. 2 版. 东营：中国石油大学出版社, 2009.

[9] 许友好. 催化裂化化学与工艺. 北京：科学出版社, 2013.

[10] 陈俊武. 催化裂化工艺与工程. 2 版. 北京：中国石化出版社, 2005.

[11] Olah G A. The General Concept and Structure of Carbocations based on Differentiation of Trivalent（classical）Carbenium Ions from Three-center Bound Penta- or Tetracoordinated（nonclassical）Carbonium Ions. The Role of Carbocations in Electrophilic Reactions. Journal of the American Chemical Society, 1972, 94（3）：808-820.

［12］ Olah G A, Surya Prakash G K, Arvanaghi M, et al. High-field ^{1}H and ^{13}C NMR Spectroscopic Study of the 2-Norbornyl Cation. Journal of the American Chemical Society, 1982, 104 (25): 7105-7108.

［13］ Olah G A, Surya Prakash G K. Conclusion of the Classical-Nonclassical Ion Controversy based on the Structural Study of the 2-Norbornyl Cation. Accounts of Chemical Research, 1983, 16: 440-448.

［14］ Sie S T. Acid-Catalyzed Cracking of Paraffinic Hydrocarbons 1. Discussion of Existing Mechanisms and Proposal of a New Mechanism. Ind. Eng. Chem. Res., 1992, 31: 1881-1899.

［15］ Sie S T. Acid-Catalyzed Cracking of Paraffinic Hydrocarbons 2. Evidence for the protonated CycloPropane Mechanism from Catalytic Cracking Experiments. Ind. Eng. Chem. Res., 1993, 32: 397-402.

［16］ Sie S T. Acid-Catalyzed Cracking of Paraffinic Hydrocarbons 3. Evidence for the protonated CycloPropane Mechanism from Hydrocracking/Hydroisomerization Experiments. Ind. Eng. Chem. Res., 1993, 32: 403-408.

［17］ 周青山. 欧拉教授与碳正离子化学: 1994 年诺贝尔化学奖简介. 大学化学, 1995, 10 (3): 1-5.

［18］ 龙军, 魏晓丽. 催化裂化生成干气的反应机理研究. 石油学报 (石油加工), 2007, 23 (1): 1-7.

［19］ 杨朝和, 陈小博, 李春义, 等. 催化裂化技术面临的挑战与机遇. 中国石油大学学报 (自然科学版), 2017, 41 (6): 171-177.

［20］ 谢朝钢, 魏晓丽, 龚剑洪, 等. 催化裂化反应机理研究进展及实践应用. 石油学报 (石油加工), 2017, 33 (2): 189-197.

［21］ Caeiro G, Carvalho R H, Wang X. Activation of C2-C4 Alkanes over Acid and Bifunctional Zeolite Catalysts. Journal of Molecular Catalysis A: Chemical, 2006, 255 (1-2): 131.

［22］ Rigby A M, Kramer G J, van Santeny R A, et al. Mechanisms of Hydrocarbon Conversion in Zeolites: A Quantum Mechanical Study. Journal of Catalysis, 1997, 170: 1.

［23］ Olah G A. Carbocations and Electrophilic Reactions. Angewandte Chemie International Edition, 1973, 12 (3): 173.

［24］ 徐春明, 杨朝合. 石油炼制工程. 4 版. 北京: 石油工业出版社, 2009.

第三章　烃类异构化反应与机理

第一节　概　　述

烃类的异构化（Isomerization of Hydrocarbons）是在催化剂的作用下由烃类的一种异构体转化为另一种异构体从而得到目标产物的过程。轻质烷烃异构化主要由正构烷烃获得异构烷烃，以提升汽油馏分的辛烷值；环烷烃异构化主要指碳环的异构化，即环的扩大或缩小；烯烃异构化包括碳链骨架异构及双键位置异构；芳烃异构化主要发生在芳环的取代基侧链上，包括侧链骨架异构及侧链位置异构。例如烷烃及烯烃的异构化：

$$H_3C—CH_2—CH_2—CH_3 \xrightleftharpoons{AlCl_3—HCl} \underset{\overset{|}{CH_3}}{CH_3—CH—CH_3} \qquad 碳骨架异构$$

$$H_3C—CH_2—CH=CH_2 \rightleftharpoons H_3C—CH=CH—CH_3 \rightleftharpoons \underset{\overset{|}{CH_3}}{CH_3—C=CH_2}$$

双键位置异构 　　　　　　　　碳骨架异构

异构化反应是放热反应，一般热效应为 $-6 \sim -20kJ/mol$。由于热效应较小，因此，异构化反应是可逆反应。在石油化学工业上，异构化反应常用来制取高辛烷值汽油组分，如正戊烷、正己烷异构化。异构化反应也可用来制备化工原料及聚合原料，例如正丁烷转化为异丁烷以制取烷基化原料，间二甲苯转化为对二甲苯以制取生产对苯二甲酸及聚酯的原料。

温度对异构化反应平衡影响很大，表 3-1 列出了不同温度下正丁烷异构化反应平衡组成与温度的关系。

表 3-1　正丁烷异构化反应平衡组成与温度的关系

温度,℃	25	127	327	527
正丁烷（物质的量分数）,%	28	44	60	68
异丁烷（物质的量分数）,%	72	56	40	32

从表 3-1 可以看出，对于正丁烷异构化反应，低温下有利于异构烷烃的生成，因此，从热力学平衡的观点出发，异构化反应应尽可能在低温下进行，以利于达到异构化产物最高的平衡转化率。

对于石化行业来说，在众多的烃类异构化反应中，C_5/C_6 烷烃异构化反应具有特别意义，因为 C_5/C_6 烷烃异构化产物可以作为汽油馏分的调合油，对于提升炼厂汽油产品辛烷值发挥着重要作用。C_5/C_6 烷烃异构化技术在西方发达国家研究、应用较早。近年来，全世界异构化装置数量迅速增加，主要集中在美国、日本和欧洲，目前在美国 C_5/C_6 烷烃异构化技术已经得到了广泛的应用。随着燃料油品标准的提高，异构化技术在我国发展迅速。当前我国已执行国Ⅵ汽油产品标准，该标准规定汽油中芳烃体积分数不大于35%，烯烃体积分数不大于18%，苯体积分数不大于0.8%。C_5/C_6烷烃异构化油本身不含烯烃、芳烃，而且具有较高的辛烷值，特别适合于调配到汽油馏分中，以获得符合新标准要求的清洁汽油产品。

在炼厂，C_5/C_6烷烃异构化装置与催化重整装置常常配套建设，这是由于汽油新标准严格限定了汽油中的苯含量，导致催化重整汽油中苯含量必须降低，这就要求催化重整原料中不能含有生成苯的前驱物，即C_6烷烃及环烷烃，为此需要对作为催化重整原料的石脑油进行预分馏，将生成苯的前驱物C_6烷烃及环己烷、甲基环戊烷分离出来，同时将C_5烷烃也分离出来，将它们混合进行催化异构化以提升辛烷值，然后再调配到汽油中去，这样既保证了汽油产品苯含量不超标，又充分利用了C_5、C_6组分。不同C_5烷烃、C_6烷烃、环烷烃的研究法辛烷值（RON）见表3-2。

表3-2 C_5、C_6烷烃、环烷烃研究法辛烷值

烃类		沸点，℃	RON
C_5烷烃	正戊烷	36.1	62
	2-甲基丁烷	27.8	92
	新戊烷	9.5	85
C_6烷烃	正己烷	68.7	25
	2-甲基戊烷	60.3	73
	3-甲基戊烷	63.3	75
	2,2-二甲基丁烷	49.7	92
	2,3-二甲基丁烷	58.0	101
环烷烃	甲基环戊烷	72.0	91
	环己烷	80.7	83

从表3-2看出，相比于正戊烷、正己烷，正戊烷异构化产物的辛烷值可提升20~30个单位，正己烷异构化物的辛烷值提升更大，可提升50~70个单位。目前通过C_5/C_6烷烃异构化工业装置，可以将C_5/C_6混合烷烃总体的研究法辛烷值提高至80~85。

C_5/C_6烷烃异构化技术经过几十年的发展，目前已比较成熟。国外在这方面技术开发及应用较早的有法国Axens公司、荷兰Shell公司、美国UOP公司以及GTC公司。国内主要有中国石化石油化工科学研究院（RIPP）等单位完成了异构化相关技术的开发。烷烃异构化工艺种类较多，按异构化过程中是否使用氢气来划分，可分为临氢异构化和非临氢异构化；按C_5/C_6烷烃原料在异构化塔内的加工流程来划分，可分为一次通过、部分循环以及全循环流程等，循环的目的是使没有发生异构化的原料再次进行异构化；按所采用的异构化催化剂来划分，可分为中温型、低温型以及超强酸型催化工艺。早期曾采用过高温型催化剂进行C_5/C_6轻质烷烃异构化，由于反应温度高，烃类裂解等副反应较严重，目前这类催化剂已很少使用。国内外几种代表性的C_5/C_6烷烃异构化技术性能对比见表3-3。

表 3-3 代表性的 C_5/C_6 烷烃异构化技术性能对比

指标		单位	低温型	中温型	超强酸型	
技术来源			UOP (Penex) Axens (Isomerization)	Shell (Hysomer) RIPP (RISO)	UOP (Par-Isom) GTC (Isom alk-2)	RIPP
工艺参数	反应温度	℃	125~144	230~280	120~165	140~210
	反应压力	MPa	3.1	1.5~2.5	3.1	1.6~4.0
	质量空速	h^{-1}	1.5	1.0~1.5	1.2~1.6	1.5~2.0
	氢油比	mol/mol	0.06	2.0	2.2	2.0
	催化剂寿命	a	5 (不再生)	8 (3a 再生 1 次)	10 (5a 再生 1 次)	9 (2~3a 再生 1 次)
原料杂质要求	硫	$<1\times10^{-6}$ (质量分数)	0.1~0.5	30	0.5/1.0	0.5
	水	$<1\times10^{-6}$ (质量分数)	0.05~0.1	50	3.0/5.0	5
	碳氧化合物	$<1\times10^{-6}$ (质量分数)	0.1	—	0.5	—
工艺流程	原料预处理		需要	不需要	不需要	不需要
	脱异戊烷塔		可选	可选	可选	可选
	循环流程		可选	可选	可选	可选
	加热炉		不需要	需要	不需要	不需要
	循环氢		不需要	需要	需要	需要
	碱洗		需要	不需要	不需要	不需要
	助催化剂		需要	不需要	不需要	不需要
产品参数	C_5 异构化率	%	80	65	88	73
	C_6 异构化率	%	90	81	90	87

异构化催化剂在烷烃异构化过程中发挥着重要作用，并随着异构化技术的发展不断发生变化，从最初的 Fredel—Crafts 型第一代催化剂，发展到目前的固体超强酸型催化剂，按其发展过程，大致可分为四代催化剂。

第一代催化剂属于 Friedel—Crafts 型催化剂，又称非质子酸催化剂，主要代表有 $AlBr_3/HBr$、$AlCl_3/HCl$。这类催化剂在 20~120℃ 温度下使用具有很高的活性。由于在反应温度下 $AlCl_3$、$AlBr_3$ 易升华，很容易被带出反应器堵塞管道并腐蚀设备，并且它们在烃中的溶解度较大，不易分离，所以在使用时一般把 $AlCl_3$、$AlBr_3$ 固定在载体上。工业上有三种方法可以把催化剂固定下来：

（1）将 $AlCl_3$ 担载在矾土等载体上，降低其蒸气压，制成含 $AlCl_3$ 15%~22% 的固定床催化剂，用于气—固相反应，反应温度为 38~66℃。

（2）将 $AlCl_3$、HCl（氯化氢）溶解于烃中，形成 $AlCl_3$—HCl—烃络合物溶液，用于液相反应，反应温度在 120℃ 左右。

（3）将 $AlCl_3$ 溶解于熔融的 $SbCl_3$ 中形成固体溶液，使用时催化剂为熔融的液态，反应温度为 66~99℃。

单独使用非质子酸催化剂 $AlCl_3$、$AlBr_3$ 时，其反应活性很低，需要卤化氢作为助催化剂，同时还需要微量烯烃或卤代烷作为反应的引发剂。卤化氢的加入，虽然使催化剂活性大大提高，但容易使异构化原料及产物发生聚合、裂化等副反应，且催化剂的选择性不好，目前该类催化剂已很少采用。

第二代催化剂又分为高温型催化剂和中温型催化剂。高温型催化剂是将具有脱氢/加氢活性的贵金属 Pt、Pd 等负载在氧化铝、氧化硅—氧化铝、氧化铝—氧化硼以及部分沸石等酸性较弱的固体载体上，该类催化剂既具有催化烃类脱氢/加氢活性，又具有催化烃类异构化活性，为双功能（双效）催化剂。由于载体酸性弱，此类催化剂常常需要在 300℃ 以上的高温下使用，所以又被称为高温双效催化剂。并且使用该类催化剂进行烷烃异构化反应是在有氢气存在的条件下进行的，故又称为临氢催化异构化。由于采用高温条件，因此平衡时对异构烃的生成不利，单程转化率低，选择性不好。目前此类催化剂已较少使用。

中温型催化剂所采用的沸石或分子筛载体酸性较强，常用的载体包括 HY 型分子筛、HM 型（丝光沸石）分子筛、Hβ 分子筛以及 SAPO 分子筛等，活性金属组分除采用贵金属 Pt、Pd 等外，还可以使用 Ni、Mo 等非贵金属，由于载体酸性较强，此类催化剂可以在 230~300℃ 范围内使用，称为中温型双效催化剂。与高温型催化剂类似，中温型催化剂也需要在临氢状态下使用，一般氢气压力在 2.0~3.0MPa，这样可以抑制烷烃异构化过程中副反应的发生，并能将生成的焦炭前驱物加氢去除，避免催化剂因结焦而失活。采用中温型催化剂时，异构化反应单程转化率较高，选择性较好，能降低烃类裂化等副反应发生，目前工业上部分异构化装置采用该类催化剂。从催化剂组成来看，第二代异构化催化剂与催化重整催化剂类似，但其催化反应条件比使用铂系催化剂的催化重整过程要缓和些。

第三代催化剂是以 $AlCl_3$ 或有机氯化物（如四氯化碳、氯仿等）处理 Pt—Al_2O_3 而制成。与第二代催化剂相比，它在较低温度下（220℃ 以下）具有非常高的活性，因此称为低温型双效催化剂。第三代催化剂兼具第一代、第二代催化剂的优点，目前工业上大部分异构化装置采用该类催化剂。

第三代催化剂使用温度低，催化异构化活性高，产品辛烷值也最高，具有明显的优点。但该类催化剂存在的主要问题是载体中氯易流失，导致催化剂活性降低快，因此使用过程中需要不断补氯，以维持催化剂活性，但是氯会造成设备腐蚀，同时原料中的水、硫以及含氧化合物会使催化剂永久失活，所以第三代异构化催化剂对反应原料净化度要求比较苛刻，原料油和氢气在进入反应器前都需要经过净化系统进行处理。

第四代异构化催化剂为固体超强酸催化剂，是将贵金属 Pt 负载于 SO_4^{2-}/ZrO_2 上制备得到，为近十几年最新开发应用的异构化催化剂。固体超强酸催化剂使用温度介于低温与中温之间，一般在 120~250℃ 范围内。目前对第四代催化剂的研究主要集中在以其他金属对其进行改性方面，例如以 Fe、Mn 等改性或添加 WO_3、La_2O_3 等均能提高固体超强酸催化剂的活性。该类催化剂的活性接近低温型异构化催化剂，但使用过程中不需要补氯，无腐蚀性，可以再生。目前工业上部分异构化装置已采用该类催化剂，是最具有发展前途的新型异构化催化剂。

除上述异构化催化剂外，目前对由杂多酸组成的异构化催化剂，例如

Pd-H$_4$SiW$_{12}$O$_{40}$/SiO$_2$；由离子液体组成的异构化催化剂，例如氯代 1-丁基-3-甲基咪唑与 AlCl$_3$ 反应得到的［bmim］Cl/AlCl$_3$，用于催化轻质烷烃异构化的性能进行了初步的研究。

轻质烷烃异构化催化剂的发展过程总结如下：

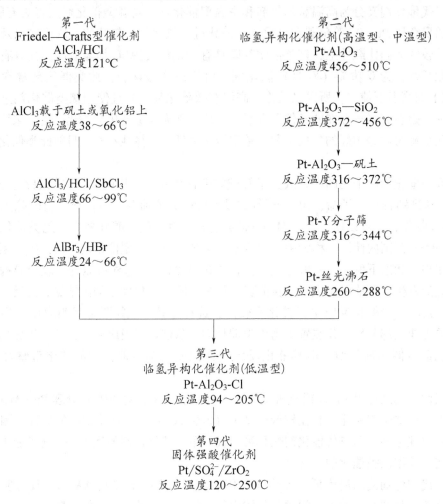

第一代
Friedel—Crafts型催化剂
AlCl$_3$/HCl
反应温度121℃

AlCl$_3$载于矾土或氧化铝上
反应温度38～66℃

AlCl$_3$/HCl/SbCl$_3$
反应温度66～99℃

AlBr$_3$/HBr
反应温度24～66℃

第二代
临氢异构化催化剂(高温型、中温型)
Pt-Al$_2$O$_3$
反应温度456～510℃

Pt-Al$_2$O$_3$—SiO$_2$
反应温度372～456℃

Pt-Al$_2$O$_3$—矾土
反应温度316～372℃

Pt-Y分子筛
反应温度316～344℃

Pt-丝光沸石
反应温度260～288℃

第三代
临氢异构化催化剂(低温型)
Pt-Al$_2$O$_3$-Cl
反应温度94～205℃

第四代
固体强酸催化剂
Pt/SO$_4^{2-}$/ZrO$_2$
反应温度120～250℃

第二节　烃类异构化反应机理

对于一类化学反应，深入了解其反应机理是非常重要的，只有掌握其详细的反应路线，才能达到控制反应的目的。在烃类异构化反应机理方面，整体上来看，由于使用酸性催化剂，异构化过程在绝大多数情况下都会涉及碳正离子这一反应活性中间体，因此，烃类异构化的机理往往可以用碳正离子学说来解释。然而，当所使用的异构化催化剂的组成不同时，碳正离子的生成、重排以及消失的方式可能也随之不同。此外，传质过程和催化剂结构效应也经常会影响到烃类异构化历程。截至目前，提出过多种烃类异构化反应机理，例如根据异构化过程所涉及的反应分子数目，可将烃类异构化分为单分子、双分子反应机理；根据催化剂结构效应不同提出择形催化异构化机理；对于某些异构化过程中碳正离子并没有被检测到的情况，提出了吸附成环异构化机理等。本节主要介绍涉及碳正离子的烷烃异构化反应机理。

一、Friedel—Crafts 型催化剂催化异构化机理

Friedel—Crafts 型催化剂属于非质子酸催化剂，在这种催化剂作用下，异构化反应按碳正离子机理进行，反应过程中引发剂起着重要作用。例如丁烷以 $AlCl_3/HCl$ 催化异构化反应 12h，反应温度 100℃，引发剂丁烯含量不同时，产物异丁烷的产率明显不同，数据见表 3-4。

表 3-4　丁烯对丁烷异构化反应的影响

加入量，mol/100mol 丁烷	试验号		
	1	2	3
$AlCl_3$	5.86	5.86	5.86
HCl	3.05	3.05	3.05
正丁烯	0	0.06	0.28
异丁烷产率,%	<0.1	12.6	26.8

从表 3-4 可以看出，若没有丁烯存在，纯粹的丁烷异构化反应很难进行，随着丁烷原料中丁烯含量的增加，异丁烷产率明显增加，表明反应体系中微量烯烃的存在可以引发异构化反应。这是由于烯烃或卤代烃等能直接与催化剂作用生成碳正离子，反应机理如下：

（1）C^+ 生成：

$$AlCl_3 + HCl \Longrightarrow H^+[AlCl_4]^-$$

$$C_nH_{2n} + H^+[AlCl_4]^- \Longrightarrow C_nH_{2n+1}^+ + AlCl_4^-$$

$$或 \quad C_nH_{2n+1}Cl + AlCl_3 \Longrightarrow C_nH_{2n+1}^+ + AlCl_4^-$$

（2）C^+ 异构化：碳正离子异构化包括 1,2-烷基或氢转移，通过生成质子化环丙烷过渡态（非经典碳正离子）进行。

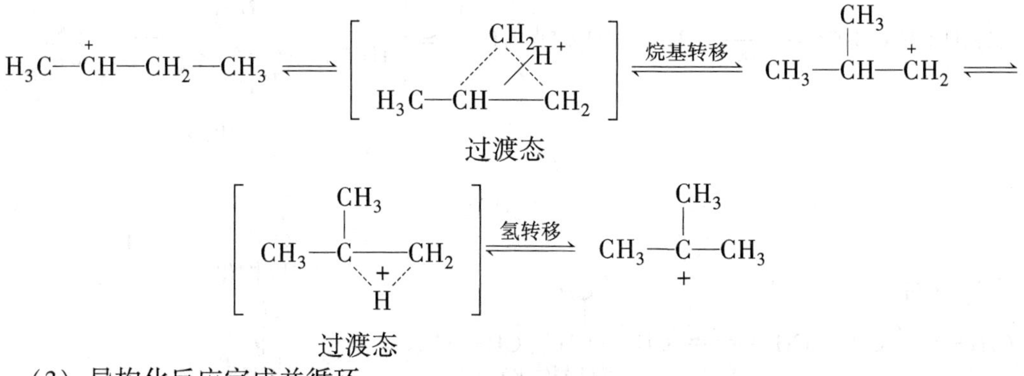

过渡态

过渡态

（3）异构化反应完成并循环：

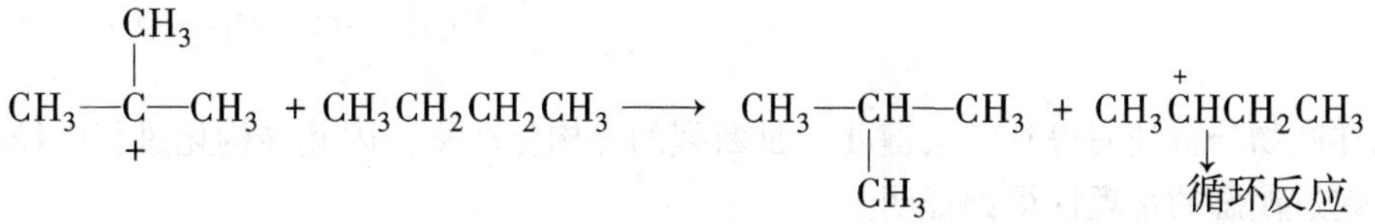

循环反应

上述第（2）、（3）步反应循环进行，正丁烷逐渐转化为异丁烷。在上述碳正离子异构化反应(2) 中，只涉及单分子质体，故该机理为单分子异构化反应机理。

要确定一个反应的反应机理，是比较困难的。通常采用各种可能的手段获得反应信息，然后综合起来拟定反应机理，并且随着现代分析测试技术的进步，新的反应中间体或产物被检测出来，某一个反应的反应机理可能被不断修改或补充。确定反应机理的方法通常包括反应产物分析、中间体检测、反应过程同位素标记、动力学测定以及参考文献等。

采用^{13}C 同位素标记法并结合产物分析，证明了异构化过程中质子化环丙烷过渡态的合理性。例如，^{13}C 标记的丁烷的异构化过程为：

$$
H_3C\overset{+}{-}CH-CH_2-\,^{13}CH_3 \rightleftharpoons
\left[
\begin{array}{c}
\text{I}\quad^{13}CH_2\quad\text{II}\\
H_3C-CH\cdots CH_2\\
\text{III}\; H^+
\end{array}
\right]
$$

键 I 断裂：
$$H_3C-\overset{+}{C}H-CH_2-\,^{13}CH_3$$
不发生异构化

键 II 断裂：
$$^{13}CH_3-CH-\overset{+}{C}H_2 \quad CH_3$$
$$\Updownarrow \text{能量不利，迅速转化}$$
$$^{13}CH_3 \quad CH_3-\overset{+}{C}-CH_3$$
发生异构化

键 III 断裂：
$$H_3C-\overset{+}{C}H-CH_2-\,^{13}CH_3$$
发生异构化

^{13}C 同位素标记产物分析以及通常的丁烷异构化产物分析均证明得到了按键 II、III 断裂的异构化产物。

^{13}C 标记的戊烷的异构化过程为：

$$CH_3CH_2CH_2\,^{13}CH_3 \xrightarrow[-RH]{R^+} CH_3\overset{+}{C}HCH_2CH_2\,^{13}CH_3 \rightleftharpoons
\left[
\begin{array}{c}
^{13}CH_3\\
\text{I}\quad CH\quad\text{II}\\
H_3C-CH\cdots CH_2\\
\text{III}\; H^+
\end{array}
\right]
\rightarrow
\begin{array}{l}\text{键 I 断裂不}\\\text{发生异构化}\end{array}
$$

键 II 断裂：
$$CH_3-\overset{+}{C}-CH_2-\,^{13}CH_3 \rightleftharpoons CH_3-CH-\overset{+}{C}H-\,^{13}CH_3$$
（异构化）

键 III 断裂：
$$^{13}CH_3$$
$$CH_3-CH-\overset{+}{C}H-CH_3$$
（异构化）
$$\Updownarrow$$
$$^{13}CH_3$$
$$CH_3-\overset{+}{C}-CH_2-CH_3$$

同样产物分析证明得到了按键 II、III 断裂的异构化产物，因此异构化过程中经过质子化环丙烷过渡态的合理性得到证明。

二、中温型双效催化剂催化异构化反应机理

异构化反应双效催化剂不仅含有酸性活性中心，还具有加氢—脱氢金属活性中心，二者在催化过程中协同作用。首先正构烷烃在加氢—脱氢金属活性中心上脱氢生成烯烃，然后烯烃在酸性活性中心上加成质子转变为碳正离子，并发生异构化，异构化的碳正离子再把质子转移给酸性活性中心（负质体），生成异构烯烃，催化剂酸性活性中心复原，最后异构烯烃在加氢—脱氢金属活性中心上加氢转变为异构烷烃，整个催化异构化过程完成。以正戊烷为例，其在中温型双效催化剂催化下异构化的反应机理为：

$$CH_3CH_2CH_2CH_2CH_3 \xrightarrow[-H_2]{\text{加氢—脱氢活性中心}} CH_3CH=CHCH_2CH_3 \xrightarrow[+H^+]{\text{酸性活性中心}}$$

正-C_5H_{12} 正-C_5H_{10}

$$CH_3CH_2\overset{+}{C}HCH_2CH_3 \underset{\text{异构化}}{\overset{\text{酸性活性中心}}{\rightleftharpoons}} CH_3CH_2\overset{+}{\underset{CH_3}{C}}-CH_3 \xrightarrow[-H^+]{\text{酸性活性中心（负质体）}}$$

仲-$C_5H_{11}^+$ 叔-$C_5H_{11}^+$

$$异-C_5H_{10} \xrightarrow[+H_2]{\text{加氢—脱氢活性中心}} 异-C_5H_{12}$$

烯   烷

从整个异构化过程来看，异构化反应并不消耗额外的氢，但使用双效催化剂的异构化反应，必须在氢气存在下进行。这是因为氢气可防止加氢—脱氢金属活性中心中毒，并可减缓烃类在酸性活性中心上的结焦。在反应中，虽然降低温度有利于异构化反应，但是为了保证达到适当的反应速度，还必需使反应在适宜的温度下进行。

三、低温型双效催化剂催化异构化反应机理

低温型双效催化剂催化烷烃异构化反应机理与中温型催化剂类似，例如丁烷的催化异构化过程为：

$$正-C_4H_{10} \xrightarrow[-H_2]{\text{加氢—脱氢活性中心}} 正-C_4H_8 \xrightarrow[+H^+]{\text{酸性活性中心}} 仲-C_4H_9^+ \underset{\text{异构化}}{\overset{\text{酸性活性中心}}{\rightleftharpoons}}$$

烷   烯

$$CH_3-\overset{+}{\underset{CH_3}{C}}-CH_3 \xrightarrow[-H^+]{\text{酸性活性中心（负质体）}} CH_3-\underset{CH_3}{C}=CH_2$$

$$\xrightarrow[+H_2]{\text{加氢活性中心}} CH_3-\underset{CH_3}{CH}-CH_3 \xleftarrow[+H_2]{\text{加氢活性中心}}$$

由于低温型双效催化剂的酸性较强，活性高，催化反应速度较大，所以可以在较低的温度下催化异构化反应。

四、固体超强酸催化剂催化异构化反应机理

目前，对固体超强酸催化剂催化下烷烃异构化反应机理的研究还不完善，有些人认为

其反应机理与在液体超强酸催化下的烷烃异构化反应机理相类似。正丁烷在液体超强酸（$FSO_3H—SbF_5$）催化下，首先被质子化形成五配位碳正离子，随后脱氢转化为三配位碳正离子（仲丁基碳正离子），仲丁基碳正离子经过质子化环丙烷过渡态形成伯碳正离子，尽管形成伯碳正离子在能量上不利，但伯碳正离子会迅速转化为叔丁基碳正离子，得到能量上的补偿，其催化异构化机理为：

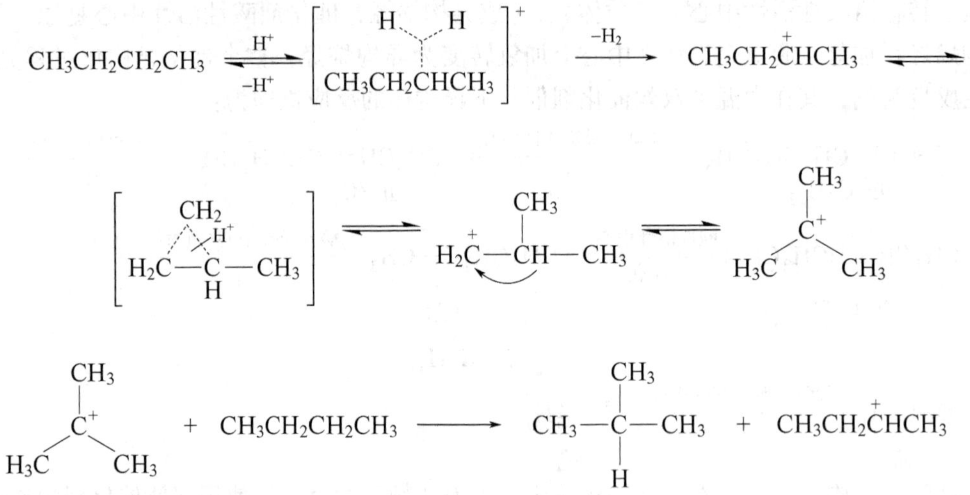

$$CH_3CH_2CH_2CH_3 \underset{-H^+}{\overset{H^+}{\rightleftharpoons}} \left[\begin{array}{c} H \quad H \\ \overset{|}{C} \\ CH_3CH_2CHCH_3 \end{array}\right]^+ \xrightarrow{-H_2} CH_3CH_2\overset{+}{C}HCH_3 \rightleftharpoons$$

除以上催化异构化反应机理外，一些研究者发现某些烷烃在发生异构化时，产物中除生成等碳原子数的异构体外，还生成了比原料烷烃分子碳原子数少以及多的产物，这是由于除发生上述单分子异构化反应机理外，还发生了双分子异构化反应机理。例如正戊烷在中温型双效催化剂催化下发生异构化，产物中含有较多的异戊烷，同时还含有一定量的 C_4、C_6 烷烃。C_4、C_6 烷烃生成过程如下：

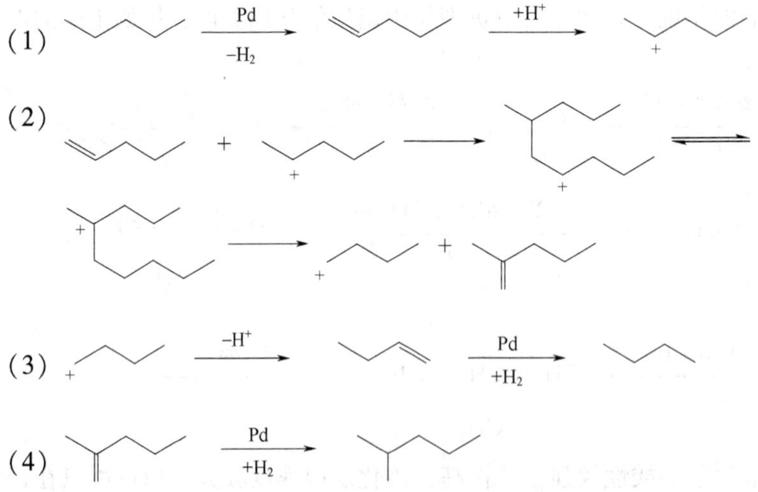

（1）……

（2）……

（3）……

（4）……

上述第（2）步反应生成了 C_4 碳正离子以及 C_6 烯烃，随后它们进一步分别发生反应（3）、（4）生成了 C_4、C_6 烷烃。第（2）步反应为双分子反应机理。由于该双分子异构化反应机理最终生成了部分 C_4 烷烃，所以对正戊烷的异构化反应来说，这是不希望的产物。

第三节 各族烃的异构化反应及机理

一、烷烃异构化反应及机理

早在 20 世纪 30 年代，石油工业就开始了饱和烃的酸催化异构化工业生产，同时也开始了对异构化反应的理论研究。从那时起所获得的关于异构化反应的知识不仅解释了异构化的反应机理，而且指出了异构化反应的本质以及异构化反应普遍存在于饱和烃的其他反应过程中。直到今天，人们对烷烃异构化的反应及机理认识逐步深入，并趋于完善。结合实际需要，从低分子量烷烃到高分子量烷烃的异构化反应均被不同程度地研究过。

1. 丁烷

丁烷是能够发生异构化的最小烷烃，第一个被商业化利用的异构化反应就是丁烷异构化为异丁烷，所得到的异丁烷被用于烷基化反应以生产高辛烷值汽油组分。

正丁烷在 $AlCl_3/HCl$ 催化剂存在下，于 100℃进行异构化反应，平衡时产物中异丁烷的含量达到 62.9%：

$$正丁烷 \xrightleftharpoons{AlCl_3/HCl,\ 100℃} 异丁烷$$
$$37.1\% \qquad\qquad\qquad 62.9\%$$

纯的正丁烷一般不发生异构化反应，例如用 $AlCl_3/HCl$ 为催化剂，温度低于 100℃不发生异构化，用 $AlBr_3/HBr$ 为催化剂，温度低于 25℃也不发生异构化。但在原料中加入含量低于 0.1%的烯烃时，就能引发异构化，也可以加入其他能产生碳正离子的物质（如卤代烷等）促进异构化反应。烯烃作为引发剂的丁烷异构化反应机理为：

$$RCH{=\!=}CH_2 + HX + AlX_3 \Longrightarrow [R\overset{+}{C}HCH_3]AlX_4^-$$

$$R\overset{+}{C}HCH_3 + CH_3CH_2CH_2CH_3 \longrightarrow RCH_2CH_3 + CH_3\overset{+}{C}HCH_2CH_3$$

$$CH_3\overset{+}{C}HCH_2CH_3 \Longrightarrow \underset{\underset{CH_3}{|}}{CH_3CHCH_2^+} \Longrightarrow \underset{\underset{CH_3}{|}}{CH_3\overset{+}{C}CH_3}$$

$$\underset{\underset{CH_3}{|}}{CH_3\overset{+}{C}CH_3} + CH_3CH_2CH_2CH_3 \longrightarrow \underset{\underset{CH_3}{|}}{CH_3CHCH_3} + CH_3\overset{+}{C}HCH_2CH_3$$

2. 戊烷

使用卤化铝/卤化氢为催化剂，温度在 21℃时，戊烷就能异构化为异戊烷，平衡时产物中含有异戊烷 95%。加入少量的烯或卤代烷等促进剂可以加速异构化反应，戊烷的异构化机理与丁烷类似。

$$正戊烷 \xrightleftharpoons{AlCl_3/HCl,\ 21℃} 异戊烷$$
$$5\% \qquad\qquad\qquad 95\%$$

以 $AlCl_3/HCl$ 为催化剂，不同温度下戊烷异构化反应平衡时的产物组成见表 3-5。

表 3-5　不同温度下戊烷异构化反应平衡产物组成

烷烃	不同温度下异构化平衡组成（物质的量分数），%			
	21℃	100℃	149℃	204℃
正戊烷	5	15	22	29
2-甲基丁烷	95	85	78	71
2,2-二甲基丙烷	0	0	0	0

可以看出，低温有利于戊烷的异构化反应。在不同反应温度下，均没有异构化产物2,2-二甲基丙烷（新戊烷）生成，这是由其反应机理决定的，因为生成新戊烷的过程首先需要生成能量很高的新戊基伯碳正离子，是比较困难的。

实验证明，以 $AlCl_3/HCl$ 为催化剂，甚至在温和条件下，在戊烷异构化的同时还伴随着歧化副反应的发生，生成较低和较高分子量的化合物（如丁烷和己烷）。这是由于在异构化过程中生成的叔戊基碳正离子失去质子形成烯烃，烯烃再与叔戊基碳正离子加成生成一个含有十个碳原子的新的碳正离子，随后这个新的碳正离子进行异构化及 β-断裂生成歧化产物，反应机理如下：

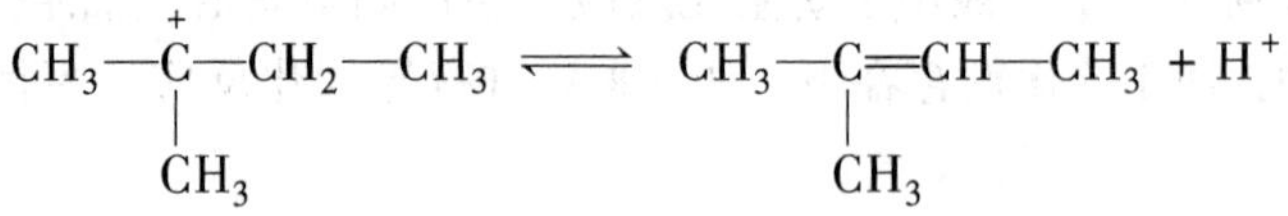

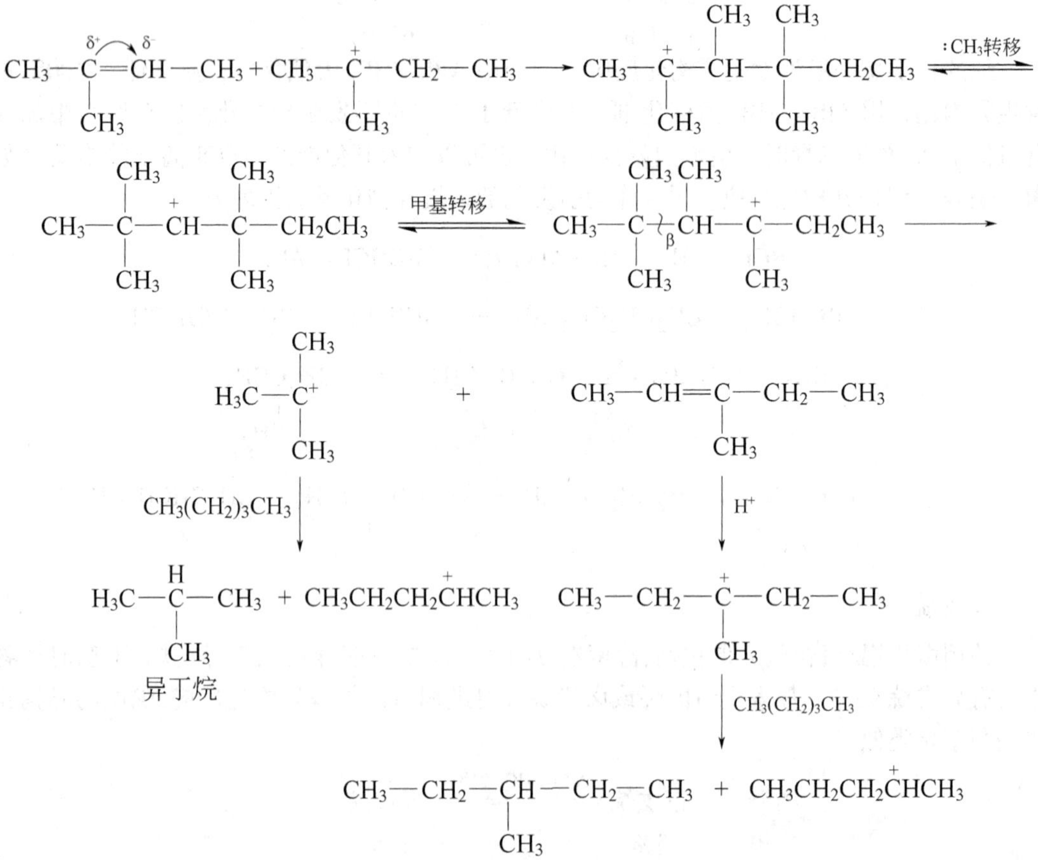

上述反应机理为双分子异构化机理。如果在反应中能降低叔戊基碳正离子的浓度，就可以有效的抑制副反应。一般向反应体系中加入苯或通入氢气，它们通过下列反应，降低叔戊基碳正离子的浓度，从而抑制歧化反应：

$$CH_3-\overset{+}{\underset{CH_3}{C}}-CH_2-CH_3 + H_2 \longrightarrow CH_3-\underset{CH_3}{CH}-CH_2-CH_3 + H^+$$

$$C_6H_6 + CH_3-\overset{+}{\underset{CH_3}{C}}-CH_2-CH_3 \longrightarrow Ph-\overset{CH_3}{\underset{CH_3}{C}}-CH_2CH_3 + H^+$$

烷基化反应

采用 NiP 负载量（质量分数）为 10% 的 NiP/Hβ 中温型双效催化剂，在反应温度分别为 280℃、290℃、300℃下，戊烷发生异构化反应情况见表 3-6。

表 3-6 不同温度下戊烷异构化反应情况

温度[①]，℃	280	290	300
异构化率，%	39.5	46.5	56.2

① 其他反应条件：反应压力为 2.0MPa，氢油物质的量的比为 4，进料质量空速为 $1h^{-1}$。

在 300℃下，戊烷发生异构化反应的产物分布随时间的变化情况见表 3-7。

表 3-7 戊烷异构化产物分布随时间变化情况

产物	不同时间的产物分布（质量分数），%			
	0h	1h	2h	4h
$<C_4$	0	0.4	0.3	0.2
$i-C_4$	0	2.1	2	1.8
$n-C_4$	0	1.9	1.8	1.7
$i-C_5$	1.2	53.2	58.2	59.8
$n-C_5$	98.8	35.1	33.7	32.6
$i-C_6$	0	3.2	3.1	3.1
$n-C_6$	0	1.1	0.9	0.8
转化率（质量分数），%	—	64.9	67.4	67.4
选择性（$i-C_5$），%	—	82.0	87.8	91.4

从表 3-7 可以看出，戊烷发生异构化转化为异戊烷的过程中，还有少量的 C_4、C_6 烷烃生成。这表明在中温型双效催化剂催化下，戊烷异构化反应除按单分子异构化机理进行外，也有部分按双分子异构化机理进行，由于中温型双效催化剂酸性活性中心较弱一些，戊烷按双分子异构化机理进行的副反应的占比较少。

3. 己烷

相比于戊烷，己烷异构化反应更复杂一些，可以得到多种异构化产物，副反应更为显著，并且己烷异构化各步的反应速度不同，其中以 2-甲基戊烷和 3-甲基戊烷之间的异构化速度最大，2,2-二甲基丁烷与 2,3-二甲基丁烷之间的异构化速度最小，表示如下：

$$\text{正己烷} \underset{0.7}{\overset{1.8}{\rightleftharpoons}} 150 \underset{65}{\parallel} \overset{\text{2-甲基戊烷}}{\underset{\text{3-甲基戊烷}}{}} \underset{3.9}{\overset{6.0}{\rightleftharpoons}} 0.04 \underset{0.8}{\parallel} \overset{\text{2,2-二甲基丁烷}}{\underset{\text{2,3-二甲基丁烷}}{}}$$

（催化剂为 AlCl$_3$/HCl，温度 100℃；箭头旁边数字为相对反应速度）

在上述催化剂催化下，不同温度下己烷异构化反应平衡时的产物组成见表 3-8。

表 3-8　不同温度下己烷异构化反应平衡产物组成

烷烃	不同温度下异构化平衡组成（物质的量分数），%			
	21℃	100℃	149℃	204℃
正己烷	4	11	14	17
2-甲基戊烷	20	28	34	36
3-甲基戊烷	8	13	15	17
2,2-二甲基丁烷	57	38	28	21
2,3-二甲基丁烷	11	10	9	9

从表 3-8 同样可以看出，低温有利于己烷的异构化反应，而且低温对辛烷值相对较高的化合物 2,2-二甲基丁烷及 2,3-二甲基丁烷的生成更有利。

采用 NiP 负载量（质量分数）为 10% 的 NiP/Hβ 中温型双效催化剂，在反应温度分别为 280℃、290℃、300℃ 下，研究了己烷发生异构化反应的情况，不同温度下己烷的异构化率见表 3-9。

表 3-9　不同温度下己烷异构化反应的异构化率

温度[①]，℃	280	290	300
异构化率，%	70.5	73.3	75.0

① 其他反应条件：反应压力为 2.0MPa，氢油物质的量的比为 4，进料质量空速为 1h^{-1}。

对比表 3-9 与表 3-6 数据可以看出，同样条件下己烷异构化率比戊烷异构化率高，表明己烷更易异构化。

在 300℃ 下，己烷发生异构化反应的产物分布随时间的变化情况见表 3-10。

表 3-10　己烷异构化产物分布随时间变化情况

产物	不同时间产物分布（质量分数），%			
	0h	1h	2h	4h
$<C_4$	0	1.5	1.2	0.8
$i-C_4$	0	2.1	1.8	1.1
$n-C_4$	0	2.4	1.9	1.9
$i-C_5$	0	5.4	2.6	1.9
$n-C_5$	0	3.0	2.5	1.8
2,2-二甲基丁烷	0	7.5	9.6	10.6
2,3-二甲基丁烷	0	5.2	7.3	8.5
2-甲基戊烷	0.1	27.4	32.4	32.1
3-甲基戊烷	0.2	19.4	21.4	22.3

续表

产物	不同时间产物分布（质量分数），%			
	0h	1h	2h	4h
n-C_6	99.7	26.1	19.3	19.0
转化率（质量分数），%	—	73.9	80.7	81.0
选择性（i-C_5+i-C_6），%	—	87.8	90.8	93.1
选择性（i-C_6），%	—	80.5	87.6	90.7

从表3-10看出，在中温型双效催化剂催化下，己烷异构化主要转化为2-甲基戊烷及3-甲基戊烷。

近年来，发现铂负载于活性炭上可用于催化饱和烷烃的异构化，例如铂催化下己烷可以异构化为2-甲基戊烷、3-甲基戊烷。利用动力学实验和同位素标记方法获得了金属催化下烷烃异构化机理的信息，主要为环化吸附异构化机理。己烷异构化时，经过 C_5 环化机理，即金属活性位上首先吸附己烷的1，5位碳原子上脱氢环化产物，形成吸附中间体，随后被吸附的五元环上不同碳原子间断键得到两种异构化产物。异构化过程如下：

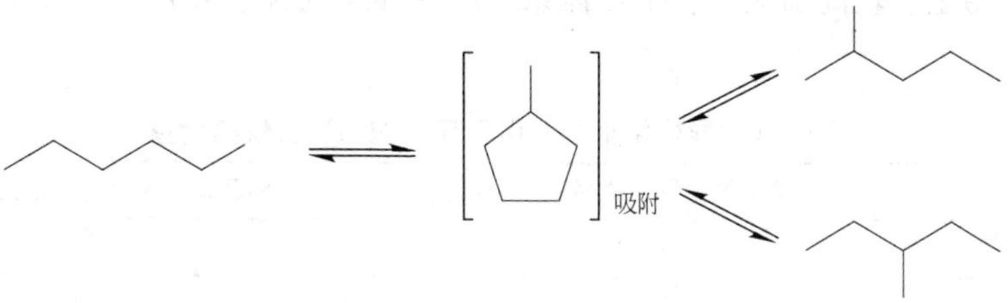

4. 庚烷及辛烷

随着人们对环境保护的日益重视，作为主要燃料的汽油向着低烯烃、低芳烃、低蒸气压以及高辛烷值的方向发展，在 C_5/C_6 烷烃异构化工艺技术比较成熟的基础上，为提升汽油馏分的辛烷值，对庚烷、辛烷等烷烃异构反应进行了研究。庚烷、辛烷异构化所采用的催化剂与 C_5/C_6 烷烃异构化类似，主要是中温型双效催化剂以及低温型双效催化剂，但它们的异构化反应更为复杂，裂化等副反应比较显著，催化剂易结焦，失活较快。通用的反应机理如下：

$$n\text{-}C_nH_{2n+2} \xrightarrow{\text{加氢裂化}} \text{裂化产品}$$

$$+2H \ \Big\Updownarrow\ \text{金属活性位}\ -2H$$

$$n\text{-}C_nH_{2n} \underset{H^+}{\overset{H^+}{\rightleftharpoons}} R{-}CH_2\overset{+}{C}HCH_3 \xrightarrow{\beta\text{-Scission}} \text{裂化产品}$$

$$\text{酸性位}\ \Big\Updownarrow\ \text{异构化}$$

$$i\text{-}C_nH_{2n} \underset{-H^+}{\overset{\text{酸性位}\ +H^+}{\rightleftharpoons}} R{-}\overset{+}{C}(CH_3){-}CH_3 \xrightarrow{\beta\text{-Scission}} \text{裂化产品}$$

$$-2H\ \Big\Updownarrow\ \text{金属活性位}\ +2H$$

$$i\text{-}C_nH_{2n+2} \xrightarrow{\text{加氢裂化}} \text{裂化产品}$$

5. 高分子量烷烃

近年来，对高分子量烷烃的异构化反应也进行了研究。例如，石蜡（$C_{20\sim35}$）进行临氢异构化可得到黏温性好的润滑油基础油。使用氟化的 $Pt-Al_2O_3$ 催化剂对中间馏分油（如煤油、柴油）进行临氢异构化，可以降低其凝点，得到低凝点油品。当然高分子量烷烃的异构化反应更为复杂，对催化剂性能要求更高。高分子量烷烃催化异构化机理与低分子量烷烃类似，只是副反应比较严重，这里不再赘述。

二、环烷烃异构化反应及机理

环烷烃的异构化反应主要包括环的扩大及缩小、环上烷基位置转移以及多烷基取代环烷烃的顺反异构。环烷烃的异构化反应与烷烃一样，是按碳正离子机理进行的。

1. 甲基环戊烷与环己烷

甲基环戊烷和环己烷之间的异构化为可逆反应。不同温度下，二者异构化反应平衡时的产物分布情况见表3-11。该表数据表明，低温下平衡时环己烷含量较高，说明温度较低时，六元环稳定。较高温度下，平衡体系中甲基环戊烷含量增大，表明五元环在高温下更稳定。

表3-11　异构化平衡时甲基环戊烷和环己烷的含量

温度，℃	甲基环戊烷的含量（物质的量分数），%	环己烷的含量（物质的量分数），%
25	11.4	88.6
59	20.0	80.0
100	33.5	66.5
120	40.0	60.0
150	63.0	37.0

纯的甲基环戊烷或环己烷不发生异构化，若加入0.05%的环己烯，异构化反应即被引发，微量卤代烃也可促进异构化反应，苯则抑制该异构化反应的进行。表3-12是以 $AlBr_3/HBr$ 为催化剂，催化甲基环戊烷异构化为环己烷时，向反应体系中加入仲丁基溴及苯对环己烷含量的影响情况。

表3-12　仲丁基溴及苯对甲基环戊烷异构化的影响

各物质的量（mol/100mol 甲基环戊烷）				环己烷生成量（物质的量分数），%
$AlBr_3$	HBr	sec-C_4H_9Br	苯（C_6H_6）	
2	1.0	0.0	0.000	0
2	0.9	0.1	0.000	51
2	0.9	0.1	0.022	22
2	0.9	0.1	0.072	5

从表3-12看出，仲丁基溴在甲基环戊烷异构化为环己烷的反应中起着至关重要的作用，而苯的加入则能明显抑制这一异构化反应，并且随着苯加入量的增加，抑制作用显著增强。

异构化反应机理为：

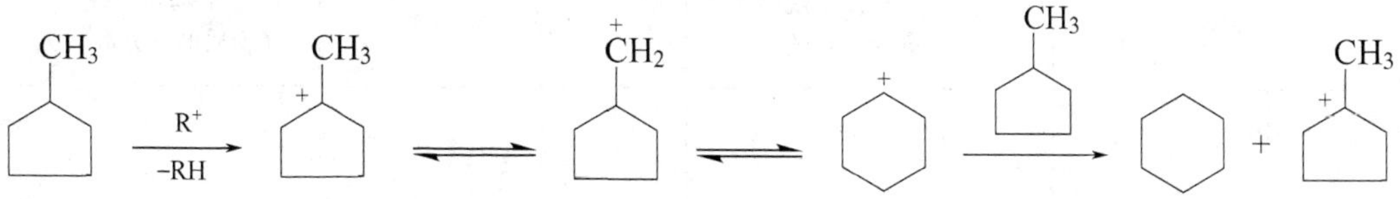

CH3
R+
-RH
CH3
CH2
CH3
CH3

仲丁基溴加入反应体系后形成了仲丁基碳正离子，仲丁基碳正离子异构化为叔丁基碳正离子，后者引发甲基环戊烷形成甲基环戊基碳正离子，从而促进了异构化反应。苯加入反应体系后，由于苯可以与仲丁基碳正离子发生烷基化反应，降低了碳正离子的浓度，从而抑制了异构化反应。

在超强酸催化下，经过五配位碳正离子，环己烷异构化为甲基环戊烷：

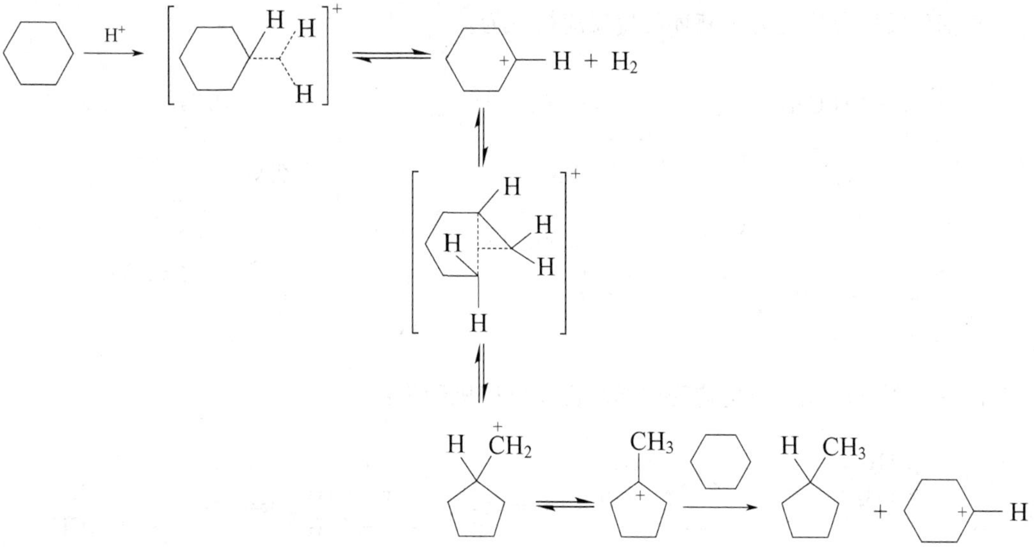

H+
H
H
H
H + H2
H
H
H
H
H
H
CH2
CH3
H
CH3
H

2. 含七个碳原子的烷基环烷烃

含七个碳原子的烷基环烷烃的各异构体异构化的难易程度不同。以 $AlBr_3/HBr$ 为催化剂，在25℃下，加入不同量引发剂时乙基环戊烷、二甲基环戊烷异构化为甲基环己烷的程度见表3-13。

表3-13　C_7 环烷烃异构化难易程度比较

环烷烃	引发剂（2-溴丁烷物质的量分数），%	反应时间，h	甲基环己烷（物质的量分数），%
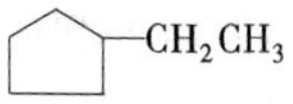CH2CH3	0	9	4
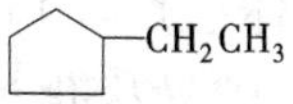CH2CH3	0.05	2	97

环烷烃	引发剂（2-溴丁烷物质的量分数），%	反应时间，h	甲基环己烷（物质的量分数），%
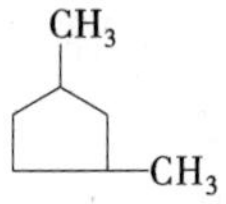	0.05	2	39
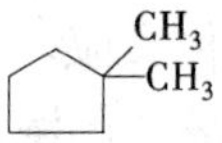	0.05	9	11

可以看出乙基环戊烷在引发剂存在下最容易异构化，1，1-二甲基环戊烷则最难，这是由它们的异构化机理不同造成的。

乙基环戊烷异构化为甲基环己烷反应机理为：

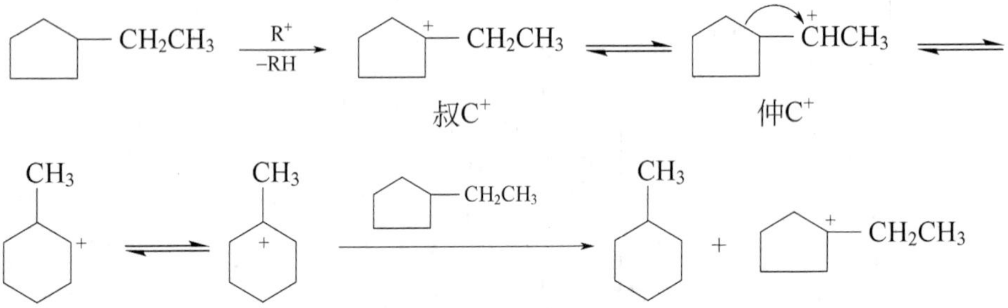

1，1-二甲基环戊烷异构化为甲基环己烷反应机理为：

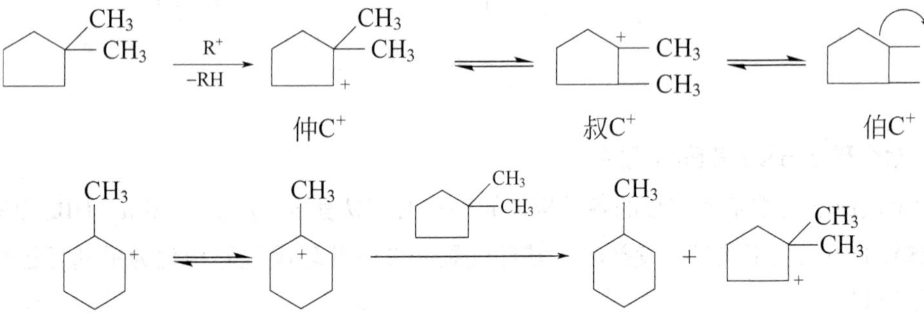

后者在异构化过程中，经过伯碳正离子的步骤，是比较困难的。

3. 含八个碳原子及以上的烷基环烷烃

1，1-二甲基环己烷、1，2-二甲基环己烷以及乙基环己烷均为含有八个碳原子的烷基环烷烃，无论采用这三种物质中的哪种化合物作为起始原料，在120～130℃以及AlCl$_3$/HCl催化下发生异构化，反应平衡时均得到二甲基环己烷的混合物，并且组成（物质的量分数）一样为：1，1-二甲基环己烷（6%），1，2-二甲基环己烷（14%），1，3-二甲基环己烷（58%），1，4-二甲基环己烷（20%）。以乙基环己烷异构化为例，其反应机理为：

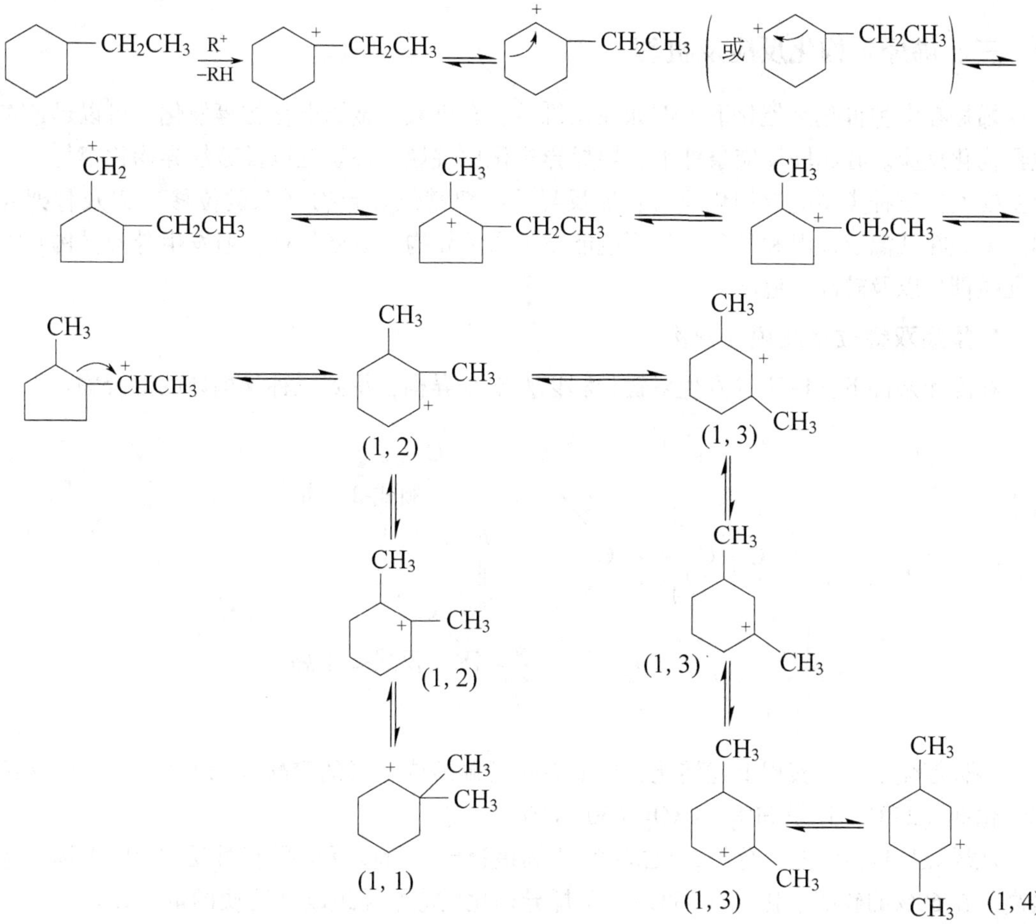

$$\text{环己基-CH}_2\text{CH}_3 \xrightarrow[-RH]{R^+} \text{(+)-CH}_2\text{CH}_3 \rightleftharpoons \text{(+)-CH}_2\text{CH}_3 \quad \left(\text{或} \ \text{(+)-CH}_2\text{CH}_3\right) \rightleftharpoons$$

$$\overset{+}{\text{CH}_2} / \text{CH}_2\text{CH}_3 \rightleftharpoons \text{CH}_3 / \overset{+}{\text{CH}_2\text{CH}_3} \rightleftharpoons \text{CH}_3 / \text{CH}_2\text{CH}_3 \rightleftharpoons$$

（1，2）　（1，2）　（1，1）

（1，3）　（1，3）　（1，3）　（1，4）

二甲基环己烷中两个甲基取代基在环上的空间位置也会发生变化，形成立体异构体，例如，在 99.8% 的浓硫酸催化下（25℃），顺式-1,2-二甲基环己烷可以异构化为反式-1,2-二甲基环己烷：

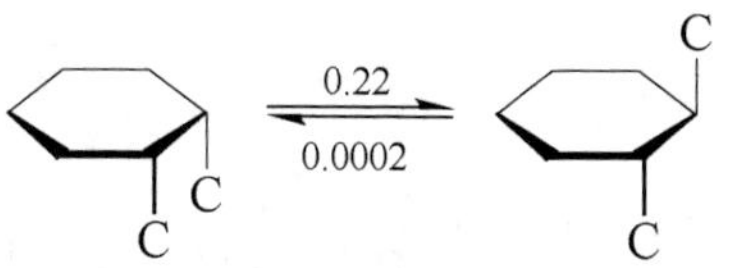

$$\xrightleftharpoons[0.0002]{0.22}$$

（箭头上下的数字为速率常数，h^{-1}）

含 C_3 以上侧链的环戊烷或环己烷异构化为多甲基环己烷，例如：

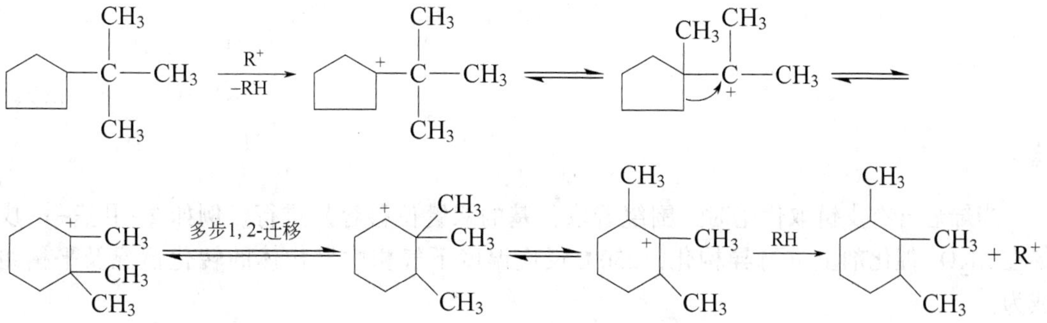

$$\xrightarrow[-RH]{R^+} \qquad \rightleftharpoons \qquad \rightleftharpoons$$

$$\xleftarrow{\text{多步1,2-迁移}} \qquad \rightleftharpoons \qquad \xrightarrow{RH} \quad + \ R^+$$

三、烯烃异构化反应及机理

烯烃在多种催化剂催化下，例如在无机酸、有机酸、金属卤化物等催化下可以迅速发生异构化反应。在相同反应条件下，烯烃异构化比烷烃、环烷烃以及芳烃异构化容易。烯烃主要发生三种类型的异构化反应：顺反异构，双键位置异构（双键位移）以及骨架异构。烯烃在低温以及温和的酸催化下就能发生顺反异构、双键位移，但发生骨架异构则需要强酸催化以及较高的温度。

1. 烯烃双键位移及顺反异构

在温和条件下，1-丁烯发生双键位移以及顺反异构，得到三种异构体的混合物：

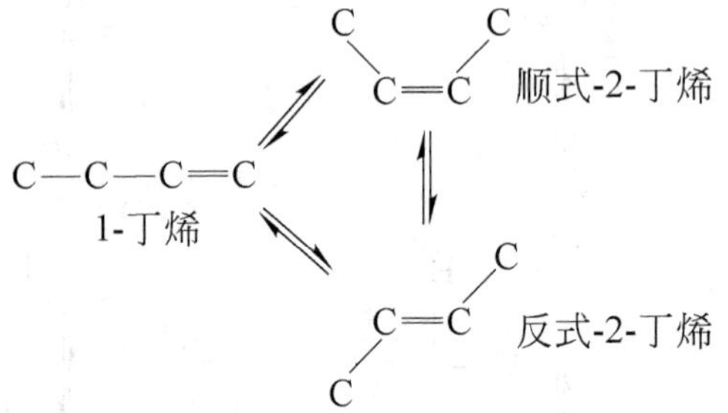

多种催化剂可以实现上述转化，例如60%的硫酸或85%的磷酸（73℃），BF_3/H_2O 液相催化剂（25℃）以及 $SiO_2-Al_2O_3$（50~150℃）等。

从烯烃异构体结构上分析，反式-2-丁烯最稳定，所以反应平衡时反式-2-丁烯含量最高。在60%的硫酸催化下（73℃），丁烯异构化反应平衡组成（物质的量分数）为：1-丁烯（6%），顺式-2-丁烯（26%），反式-2-丁烯（68%）。当反应温度提高到200℃时，1-丁烯（12%）和顺式-2-丁烯（30.8%）含量有所上升，反式-2-丁烯（57.2%）含量下降。异构化的机理为：

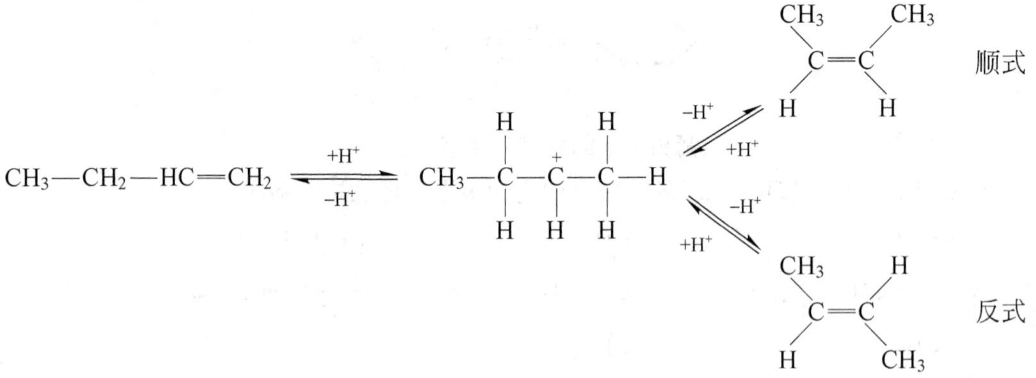

当烯烃含有支链取代基时，围绕着取代基的双键位移容易进行。例如 2-甲基-1-戊烯在 Al_2O_3 催化剂上进行异构化，250℃反应温度下气相中异构体的转化情况及平衡组成为：

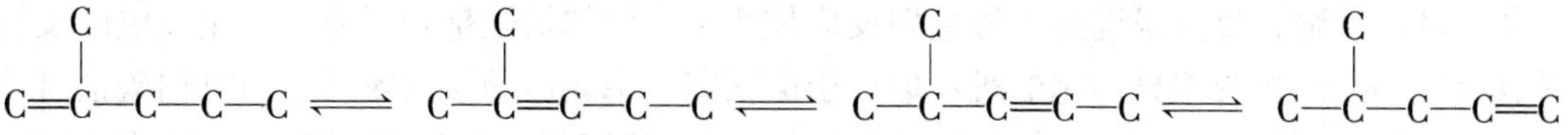

C=C-C-C-C   C-C=C-C-C   C-C-C=C-C   C-C-C-C=C

21%   59%   顺式 4%   4.2%
           反式 11.8%

2-甲基-1-戊烯迅速地异构化为 2-甲基-2-戊烯，但 2-甲基-2-戊烯异构化为 4-甲基-2-戊烯以及 4-甲基-1-戊烯要慢得多。一般双键碳原子上连接的取代基越多，烯烃就越稳定，所以反应平衡时 2-甲基-2-戊烯含量（59%）最高。

取代的环烯烃也可以发生双键位移，例如甲基环戊烯、甲基环己烯在 Al_2O_3 催化剂上进行异构化，250℃反应温度下气相中异构体的平衡组成分别为：

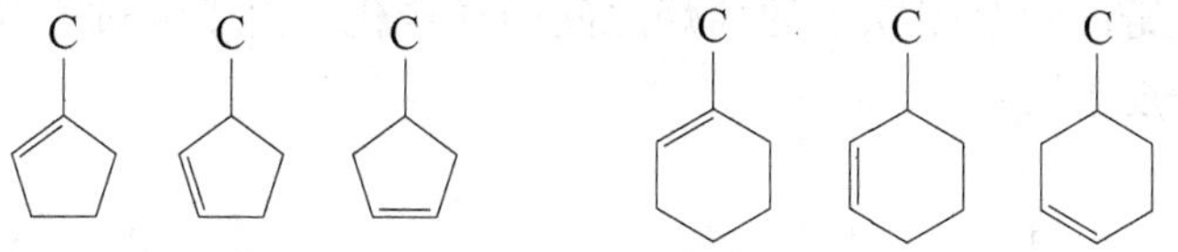

80%   13%   7%   63%   16.5%   18.5%

甲基环戊烯   甲基环己烯

近些年来，在研究烯烃在金属催化剂（例如铂负载在活性炭上 Pt/C）催化下的加氢反应时，发现当催化条件比较缓和时，烯烃可以发生顺反异构、双键位移，为此提出了金属催化下的烯烃吸附异构化机理：

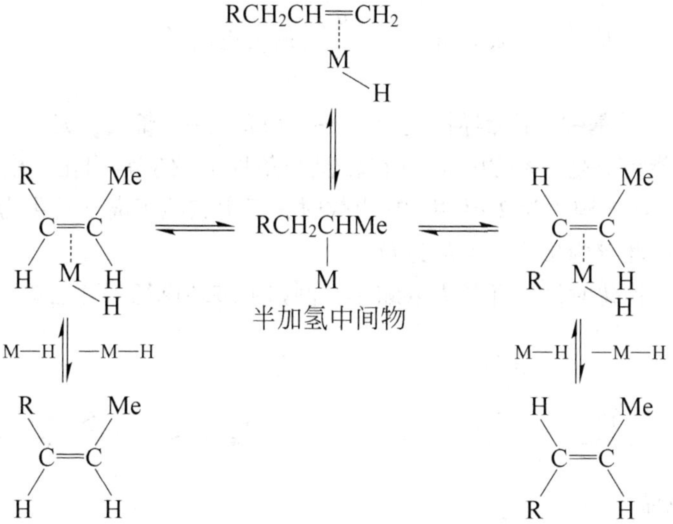

在上述异构化机理中，烯烃双键首先被事先吸附有活化氢的金属活性位吸附，随后金属上的氢原子转移至双键碳原子的端位碳原子上形成半加氢中间物，半加氢中间物的另一碳原子上的氢原子再转移回给金属活性位，分别得到两种烯烃吸附物种，最后吸附的烯烃从金属活性位上脱附，得到双键位移以及顺反异构体。

2. 烯烃骨架异构

烯烃骨架异构比双键位置异构困难，因此要求较高的温度和较强的酸做催化剂。由于催化剂的酸性强，反应温度高，导致副反应较严重，例如烯烃聚合反应、裂化反应以及氢转移反应等。烯烃骨架异构化的难易取决于碳正离子中间体的生成难易，当有伯碳正离子参与反应时，则异构化较难。例如 1-丁烯异构化为异丁烯，经过仲碳正离子到伯碳正离子的转化，在能量上不利，因此要求的反应条件较剧烈一些。

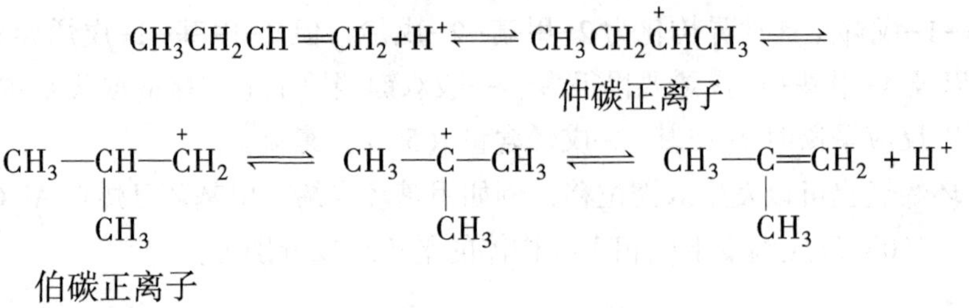

$$CH_3CH_2CH{=\!=}CH_2 + H^+ \rightleftharpoons CH_3CH_2\overset{+}{C}HCH_3 \rightleftharpoons$$

仲碳正离子

$$CH_3{-}\underset{CH_3}{\overset{|}{C}H}{-}\overset{+}{C}H_2 \rightleftharpoons CH_3{-}\underset{CH_3}{\overset{|}{\overset{+}{C}}}{-}CH_3 \rightleftharpoons CH_3{-}\underset{CH_3}{\overset{|}{C}}{=}CH_2 + H^+$$

伯碳正离子

再例如含有支链的六个碳原子的烯烃之间的异构化，由于经过不同的碳正离子中间体，异构化难易程度不同：

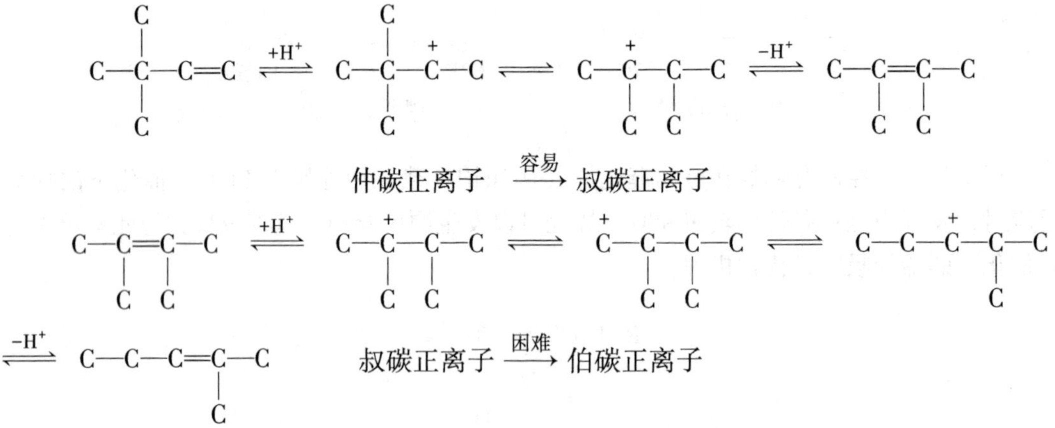

$$\text{仲碳正离子} \xrightarrow{\text{容易}} \text{叔碳正离子}$$

$$\text{叔碳正离子} \xrightarrow{\text{困难}} \text{伯碳正离子}$$

在上述 3,3-二甲基-1-丁烯异构化为 2,3-二甲基-2-丁烯时，是由仲碳正离子转化为叔碳正离子，在能量上是有利的，可以在较温和条件下发生异构化，副反应较少。而从 2,3-二甲基-2-丁烯异构化为 2-甲基-2-戊烯时，经由叔碳正离子转化为伯碳正离子，在能量上不利，所以此异构化反应不易进行。

环烯烃骨架异构化时发生环扩大或缩小，例如甲基环戊烯与环己烯之间的异构化：

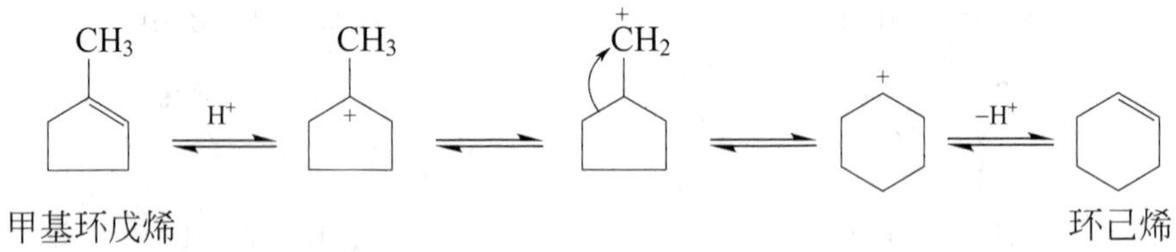

甲基环戊烯　　　　　　　　　　　　　　　　　　　　　　　环己烯

高温下甲基环戊烯与环己烯异构化反应平衡时，甲基环戊烯含量明显高于环己烯含量，并且随着温度升高，甲基环戊烯含量有所增加，有关数据见表 3-14。

表 3-14　不同温度下异构化反应平衡组成

T,℃	环己烯,%	甲基环戊烯,%
250	10	90
500	7.5	92.5

表 3-14 数据表明，与环烷烃一样，五元环烯烃同样在高温下比六元环烯烃更为稳定。

四、芳烃异构化反应及机理

芳烃异构化一般发生在芳环所连接的烃基侧链上，而且烃基侧链是烷基时所发生的异构化更具有工业生产价值。烷基芳烃异构化的主要类型有三种：芳环上烷基位置异构化、烷基侧链异构化以及烷基侧链歧化。像饱和烷烃异构化一样，烷基芳烃异构化也需要较强的酸作催化剂，例如以 $AlCl_3/HCl$、$SiO_2—Al_2O_3$ 为催化剂，同时需要较高的异构化反应温度。

1. 烷基位置异构化

在 $AlCl_3/HCl$ 催化下，二烷基苯的烷基位置异构化过程被许多学者详细研究过，具有代表性的二烷基苯异构化反应平衡产物分布见表 3-15。

表 3-15　二烷基苯异构化平衡产物分布

化合物	反应条件	产物分布（物质的量分数），%		
		邻位（ortho）	间位（meta）	对位（para）
二甲苯	HCl—AlCl₃，甲苯，50℃	18	61	21
二甲苯	HF—BF₃，80℃	19	60	21
甲乙苯	HCl—AlCl₃，甲苯，室温	7	66	27
甲异丙苯	HCl—AlCl₃，甲苯，0℃	1.5	69	29.5
甲叔丁苯	H₂O—AlCl₃，苯，室温	0	64	36
二乙苯	H₂O—AlCl₃，室温	3	69	28
二异丙苯	H₂O—AlCl₃，室温	0	68	32
二叔丁苯	H₂O—AlCl₃，CS₂，室温	0	52	48

从表 3-15 看出，不同的二烷基苯的烷基位置异构化反应平衡后，生成间二烷基苯的产物最多，其次是对二烷基苯，含量最少的是邻二烷基苯，并且随着烷基体积的增大，邻二烷基苯含量急剧减少，当苯环上连有叔丁基时，不能生成邻二烷基苯。目前已经证明在酸催化下二烷基苯的烷基位置异构化是通过分子内碳正离子的 1,2-转移机理进行的，以二甲苯为例，苯环上两个甲基位置的异构化过程如下：

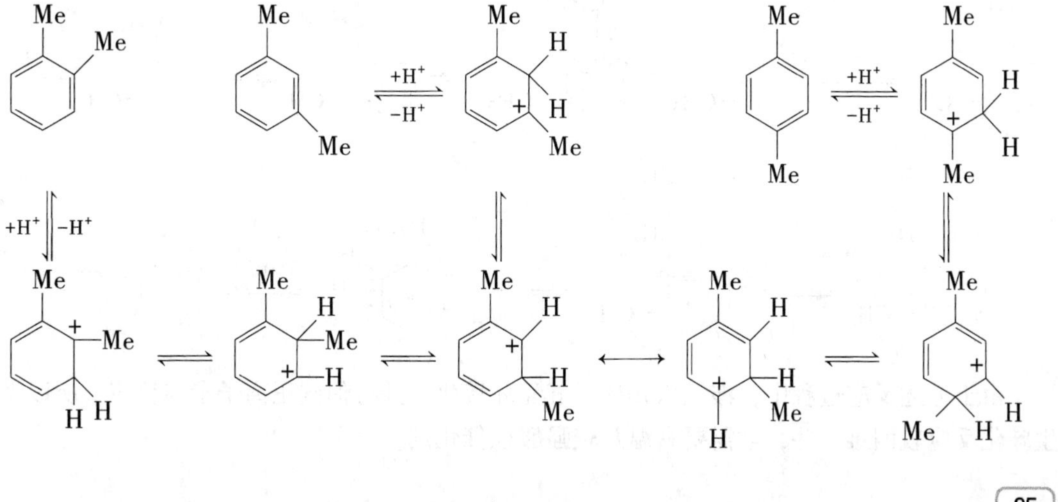

其中间二甲苯异构化为邻二甲苯、对二甲苯具有重要意义，因为工业上间二甲苯用处不大，而邻二甲苯、对二甲苯则是制取邻苯二甲酸、对苯二甲酸的重要原料。

采用 HF—BF$_3$ 或沸石为催化剂，实现二甲苯异构化是一个重要的工业过程。研究表明，催化剂用量对二甲苯异构化产物分布具有重要影响，当使用少量 HF—BF$_3$ 催化剂时，三种二甲苯异构化产物（邻、间、对二甲苯）达到平衡组成（表 3-15）。但是，当使用过量的催化剂时，邻、对二甲苯全部转化为间二甲苯，间二甲苯是唯一产物。这是由于在超强酸 HF—BF$_3$ 溶液中，二甲苯形成的最稳定的 σ-配合物是 2,4-二甲基苯正离子：

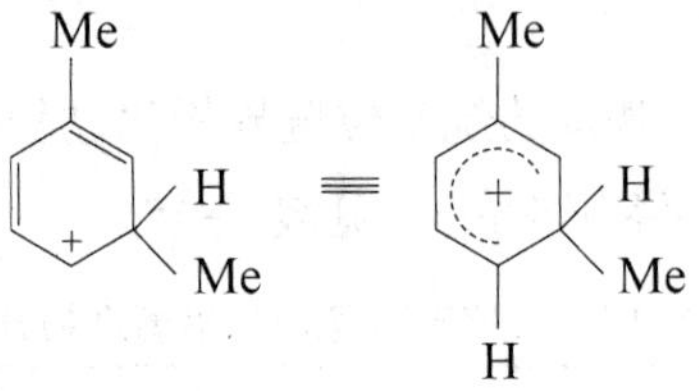

其他形式的 σ-配合物会迅速转化为上述正离子，最终在催化剂溶液中质子化间二甲苯的平衡浓度可以接近 100%。所以工业上控制好催化剂用量对获得邻、对二甲苯非常重要。

在少量 HF—BF$_3$ 催化剂催化下，三甲苯、四甲苯的异构化主要产物分别为 1,2,4-三甲苯（66%）和 1,2,4,5-四甲苯（70%），但当使用过量催化剂时，主要产物为 1,3,5-三甲苯（100%）和 1,2,3,5-四甲苯（100%）。

2. 烷基歧化反应

在苯环上烷基位置发生异构化的同时，也可以发生烷基歧化反应，歧化反应有两种类型：分子内歧化和分子间歧化。

1）分子内歧化

用 SiO$_2$/Al$_2$O$_3$ 作催化剂，温度 400℃时，间二甲苯异构化产物中含有 11%的乙苯，其反应机理如下：

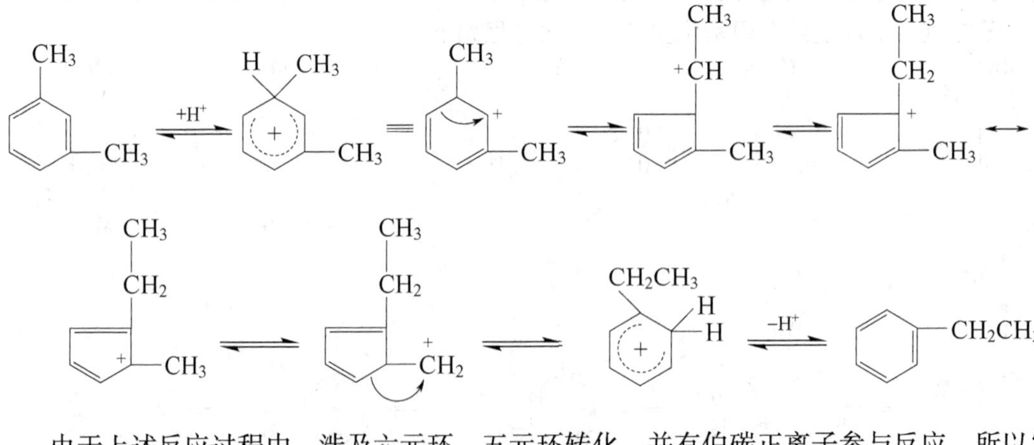

由于上述反应过程中，涉及六元环、五元环转化，并有伯碳正离子参与反应，所以发生歧化反应较困难一些，常需要高温及较强酸性催化剂。

2）分子间歧化

苯环上的甲基取代基不仅可以发生分子内歧化反应，也可以发生分子间歧化反应，例如：

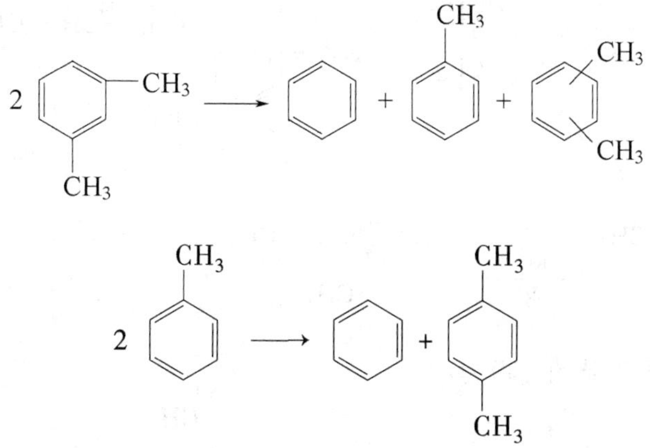

以单烷基苯的分子间歧化反应为例，其反应机理为：

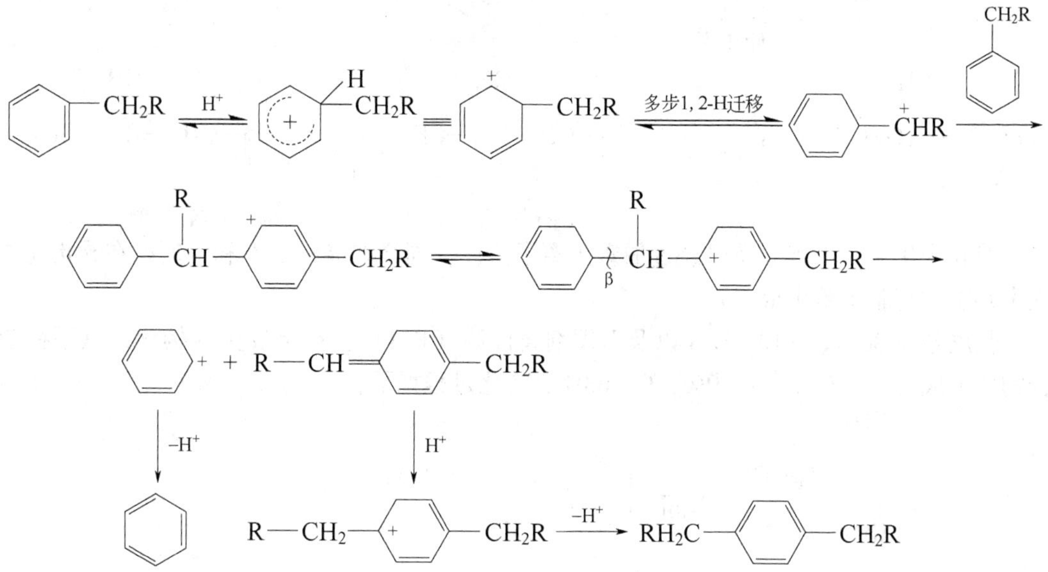

3. 烷基骨架异构化

酸催化下苯环上烷基骨架异构化与正构烷烃的骨架异构化反应机理类似，但异构化产物倾向不同。例如在 $AlCl_3/HCl$ 催化下，正丙苯仅有少部分异构化为异丙苯，仲丁基苯可以异构化为异丁基苯，但仲丁基苯、异丁基苯都不能异构化为叔丁基苯。采用 ^{14}C 标记的正丙苯异构化实验证明，在异构化过程中首先是与苯环直接相连的标记的碳原子上的氢发生转移得到取代的苄基碳正离子，随后再进行甲基转移得到苯桥正离子中间体，此中间体进一步转化为被标记的碳原子位置发生变化的正丙苯，若上述中间体转化为异丙苯，需要经过伯碳正离子，在能量上不利，所以正丙基苯很难异构化为异丙基苯。转化机理如下：

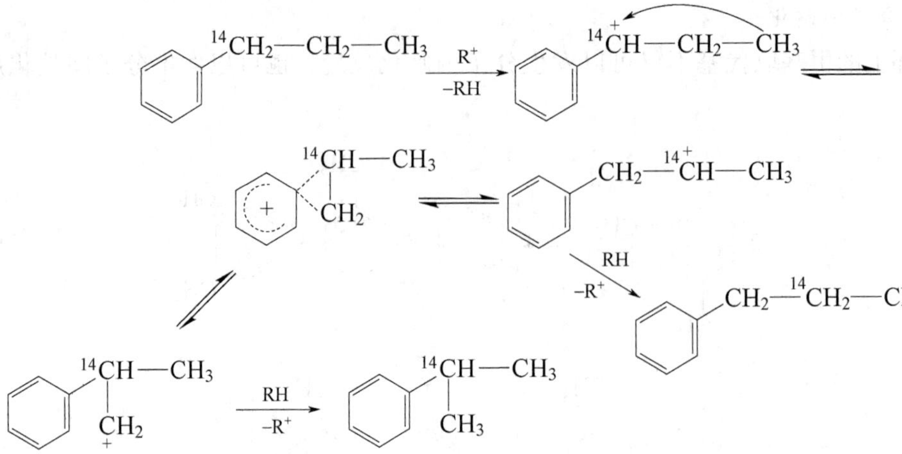

仲丁苯转化为异丁苯的过程为：

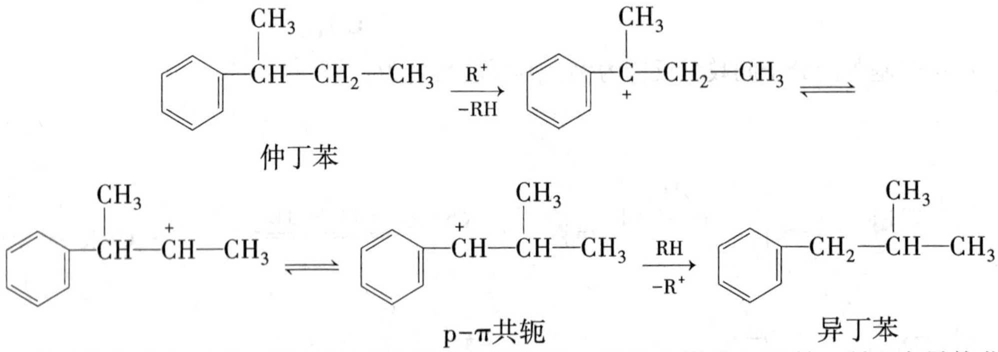

仲丁苯

p-π共轭　　　　　　　　　　　异丁苯

若异构化为叔丁苯，需要经过伯碳正离子阶段，同样在能量上不利，所以在异构化过程中几乎没有叔丁苯生成。

叔戊苯在80℃、$AlCl_3/HCl$ 以及引发剂卤代烷（RCl）存在下发生异构化，其平衡混合物的组成为 A：7%，B：30%，C：63%。转化过程如下：

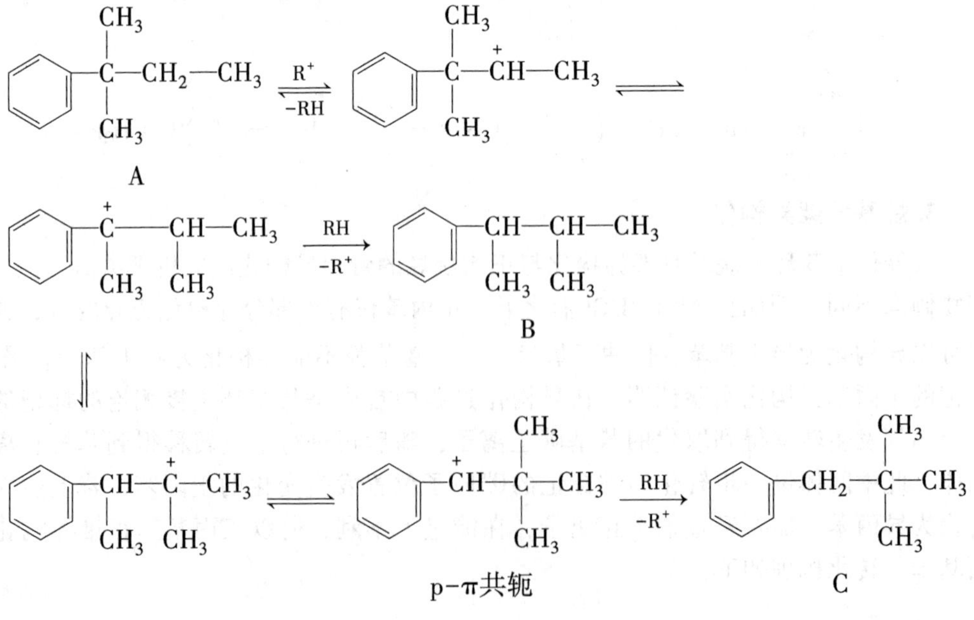

A

B

p-π共轭　　　　　　　　　　　　C

参 考 文 献

[1] Olah G A, Molnar A, Surya Prakash G K. Hydrocarbon Chemistry. 3rd ed. Hoboken：John Wiley & Sons, Inc. , 2018.

[2] Pines H. The Chemistry of Catalytic Hydrocarbon Conversions. New York：Academic Press Inc. , 1981.

[3] Gates B C, Katzer J R, Schuit G C A. Chemistry of Catalytic Processes. New York：McGraw-Hill Inc. , 1979.

[4] 许友好. 催化裂化化学与工艺. 北京：科学出版社, 2013.

[5] 苏贻勋. 烃类的相互转变反应. 北京：高等教育出版社, 1989.

[6] 王昊, 刘彦, 李劭, 等. C5/C6 异构化装置的技术流程选择. 当代化工, 2019, 48（1）：166-169.

[7] 宋兆阳, 张征太, 陈金射, 等. P-M 双金属双功能轻质烷烃异构化催化剂的研究进展. 石油化工, 2017, 46（1）：1-8.

[8] 王孟艳, 韩磊, 黄传峰, 等. 轻质烷烃异构化催化剂研究进展. 工业催化, 2016, 24（5）：19-24.

[9] 刘平, 冯晓奇, 王军, 等. 正庚烷异构化催化剂的研究进展. 常州大学学报（自然科学版）, 2017, 29（3）：25-33.

[10] 徐铁钢, 吴显军, 王刚, 等. 轻质烷烃异构化催化剂研究进展. 化工进展, 2015, 34（2）：397-401.

[11] 陈金射, C5/C6 烷烃异构化非晶态镍基催化剂的结构与性能研究. 青岛：中国石油大学（华东）, 2018.

[12] Blomsma E, Martens J A, Jacobs P A. Reaction Mechanisms of Isomerization and Cracking of Heptane on Pd/H-Beta Zeolite. Journal of Catalysis, 1995, 155：141-147.

第四章 烃类的烷基化反应与机理

第一节 概　　述

烃类的烷基化（alkylation）是指将烷基引入到烃分子中的反应，在饱和烃和芳香烃中都可以通过烷基化反应引入烷基。

1932 年 V. N. Ipatieff 和 H. Pines 发现烯烃与烷烃通过烷基化反应，生成的产物可作为高辛烷值汽油的成分，引起了人们的注意。饱和烃通过烷基化反应，可得到具有较高辛烷值和低硫、低烯烃含量的产物，其中异丁烯对异丁烷进行烷基化所得到的产品被称为烷基化油，是理想的汽油高辛烷值组分。自 1938 年烷基化工艺首次实现了工业化以后，烷基化油成为炼油厂产品中重要的调合组分。目前全球的烷基化油产量可达到数亿吨，其中主要的加工能力在北美洲、亚洲、欧洲等地。近年来，随着日益严格的汽油国标相继出台，我国的烷基化油产能也出现了大幅提高，目前烷基化油的需求量占汽油消费量的 10% 左右。芳烃通过烷基化反应，可以直接或间接得到包括甲苯、苯乙烯、苯酚等在内的多种化合物，是用于生产精细化学品、塑料制品等的重要工业原料。

烷基化反应种类繁多，机理复杂，常见的烷基化试剂包括烯烃、炔烃、卤代烃、醇、酯、醚等。本章重点介绍以烯烃作为烷基化试剂的烷基化反应。

C_3 及以上的正构烷烃均可与烯烃在 500℃ 以上、15~30MPa 以及非催化的条件下发生烷基化反应，但反应产率较低。相比之下，在酸性催化剂存在的条件下进行的烃类烷基化反应因为产率高、条件相对温和，更具有实际应用价值。传统的酸性催化剂主要包括傅—克（Friedel-Crafts）催化剂和质子酸催化剂。近年来，以固体酸、离子液体为催化剂的烷基化反应也逐渐实现了工业化，表 4-1 为常见饱和烃烷基化工艺及催化剂类型。

表 4-1　常见饱和烃烷基化工艺及催化剂类型

工艺名称	催化剂类型	工艺名称	催化剂类型
CDAlky 工艺	硫酸	Alkylene 工艺	固体酸
SINOALKY 工艺	硫酸	K-SAAT 工艺	固体酸
STRATCO 工艺	硫酸	FBA 工艺	固体酸
ReVAP 工艺	氢氟酸	异丁烷—丁烯超临界流体工艺	固体酸
Alkad 工艺	氢氟酸	CILA 工艺	离子液体
AlkyClean 工艺	固体酸		

傅—克催化剂是最早发现的可用于烃类烷基化反应的催化剂，主要为 Lewis 酸类，包

括 $AlCl_3$、BF_3、$AlBr_3$、$ZrCl_4$ 等，通常需要加入氢卤酸做助催化剂，以保持 Lewis 酸主要以单分子的形式存在，并且为反应提供 H^+。傅—克催化剂可催化直链烃、支链烃、芳烃等与烯烃的烷基化反应，但由于氢卤酸对设备腐蚀性强、环境污染严重、Lewis 酸容易失活以及催化剂难以循环使用等原因，目前在工业上使用较少。

质子酸催化剂是目前工业上最主要的烷基化催化剂，主要包括硫酸类和氢氟酸类，当催化芳烃的烷基化反应时，还可使用磷酸催化剂。质子酸催化剂往往具有较高的活性，不需要很高的反应温度，一般在 $0 \sim 35℃$。该类催化剂适用于催化大部分饱和支链烃与烯烃的反应，但对于烷烃与乙烯的烷基化、正构烷烃与烯烃的烷基化反应催化效果较差；在芳烃的烷基化反应中，质子酸催化剂适用于催化芳烃与长链烯烃的反应。在质子酸催化体系中，硫酸烷基化催化工艺开发相对成熟，对原料适应性强，相比于氢氟酸，对设备腐蚀和环境污染较小，但存在催化剂失活和废酸回收处理的问题；另外，为避免浓硫酸的氧化作用所带来的副产物，一般要求反应温度不超过 $30℃$。美国 DuPond 公司开发的 STRATCO 急冷烷基化技术、CDTECH 公司的 CDAlky 低温硫酸烷基化技术以及 ExxonMobil 公司的自动制冷烷基化技术等都是硫酸烷基化工艺的代表。氢氟酸催化烷基化反应副反应较少，产品收率较高，但却存在催化剂毒性较大且价格昂贵、环境污染较为严重等问题。目前氢氟酸催化烷基化较为成熟的工艺包括 Philips 公司和 ExxonMobil 公司联合开发的 ReVAP 工艺，以及 UOP 公司和 Texaco 公司联合开发的 Alkad 工艺。

固体酸催化剂是近年来发展起来的一类对环境更为友好、操作工艺更为简单的催化剂，主要包括 USY、HY、MCM-22、ZSM 等系列的分子筛催化剂。这类催化剂能够有效避免对设备的腐蚀，降低设备使用成本，尤其在异丁烯与丁烷的烷基化反应中具有较高的活性和广泛的应用，另外还适用于催化乙烯、丙烯等短链烯烃与芳烃的烷基化反应；但由于存在孔道堵塞或中毒的现象，这类催化剂使用寿命有限，需要通过高温氧化、加氢裂化、超临界流体萃取等方法活化。固体酸烷基化工艺主要包括 CB&I, Lummus Global 和 Akzo Nobel Catalysts 公司联合开发的 AlkyClean 工艺、UOP 公司的 Alkylene 工艺、HaldorTopsoe-Kellogg 公司的 FBA 工艺等。

另外，近年来还开发出了包括 CH_3SO_3H、FSO_3H、$HF—SbF_5$、$FSO_3H—SO_3$ 等在内的超强酸催化剂、杂多酸类催化剂等，但以这些催化剂催化的烷基化反应，离实现大规模工业化还有一定的距离。不久前，我国首次实现了以离子液体为催化剂的烷基化工艺，所得到的烷基化油质量较好，催化剂可循环再生，具有较好的环保效益。

第二节　烃类烷基化反应机理

烷基化反应机理较为复杂，目前普遍认为是碳正离子机理。在发生烷基化反应的同时，还伴随着氢转移反应、异构化反应、叠合反应、裂化反应等（图 4-1），导致烷基化反应的产物种类较多。在本节中，将首先总体论述烷基化反应的机理及副反应，随后介绍不同烷烃所发生的烷基化反应。

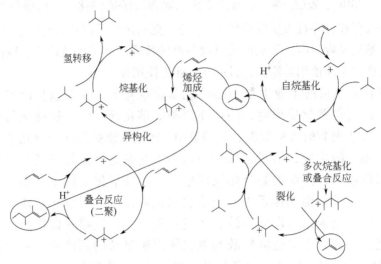

图 4-1　饱和烃烷基化过程中可能发生的反应

一、烷基化反应中碳正离子的产生

饱和烃与烯烃的烷基化反应以及芳烃与烯烃的烷基化反应，都是通过碳正离子机理实现的。碳正离子的产生及种类，在第二章中已有介绍，本章将重点从烷基化反应的角度介绍。

1. 经典碳正离子的产生

经典碳正离子（carbenium ion）是一种三配位碳正离子，中心碳原子为 sp^2 杂化。在烷基化反应中，一般通过烯烃的质子化、分子间氢转移等反应，生成较为稳定的碳正离子（如叔碳正离子），随后碳正离子与烯烃发生烷基化反应。

通常在讨论烷基化反应碳正离子的产生时，往往忽略催化剂阴离子部分的作用，但实际上，正构烯烃的 π 键可能会先与催化剂阴离子结合，例如当以 H_2SO_4 为催化剂时，烯烃会与 H_2SO_4 反应生成单烷基（mono-alkyl）或二烷基（di-alkyl）硫酸酯；当以 HF 为催化剂时，则会先生成烷基氟化物（alkyl fluoride），随后在酸性条件下分解形成碳正离子，反应过程较为复杂。对于异构烯烃，大部分则不会与催化剂的阴离子反应，而是直接质子化。

另外，在烷基化反应中，未反应的烯烃还可以作为 π 电子给体与碳正离子发生叠合反应，生成分子量更大的伯碳或仲碳正离子，随后再从异构烷烃上夺取氢，产生叔碳正离子。以正构烯烃与异丁烷的烷基化为例，反应过程如下：

$$RHC{=\!=}CH_2 + H^+ \rightleftharpoons R\overset{+}{C}HCH_3 \xrightarrow{RHC=CH_2}$$

$$R-\underset{\underset{CH_3}{|}}{CH}-CH_2-\overset{+}{C}HR \xrightarrow{\underset{\underset{CH_3}{|}}{H_3C-CH-CH_3}} H_3C-\overset{+}{\underset{\underset{CH_3}{|}}{\overset{\overset{CH_3}{|}}{C}}} + R-\underset{\underset{CH_3}{|}}{CH}-CH_2-CH_2R$$

2. 非经典五配位碳正离子的产生

在超强酸（CH_3SO_3H、FSO_3H、$HF—SbF_5$、$FSO_3H—SO_3$ 等）催化下，烷烃可以直接被质子化，得到桥连的碳正离子（carbonium ion），即五配位的非经典碳正离子，这一过程可以不需要烯烃的参与。

在经典碳正离子的产生过程中，参与反应的烯烃是 π 电子给体，具有较强的质子亲和性，在烯烃形成碳正离子后，往往伴随着连续的加成反应，形成长链化合物；另外，对于正构烷烃，由于不含支链结构，没有叔氢原子，很难通过经典碳正离子机理发生烷基化反应。在五配位碳正离子的产生中，烷烃为 σ 电子给体，与质子给体直接反应生成五配位的碳正离子，此时的碳正离子中包含三中心两电子键（three-center two-electron bond），电子在三个中心原子中离域，而非限定在一个碳原子上，有利于稳定碳正离子。在正构烷烃的烷基化反应中，或者以超强酸为催化剂的烷基化反应中，大多采取五配位碳正离子机理；另外，通过五配位碳正离子，还能生成一些通过经典碳正离子所不能生成的产物。例如，$CH_3F—SbF_5$ 催化丙烷的烷基化反应，所产生的 2,3-二甲基丁烷（26%）、2-甲基戊烷（28%）、3-甲基戊烷（14%）以及正己烷（32%），很难通过经典碳正离子机理解释，而通过五配位碳正离子机理却可以得到较好的解释（图 4-2）。

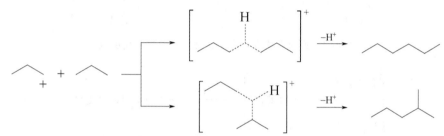

图 4-2　$CH_3F—SbF_5$ 催化丙烷烷基化反应产生正己烷和 2-甲基戊烷

3. 分子筛催化下碳正离子的产生

一般在讨论分子筛催化烷基化反应时也使用碳正离子机理，但实际上由于分子筛孔道的吸附作用，烯烃分子会首先吸附在分子筛上，此时分子筛上的氧原子与烯烃的 π 轨道相互作用，并伴随着氢原子从分子筛向烯烃的转移，形成分子筛—烯烃 π-复合物；随后该复合物经过一个 O—C—Al 构成的环状过渡态，最后转变为烃氧化物（alkoxide）（图 4-3），与烷烃发生烷基化等反应。在环状过渡态中，与 C 直接相连的氧原子并非提

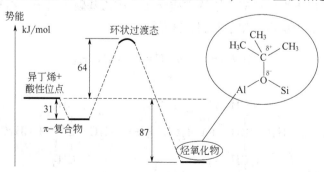

图 4-3　异丁烯与分子筛作用生成烃氧化物势能图及烃氧化物结构示意图

供氢的氧原子，而是与该氧原子相邻的另一个氧原子，这也是烯烃与分子筛相互作用的特点之一。分子筛的孔道结构、酸性位点分布都会影响烃氧化物的稳定性。

在温度较高或酸性较强的条件下，反应体系中的烷烃还可能直接与分子筛作用形成五配位碳正离子，该部分已在第二章中有所介绍，在此不再赘述。

另外，分子筛酸性的强弱、孔道的大小、反应条件等，均会影响碳正离子的形成和结构。

二、饱和烃的烷基化机理

在饱和烃与烯烃的烷基化反应过程中，对于经典碳正离子机理，产生的叔碳正离子将会与烯烃发生亲电加成反应，得到烷基化产物。例如，在异丁烷与乙烯或丙烯的烷基化反应中，叔丁基碳正离子作为亲电试剂与烯烃发生加成反应，得到新的 C_6^+（R=H）或 C_7^+（R=CH$_3$）碳正离子（图4-4），再经过分子间氢转移等反应生成烷基化产物。对于桥连碳正离子机理，则通过脱除桥连氢得到烷基化产物（图4-5）。

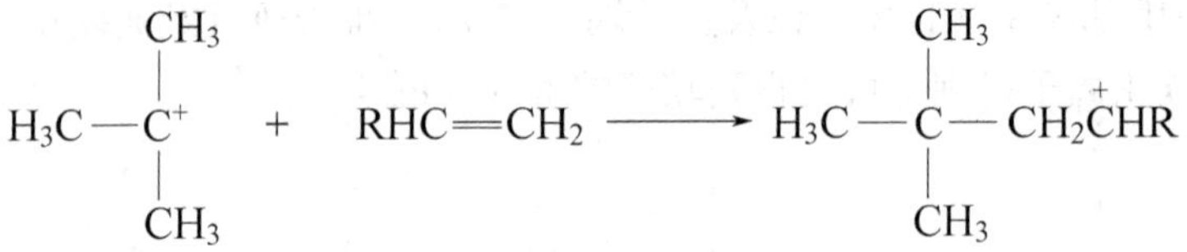

图 4-4　通过经典碳正离子机理实现的烷基化反应

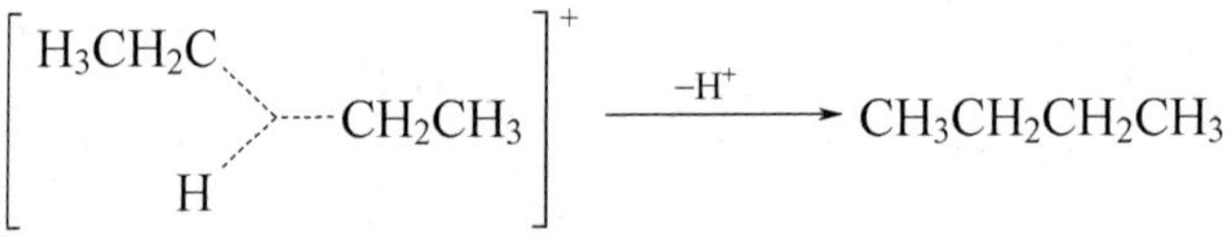

图 4-5　通过桥连碳正离子机理实现的烷基化反应

在实际反应中，还会发生氢转移、异构化、叠合反应等多种副反应，导致产物分布往往较宽。另外，当分子筛为催化剂时，还需要考虑催化剂对反应物的吸附作用以及反应分子、中间体的扩散作用。由于各个反应之间的竞争关系，最终产物的结构组成与各反应的反应速率有关。

以异丁烷和乙烯反应为例来进一步说明通过经典碳正离子实现饱和烃烷基化的反应机理：

第一步：碳正离子生成反应。乙烯被质子化生成乙基碳正离子，乙基碳正离子夺取异丁烷的叔氢，产生更为稳定的叔丁基碳正离子。

$$H_2C{=\!\!=}CH_2 + H^+ \rightleftharpoons \overset{+}{C}H_2CH_3$$

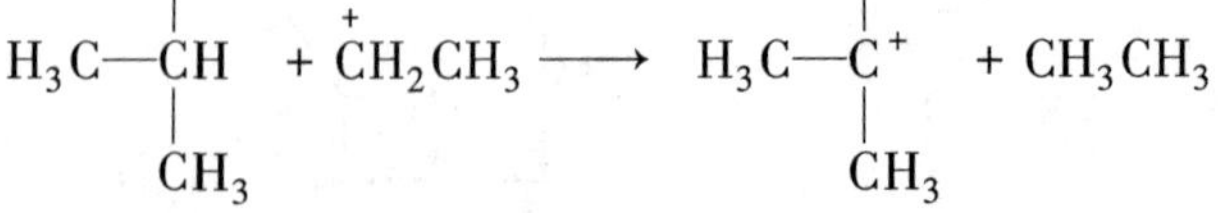

碳正离子的生成也可以通过烯烃的叠合反应：

$$H_2C{=}CH_2 \; \overset{H^+}{\rightleftharpoons} \; CH_3CH_2^+ \; \xrightarrow{H_2C{=}CH_2} \; CH_3CH_2CH_2\overset{+}{C}H_2 \; \rightleftharpoons$$

$$CH_3CH_2\overset{+}{C}HCH_3 \; \xrightarrow{\quad H_3C-\underset{CH_3}{\overset{CH_3}{\mid}}CH \quad} \; H_3C-\underset{CH_3}{\overset{CH_3}{\underset{\mid}{\overset{\mid}{C}}}}{}^+ \; + \; CH_3CH_2CH_2CH_3$$

第二步：碳正离子加成反应。叔丁基碳正离子与乙烯发生亲电加成反应，生成 3,3,-二甲基-1-丁基碳正离子。

$$H_3C-\underset{CH_3}{\overset{CH_3}{\underset{\mid}{\overset{\mid}{C}}}}{}^+ \; + H_2C{=}CH_2 \longrightarrow \; H_3C-\underset{CH_3}{\overset{CH_3}{\underset{\mid}{\overset{\mid}{C}}}}-CH_2\overset{+}{C}H_2$$

第三步：碳正离子异构化反应。3,3-二甲基-1-丁基碳正离子为伯碳正离子，不稳定，易通过异构化反应转化为仲碳正离子，随后转化为更稳定的 2,3-二甲基-2-丁基叔碳正离子。

$$H_3C-\underset{CH_3}{\overset{CH_3}{\underset{\mid}{\overset{\mid}{C}}}}-CH_2\overset{+}{C}H_2 \; \rightleftharpoons \; H_3C-\underset{CH_3}{\overset{CH_3}{\underset{\mid}{\overset{\mid}{C}}}}-\overset{+}{C}HCH_3 \; \rightleftharpoons \; H_3C-\underset{CH_3}{\overset{\mid}{\underset{\mid}{C}H}}-\overset{+}{C}CH_3$$

第四步：烷基化产物生成反应。2,3-二甲基-2-丁基碳正离子夺取反应物分子异丁烷的叔氢，生成烷基化产物 2,3-二甲基丁烷，同时生成新的叔丁基碳正离子。该反应本质上是氢转移反应。

$$H_3C-\underset{CH_3}{\overset{\mid}{\underset{\mid}{C}H}}-\overset{+}{\underset{CH_3}{\overset{\mid}{C}}}CH_3 \; + \; H_3C-\underset{CH_3}{\overset{CH_3}{\underset{\mid}{\overset{\mid}{C}}}}H \longrightarrow \; H_3C-\underset{CH_3}{\overset{\mid}{\underset{\mid}{C}H}}-\underset{CH_3}{\overset{\mid}{\underset{\mid}{C}H}}-CH_3 \; + \; H_3C-\overset{CH_3}{\underset{CH_3}{\overset{\mid}{\underset{\mid}{C}}}}{}^+$$

随后第二步至第四步反应循环进行，把反应物乙烯及异丁烷不断转化为产物 2,3-二甲基丁烷。

三、饱和烃烷基化的副反应

在饱和烃烷基化反应过程中，还伴随着多种副反应，并影响最终的反应产物。本节将主要从氢转移反应、异构化反应、叠合反应、自烷基化反应、裂化反应等方面讨论饱和烃烷基化反应的副反应。

1. 氢转移反应

烯烃质子化或饱和烃烷基化过程中产生的碳正离子，可以与反应体系中的异构烷烃发生分子间氢转移（intermolecular hydrogen transfer）反应，原有的碳正离子自身被饱和成为烷烃，同时产生新的碳正离子。以异丁烷和烯烃的烷基化反应为例，反应过程中形成的仲碳正离子能够从异丁烷上夺取氢，自身形成 C_6（R=H）或 C_7（R=CH_3）烷烃，新产生的叔丁基碳正离子又可以作为亲电试剂与烯烃发生新的烷基化反应：

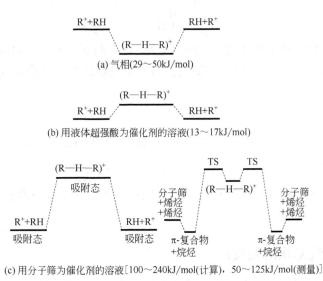

分子间氢转移是烷基化反应中必不可少的步骤，异构烷烃相当于一个"氢原子库"，不断把叔氢（以氢负离子形式）转移给碳正离子。氢转移反应的快慢，将会在很大程度上影响烷基化反应的产物分布；当分子间氢转移反应速率较高时，反应产物分布相对较窄；当分子间氢转移反应速率较低、其他副反应速率较高时，可能会生成种类更多的产物。

气态下的分子间氢转移主要包括两个步骤：首先碳正离子与烷烃分子之间形成较为松散的复合物（loose complex），随后转变成较为紧密的复合物（tight complex），并完成氢转移；气态的分子间氢转移不需要活化能，反应速度与反应的焓变和反应物之间的空间位阻有关。在溶液中，由于存在溶剂化作用，反应所需能量较低。当催化剂为分子筛时，由于在发生分子间氢转移时，需要首先从烃氧化物转变成碳正离子，所以需要更多的能量（图4-6）。另外，由于氢转移反应是双分子反应，当使用多孔类催化剂（如分子筛）时，催化剂需要有较大的孔道结构和局部浓度较高的酸性位点。

$R^+ + RH \quad\quad\quad RH + R^+$

$(R—H—R)^+$

(a) 气相(29～50kJ/mol)

$(R—H—R)^+$

$R^+ + RH \quad\quad\quad\quad RH + R^+$

(b) 用液体超强酸为催化剂的溶液(13～17kJ/mol)

$(R—H—R)^+$
吸附态

TS　　TS

$(R—H—R)^+$

$R^+ + RH$　　　　　$RH + R^+$
吸附态　　　　　　吸附态

分子筛+烯烃+烯烃

π-复合物+烷烃　　　π-复合物+烷烃

分子筛+烯烃+烯烃

(c) 用分子筛为催化剂的溶液[100～240kJ/mol(计算)，50～125kJ/mol(测量)]

图4-6　不同反应介质中分子间氢转移势能示意图

分子间氢转移反应还可以用来解释为什么质子酸较难催化正构烷烃与烯烃的烷基化。在烷基化反应中，分子间氢转移过程相当于一个催化循环的"结束"和另一个催化循环的"开始"，维系着催化循环不间断进行下去。叔碳原子上的氢最容易被其他碳正离子夺取，形成新的碳正离子，而仲碳或伯碳上的氢则很难被夺取，因此叔碳原子上的氢容易发生分子间氢转移，而仲碳或伯碳原子上的氢很难发生分子间氢转移。在正构烷烃中，由于没有支链结构，不存在叔碳氢，并且若体系中原本存在叔碳正离子，叔碳正离子从正构烷烃上夺取氢生成仲碳正离子是一个热力学不利的反应，因此分子间氢转移反应不能有效进行，导致整个烷基化反应较难完成催化循环。

在烷基化反应中，分子间氢转移是必需的反应途径，只有合理控制氢转移反应，才能有效完成烷基化反应的催化循环，得到更多的目标产物。

2. 异构化反应

对于经典碳正离子，其稳定性顺序为：叔碳正离子>仲碳正离子>伯碳正离子，因此当反应体系中产生伯、仲碳正离子后，会通过分子内氢转移（hydrogen shift）或烷基转移（alkyl migration）等发生异构化反应，转化为较为稳定的叔碳正离子，这两种反应的存在会导致反应产物组成分布变宽。

例如在异丁烷与丙烯的烷基化反应中，除了生成烷基化产物 2,2-二甲基戊烷，主要产物中还有 2,3-二甲基戊烷和 2,4-二甲基戊烷，可以用异构化反应来解释（图 4-7）。

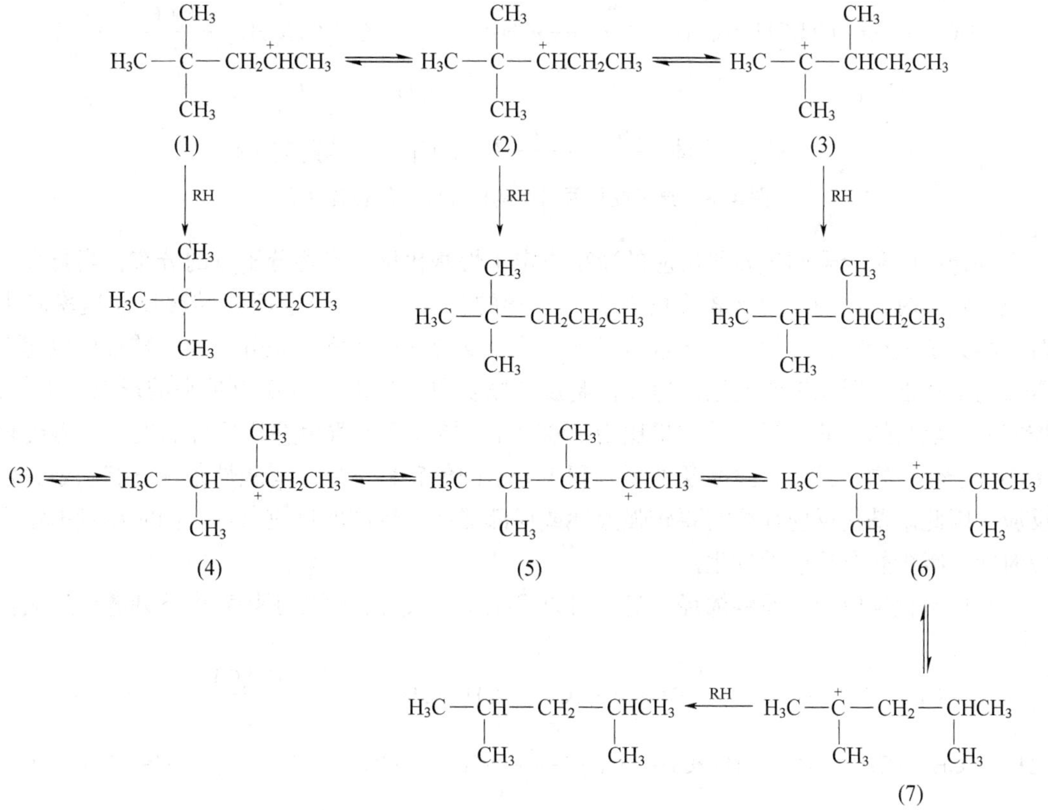

图 4-7　异丁烷与烯烃烷基化过程中的异构化反应

碳正离子（1）可通过分子间氢转移被饱和生成 2,2-二甲基戊烷，也可以通过分子内 1,2-氢转移转化为（2）；（2）发生分子间氢转移被饱和得到 2,2-二甲基戊烷，或者通过分子内 1,2-烷基转移生成（3），由（3）可得到产物 2,3-二甲基戊烷；另外，碳正离子（3）可依次通过两步分子内氢转移、一步甲基转移以及一步分子内氢转移得到碳正离子（7），（7）经分子间氢转移得到产物 2,4-二甲基戊烷。通常情况下，异构化反应速率较高，产物中往往能检测到大量的支链化合物。当异丁烷与乙烯发生烷基化反应时，也有类似的异构化过程。烷基化反应过程中存在的异构化反应使得产物分布变宽，有时对制取高辛烷值汽油组分不利。

3. 叠合反应

烷基化反应中产生的碳正离子具有亲电性，能够与烯烃发生一步或多步加成反应，形成分子量较大的产物，称为叠合反应。叠合反应是放热反应，烷基化过程中反应放出的热大部分都来源于此。叠合反应会生成某些长链高度不饱和化合物，与催化剂复合形成红棕色黏稠物，既消耗原料也消耗催化剂，是烷基化反应中不可忽视的一类副反应。

以异丁烷与丙烯的烷基化反应为例，在反应过程中产生的碳正离子会与烯烃发生多步加成反应，生成 C_{10}^+、C_{13}^+、C_{16}^+ 等多种长链碳正离子（图 4-8），这些碳正离子可通过分子间氢转移生成长链烷烃，也可以通过 β-消除生成长链烯烃。

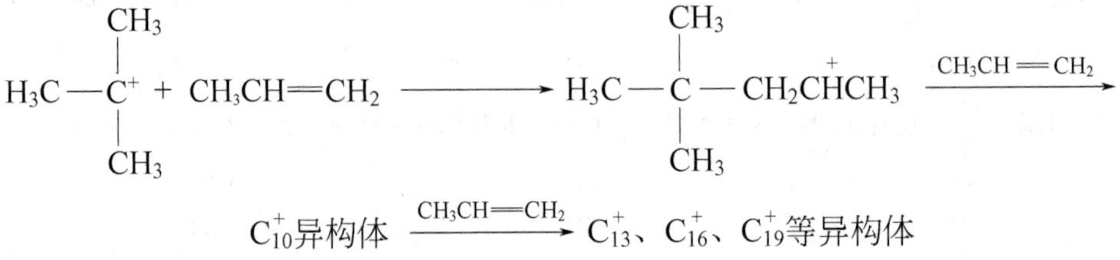

图 4-8　异丁烷与丙烯烷基化反应中的叠合反应

叠合反应和分子间氢转移反应的速率决定了烷基化反应产物分子量的分布，当叠合反应速率较大时，产物中含有较多的较大分子量的化合物，当分子间氢转移反应速率较大时，小分子量产物含量较高。通常情况下，叠合反应的速率常数是分子间氢转移反应速率常数的 100 倍，因此工业上往往通过控制反应物比例，削弱叠合反应带来的影响。例如，控制异丁烷与烯烃的投料物质的量比为 1000∶1，能够有效避免叠合反应的发生，得到较多小分子化合物。另外，强酸条件下有利于分子间氢转移反应，弱酸性条件下有利于叠合反应，因此烷基化反应往往需要较强酸性或局部酸浓度较高的反应条件，同时尽量缩短反应时间，减少叠合反应的发生。

在烷基化反应中，原料烯烃自身也可以发生叠合反应，例如丁烯发生下列叠合反应：

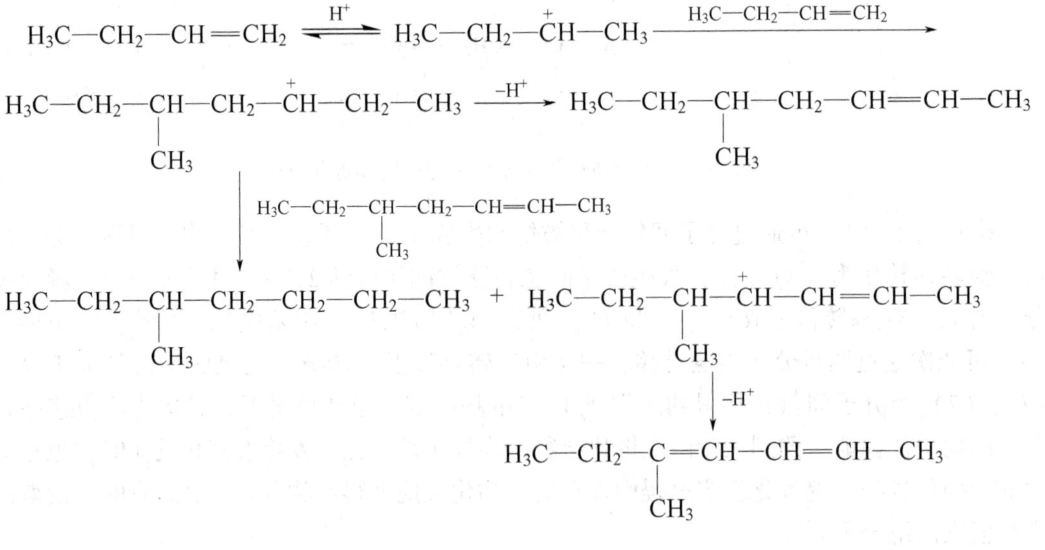

质子酸催化剂或傅—克催化剂在烷基化反应中长时间使用会生成深红色的黏稠状物，就是叠合反应产生的长链烯烃与催化剂形成配合物的原因，导致催化剂活性降低；在分子筛催化体系中，由于催化剂的孔道结构对烯烃的吸附能力大于对烷烃的吸附能力，会促进叠合反应的发生，叠合反应产生的长链烃被吸附在分子筛表面，堵塞孔道，导致催化剂中毒或反应物难以接近。综合来看，叠合反应是烷基化反应中催化剂失活的主要原因，分子间氢转移的速率和叠合反应的速率大小很大程度上决定了催化剂的使用寿命。有效避免叠合反应的发生，是延长催化剂寿命的重要方法。可以通过提高烷烃/烯烃比例、充分利用搅拌、避免高温长时间反应等方法减弱叠合反应的影响。在分子筛催化体系中，还需要充分考虑扩散效应，较大孔道的催化剂、避免过低的温度等都有利于促进分子的扩散，延长催化剂的使用寿命。

4. 自烷基化反应

自烷基化（self-alkylation）是一种较为特殊的烷基化反应。以异丁烷与烯烃的反应为例，体系中产生的叔丁基碳正离子会通过 β-消除转化为异丁烯，异丁烯可以作为烯烃与其他的叔丁基碳正离子发生反应，经过氢转移、异构化等反应，生成一系列的 C_8 化合物。在该反应中，碳正离子和烯烃均来源于异丁烷，体系中原有的烯烃仅起到了"引发"反应的作用。体系中产生的其他碳正离子同样也会发生类似的反应。该反应也能够解释为什么异丁烷与丙烯或乙烯的烷基化反应中会出现 C_3、C_8 或 C_{12} 烷烃化合物（图 4-9）。

异丁烷与丙烯的烷基化总反应可以写成：

$$2C_4H_{10} + C_3H_6 \longrightarrow C_8H_{18} + C_3H_8$$

即两分子异丁烷相互结合后，把氢转移给了丙烯，从而生成丙烷，这是不希望发生的反应。这种反应也可以看成是异丁烷的自缩合反应（self-condensation）。

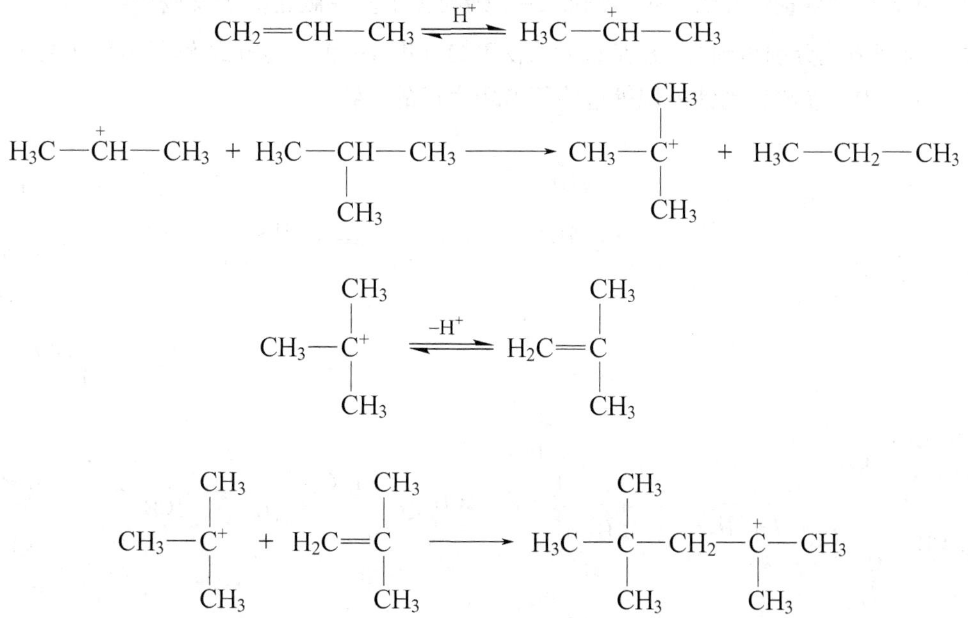

图 4-9　丙烯与异丁烷反应生成 C_8 化合物机理

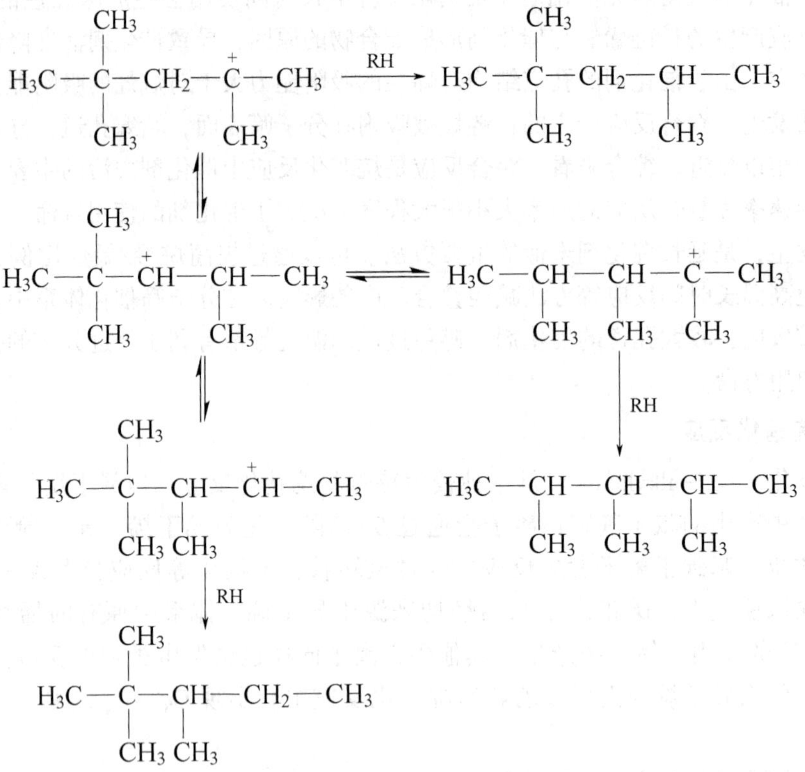

图 4-9 丙烯与异丁烷反应生成 C_8 化合物机理（续）

5. 裂化反应

在烷基化过程中产生的碳正离子，通过裂化反应（cracking）可以得到分子量较小的烷烃，同时伴随等量烯烃的产生。例如 2-丁烯与正丁基仲碳正离子反应产生的 C_8^+，可以通过 β-断裂方式分别得到 C_3^+/戊烯以及 C_4^+/丁烯（图 4-10），这也能解释为什么在丁烷的烷基化反应中，能够检测到丙烷等这些不希望生成的产物。

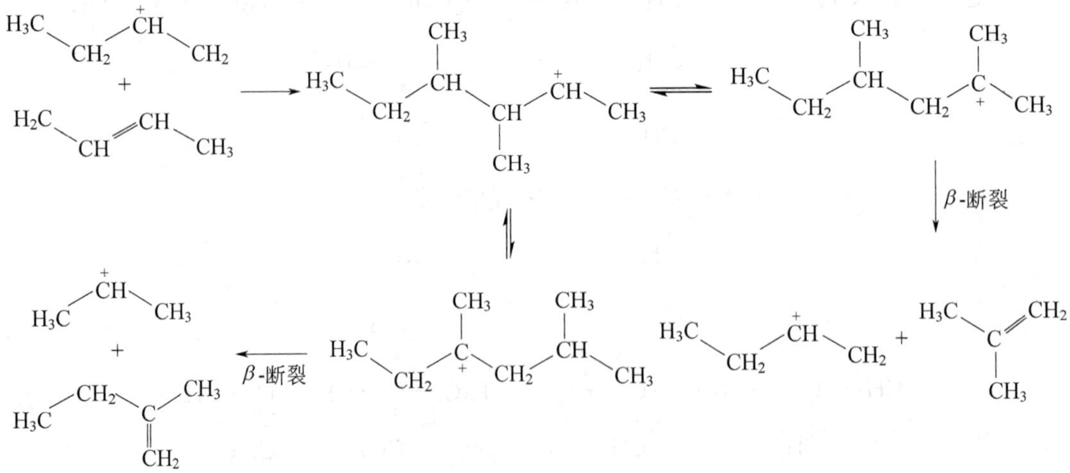

图 4-10 C_8^+ 的两种裂化反应

再比如丙烯与异丁烷的烷基化反应，目标产物是 C_7 烷烃，但由于裂化反应的存在，得到了 C_6 和 C_5 化合物（图 4-11），降低了目标产物的含量。

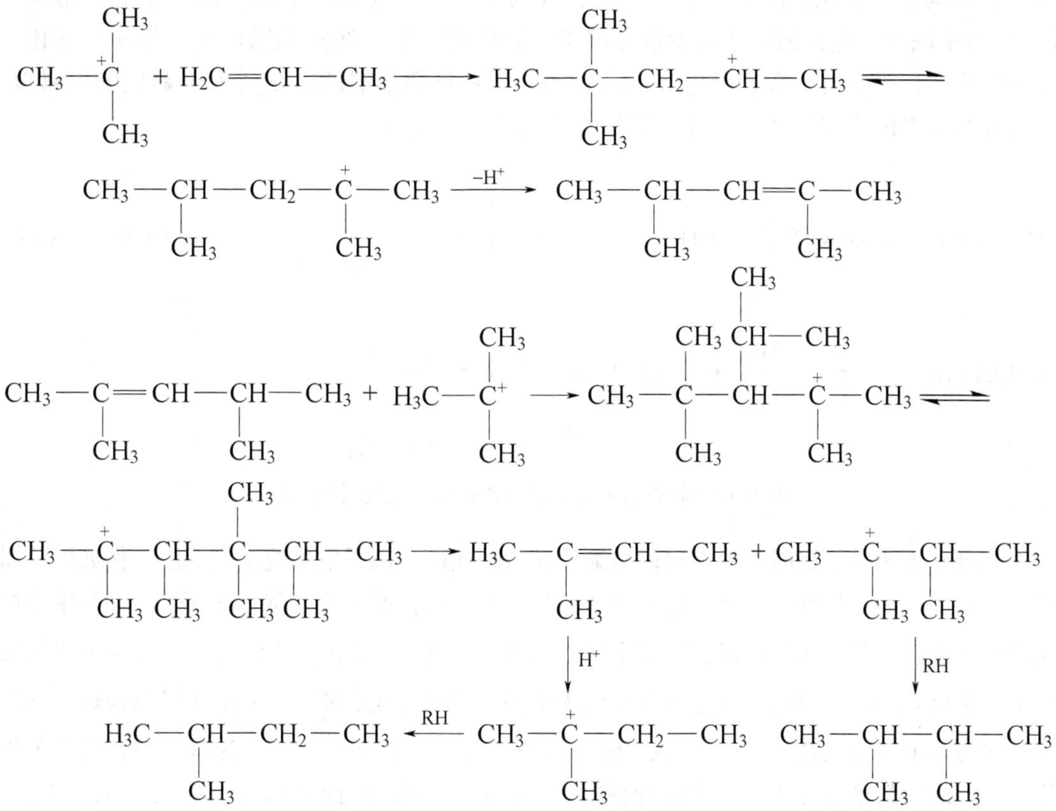

图 4-11　丙烯与异丁烷反应生成 C_5 化合物

一般情况下，强酸条件下容易发生裂化反应，而酸性较弱时又有利于叠合反应的发生，只有中强酸条件下才适合烷基化反应。对于烷基化反应，催化体系的哈米特酸度值（H_0）大多控制在 -8.1~-12.7 之间，以保证烷基化反应的有效进行。

第三节　常见饱和烃的烷基化反应

在烷烃与烯烃的烷基化过程中，各种反应之间存在着竞争、协同、串联等关系，反应原料的活性、反应温度、时间、催化剂等等都会影响各个反应的速率，并决定反应产物的种类。在本节中，将以烷烃为分类依据，介绍 C_4 及以下不同烷烃的烷基化反应。

一、C_1~C_3 烷烃的烷基化

甲烷的反应活性很低，质子酸或 Lewis 难以催化其与烯烃的烷基化反应，需要超强酸或分子筛做催化剂。

当以超强酸为催化剂时，主要通过五配位碳正离子机理进行反应。在 HF—TaF_5 催化乙烯对甲烷的烷基化反应中（图 4-12），乙烯在超强酸的作用下被质子化形成 $C_2H_5^+$，随

后与甲烷反应生成五配位碳正离子，最终转化为丙烷（选择性为 58%）；丙烷长时间在反应体系中停留，还可能与 $C_2H_5^+$ 发生分子间氢转移，生成乙烷和 $C_3H_7^+$，$C_3H_7^+$ 通过 β-消除（碳正离子 β 位氢消除）转化为丙烯；在反应产物中还发现了极少量异丁烷，来源于 $C_3H_7^+$ 与甲烷的反应，另外还有少量异戊烷、异己烷产生。在实际操作中，为使烷基化反应顺利进行，投料时一般控制甲烷/乙烯≈6/1，并且超强酸的用量远大于烯烃的投料量，以保证足够多的乙烯发生质子化，降低叠合反应的可能性。

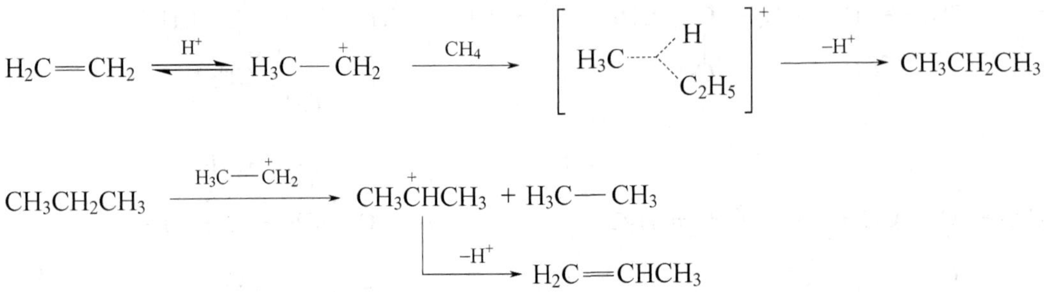

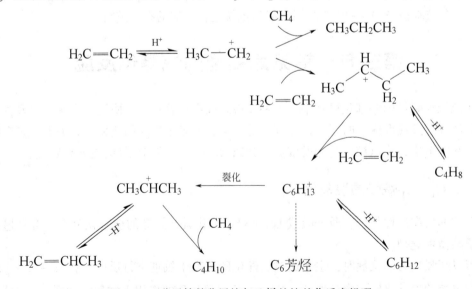

图 4-12　超强酸催化甲烷与乙烯的烷基化反应机理

当催化剂为分子筛时，甲烷可以与烯烃通过经典碳正离子发生烷基化反应。例如以镁碱沸石（FER）为催化剂，催化乙烯对甲烷的烷基化反应，通过经典碳正离子 $C_2H_5^+$ 与甲烷的烷基化反应以及分子间氢转移，得到主要产物丙烷；另外，$C_2H_5^+$ 还可与乙烯发生多步加成反应，生成 $C_4H_9^+$、$C_6H_{13}^+$，并进一步转化为丁烯、己烯等化合物；$C_6H_{13}^+$ 还可以通过裂化反应转化为 $C_3H_7^+$，随后转化为丙烯或丁烷等（图 4-13）。在该反应中，为避免叠合反应的发生，甲烷的投料量远远大于乙烯的投料量。通过对甲烷进行同位素标记，在 CH_2=CH_2 对 $^{13}CH_4$ 的烷基化反应中，91% 的主产物 C_3H_8 含有一个 ^{13}C 原子，说明 C_3H_8 主要是通过 $C_2H_5^+$ 与 $^{13}CH_4$ 的烷基化反应得到；88% 的 C_3H_6 中不含有 ^{13}C 原子，说明 C_3H_6 主要来源于 $C_2H_5^+$ 与烯烃的叠合—裂解反应，而不是 $^{13}CH_3^+$ 与 C_2H_4 之间的烷基化—β-消除。

图 4-13　分子筛催化甲烷与乙烯的烷基化反应机理

乙烷和丙烷的反应活性比甲烷略高，但也因为这两种烷烃结构中不存在叔氢，在质子酸或傅—克催化剂催化的条件下无法完成与烯烃的有效烷基化反应。在超强酸 HF—TaF$_5$ 的催化下，乙烯与乙烷能够通过烷基化反应生成正丁烷，体系中没有检测到异丁烷的产生，这说明烷基化反应主要是通过五配位碳正离子机理进行的，而非经典的三配位碳正离子（图 4-14）。为了减弱叠合反应产生的影响，反应中乙烷的投料量远远超过乙烯，同时超强酸的加入量远大于乙烷的加入量。

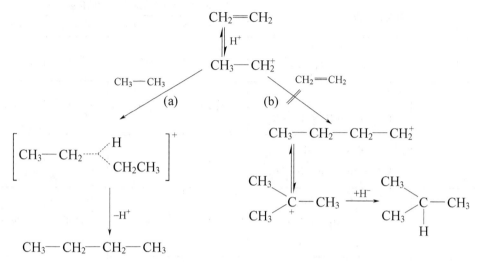

图 4-14　超强酸催化乙烯对乙烷的烷基化反应机理

丙烷还可以在能够提供仲碳或叔碳正离子的 Lewis 超强酸中发生烷基化反应。例如 C$_3$H$_7$F/SbF$_5$ 催化丙烷的烷基化反应中，超强酸所产生的 C$_3$H$_7^+$ 为反应提供了最初的碳正离子。在反应产物中没有检测到传统 Lewis 酸催化得到的 2,2-二甲基丁烷，说明反应通过五配位碳正离子机理进行，并且发生异构化反应的概率不大。反应产物中主要检测到了 2,3-二甲基化合物，说明体系中产生了 C$_3$H$_7^+$ 仲碳正离子，并通过桥连碳正离子机理与丙烷发生烷基化反应。另外，还在产物中检测到了 2-甲基戊烷、3-甲基戊烷以及正己烷，说明在该反应条件下也能够产生 C$_3$H$_7^+$ 伯碳正离子。

C$_1$~C$_3$ 正构烷烃与烯烃的烷基化反应大多通过桥连碳正离子进行。另外，当反应温度接近 500℃ 时，没有催化剂的条件下 C$_1$~C$_3$ 也能够与烯烃发生烷基化反应，但由于反应条件较为苛刻、产率较低，在工业上应用较少。当烷基化试剂为卤代烃、醇等化合物时，C$_1$~C$_3$ 也能够发生烷基化反应，在此不多做介绍。

二、异丁烷的烷基化

烯烃对异丁烷的烷基化反应是研究最为广泛的一类烷基化反应，其反应过程要比 C$_1$~C$_3$ 烷烃与烯烃的烷基化反应复杂得多。常用的烯烃包括乙烯、丙烯、1-丁烯、2-丁烯、异丁烯等。异丁烷在质子酸作催化剂的条件下，与异丁烯进行的烷基化反应，能较高选择性的得到主产物 2,2,4-三甲基戊烷，该化合物又被称为工业异辛烷，为具有高辛烷值的"黄金液体"，在工业上应用广泛，因此该反应又称为炼厂烷基化反应：

$$H_3C-\underset{\underset{CH_3}{|}}{CH}-CH_3 \;+\; CH_3-\underset{\underset{CH_3}{|}}{C}\!\!=\!\!CH_2 \quad\xrightarrow[\substack{\text{或 HF}\\10\sim35℃}]{H_2SO_4}\quad CH_3-\underset{\underset{CH_3}{|}}{\overset{\overset{CH_3}{|}}{C}}-CH_2-\underset{\underset{CH_3}{|}}{CH}-CH_3$$

HF 催化不同烯烃对异丁烷烷基化的产物分布见表 4-2。

表 4-2 HF 催化下异丁烷与不同烯烃烷基化的产物分布

烷基化产物		不同烯烃对异丁烷烷基化产物的含量（质量分数），%			
		丙烯	1-丁烯	2-丁烯	异丁烯
C₆	$H_3C-\overset{\overset{CH_3}{|}}{CH}-\overset{\overset{CH_3}{|}}{CH}-CH_3$	1.3	0.6	2.5	1.5
C₇	$H_3C-\overset{\overset{CH_3}{|}}{CH}-\overset{\overset{CH_3}{|}}{CH}-CH_2-CH_3$	43.4	1.7	1.4	2.7
	$H_3C-\overset{\overset{CH_3}{|}}{CH}-CH_2-\overset{\overset{CH_3}{|}}{CH}-CH_3$	7.3	1.3	2.4	2.3
C₈ （三甲基戊烷）	$H_3C-\overset{\overset{CH_3}{|}}{\underset{\underset{CH_3}{|}}{C}}-CH_2-\overset{\overset{CH_3}{|}}{CH}-CH_3$	3.7	29.5	37.9	49.0
	$H_3C-\overset{\overset{CH_3}{|}}{\underset{\underset{CH_3}{|}}{C}}-\overset{\overset{CH_3}{|}}{CH}-CH_2-CH_3$	0	0.9	2.4	1.5
	$H_3C-\overset{\overset{CH_3}{|}}{CH}-\overset{\overset{CH_3}{|}}{CH}-\overset{\overset{CH_3}{|}}{CH}-CH_3$	0.9	14.1	19.4	9.4
	$H_3C-\overset{\overset{CH_3}{|}}{CH}-\overset{\overset{CH_3}{|}}{\underset{\underset{CH_3}{|}}{C}}-CH_2-CH_3$	0.4	8.2	10.1	6.8
C₈ （二甲基己烷）	$H_3C-\overset{\overset{CH_3}{|}}{CH}-CH_2-\overset{\overset{CH_3}{|}}{CH}-CH_2-CH_3$	0.2	4.9	2.6	3.3
	$H_3C-\overset{\overset{CH_3}{|}}{CH}-CH_2-CH_2-\overset{\overset{CH_3}{|}}{CH}-CH_3$	0.3	1.9	2.8	2.9
	$H_3C-\overset{\overset{CH_3}{|}}{CH}-\overset{\overset{CH_3}{|}}{CH}-CH_2-CH_2-CH_3$	0.4	25.2	3.4	2.4
C₉	$H_3C-\overset{\overset{CH_3}{|}}{\underset{\underset{CH_3}{|}}{C}}-CH_2-CH_2-\overset{\overset{CH_3}{|}}{CH}-CH_3$	1.5	6.0	7.2	9.7
其他化合物		40.2	4.7	5.6	5.2

在质子酸催化丙烯对异丁烷的反应中，C_7 为主要产物。异丁烷通过与 $C_3H_7^+$ 的烷基化反应得到 2,4-二甲基戊烷，2,3-二甲基戊烷则通过 C_7^+ 的异构化反应得到；当 HF 为催化剂、反应温度为 10℃时，异构化速率大于分子间氢转移反应速率，2,3-二甲基戊烷为主要产物，当 H_2SO_4 为催化剂时，也有类似的结果。另外，HF 为催化剂时，异丁烷可通过 2-丁烯烷基化以及自烷基化反应生成多种 C_8 化合物（图 4-15），同时产生了其他长链烷烃化合物，主要来源于叠合反应（表 4-2）。

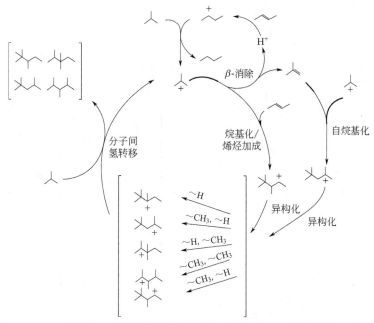

图 4-15　HF 酸催化 2-丁烯对异丁烷烷基化反应生成 TMP 化合物的反应机理

丁烯对异丁烷的烷基化反应主要产物为 C_8 化合物，包括三甲基戊烷（trimethyl pentane，TMP）、二甲基己烷（dimethyl hexane，DMH）、甲基庚烷（methyl heptane）以及一些 C_6、C_7、C_9 化合物。在 C_8 产物中，DMH 比 TMP 的热力学稳定性要高，但实际上，不论是用质子酸、傅—克催化剂，还是固体酸催化剂，产物中的 TMP 含量均高于 DMH，分布远离热力学平衡时的产物分布。TMP 产物中主要包括 2,2,4-三甲基戊烷（2,2,4-TMP）、2,3,3-三甲基戊烷（2,3,3-TMP）、2,3,4-三甲基戊烷（2,3,4-TMP）、2,2,3-三甲基戊烷（2,2,3-TMP）等多种化合物。产物的宽分布说明反应中存在大量的异构化、自烷基化、裂化、叠合反应等，并且异构化反应速率远远大于分子间氢转移的反应速率。另外，当异丁烷与 2-丁烯反应时，2,2,3-TMP 应该是初次烷基化的产物，但实际上在大部分烷基化反应中，2,2,4-TMP 的含量往往较高（表 4-2），这可能是因为 2,2,3-TMP$^+$（2,2,3-三甲基戊基碳正离子）结构中正电荷附近空间位阻较大，不利于与异丁烷的分子间氢转移，相比之下，通过异构化反应得到其他 TMP 化合物更为容易。从图 4-15 的 TMP$^+$ 也可以看出，大部分带有正电荷的碳原子都与端基碳相接近，证明了空间位阻影响分子间氢转移的推论。

当以 1-丁烯为烷基化试剂时，与异丁烷反应的产物中存在较多的 2,3-二甲基己烷（2,3-DMH），主要来源于 $(CH_3)_3C^+$ 与 1-丁烯烷基化产生的 DMH$^+$（二甲基己基碳正离子，图 4-16）；另外，产物中还含有大量的 TMP，可能是因为在反应中部分 1-丁烯会转换为 2-丁烯或异丁烯，并与 $(CH_3)_3C^+$ 反应。

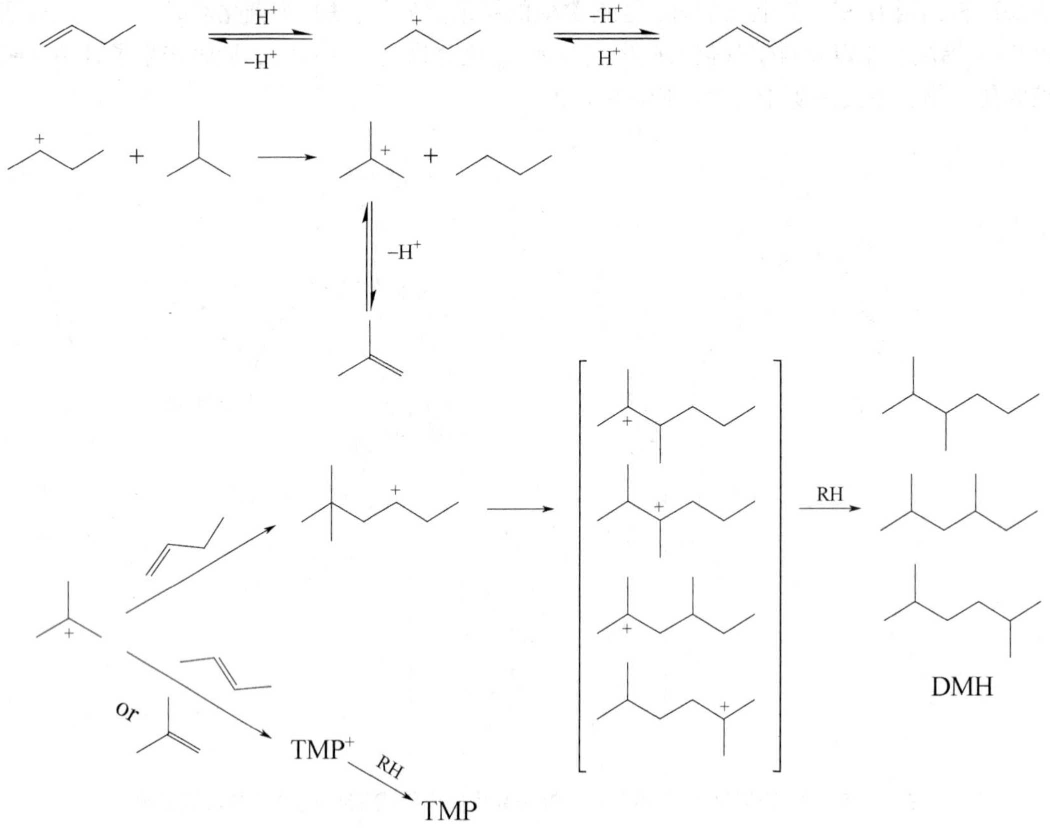

图 4-16 HF 酸催化 1-丁烯与异丁烷烷基化反应生成 DMH 和 TMP 化合物的反应机理

表 4-3 AlCl₃/HCl 催化丁烯对异丁烷烷基化反应产物分布

烯烃		1-丁烯		2-丁烯	
催化剂		AlCl₃+HCl	AlCl₃—MeOH+HCl	AlCl₃+HCl	AlCl₃—MeOH+HCl
温度，℃		30	55	30	55
产物分布（质量分数）%	C₅	17.1	—	13.1	—
	C₆	14.2	3.2	13.9	3.8
	C₇	11.2	5.7	10.2	5.0
	C₈	21.4	69.4	23.9	68.9
	>C₈	36.1	18.6	38.9	18.5
C₈产物分布（质量分数）%	甲基庚烷	16.4	—	11.1	—
	2,2-二甲基己烷	1.7	—	1.4	—
	2,3-二甲基己烷	6.5	25.4	2.2	0.7
	2,4-二甲基己烷、2,5-二甲基己烷	45.2	49.8	24.9	4.7
	3,4-二甲基己烷	—	11.1	—	—

烯烃		1-丁烯		2-丁烯	
催化剂		AlCl$_3$+HCl	AlCl$_3$—MeOH+HCl	AlCl$_3$+HCl	AlCl$_3$—MeOH+HCl
温度，℃		30	55	30	55
C$_8$ 产物分布（质量分数）%	2,2,3-三甲基戊烷	3.4	—	4.0	0.8
	2,2,4-三甲基戊烷	13.4	9.7	39.5	41.0
	2,3,3-三甲基戊烷	6.5	—	8.0	20.3
	2,3,4-三甲基戊烷	6.9	4.0	8.9	32.6

当以傅—克催化剂 AlCl$_3$/HCl 或 AlCl$_3$—MeOH/HCl 催化丁烯对异丁烷的烷基化反应时，同样得到 C$_8$ 为主的产物（表4-3）。2-丁烯为烷基化试剂时，C$_8$ 产物以 2,2,4-TMP 为主，1-丁烯为烷基化试剂时，C$_8$ 产物以 2,4-DMH 和 2,5-DMH 为主。

当催化剂为分子筛时，由于不同分子筛的孔道结构和酸性不同，异丁烷的烷基化反应既可以通过经典碳正离子实现，也可以通过五配位桥连碳正离子实现。例如以大孔分子筛 HMFI 为催化剂时，低温下倾向于通过经典碳正离子实现烷基化，其产物以 TMP、DMH 等 C$_8$ 化合物为主，但 C$_3$~C$_7$ 化合物的种类和含量也较多，产物分布较宽，说明反应中存在较为显著的叠合—裂化反应；当在较高温度下时（500℃），体系中会产生桥连碳正离子，甚至会出现桥连碳正离子引发、后续遵循经典碳正离子机理的现象。

超强酸催化异丁烷与烯烃的烷基化反应研究相对较少，然而在极低温下（小于-20℃），其催化叔碳正离子对异丁烷的烷基化反应中，发现产物中含有特殊的 2,2,3,3-四甲基丁烷（2,2,3,3-TMB），这在其他酸性催化条件下极少出现，很有可能是通过叔丁基碳正离子与异丁烷之间形成桥连碳正离子实现的（图4-17）。由于桥连碳正离子形成过程中空间位阻比较大，所以 2,2,3,3-TMB 在产物中的含量较低（约为2%）。

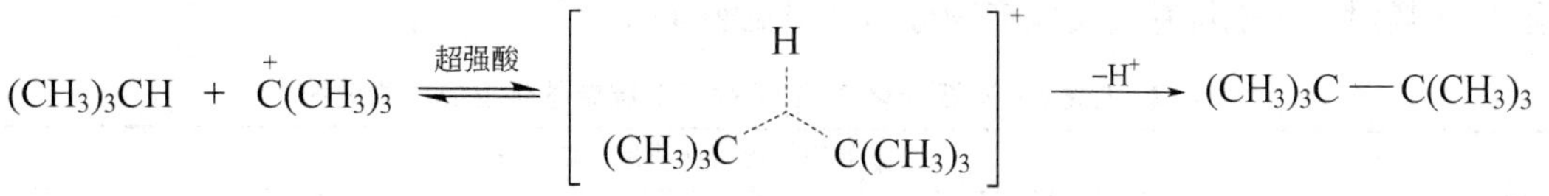

$$(CH_3)_3CH \ + \ \overset{+}{C}(CH_3)_3 \ \underset{\text{超强酸}}{\rightleftharpoons} \ \left[\begin{array}{c} H \\ (CH_3)_3C \quad C(CH_3)_3 \end{array} \right]^+ \ \xrightarrow{-H^+} \ (CH_3)_3C — C(CH_3)_3$$

图4-17　超强酸催化叔碳正离子对异丁烷烷基化反应生成 2,2,3,3-TMB

近年来，还发展出了一系列离子液体催化剂、杂多酸催化剂以及复合催化剂等，同样能够实现烯烃对异丁烷的催化烷基化反应。因催化体系的不同，有些以经典碳正离子机理为主，有些以桥连碳正离子机理为主，有些是两种碳正离子同时参与反应，在此不做赘述。

三、正丁烷的烷基化

正丁烷由于不含叔氢原子，在质子酸或傅—克催化剂下，很难通过经典碳正离子机理发生烷基化反应，而在超强酸催化下，正丁烷则可以通过桥连碳正离子实现烷基化。例如 HF—TaF$_5$ 在低温下催化乙烯对正丁烷的烷基化反应中，当反应时间较短时，得到的产物主要为 3-甲基戊烷，不同于通过经典碳正离子机理的预测产物二甲基丁烷［图4-18（b）］，说明反应主要遵循桥连碳正离子机理［图4-18（a）］，并且在低温、较短反应时间的条件下，异构化反应被抑制。

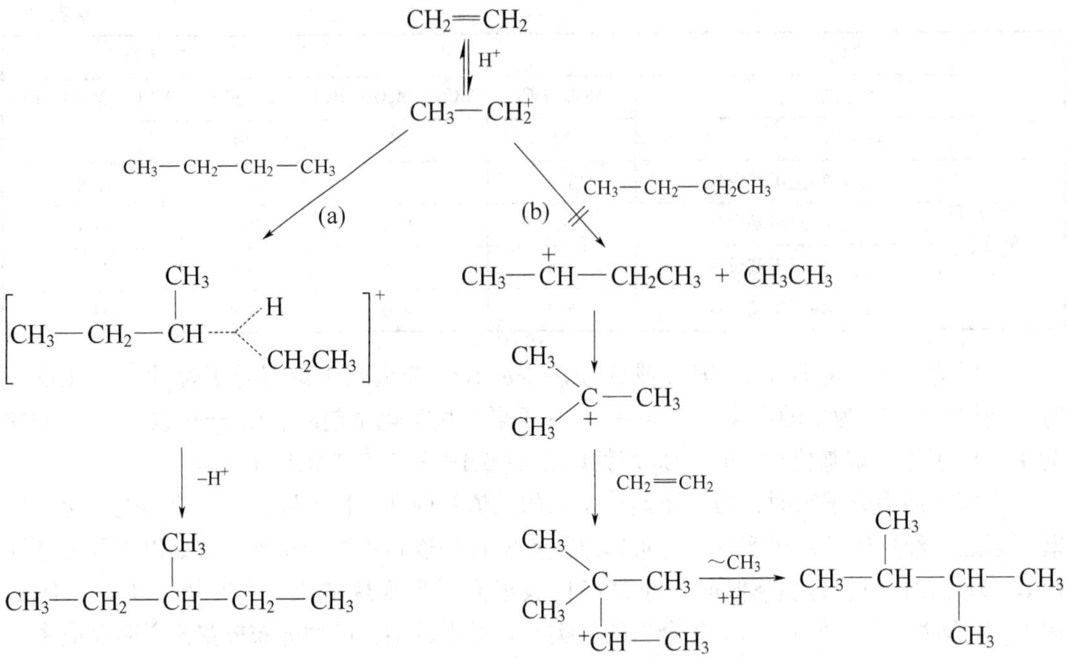

图 4-18　HF-TaF$_5$ 催化乙烯对正丁烷烷基化反应的可能途径：
(a) 五配位桥连碳正离子途径，(b) 三配位经典碳正离子途径

镧系金属掺杂的沸石（LaCaX）催化剂能够通过经典碳正离子机理催化 2-丁烯对正丁烷的烷基化，得到的 C$_8$ 产物主要为 2,3,3-TMP、2,3,4-TMP、3,4-DMH、2,4-DMH 等。由于正丁烷中不存在叔氢原子，无法实现叔碳与 2-丁基碳正离子之间的氢转移反应，因此在反应中 2-丁基碳正离子异构化为叔丁基碳正离子，其反应产物中存在较多的支化烷烃也符合叔碳正离子与 2-丁烯烷基化反应的产物分布特征。不同温度下 LaCaX 沸石催化 2-丁烯对正丁烷烷基化反应产物分布情况见表 4-4。

表 4-4　LaCaX 沸石催化 2-丁烯对正丁烷烷基化反应产物分布

温度,℃	C$_8$ 异构体含量（质量分数）,%							
	2,2,4-TMP	2,3,3-TMP	2,3,4-TMP	2,2,3-TMP	3,4-DMH	2,4-DMH	2,5-DMH	2,3-DMH
50	3.2	38.0	12.7	3.3	14.4	11.9	6.6	3.9
75	3.3	37.9	12.4	3.8	14.8	12.2	6.2	3.5
100	3.6	39.1	15.5	5.5	14.9	13.8	5.5	2.1
125	5.5	39.2	15.5	5.9	15.3	14.3	2.1	1.4
150	6.2	38.3	15.1	6.3	16.2	15.2	1.9	0.6

当烷烃碳原子数大于 4 个时，在烷基化反应过程中裂化、异构化等副反应占主导地位，烷基化反应所占比例较小，在本章中不再详细介绍。

第四节　芳烃的烷基化反应与机理

芳烃烷基化反应可以用烯烃、卤代烃、醇等作烷基化试剂实现，其中以烯烃作烷基化

试剂最重要。芳烃的烷基化反应在工业上具有重要意义，例如乙烯与苯通过烷基化反应可制备乙苯，是生产苯乙烯、苯乙酮、聚苯乙烯等的重要原料；以丙烯烷基化苯制取的异丙基苯，可用于生产丙酮和苯酚；用长链烯烃烷基化苯制取的烷基苯，可作为合成洗涤剂烷基苯磺酸钠的原料。

一、芳烃烷基化反应机理

芳烃烷基化反应的催化剂主要包括傅—克催化剂、质子酸催化剂以及以分子筛为代表的固体酸催化剂。目前在以烯烃对芳烃烷基化的催化过程中，主要涉及经典碳正离子机理。以傅—克催化剂 MX_3/HX 为例，催化剂首先与烯烃反应生成 $R^+MX_4^-$，芳烃随后与 $R^+MX_4^-$ 相结合形成 π 络合物，之后烷基转移到芳环上，形成新的 σ 络合物，并进一步转化为烷基苯，完成芳烃的烷基化反应，其中 π 络合物的形成是整个催化反应的速控步骤。反应机理如图 4-19 所示。

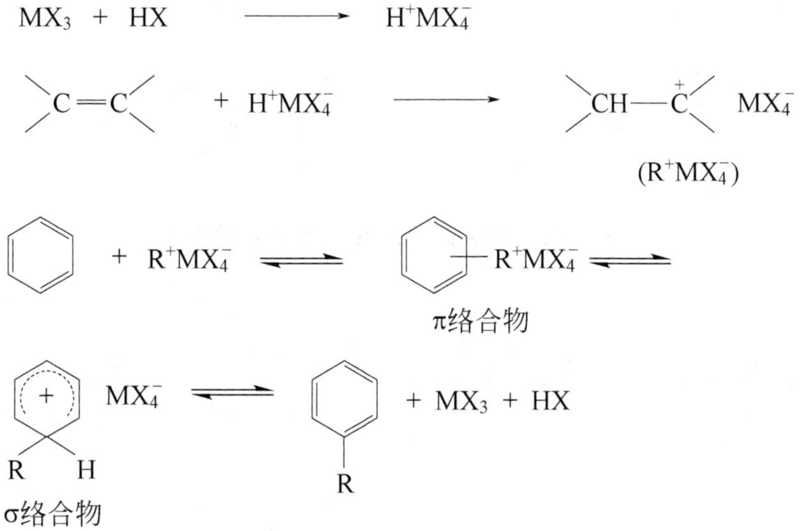

图 4-19　烯烃与苯的烷基化反应机理

饱和烃烷基化反应中所发生的一系列副反应，例如氢转移反应、异构化反应、烯烃的叠合反应等，同样也会发生在芳烃的烷基化反应中，导致反应机理复杂，产物种类繁多。烯烃的叠合反应速率常数远高于烷基化反应的速率常数，会导致长链烷基芳烃的产生，同时会堵塞分子筛类催化剂的孔道或导致傅—克催化剂的失活，因此在实际工业生产中，同样需要控制芳烃投料量远大于烯烃投料量。异构化反应是另外一类常见的副反应，当催化剂酸性较弱时，烷基化试剂的异构化反应速率常数往往大于烷基化反应速率常数，长链碳正离子会先发生异构化反应，再与芳烃发生烷基化反应；当催化剂酸性较强时，烷基化反应速率常数往往大于异构化反应速率常数，通常先生成产物烷基芳烃，随后烷基芳烃的侧链骨架发生异构化反应，其最终结果导致产物分布变宽。

除了上述副反应，芳环的烷基化反应中还伴随着一些特有的副反应，包括多烷基化反应、烷基转移反应（transalkylation）、脱烷基化反应（dealkylation）等，同时也有可能生成环状烷基芳烃、多芳基烷烃、饱和烃等副产物。当催化剂酸性较强时，反应体系中会发生碳正离子从烯烃转移到芳烃侧链上的氢转移反应，形成新的碳正离子，并作为活性中心与芳烃发生烷基化反应，生成二芳基烷烃（图4-20），新的碳正离子也可以与体系中的烯烃发生脱氢环烷基化反应（dehydrocyclialkylation）（图4-21）。当反应物为多取代烷基芳烃或在反应中生成多取代烷基芳烃时，可以发生烷基转移反应（transalkylation）（图4-22），生成取代基位置异构的烷基苯化合物。另外，多取代烷烃通过发生脱烷基化反应，还可转化为单取代烷基芳烃，利用该反应，可以通过控制芳烃的投料远大于烯烃，抑制多取代芳烃的产生。

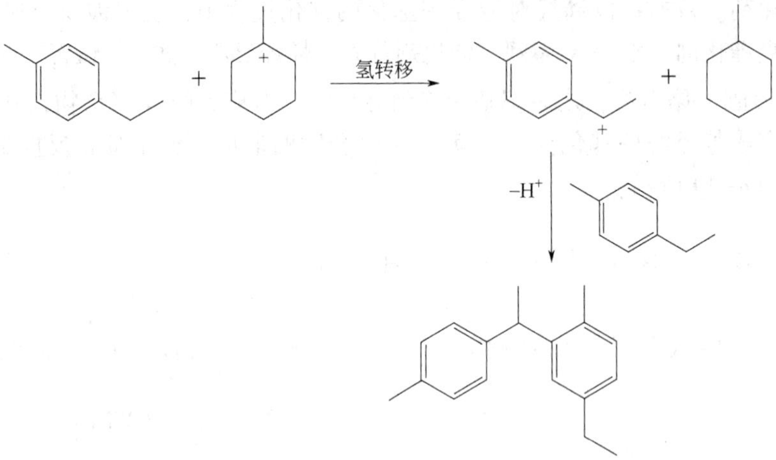

图 4-20　氢转移—烷基化反应机理示意图

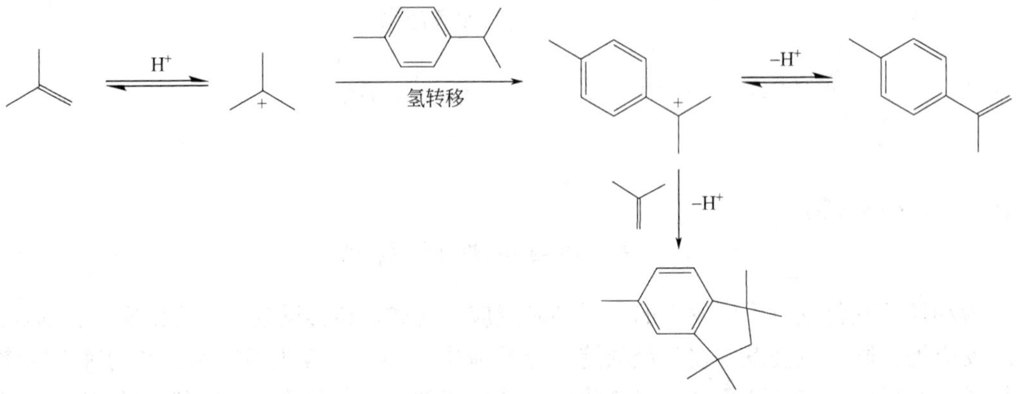

图 4-21　氢转移—脱氢环烷基化反应机理示意图

　　值得注意的是，芳环上有多个取代位点，取代基之间的定位效应、催化剂的酸性强弱、反应温度及时间、取代基的空间位阻效应、烷基是否容易极化等都会影响烷基化反应的结果，导致烷基化反应中伴随着取代基的位置异构。例如甲苯的不同烷基化反应中（表4-5），由于叔丁基的空间位阻大，叔丁基化反应产物主要为对位产物，没有邻位产物，而其他空间位阻小的烷基化反应中，邻位、间位、对位产物都存在，而且对位/间位产物比例基本不变。另外，由于异丙基的空间位阻效应，无法通过烷基化反应同时在苯环上引入三个为邻位关系的异丙基。值得注意的是，由于烷基的邻对位定位效应，一般烷基化体系中，间位取代的产物含量较少。

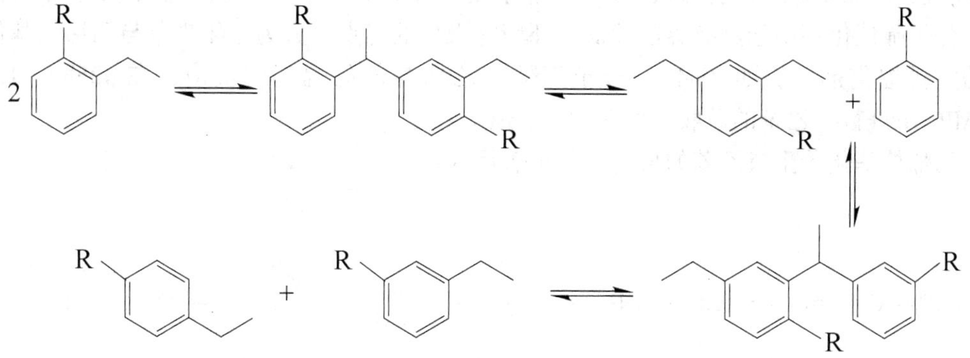

图 4-22　多烷基取代苯的烷基转移反应

表 4-5　甲苯发生不同烷基化反应的区域选择性统计表

烷基化反应	选择性（质量分数），%			对位/间位
	对位	间位	邻位	
甲基化	26	14	60	3.7
乙基化	34	18	48	3.8
异丙基化	36.5	21.5	42	3.4
叔丁基化	93	7	0	26.6

总之，饱和烃烷基化中所存在的氢转移反应、异构化反应、叠合反应、裂化反应等，同样也存在于芳烃烷基化反应中。另外，由于芳烃自身存在多个取代位点，因此还有可能发生多取代反应以及烷基转移反应、脱氢环烷基化反应等副反应，通过控制反应条件，可在一定程度上抑制某些副反应的发生，使得反应按照设定的烷基化反应路线进行。

二、常见芳烃的烷基化反应

芳烃可以与烯烃发生烷基化反应，不同的烯烃由于反应活性的不同，所需要的催化剂不同，当烯烃为丁烯或更长碳链的烯烃时，烯烃或烷基芳烃产物侧链的异构化反应不可忽视。另外，对于直链烯烃和支链烯烃，所形成的碳正离子稳定性不同，产物也有所不同，下面将根据烯烃的碳原子数及结构的不同，逐一介绍。

1. 与乙烯的烷基化反应

通过苯与乙烯的烷基化反应，可生成乙苯。乙苯是生产苯乙烯的重要化工原料，产品苯乙烯可广泛应用于聚苯乙烯、ABS 树脂［丙烯腈（A）—丁二烯（B）—苯乙烯（S）共聚物］、不饱和聚酯树脂、丁苯橡胶、SB 弹性体［苯乙烯（S）—丁二烯（B）共聚物］及其他化工产品的生产，在建材、家电、汽车等众多领域具有重要应用；另外乙苯还可用于生产苯乙酮、对硝基苯乙酮、乙基蒽醌等重要化学品，在化工和医药行业用途广泛。目前工业上 99% 的乙苯都是通过苯与乙烯的烷基化反应实现，生产乙苯也是芳烃烷基化反应的重要应用之一。

苯与乙烯的烷基化反应可在傅—克催化剂、质子酸催化剂、分子筛催化剂等催化下实现，目前已发展了多种工艺路线，其中包括 Monsanto/Lummus 公司早期联合开发的液相

AlCl$_3$法、Lummus/UOP公司联合开发的液相分子筛法以及近年来新开发的分子筛气相法等。分子筛催化剂由于具有腐蚀性低、环境污染少的优点，成为近年来苯与乙烯烷基化反应的主要催化剂。例如ZSM-5分子筛催化乙烯与苯的烷基化反应，在425℃、1.4～2.8MPa下进行，乙苯的总收率可高达99.6%。

乙烯烷基化苯生成乙苯的反应过程可表示为：

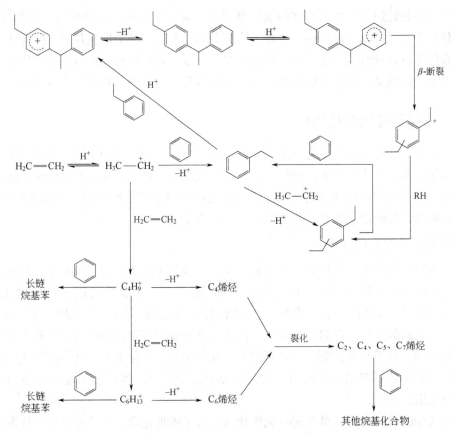

在苯与乙烯的烷基化反应中，主要包括两大类反应(图4-23)。在第一类反应中，乙烯首先在催化剂的作用下转变为经典乙基碳正离子，与苯发生烷基化反应，转化为目标产物乙苯；乙苯可以继续与乙基碳正离子发生烷基化反应，转化为多取代乙苯，也可以发生氢转移反应，自身转变为碳正离子，与其他的乙苯化合物反应转变为二芳基烷烃，再转变为多取代乙苯；多取代苯通过烷基转移反应重新转化为目标产物乙苯。在第二类反应中，乙基碳正离子形成后，首先发生叠合反应，形成长链碳正离子，这类碳正离子通过烷基化反应、异构化反应、裂化反应、氢转移反应等，形成结构更为复杂的长链烷基苯副产物。由于一般情况下烯烃叠合反应的速率常数远大于烷基化反应的速率常数，可通过控制反应体系中芳烃含量远高于乙烯的含量，以抑制烯烃的叠合反应，同时促进生成的多取代烷基

图4-23 乙烯烷基化苯过程的反应网络

苯转化为单取代烷基苯。有研究表明，当按照苯与乙烯的物质的量比为 4∶1 投料时，乙苯的产率可达到 99%。

随着近年来分子筛催化剂的发展，对分子筛催化芳烃的烷基化反应机理研究也越来越深入。研究表明，在分子筛催化乙烯与苯的反应中，烷基化反应有可能通过协同机理或分步机理进行。协同机理又称为 Langmuir—Hinshelwood 机理，简写为 H—L 机理，是指苯和乙烯首先共吸附于分子筛上，分子筛氧原子上连接的氢 H_1 和乙烯的 C_1 之间倾向于形成新的化学键，苯的碳原子与乙烯的 C_2 原子靠近，倾向于成键，形成如图 4-24 所示的过渡态，随后转变为乙苯，并发生其他反应。在该机理中两种反应物都吸附在分子筛表面，并且只存在一种过渡态。分步机理是由 D. D. Eley 和 E. K. Rideal 共同提出的，又称 Rideal—Eley 机理，简称为 R—E 机理。在分步反应机理中，乙烯首先通过 π-H 键吸附在分子筛上，发生质子化反应生成乙醇盐中间物种（ethoxide），随后与扩散到附近的苯发生相互作用，形成吸附态的乙苯，最后从分子筛上脱除，得到乙苯化合物。该机理认为只有一种反应物分子吸附在催化剂表面，另一种分子并不与催化剂发生直接吸附，而是作为气态分子直接与吸附态的中间物种发生反应，反应的控制步骤为吸附态中间物种与气态分子的反应。通常情况下，这两种反应机理是同时存在的。分子筛的酸性强弱、孔道结构等，会影响异构化反应、叠合反应、烷基化反应等各类竞争反应的反应速率，同时也影响反应物、中间物种以及产物的扩散，导致反应产物分布不同。

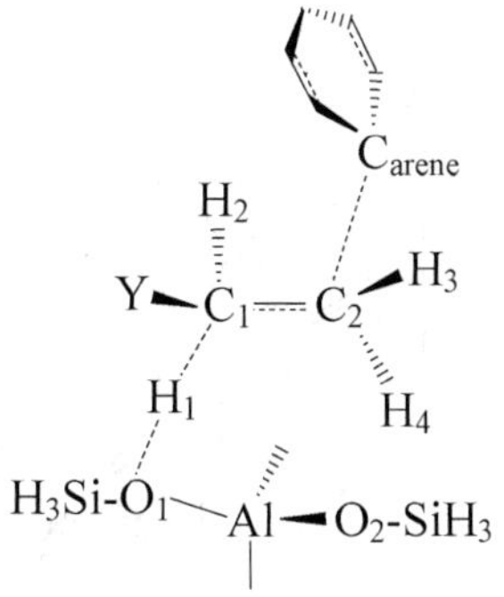

图 4-24　Langmuir-Hinshelwood 机理过渡态结构示意图

另外，杂多酸、离子液体等作为更为绿色的新型催化剂，也能够催化苯与乙烯的烷基化反应。在这类催化剂的作用下，苯与乙烯的烷基化反应依旧遵循碳正离子机理，只是碳正离子的形式略有不同。由于这类催化剂还存在成本较高、路线尚不成熟等问题，目前尚未实现大规模工业化。

2. 与丙烯、丁烯的烷基化反应

苯与丙烯可在傅—克催化剂、质子酸催化剂以及固体酸催化剂的作用下发生烷基化反应生成主要产物异丙苯，是工业上生产异丙苯的重要方法。在烷基化过程中，同样也会因为异构化反应、叠合反应、烷基转移反应等生成各种副产物。由于丙烯被质子化能够生成仲碳正离子，比乙烯质子化后生成的伯碳正离子更容易产生，因此苯与丙烯反应的条件比与乙烯的反应条件更为温和。在工业生产中，当以 $AlCl_3/HCl$ 为催化剂时，在常压、95℃下苯与丙烯可发生烷基化反应，生成主要产物异丙苯，同时会有副产物二异丙基苯、三异丙基苯以及极少量的正丙基苯等产生。为了抑制烯烃的叠合反应，通常情况下控制苯/烯烃（物质的量比）为3左右，同时为提高反应能力，充分转化原料苯，可将反应压力提升到0.5~0.6MPa。另外，工业上还可将气态的丙烯和苯通过"固体磷酸"催化剂（固体磷酸指将85%的磷酸与铝矾土混合，经成型、焙烧而成），在250~260℃、2~2.5MPa下反应，控制苯与丙烯进料比为3:1，丙烯转化率能够达到94%，主要产物为异丙苯和少量的二异丙苯。

甲苯也可以与丙烯发生烷基化反应，主要生成异丙基甲苯，同时伴随异构化反应、歧化反应、裂化反应以及叠合反应等生成多异丙基取代的烷基苯、小分子烯烃类化合物以及长链烷基苯化合物等（图4-25）。叠合反应是甲苯与丙烯烷基化反应的主要副反应。研究发现，当以MCM-22为催化剂时，丙烯与甲苯的烷基化反应主要发生在分子筛十二元环超笼孔道的开口处，而丙烯的叠合反应更容易发生在二维正弦孔道处，这可能是由于芳环空间位阻较大引起的。另外，由于异丙基空间位阻较大，产物中邻甲基异丙苯含量相对较少。在某些特殊的条件下，甲苯上的甲基也能与丙烯发生烷基化反应，生成具有更长侧链的单烷基苯化合物。

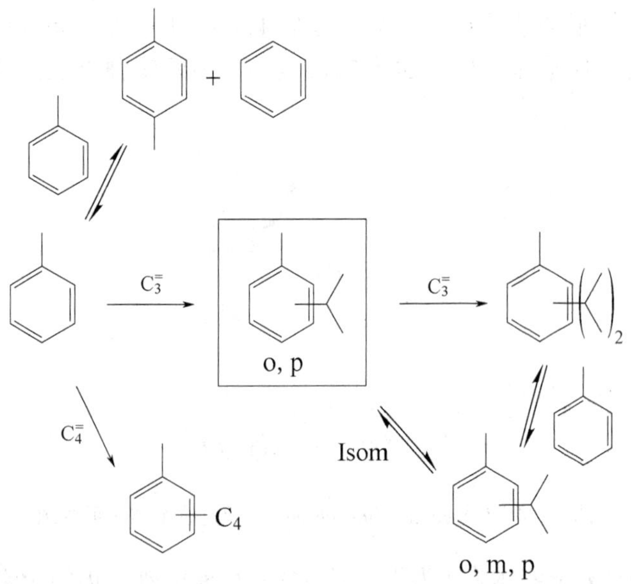

图4-25　分子筛MCM-22催化下甲苯与丙烯等的反应

1-丁烯和2-丁烯与芳烃的烷基化反应类似于丙烯与芳烃的烷基化，但当反应温度较高时，有可能会发生骨架异构化，生成叔丁基苯。若要得到仲丁基苯，一般用HF、96% H_2SO_4 或 $AlCl_3/HCl$ 为催化剂，反应温度控制在0~25℃。

3. 与 C_5 以上直链烯烃的烷基化反应

C_5 及以上的直链烯烃与芳烃发生烷基化反应时，烯烃所形成的碳正离子有可能会先发生异构化反应，再与芳环发生烷基化反应，生成不同种类的烷基苯化合物（图4-26）；也有可能在已经生成的烷基苯产物中，发生异构化反应，进一步增加反应的复杂性。

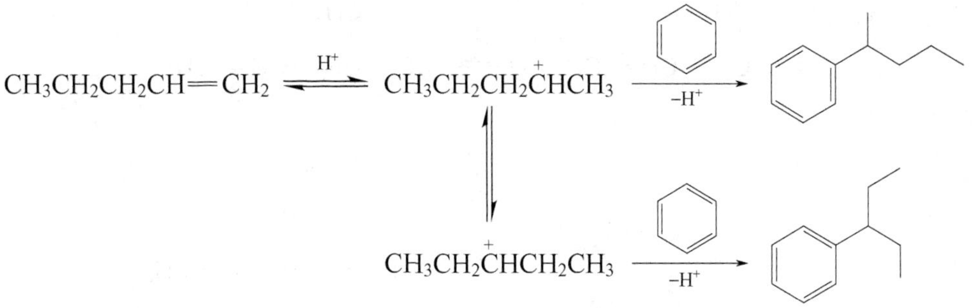

图4-26 1-戊烯与苯烷基化反应

例如，在质子酸或傅—克催化剂的催化下，苯与1-十二烯的烷基化反应，主要产物为单烷基化产物，其中不仅存在2-苯基十二烷，还存在3-、4-、5-、6-苯基十二烷等产物，说明在反应过程中发生了异构化反应。但是，反应产物中不存在1-苯基十二烷烃，这是因为伯碳正离子稳定性较差、难以生成的原因（表4-6）。除此之外，产物中还有少量的二烷基化产物。当以分子筛MCM-22为催化剂时，苯与1-十二烯的烷基化反应也得到了类似的结果，其中2-苯基十二烷和3-苯基十二烷为主要产物，选择性可达70%左右，分子筛拥有的足够大的孔径以及对反应物的有效吸附，对烷基化反应具有重要作用。

表4-6 苯与1-十二烯烷基化反应产物分布

	催化剂	HF	AlCl₃/HCl	H₂SO₄
反应条件	苯/1-十二烯（物质的量比）	5/1	5/1	3/1
	反应温度,℃	16±3	30~53	0~10
产物 (质量分数) %	1-苯基十二烷	0	0	0
	2-苯基十二烷	18	22	38
	3-苯基十二烷	15	15	18
	4-苯基十二烷	17	11	12
	5-苯基十二烷	21	10	12
	6-苯基十二烷	22	10	12
	二烷基苯	5	21	9

4. 与 C₅ 以上支链烯烃的烷基化反应

对于含有支链的烯烃，可以在烷基化反应之前或之后发生异构化反应。支链烯烃被质子化后，若生成的是仲碳正离子，会通过异构化反应转变为更为稳定的叔碳正离子，优先得到叔碳正离子与芳烃发生烷基化反应的产物；另外，生成的烷基苯产物中侧链也会发生异构化反应。当反应温度升高、催化剂酸性较强、反应时间较长时，均有利于烷基苯化合物侧链发生异构化反应。

苯与3-甲基-1-丁烯的烷基化反应中，当以 HF 或 H₂SO₄ 等质子酸为催化剂时，得到的产物主要为异戊基叔碳正离子与苯反应生成的 2-甲基-2-苯基丁烷，不存在异戊基仲碳正离子与苯反应生成的 2-苯基-3-甲基丁烷产物（图4-27）。当催化剂为 AlCl₃/HCl 时，得到的主要产物同样为 2-甲基 2-苯基丁烷，但延长反应时间后，产物的侧基会发生异构化反应，生成 2-苯基-3-甲基丁烷。

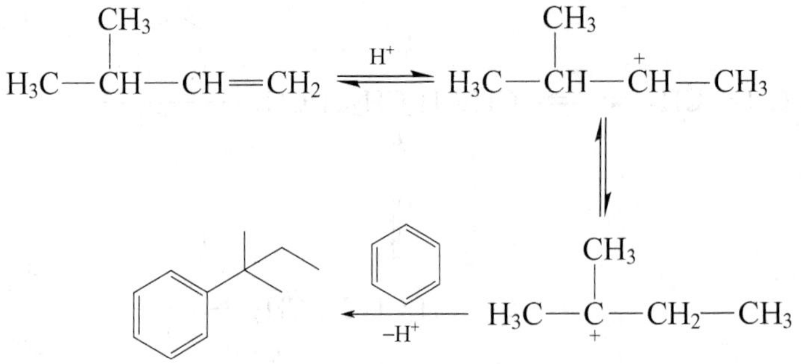

图 4-27 质子酸催化下 3-甲基-1-丁烯与苯的烷基化反应

如果参与烷基化的支链烯烃是异丁烯的二聚或三聚结构，则烯烃在被质子化之后，有可能通过消除反应生成叔碳正离子和异丁烯，随后叔碳正离子与芳烃发生烷基化反应，这类反应被称作解聚烷基化作用（depolyalkylation）（图 4-28）。对于支链烯烃中能够产生叔碳正离子的体系，都能够发生类似的反应，因此十二烷基苯甚至更长碳链的烷基苯，只能由丙烯的四聚或五聚结构与苯反应生成，而不能用异丁烯的三聚或多聚结构作为烷基化试剂。

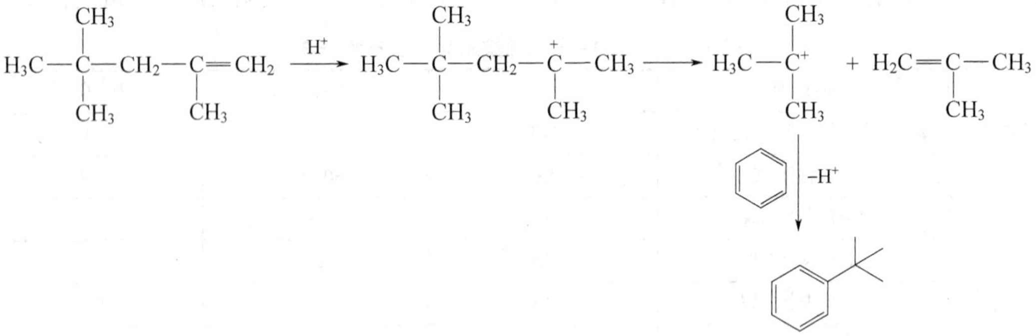

图 4-28 2,4,4-三甲基-1-戊烯与苯解聚烷基化机理示意图

2,4,4-三甲基-1-戊烯与苯的烷基化反应，得到的主要产物为叔丁基苯和对二叔丁基苯，说明发生了解聚烷基化反应，由于叔丁基的空间位阻效应，产物中没有邻二叔丁基苯和间二叔丁基苯。

如果烯烃与苯的反应体系中存在异构烷烃，或在反应过程中产生了异构烷烃，则原本烯烃质子化产生的碳正离子，有可能与烷烃发生分子间氢转移，生成叔碳正离子，再与芳烃发生烷基化反应。例如 3-甲基-1-丁烯与异丁烷共同作为烷基化试剂与苯发生反应，产物中存在叔丁基苯，说明 3-甲基-1-丁烯被质子化后生成 C_5 仲碳正离子，能够与异丁烷发生分子间氢转移，自身被饱和生成异戊烷，同时产生更为稳定的叔丁基碳正离子，与苯反应，其中烯烃相当于起到了传递质子的作用，该反应产生的异戊烷有较高的辛烷值，这是工业上实现汽油脱苯降烯的原理。当碳正离子通过氢转移反应转移到了烷基苯上，生成烷基苯叔碳正离子，新的碳正离子有可能与烯烃发生加成反应，随后苯环上脱除氢，生成环状烷基侧链，即脱氢环烷基化反应（图 4-21），也有可能与烷基苯发生反应，生成二烷基苯化合物。

5. 与双烯的烷基化反应

双烯也可以作为烷基化试剂，在质子酸催化剂、傅—克催化剂等的作用下，与芳烃发生烷基化反应，其中研究最多的烷基化试剂为共轭烯烃。共轭烯烃与芳烃的烷基化反应，主要生成烷基芳烃或二芳基烷烃化合物，当反应温度较高或催化剂酸性较强时，还能够生成环状化合物。

以 1,3-丁二烯与苯的烷基化反应为例，在催化剂的作用下，1,3-丁二烯被质子化形成 2-丁烯伯碳正离子，与苯发生烷基化反应，生成主产物 1-苯基-2-丁烯；当反应温度较高时，1-苯基-2-丁烯的侧链还可被质子化，同时发生异构化反应和二次烷基化反应，生成二苯基丁烷（图4-29）。当烷基化试剂为异戊二烯时，同样能够与芳烃发生类似的烷基化反应，生成单烯烃基取代的芳烃。当芳环的烷基化位点的邻位没有取代基时，有可能发生分子内的二次烷基化反应，生成具有茚满骨架结构的化合物。

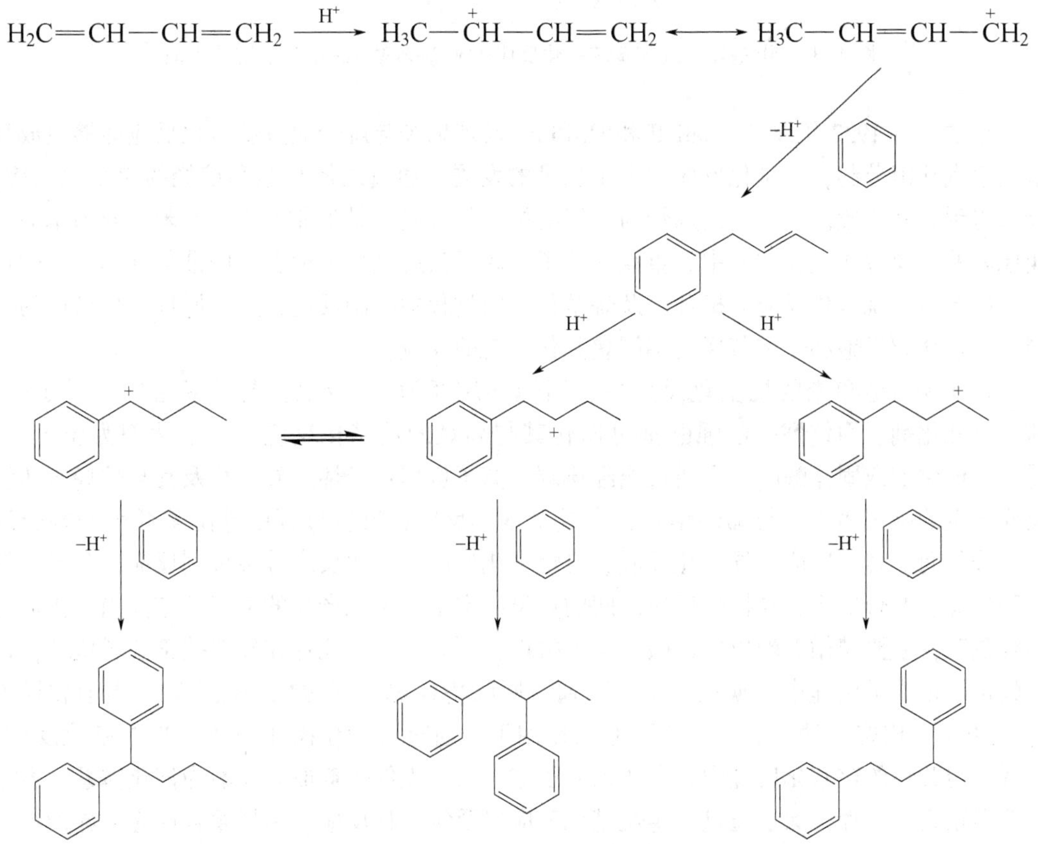

图4-29　1,3-丁二烯与苯烷基化反应

6. 与环烷烃的烷基化反应

烷基取代的环丙烷和环丁烷能够与芳烃发生烷基化反应，通常是在质子酸催化剂或傅—克催化剂的作用下实现的，一般反应温度不超过 30℃。在产生碳正离子的过程中，环烷烃发生开环反应完成质子化，随后会发生异构化反应、烷基化反应等，得到不同结构的烷基芳烃产物。例如，以 HF 为催化剂时，甲基环丙烷与苯的烷基化反应，所生

成的单烷基苯中，只检测出了2-苯基丁烷；而乙基环丙烷与苯的烷基化反应中，能够同时得到2-苯基戊烷和3-苯基戊烷，说明发生了异构化反应，其中以2-苯基戊烷为主；当烷基化试剂为甲基环丁烷时，与苯反应得到的化合物主要为2-苯基-2-甲基丁烷，说明不仅存在分子内氢转移反应，还存在烷基转移反应，生成更为稳定的叔碳正离子（图4-30）。

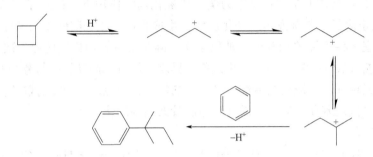

图4-30 甲基环丁烷与苯烷基化反应生成2-苯基-2-甲基丁烷的机理

总之，自1932年V. N. Ipatieff和H. Pines发现烯烃与烷烃通过烷基化反应能够生成高辛烷值汽油组分起，烷基化反应取得了长足的发展。通过烯烃与饱和烷烃的烷基化反应，能够得到高品质燃油组分，而烯烃与芳烃的烷基化反应，是工业上生产乙苯、异丙苯等工业原料的主要方法。在本章中，重点介绍了以烯烃为烷基化试剂，不同催化剂作用下碳正离子的产生、烷基化反应的机理以及烷基化反应过程中的副反应，并按照烷基化试剂的不同，分别介绍了饱和烃和芳烃与不同烷基化试剂的反应。

在烯烃与饱和烃的烷基化反应中，当饱和烷烃为C_4及以上异构烷烃时，质子酸、傅—克催化剂、固体酸、超强酸都可催化其与烯烃的烷基化反应。当催化剂为质子酸、傅—克催化剂或固体酸时，主要遵循经典碳正离子机理：经烯烃质子化及其与烷烃氢转移反应产生的碳正离子，与烯烃结合，完成烷基化反应；反应过程中伴随着烯烃的叠合反应、分子间氢转移反应、异构化反应、自烷基化反应、裂化反应等多种副反应，分子间氢转移反应、叠合反应、异构化反应之间的竞争决定了烷基化产物的最终分布。当催化剂为超强酸时，主要遵循五配位桥连碳正离子机理，同时也有可能存在经典碳正离子机理，在五配位碳正离子机理中，碳正离子主要通过脱除桥连氢转变为烷基化产物。当饱和烃为C_4及以下正构烷烃时，主要在超强酸的作用下，通过五配位碳正离子实现烷基化反应。在烯烃与芳烃的烷基化反应中，主要以质子酸、傅—克催化剂或固体酸为催化体系，遵循经典碳正离子机理，除了通过发生烷基化反应以及氢转移反应、烯烃叠合反应、异构化反应等生成不同侧链结构的烷基苯以外，还能够通过脱氢烷基化反应、解聚烷基化反应等生成环状侧基芳烃、多取代芳烃、多芳基烷烃等多种化合物，另外芳环取代基的定位效应和空间位阻效应也会影响产物的分布。

时至今日，烷基化反应在烃类的转化化学中占有举足轻重的地位，在石油化工过程中占据一席之地，随着新的催化剂和工艺路线的开发，烯烃的烷基化反应正焕发出新的活力。

参 考 文 献

[1] Pines H. The Chemistry of Catalytic Hydrocarbon Conversions. New York: Academic Press Inc., 1981.

[2] Olah G A, Molnar A, Surya Prakash G K. Hydrocarbon Chemistry. 3rd ed. Hoboken: John Wiley & Sons, Inc., 2018.

[3] 贾领军. 烷基化生产技术. 化学工业, 2016, 34 (3): 23-30.

[4] Singhal S, Agarwal S, Arora S. Solid Acids: Potential Catalysts for Alkene-isoalkane Alkylation. Catalysis Science & Technology, 2017, 7 (24): 5810-5819.

[5] Feller A, Lercher J A. Chemistry and Technology of Isobutane/Alkene Alkylation Catalyzed by Liquid and Solid Acids. Advanced Catalysis, 2004, 48: 229-295.

[6] Diner P. Superacid-Promoted Ionization of Alkanes Without Carbonium Ion Formation: A Density Functional Theory Study. Journal of Physical Chemistry A, 2012, 116 (40): 9979-9984.

[7] Caeiro G, Carvalho R H, Wang X. Activation of C2-C4 Alkanes over Acid and Bifunctional Zeolite Catalysts. Journal of Molecular Catalysis A: Chemical, 2006, 255 (1-2): 131-158.

[8] Rigby A M, Kramer G J, van Santeny R A, et al. Mechanisms of Hydrocarbon Conversion in Zeolites: A Quantum Mechanical Study. Journal of Catalysis, 1997, 170: 1-10.

[9] Gounder R, Iglesia E. Catalytic Alkylation Routes via Carbonium-Ion-Like Transition States on Acidic Zeolites. ChemCatChem, 2011, 3 (7): 1134-1138.

[10] Koerts T, van Santen R A. Reaction Sequence for the Alkylation of Alkenes with Methane. Journal of the Chemical Society Chemical Communications, 1992, 4: 345-346.

[11] Siskin M, Schlosberg R H, Kocsi W P. New Strong Acid Catalyzed Alkylation and Reduction Reactions. Strong Acid Catalyzed Reactions, 1977, 55: 186-204.

[12] Siskin Michael. Strong Acid Chemistry. 3. Alkene-alkane Alkylations in Hydrofluoric Acid-tantalum Pentafluoride. Evidence for the Presence of Ethyl (1+) Ion in Solution. Journal of the American Chemical Society, 1976, 98 (17): 5413-5414.

[13] Yoo K, Burckle E C, Smirniotis P G. Isobutane/2-Butene Alkylation Using Large-Pore Zeolites: Influence of Pore Structure on Activity and Selectivity. Journal of Catalysis, 2002, 211 (1): 6-18.

[14] Cui P, Zhao G, Ren H, et al. Ionic Liquid Enhanced Alkylation of Iso-Butane and 1-Butene. Catalysis Today, 2013, 200: 30-35.

[15] Yoo K, Burckle E C, Smirniotis P G. Comparison of Protonated Zeolites with Various Dimensionalities for the Liquid Phase Alkylation of i-Butane with 2-Butene. Catalysis Letters, 2001, 74 (1-2): 85-90.

[16] Schmerling L. The Mechanism of the Alkylation of Paraffins. II. Alkylation of Isobutane with Propene, 1-Butene and 2-Butene. Journal of the American Chemical Society, 1946, 68 (2): 275-281.

[17] Guisnet M, Gnep N S. Mechanism of Short-Chain Alkane Transformation over Protonic Zeolites. Alkylation, Disproportionation and Aromatization. Applied Catalysis A: General, 1996, 146 (1): 33-64.

[18] Olah G A, Olah J A. Electrophilic Reactions at Single Bonds. IV. Hydrogen Transfer from Alkylation of and Alkylolysis of Alkanes by Alkylcarbenium Fluoroantimonates. Journal of the American Chemical Society, 1971, 93 (5): 1256-1259.

[19] Wang H, Meng X, Zhao G, et al. Isobutane/Butene Alkylation Catalyzed by Ionic Liquids: A More Sustainable Process for Clean Oil Production. Green Chemistry, 2017, 19 (6): 1462-1489.

[20] Bachurikhin A L, Mortikov E S, Gribanov V Y. Mechanism of Reaction of n-Butane with But-2-enes in the Presence of LaCaX Faujasites. Applied Catalysis A: General, 2002, 51 (5): 783-788.

[21] Yang W, Wang Z, Sun H. Advances in Development and Industrial Applications of Ethylbenzene Processes. Chinese Journal of Catalysis, 2016, 37 (1): 16-26.

[22] Lail M, Arrowood B N, Gunnoe T B. Addition of Arenes to Ethylene and Propene Catalyzed by Ruthenium. Journal of the American Chemical Society, 2003, 125 (25): 7506-7507.

[23] Ali S A, Aitani A M, Žilková N. Recent Advances in Reactions of Alkylbenzenes over Novel Zeolites: The Effects of Zeolite Structure and Morphology. Catalysis Reviews, 2014, 56 (4): 333-402.

[24] Arstad B, Kolboe S, Swang O. Theoretical Investigation of Arene Alkylation by Ethene and Propene over Acidic Zeolites. Journal of Physical Chemistry B, 2004, 108 (7): 2300-2308.

[25] Nie X, Liu X, Song C, et al. Theoretical Study on Alkylation of Benzene with Ethanol and Ethylene over H-ZSM-5. Chinese Journal of Catalysis, 2014, 30: 453-458.

[26] 孙晓岩, 强龙, 项曙光. 量子化学方法应用于分子筛上苯与短链烯烃反应机理的研究进展. 化工进展, 2015, 34 (3): 624-637.

[27] 孙学文, 赵锁奇, 王仁安. [BmimCl]/FeCl₃ 离子液体催化苯与乙烯烷基化的反应机理. 催化学报, 2004, 25 (3): 247-251.

[28] Pavlov M L, Basimova R A, Shavaleev D A, et al. Development of a Catalyst and a Process for Liquid-Phase Benzene Alkylation with Ethylene and the Ethane - Ethylene Hydrocarbon Pyrolysis Fraction. Petroleum Chemistry, 2019, 59 (7): 701-705.

[29] Corma A, Martínez-Soria V, Schnoeveld E, et al. Alkylation of Benzene with Short-Chain Olefins over MCM-22 Zeolite: Catalytic Behaviour and Kinetic Mechanism. Journal of Catalysis, 2000, 192 (1): 163-173.

[30] Lei Z, Dai C, Wang Y, et al. Process Optimization on Alkylation of Benzene with Propylene. Energy & Fuels, 2009, 23 (6): 3159-3166.

[31] Alotaibi A, Bayahia H, Kozhevnikova E F, et al. Selective Alkylation of Benzene with Propane over Bifunctional Pt-Heteropoly Acid Catalyst. ACS Catalysis, 2015, 5 (9): 5512-5518.

[32] He P, Liu H, Li Y, et al. Adsorption of Benzene and Propene in Zeolite MCM-22: A Grand Canonical Monte Carlo Study. Adsorption, 2012, 18 (1): 31-42.

[33] Rigoreau J, Laforge S, Gnep N S, et al. Alkylation of Toluene with Propene over H - MCM - 22 Zeolite. Location of the Main and Secondary Reactions. Journal of Catalysis, 2005, 236 (1): 45-54.

[34] Ostrowski S, Dobrowolski J C. Side-chain Alkylation of Toluene with Propene over A Basic Catalyst: A DFT Study. Journal of Molecular Catalysis A: Chemical, 2008, 293 (1): 86-96.

[35] Cowley M, de Klerk A, Nel R J J, et al. Alkylation of Benzene with 1-Pentene over Solid Phosphoric Acid. Industrial & Engineering Chemistry Research, 2006, 45 (22): 7399-7408.

[36] Han M, Xu C, Lin J, et al. Alkylation of Benzene with Long-Chain Olefins Catalyzed by Fluorinated β Zeolite. Catalysis Letters, 2003, 86 (1): 81-86.

[37] Nel R J J, de Klerk A. Selectivity Differences of Hexene Isomers in the Alkylation of Benzene over Solid Phosphoric Acid. Industrial & Engineering Chemistry Research, 2007, 46 (9): 2902-2906.

[38] Da Z, Han Z, Magnoux P, et al. Liquid-Phase Alkylation of Toluene with Long-Chain Alkenes over HFAU and HBEA Zeolites. Applied Catalysis A-General, 2001, 219 (1): 45-52.

[39] Tateiwa J I, Aoki I, Suama M, et al. Friedel-Crafts Transannular Alkylation of Aromatic Compounds with Nonconjugated Cyclic Dienes. Bulletin of the Chemical Society of Japan, 1994, 67 (4): 1170-1177.

[40] Yonehara F, Kido Y, Sugimoto H, et al. Equatorial Preference in the C－H Activation of Cycloalkanes: GaCl$_3$－Catalyzed Aromatic Alkylation Reaction. Journal of Organic Chemistry, 2003, 68 (17): 6752-6759.

[41] Khusnutdinov R I, Aminov R I, Egorova T M. Alkylation of Benzene with Cyclopropane－Containing Polycyclic Hydrocarbons under the Action of the [Et$_3$NH]$^+$[Al$_2$Cl$_7$]$^-$ Ionic Liquid. Chemistry Select, 2018, 3 (33): 9600-9602.

[42] Kim A, Kim S G. Lewis－Acid－Catalysed Friedel－Crafts Alk－ylation of Donor－Acceptor Cyclopropanes with Electron－Rich Benzenes to Generate 1,1－Diarylalkanes. European Journal of Organic Chemistry, 2015, 29: 6419-6422.

[43] Olah G A, Mo Y K, Olah J A. Electrophilic Reactions at Single Bonds. IX. Intermolecular Hydrogen Exchange and Alkylation (alkylolysis) of Alkanes with Alkylcarbenium Fluoroantimonates. Journal of the American Chemical Society, 1973, 95 (15): 4939-4951.

[44] Boronat M, Viruela P, Corma A. A Theoretical Study of the Mechanism of the Hydride Transfer Reaction between Alkanes and Alkenes Catalyzed by an Acidic Zeolite. The Journal of Physical Chemistry A, 1998, 102 (48): 9863-9868.

[45] Min H K, Cha S H, Hong S B. Mechanistic Insights into the Zeolite－Catalyzed Isomerization and Disproportionation of m－Xylene. ACS Catalysis, 2012, 2 (6): 971-981.

第五章　烃类的叠合反应与机理

第一节　概　　述

　　烯烃的叠合反应（oligomerization reaction）是指两个或两个以上的烯烃分子在一定的温度或压力下，转变为较大分子的过程，又称为低聚反应。

　　与高分子化学中通过烯烃聚合（polymerization）得到分子量达到几万甚至上百万聚烯烃所涉及的反应不同，本章中重点介绍烯烃通过该反应转变为二聚体、三聚体等依旧属于"小分子"范畴的化合物，这类反应在石化行业有着极为重要的应用。上述两类反应中对单体的要求、涉及的反应机理等具有很大不同。在英文资料中，高分子领域区分"聚合"（polymerization）和"叠合"（oligomerization），而石化行业往往不做区分，均习惯采用"polymerization"一词；在中文资料中，高分子领域同样区分"聚合反应"和"叠合反应"，并习惯采用"齐聚反应"表达"叠合反应"，而在石化领域中，对于叠合反应，在涉及某些专有名词或反应类型时，会沿用英文翻译为"聚合反应"，在一般的表述中，"聚合反应"和"叠合反应"经常混用。因此为方便不同领域读者的理解，在涉及叠合反应类型等专业术语时中，沿用英文资料的名称，采用"聚合反应"，而在一般表述中，采用术语"叠合反应"，与高分子领域加以区分。

　　烯烃叠合反应的发展与高辛烷值汽油的生产工艺息息相关。最早的叠合反应工艺是在 20 世纪 30 年代左右，随着热裂化技术的工业化发展起来的，并建成了第一套工业化装置，通过丙烯和异丁烯的叠合反应，生产高辛烷值的汽油组分。然而，20 世纪 50 年代以来，由于叠合汽油的感铅性差，加之烷基化工艺的发展，烯烃叠合反应在制取高辛烷值汽油组分方面的地位有所下降，其发展受到了一定制约。进入 70 年代以后，烷基铅作为汽油辛烷值添加剂被逐步禁止，叠合汽油由于原料价格低廉，又重新受到了关注。近年来，随着新催化剂的开发，尤其是 Ziegler 催化剂的发展，烯烃叠合反应又焕发出了新的生命力。

　　烯烃可以在没有催化剂的作用下，在 500℃ 和 10MPa 条件下发生叠合反应，这种叠合被称为"热叠合"，由于"热叠合"目标产物较难控制，在工业化中通常应用较少。真正有现实应用意义的是在催化剂的作用下实现的叠合反应，又称为"催化叠合"。

　　根据反应的不同，烯烃叠合采用的催化剂种类也不同，这里重点介绍以碳正离子机理发生叠合反应的催化剂。与烃类的其他碳正离子反应所用到的催化剂类似，叠合反应的催化剂主要为酸性催化剂，包括三大类：第一大类是质子酸类催化剂，主要包括硫酸、氢氟酸、磷酸、烷基磺酸等。由于强酸条件对叠合反应有利，因此要求质子酸浓度较高，例如，在稀硫酸的条件下，只有异丁烯能发生叠合反应，而乙烯、丙烯等只能转变为醇、醚等化合物；当硫酸浓度较高时，它们均能发生叠合反应。由于硫酸、氢氟酸等有较强的腐蚀性，美国 UOP 公司随后开发了一种在固体磷酸催化剂上实现叠合反应的 SPAC 工艺路线，该方法中催化剂廉价易得、无须再生、使用寿命长，是目前世界上使用最为广泛的叠合反应工艺路线之一。第二大类是分子筛类催化剂，最为常用的包括 ZSM-5、MCM-22 等孔径较大的分子筛。美国 Mobil 公司开发出的 MOGD 工艺路线就是以 ZSM-5 作为催化剂，反应条件灵活，是目前最常用的采用分子筛类催化剂的叠合反应工艺路线之一。第三大类是傅—克催化剂，最为常用的包括 $AlCl_3$、$FeCl_3$、$ZnCl_2$、BF_3 等，并与相应的氢卤酸助催化剂组合。由于在叠合反应的过程中，会生成分子量较大的化合物，这些化合物与烯烃复合或被吸附在催化剂表面上，造成催化剂的失活或循环使用困难。近年来还发展出了一系列的新型催化剂，如负载型催化剂、离子液体催化剂、金属配合物催化剂等，例如法国 IFP 公司开发了一种以镍配合物为催化剂的体系，催化产物主要为烯烃的二聚体，其选择性可以达到 90% 以上，这类镍催化剂具有较大的应用前景。

第二节　叠合反应机理

烯烃的叠合反应主要包括两大类，其中第一大类叫作纯粹聚合反应（true polymerization 或 pure polymerization），以烯烃的叠合为主要反应，不存在氢转移反应，主要产物为烯烃的寡聚物；第二大类叫作混聚反应（conjunct polymerization），除了发生烯烃的叠合反应，还包含氢转移反应，产物同时包括饱和烃类和不饱和烃类，例如烷烃、烯烃、环烷烃、环烯烃、环状二烯等。

在上述两大类叠合反应中，均以经典碳正离子机理为主。由于经典碳正离子的产生在第二章中已有详细的介绍，在此不做赘述。在本节中，分别介绍上述两类烯烃叠合反应机理；另外，针对近几年新兴的 Ziegler 混合齐聚机理也进行简单的介绍。

一、纯粹聚合反应

根据原料种类的不同，纯粹聚合反应包括均聚反应和共聚反应。在均聚反应中，只有一种烯烃发生叠合反应，而在共聚反应中，至少两种不同的烯烃参与反应。通常对 $C_4 \sim C_7$ 的烯烃研究较多。

1. 烯烃的均聚

能够发生均聚反应的单体主要包括异丁烯等可以形成稳定叔碳正离子的化合物，这类单体在酸催化下不仅发生叠合反应，还可能发生异构化等其他反应，这与反应物的结构、催化剂等密切相关，下面将根据反应物的结构分别介绍其机理。

异丁烯在催化剂的作用下，能够反应产生高辛烷值的二聚体，是研究最为广泛的一类叠合反应。例如，异丁烯在 70% 的硫酸作用下发生叠合反应，生成二聚体和三聚体产物。在该反应中，异丁烯首先发生质子化反应转变为叔碳正离子，由于叔碳正离子的稳定性较好，因此基本不会发生 C_4 碳正离子的异构化，而是通过与其他的异丁烯单体发生叠合反应，转变成新的 C_8 碳正离子，再经历 β-消除反应，生成二聚体 2,4,4-三甲基-1-戊烯和 2,4,4-三甲基-2-戊烯（图 5-1），其中 2,4,4-三甲基-2-戊烯为主要二聚体；2,4,4-三甲基-1-戊烯还能够作为烯烃与 C_4 碳正离子进一步发生叠合反应，转变为异丁烯的三聚体（图5-2），类似地，单体异丁烯也能够与C_8碳正离子进一步发生叠合反应，转变为三聚体（图5-3），在三聚体产物中，2,4,4,6,6-五甲基-1-庚烯和2,4,4,6,6-五甲基-2-庚烯为主要产物。

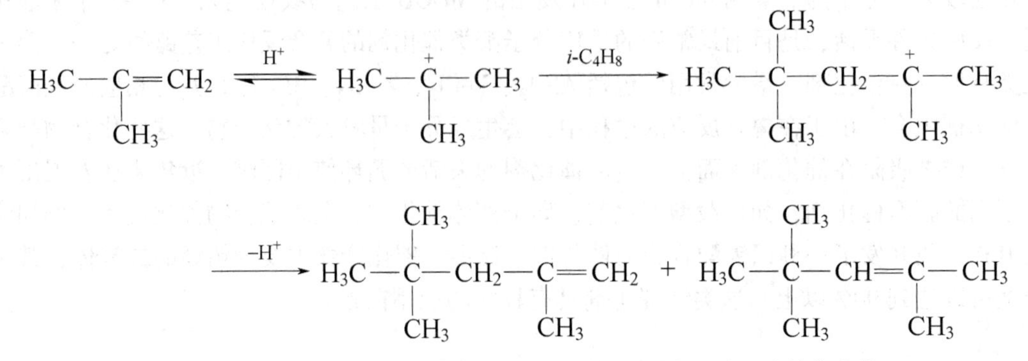

图 5-1　异丁烯在酸性催化剂的作用下发生均聚反应生成二聚体化合物

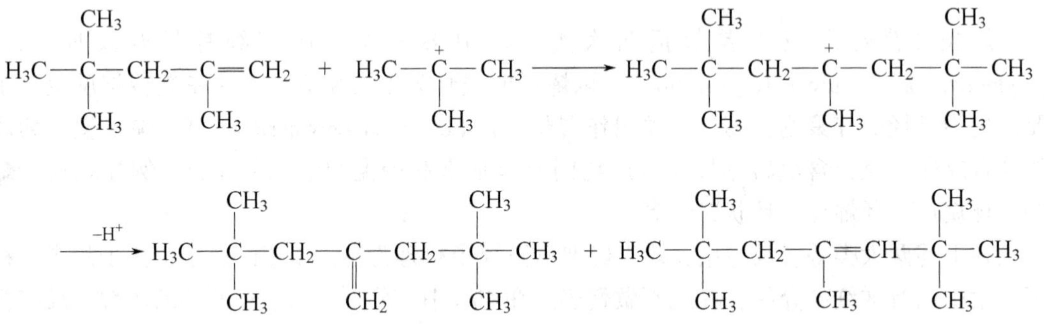

图 5-2　2,4,4-三甲基-1-戊烯与叔碳正离子发生叠合反应生成异丁烯三聚体

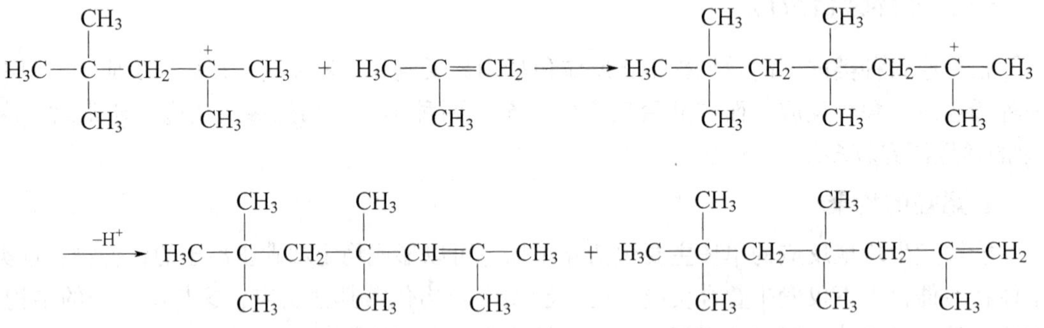

图 5-3　异丁烯与 C_8 碳正离子发生叠合反应生成异丁烯三聚体

当2,3,3-三甲基-1-丁烯为反应单体时，由于单体为较长的链烃，叠合反应生成的二聚体为碳链更长的链烃，因此容易发生各种副反应，导致反应产物众多。首先单体会被质子化生成稳定的2,2,3-三甲基丁基叔碳正离子，该碳正离子几乎不会发生异构化反应，因此体系中存在的碳正离子主要为2,2,3-三甲基丁基叔碳正离子（图5-4），该叔碳正离子与反应体系中的原料2,3,3-三甲基-1-丁烯发生叠合反应，生成 $C_{14}H_{28}$ 二聚体，这与异丁烯的叠合反应历程类似。但是在叠合反应后，生成的化合物会继续发生复杂的聚合反

应、重排反应、β-消除、裂化反应等，导致产物中存在一定量的 C_6H_{12}、C_8H_{16}、C_9H_{18}、$C_{10}H_{20}$、$C_{12}H_{24}$ 等。

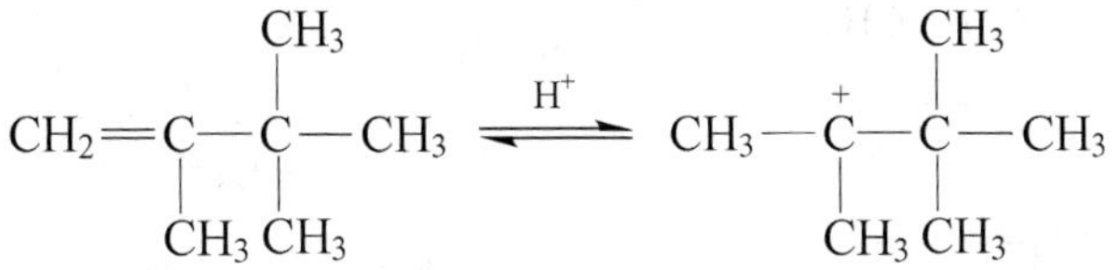

图 5-4　2,3,3-三甲基-1-丁烯发生质子化反应

与前两个例子不同的是，当反应单体为 2,3-二甲基-2-丁烯时，除了能发生叠合反应外，还有可能发生异构化反应，生成的产物较为复杂。例如，2,3-二甲基-2-丁烯被质子化后，有可能转变为 2,3-二甲基丁基叔碳正离子，也有可能发生—CH₃ 迁移，转变为 2,2-二甲基丁基仲碳正离子，两种碳正离子还可以通过 β-消除转变为烯烃（图 5-5）。因此在该体系中，同时存在的单体烯烃有 2,3-二甲基-2-丁烯、2,3-二甲基-1-丁烯和 3,3-二甲基-1-丁烯，同时存在的单体碳正离子为 2,3-二甲基丁基叔碳正离子和 2,2-二甲基丁基仲碳正离子，这些碳正离子均可与烯烃发生叠合反应。在浓硫酸催化剂的作用下，2,3-二甲基-2-丁烯发生叠合反应生成的主要产物为 2,2,3,5,6-五甲基-3-庚烯、2,2,4,6,6-五甲基-3-庚烯和 2,3,4,6,6-五甲基-2 庚烯，可能的形成方式如图 5-6 所示：2,2-二甲基丁基仲碳正离子分别与 2,3-二甲基-1-丁烯和 3,3-二甲基-1-丁烯发生叠合反应，再通过异构化反应，生成三种主要二聚体产物。

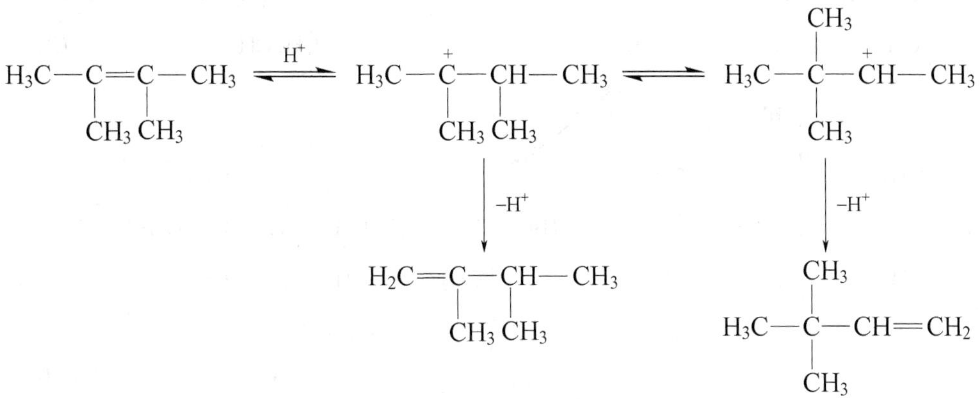

图 5-5　2,3-二甲基-2-丁烯单体碳正离子的转化反应

2. 烯烃的共聚

对于短链正构烯烃等不能形成稳定叔碳正离子的化合物，其叠合反应的活性较低，往往需要通过与异构烯烃共聚的方式结合，目前研究较多的是丙烯/异丁烯和正丁烯/异丁烯的共聚。

对 C_3、C_4 烯烃的叠合反应能够生成适用于做高辛烷值汽油组分的化合物，这也是叠合反应最初实现工业化的意义所在，然而丙烯在一般的酸性催化剂（如 HF 等质子酸）作用下，很难发生有效的叠合反应，往往需要与异丁烯共同反应。在丙烯/异丁烯的共聚反应中，异丁烯优先被质子化生成较为稳定的叔碳正离子，随后与丙烯反应生成 2,2-二甲

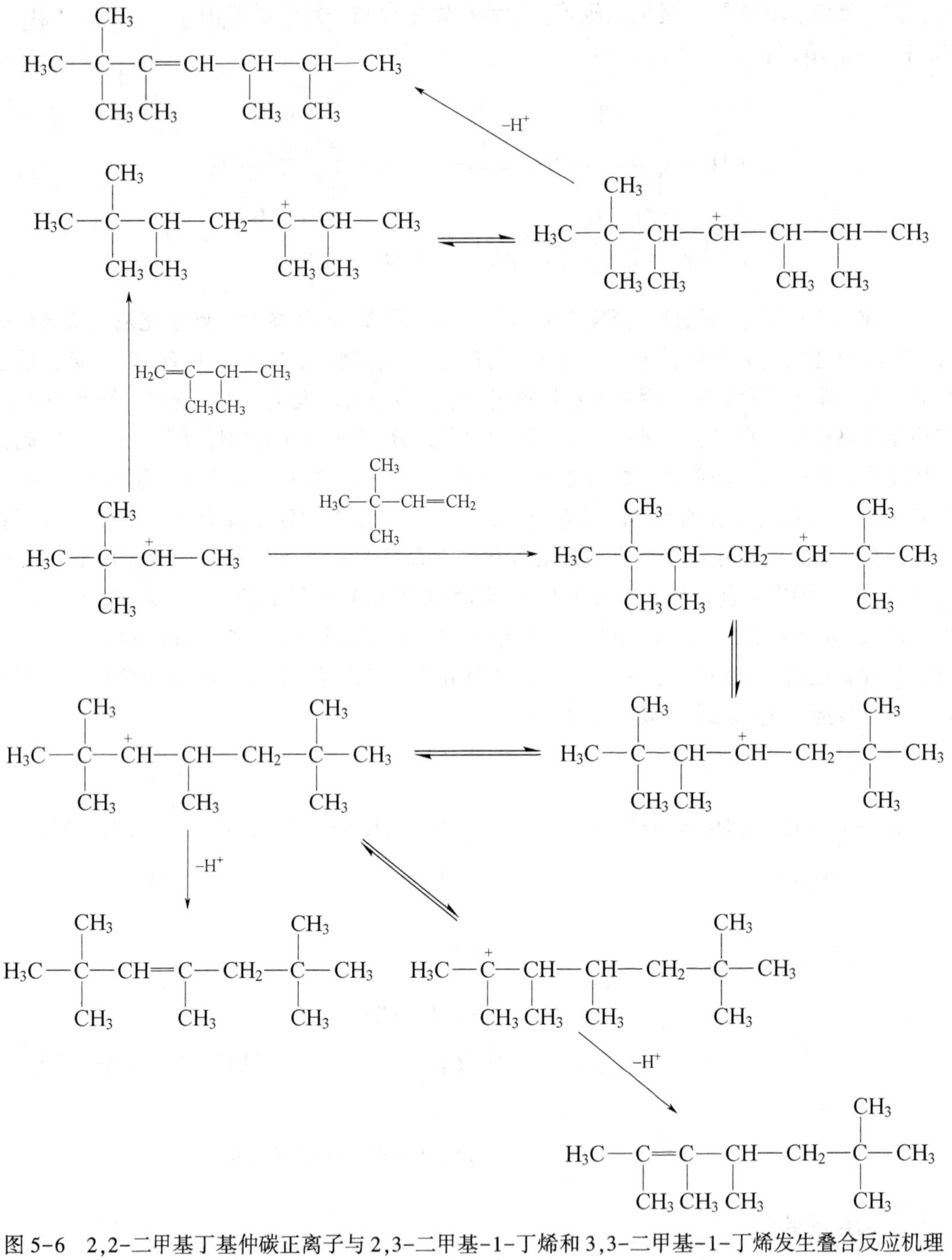

图 5-6　2,2-二甲基丁基仲碳正离子与 2,3-二甲基-1-丁烯和 3,3-二甲基-1-丁烯发生叠合反应机理

基戊基仲碳正离子，再通过分子内氢转移、烷基转移、β-消除等反应，生成 4,4-二甲基-2-戊烯和 2,3-二甲基-2-戊烯为主的 C_7 烯烃（图 5-7）。

　　1-丁烯与异丁烯的共聚是另外一类研究较多的叠合反应。在该类反应中，异丁烯首先被质子化转变为叔碳正离子，该碳正离子既可以与异丁烯发生叠合反应，也可以与正丁烯反应。在所得到的烯烃产物中，经加氢饱和得到的化合物中含有 2,2,4-三甲基戊烷、2,3,4-三甲基戊烷，则证明反应是通过异丁基碳正离子与异丁烯反应实现的，

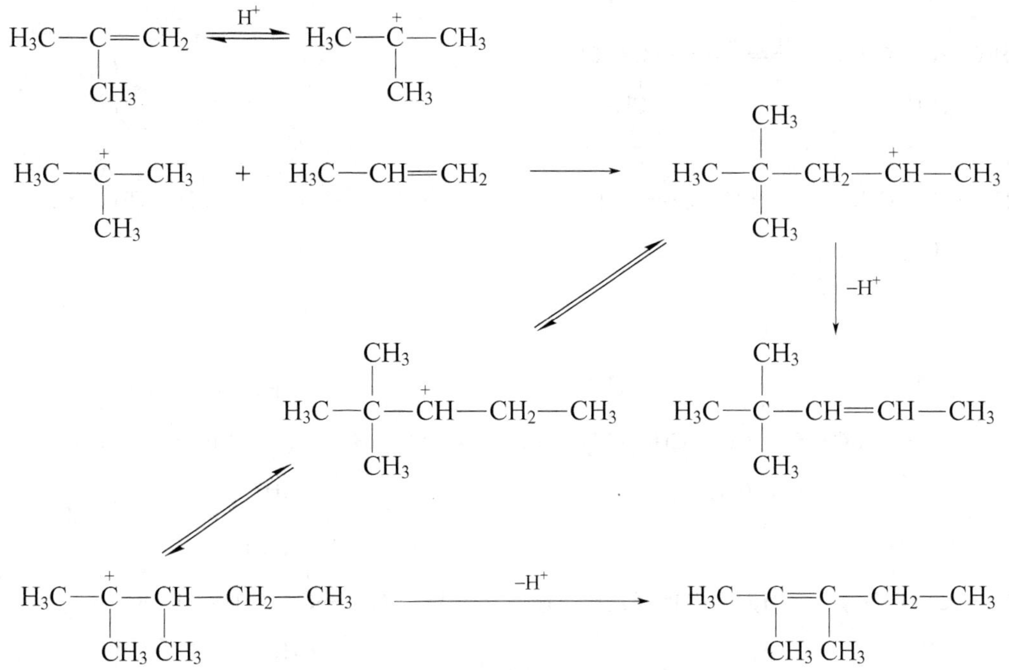

$$H_3C-\underset{\underset{CH_3}{|}}{C}=CH_2 \xrightleftharpoons{H^+} H_3C-\overset{+}{\underset{\underset{CH_3}{|}}{C}}-CH_3$$

$$H_3C-\overset{+}{\underset{\underset{CH_3}{|}}{C}}-CH_3 \quad + \quad H_3C-CH=CH_2 \longrightarrow H_3C-\underset{\underset{CH_3}{|}}{\overset{\overset{CH_3}{|}}{C}}-CH_2-\overset{+}{CH}-CH_3$$

$$\Big\downarrow -H^+$$

$$H_3C-\underset{\underset{CH_3}{|}}{\overset{\overset{CH_3}{|}}{C}}-\overset{+}{CH}-CH_2-CH_3 \qquad H_3C-\underset{\underset{CH_3}{|}}{\overset{\overset{CH_3}{|}}{C}}-CH=CH-CH_3$$

$$H_3C-\overset{+}{\underset{\underset{CH_3}{|}}{C}}-\underset{\underset{CH_3}{|}}{CH}-CH_2-CH_3 \xrightarrow{-H^+} H_3C-\underset{\underset{CH_3}{|}}{C}=\underset{\underset{CH_3}{|}}{C}-CH_2-CH_3$$

图 5-7　丙烯/异丁烯共聚反应生成 C_7 烯烃化合物

该路线所占比例有时可达到 50% 以上；若加氢饱和后的化合物中含有 2,2-二甲基己烷、2,3-二甲基己烷，则是通过异丁基碳正离子与 1-丁烯反应实现的；另外，在 1-丁烯与异丁烯的叠合反应中，饱和后的产物中会含有一定量的 2,2,3-三甲基戊烷，很有可能是 1-丁烯在酸性条件下转变为 2-丁烯，随后异丁基碳正离子与 2-丁烯发生叠合反应生成的（图 5-8）。异丁烯与 1-丁烯的叠合反应，也是生产高辛烷值汽油组分的有效方法之一。

二、混聚反应

混聚反应往往需要在较强的酸性条件下实现，比如浓硫酸、氢氟酸、BF_3/HF、$AlCl_3/HCl$ 等。在混聚反应中，烯烃之间除了发生叠合反应外，还存在分子间氢转移反应，同时还伴随着异构化反应、环化反应等，导致反应过程过于复杂，产物种类繁多，很难用统一的步骤表示反应机理，因此在此处仅以异丁烯的混聚反应为例简单介绍。

在异丁烯的混聚反应中，通过叠合反应产生的 2,2,4-三甲基戊基叔碳正离子可以通过多步异构化反应，转变为 2,3,4-三甲基戊基叔碳正离子，随后经过多步氢转移反应、环化反应转变为环戊二烯基化合物（图 5-9）。另外，在图 5-9 所示的机理中，R 代表烯烃，该烯烃既可以是异丁烯，也可以是二聚、三聚得到的烯烃产物，或者经过异构化、氢转移、环化反应得到的烯烃产物。同样，RH 所代表的烷烃、R^+ 代表的碳正离子，也可以是多种结构，因此产物将变得更为复杂。

乙烯、丙烯由于活性较低，往往较难发生叠合反应，但在较高的温度下（300℃以上），磷酸能够催化丙烯、乙烯的混聚反应。以乙烯为例，在磷酸的作用下，生成的乙基

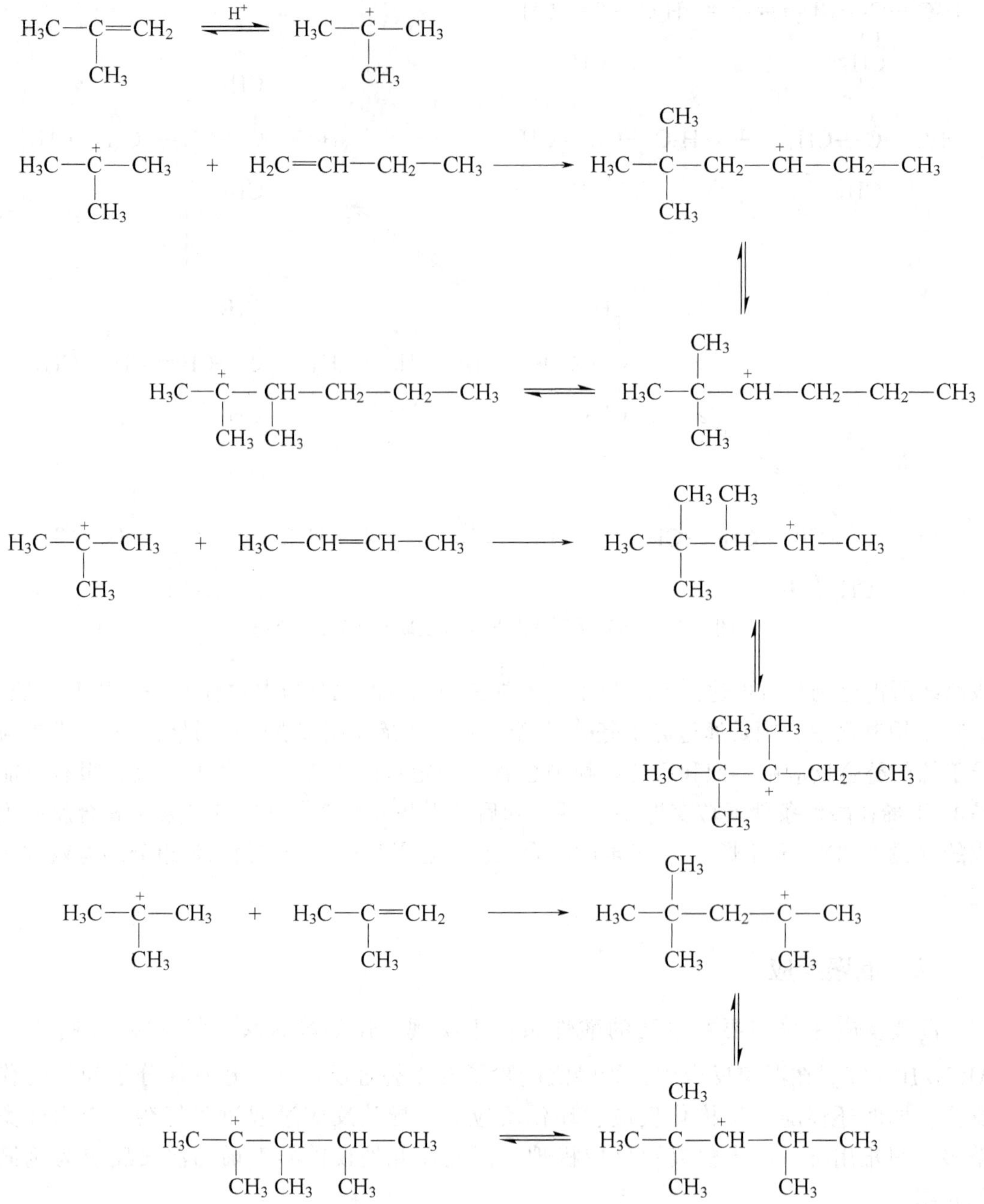

图 5-8　1-丁烯/异丁烯叠合反应生成 C_8 碳正离子的可能路径

碳正离子与乙烯发生叠合反应，转变为伯碳正离子，再通过多步异构化反应，转变为较为稳定的叔丁基碳正离子，随后与体系内的其他烯烃继续发生类似异丁烯混聚的反应。但由于磷酸酸性较弱，所需反应温度较高，在该条件下产生的环戊二烯基化合物会通过骨架异构化反应，转化为六元环碳正离子，再通过消除反应转变为芳烃类化合物。磷酸催化下的丙烯混聚反应与乙烯的反应类似，生成的化合物包括饱和烷烃、烯烃、环烷烃、环烯烃、芳烃化合物等。

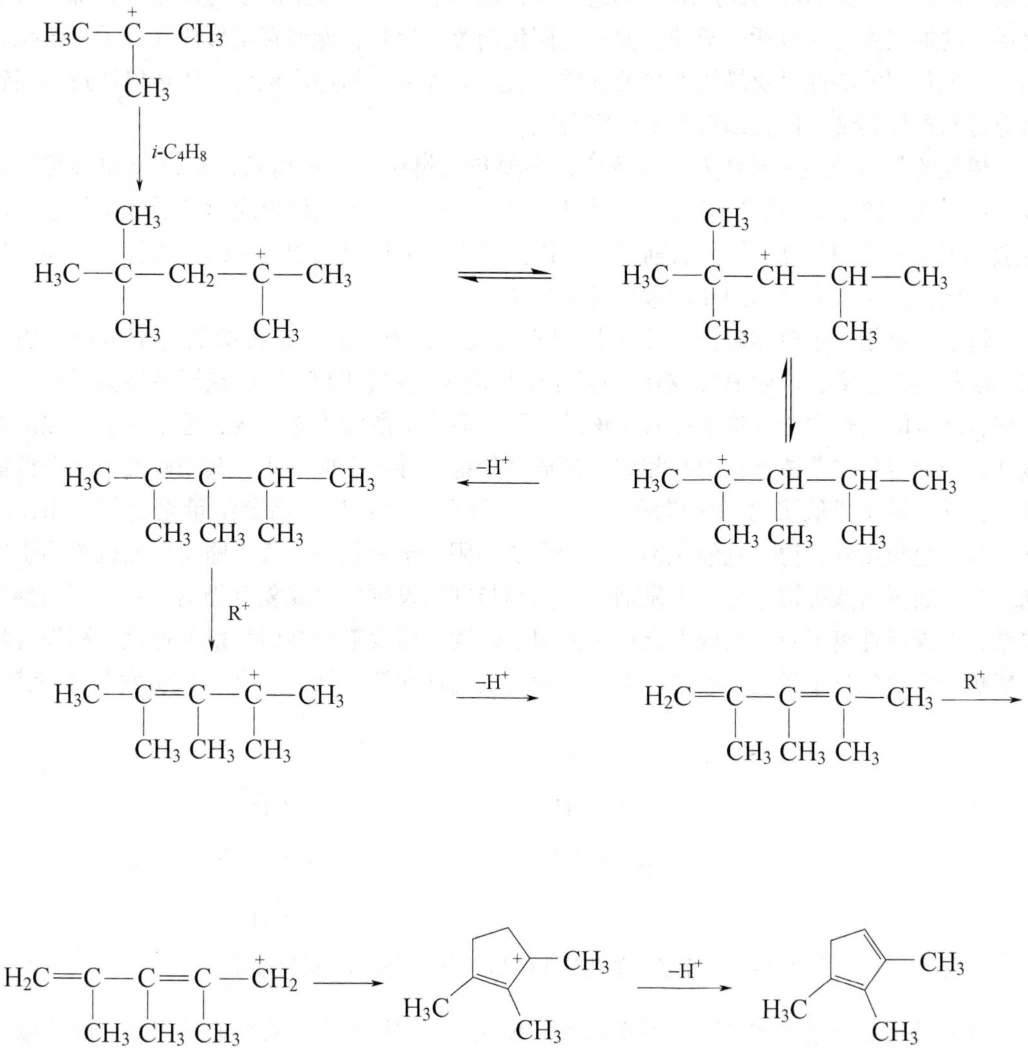

H3C—C(+)—CH3
      |
      CH3

↓ i-C4H8

CH3   CH3
 | |
H3C—C—CH2—C(+)—CH3   ⇌   H3C—C—CH—CH(+)—CH3
 | | |
CH3   CH3   CH3   CH3

                                          ⇅

H3C—C=C—CH—CH3   ←(−H+)—   H3C—C(+)—CH—CH—CH3
   | | | | | |
  CH3 CH3 CH3   CH3 CH3 CH3

↓ R+

H3C—C=C—C(+)—CH3   —(−H+)→   H2C=C—C=C—CH3   —R+→
   | | | | | |
  CH3 CH3 CH3   CH3 CH3 CH3

H2C=C—C=C—CH2(+)   →   H3C—[环]—CH3   —(−H+)→   H3C—[环]—CH3
   | | | CH3   CH3
  CH3 CH3 CH3

R=烯烃，R⁺=烷基碳正离子，RH=烷烃

图 5-9 异丁烯通过混聚反应生成环状烯烃机理

三、加成聚合反应

烯烃通过加成聚合，能够得到高分子量的化合物。严格意义上讲，该类聚合并不属于烯烃的叠合反应范畴，但为了知识体系的完整性，在此进行简单介绍。另外，由于这类反应生成的是真正意义上的高分子化合物，因此在本小节中，均采用"聚合"来描述，而不采用"叠合"一词。

通过碳正离子进行的加成聚合属于烯烃的阳离子聚合（cationic polymerization），从理论上讲，能够生成稳定碳正离子的烯烃一般都能够发生这类反应，但实际上，能够生成高分子量的、真正具有工业化意义的只有异丁烯、丁二烯、异戊二烯等少数烯烃的阳离子聚合，主要的工业化高聚物产品为丁基橡胶，另外通过加成聚合得到的分子量在 2000~3000

的聚丁烯，可作为润滑油添加剂。理论上讲，能够催化生成碳正离子的催化剂，都能够催化烯烃的加成聚合，包括质子酸、傅—克催化剂等，但是否能够真正形成高分子量的化合物，与催化剂的酸性以及烯烃本身的性质有关。另外烯烃的加成聚合，还可以通过高能辐射等特殊条件实现，但大都限于实验室研究。

烯烃的阳离子加成聚合为链式反应，主要包括链引发、链增长、链终止和链转移四步。由于碳正离子反应活性极高、容易发生多种副反应，因此该反应对杂质非常敏感，同时造成了反应机理的复杂性。目前，对于阳离子聚合的反应机理尚未研究透彻，下面以异丁烯为例，介绍最为普遍的加成聚合反应机理。

链引发是指产生单体碳正离子活性中心的过程，质子酸、路易斯酸等都可作为引发剂。质子酸先电离，产生 H^+，然后与异丁烯反应生成叔碳阳离子/阴离子活性离子对，成为聚合反应的活性中心（图 5-10）。该反应要求质子酸酸性不能太弱，但不能有太强的亲核性，否则容易与单体活性中心相结合形成共价键，导致反应终止，其中硫酸、氢氟酸能够催化异丁烯生成低聚物，高氯酸、三氟乙酸等可催化其生成高分子量聚合物。相比之下，从工业角度看，傅—克催化剂是最为重要的阳离子引发剂，其中路易斯酸被称为引发剂，少量的氢卤酸等被称为共引发剂，引发剂与共引发剂先生成复合物离子对，再与异丁烯结合形成活性离子对，完成聚合反应的引发过程，引发剂与共引发剂的比例、酸性等均会影响聚合物的分子量。一般情况下，引发过程的活化能较低，具有"快引发"的特点。

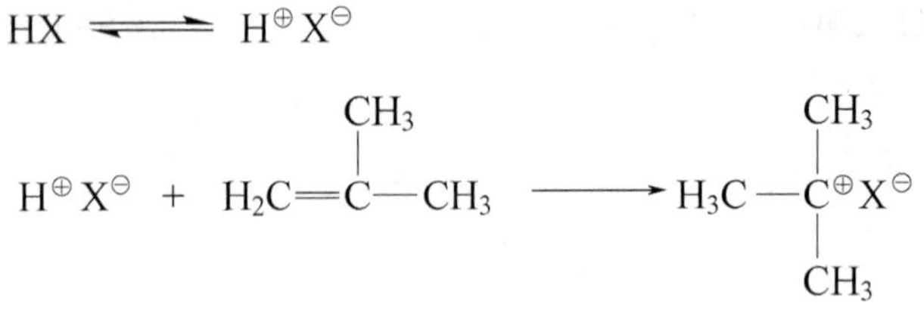

图 5-10　质子酸催化异丁烯加成聚合反应的链引发过程

链增长反应是指单体异丁烯不断插入到碳正离子/阴离子活性离子对之间，完成碳链不断增长的过程（图 5-11）。链增长反应的活化能较低，反应速度快，具有"速增长"的特点。链增长的活性中心为离子对，离子对结合的紧密程度会影响聚合物的分子量：如果结合过于紧密，新的烯烃难以插入，导致分子量相对较低；如果结合较为松散，新的烯烃插入较为容易，则链增长反应容易发生。在链增长的过程中，还容易发生异构化反应，导致支链聚合物的产生。

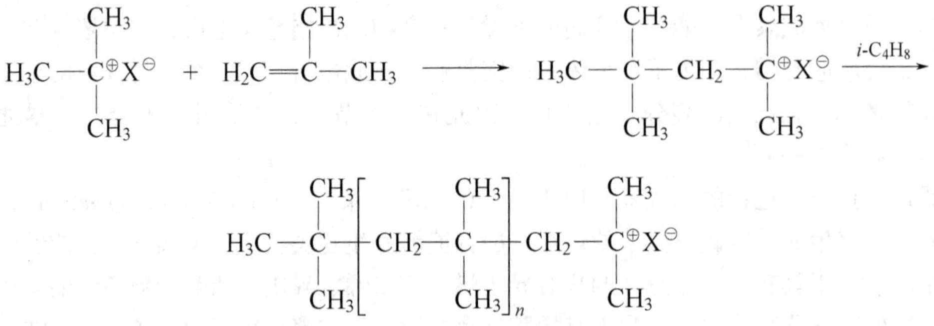

图 5-11　异丁烯加成聚合的链增长反应

由于不同阳离子链段之间存在着静电排斥作用，阳离子聚合不能发生偶合终止和歧化终止，只能发生自发终止和转移终止，属于单基终止过程。自发终止主要通过消除反应实现，得到的聚合物末端带有双键（图 5-12）。在转移终止中，向单体转移是最为常见的一类终止方式，也是阳离子聚合的主要终止方式，在该过程中，聚合物阳离子/阴离子活性离子对与单体异丁烯发生反应，异丁烯夺取聚合物阳离子上的质子，转变为异丁基叔碳正离子/阴离子活性离子对，成为新的活性中心，开始新的聚合反应，原本聚合物阳离子的链增长反应终止，形成稳定的聚合物（图 5-13）。另外，还可以通过向体系中加入链转移剂或链终止剂，实现链终止反应，常见的链终止剂包括水、醇、酸、酐、酯、醚、胺等。

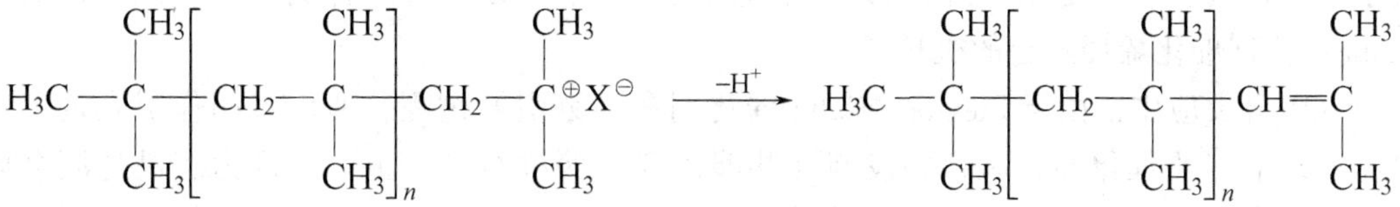

图 5-12　异丁烯加成聚合物的自发终止机理

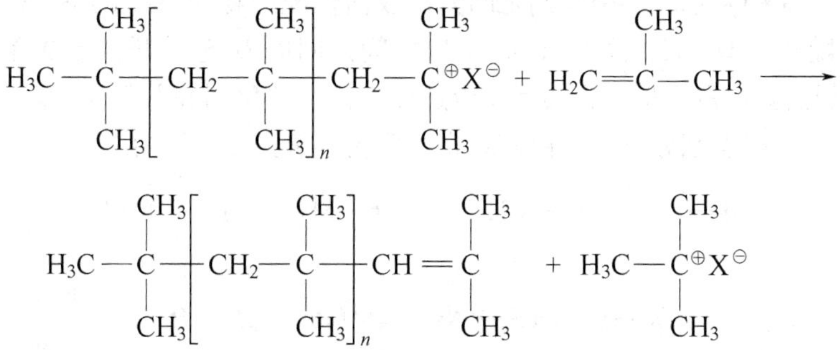

图 5-13　异丁烯加成聚合物向单体转移终止

另外，需要注意的是，阳离子聚合反应极易发生链转移反应，将活性中心转移到包括单体、其他聚合物链、溶剂、杂质等在内的其他化合物上，从而影响聚合物的结构、分子量、聚合反应的速度等，具有"易转移"的特点，也正是因为这个特点，导致阳离子聚合反应较难实现工业化。

四、Ziegler —Natta 催化剂催化的烯烃聚合

20 世纪 50 年代，G. Natta 和 K. Ziegler 开发出来了一系列以 $TiCl_3/AlEt_3$ 为代表的含有过渡金属化合物的催化剂，不仅能够催化很难通过碳正离子实现的乙烯的聚合，还能够催化丙烯聚合得到高规整性的聚丙烯。随后人们发现，该类催化剂能够催化多种 α-烯烃的聚合或叠合反应，并且这类聚合相比于碳正离子的加成聚合，具有聚合反应容易控制、聚合物分子量分布窄、立体结构规整等优势，极大地拓展了聚烯烃的应用。例如，$TiCl_3/AlEt_3$ 可催化丙烯聚合得到高规整性的聚丙烯，这类聚丙烯具有良好的结晶性能和可加工性，广泛应用于塑料包装制品、汽车零部件、编织物、建筑管材、医疗器械中，真正实现了聚丙烯的大规模使用，聚丙烯也因此被称为"包装皇后"。为纪念 G. Natta 和 K. Ziegler

的突出工作，这类催化剂被命名为 Ziegler—Natta 催化剂，G. Natta 和 K. Ziegler 也因此获得了 1963 年的诺贝尔化学奖。

Ziegler—Natta 催化剂可以催化烯烃的叠合反应，得到小分子量的低聚物。此时的叠合反应不再遵循碳正离子机理，而是通过烯烃与过渡金属空轨道之间的配位作用实现的，这为乙烯等很难通过碳正离子发生叠合反应的化合物提供了反应的可能。例如，在铑催化剂的存在下，乙烯在 40℃ 时可发生叠合反应生成二聚体，主要产物为 1-丁烯，适当提高温度，有可能通过异构化反应生成 2-丁烯，转化率可超过 99%。

Ziegler—Natta 催化剂更重要的应用，在于催化烯烃的聚合。由于这类聚合反应是以烯烃与过度金属配位形成配合物的方式实现聚合反应的，因此被称为配位聚合，主要包括链引发、链增长、链终止和链转移四大基元反应。下面以丙烯单体为例，介绍 Ziegler—Natta 催化剂催化烯烃聚合的机理。

在聚合反应中，由于 Ziegler—Natta 催化剂参与链引发过程，所以又叫作引发剂，包括主引发剂（主催化剂）和共引发剂（共催化剂）两种组分。主引发剂为有机过渡金属配合物，主要包括 Ti、V、Mo、Zr 等的卤化物，环戊二烯基过渡金属卤化物，乙酰丙酮过渡金属配合物等；共引发剂主要是第 ⅠA ~ ⅢA 族金属有机化合物，以 AlR_3 最为常用。在引发过程中，主引发剂和共引发剂之间先形成活性配合物 M—L（其中 M 代表金属，L 代表配体），随后单体丙烯插入到 M 与 L 之间，同时双键打开，形成新的活性物种（图 5-14）。但需要注意的是，在实际反应过程中，主催化剂和共催化剂之间往往存在着交换、烷基化、主引发剂分解、自由基终止等反应，情况较为复杂。

$$M—L + H_2C=CH \quad \xrightarrow{\quad\quad} \quad M—CH_2—CH—L$$
$$\overset{|}{CH_3} \qquad\qquad\qquad \overset{|}{CH_3}$$

图 5-14　Ziegler—Natta 催化剂引发丙烯聚合

链增长反应是指丙烯不断插入到金属—烷基之间，形成不断增长的聚合物长链（图 5-15）。对于链增长过程中活性中心的结构，目前主要有双金属机理和单金属机理两种。在双金属机理中，主催化剂和共催化剂的金属均参与配合物的形成，以 $Cp_2TiCl_2/AlEt_2Cl$ 引发剂为例，主催化剂和共催化剂先形成金属配合物，在与丙烯接触时，Ti—C—Al 桥连键断开，Ti 金属空出一个空轨道，与丙烯的富电子双键配位，并转化成六元环状配合物过渡态，随后发生移位，形成新的四元环配合物，完成一次单体的插入（图 5-16）。在单金属机理中，只有主催化剂的过渡金属参与形成配合物，插入过程较为简单。例如丙烯的富电子双键首先与过渡金属 Ti 的空轨道进行配位反应，随后通过四元环过渡态，实现主催化剂上乙基配体的迁移，完成丙烯的插入及双键打开，实现链增长反应（图 5-17）。由于反应中的空间位阻效应，配位聚合可控制单体插入的方向性，从而实现对聚丙烯的立构规整性控制。

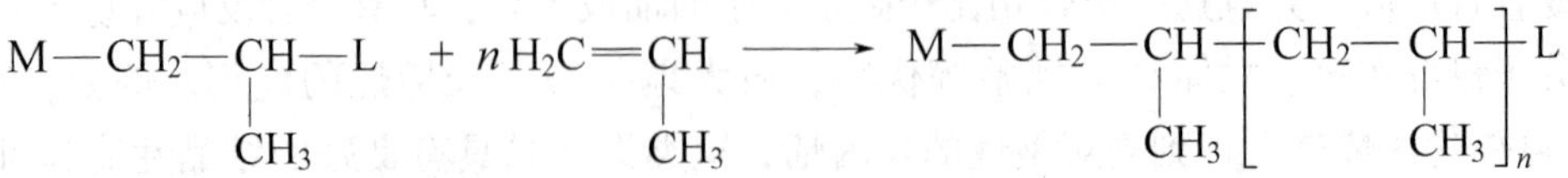

$$M—CH_2—CH—L + nH_2C=CH \xrightarrow{\quad\quad} M—CH_2—CH\left[CH_2—CH\right]_n L$$
$$\overset{|}{CH_3} \qquad\qquad \overset{|}{CH_3} \qquad\qquad\qquad \overset{|}{CH_3} \qquad \overset{|}{CH_3}$$

图 5-15　Ziegler—Natta 催化剂催化丙烯聚合的链增长反应

142

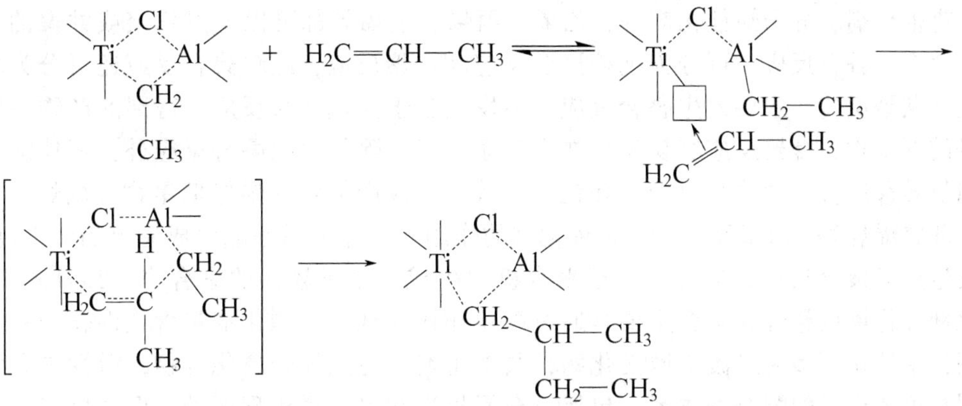

图 5-16 双金属机理示意图

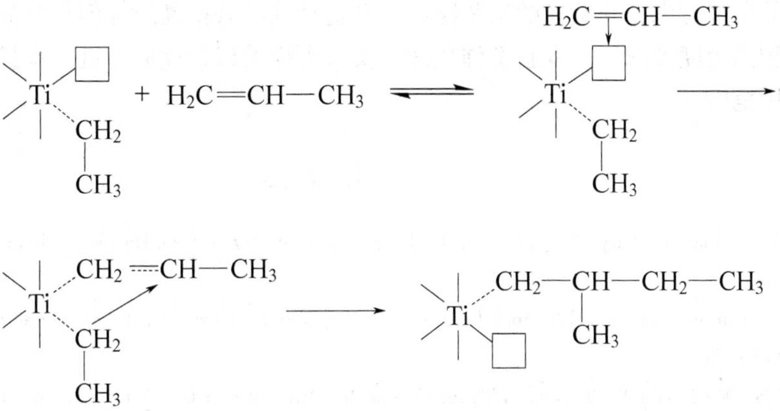

图 5-17 单金属机理示意图

配位聚合反应的链终止较难，一般是通过向分子链内的 β-H 转移实现的（图 5-18），水、醇、酸、胺等含有活性氢的化合物，也可以作为配位聚合的终止剂，因此在发生配位聚合时，要求体系中严格无水，并对单体的纯度有较高的要求。另外，在反应的过程中，活性聚合物链还可能发生向共催化剂、单体等转移的反应。利用链转移反应，通过加入合适的链转移试剂，还能够有效控制聚合反应的分子量。

图 5-18 配位聚合通过向 β-H 转移的链终止反应

总之，烯烃的叠合反应自 20 世纪 30 年代首次实现工业化以来，在生产高辛烷值汽油组分、聚合物等方面具有重要的应用价值。本章主要针对酸催化剂作用下的烯烃聚合或叠合反应机理进行了介绍，并简单介绍了 Ziegler—Natta 催化剂配位催化烯烃聚合的机理。

酸催化作用下的叠合反应主要遵循碳正离子机理，催化剂主要包括质子酸催化剂、傅—克催化剂、分子筛催化剂等，乙烯、丙烯、丁烯等都可以通过均聚或共聚的方式发生叠合。叠合反应又可分为纯粹聚合反应和混聚反应，纯粹聚合反应还可分为均聚反应和共聚反应，主要发生叠合反应，不发生分子间氢转移反应，得到的产物主要为烯烃的低聚物；混聚反应容易发生在强酸条件下，除了存在叠合反应外，还伴随着分子间氢转移反应、异构化反应、环化反应等，生成产物包括烯烃低聚物、烷烃、环烷烃、环状烯烃等多种类型。在酸性催化剂的作用下，异丁烯等能生成稳定的碳正离子，并发生加成聚合反应，通过阳离子聚合机理生成分子量较大的聚合物。Ziegler—Natta催化剂催化烯烃叠合和聚合主要是通过配位作用实现的，催化剂包含主催化剂和共催化剂，主催化剂多为过渡金属卤化物，共催化剂多为主族金属化合物，活性中心为催化剂与单体形成的配合物体系，包括双金属机理和单金属机理两种，聚合反应一般通过β-消除实现终止。

烯烃叠合反应的未来发展前景与石化行业的发展息息相关，未来的发展方向一方面可以从齐聚物的角度考虑，开发新的工艺路线，高选择性的获得高附加值化学品；另一方面可以从高聚物的角度考虑，开发新型催化剂，实现可控的聚合反应，进一步扩大聚合反应的工业化应用范围。

参 考 文 献

[1] Olah G A, Molnar A, Surya Prakash G K. Hydrocarbon Chemistry. 3rd ed. Hoboken：John Wiley & Sons, Inc. ，2018

[2] Olah G A. Carbocations and Electrophilic Reaction. Angewandte Chemistry International Edition，1973，（12）：173-254.

[3] Takeuchi S, Mochihara T, Takahashi T, et al. Selective Synthesis of Gas Oil via Oligomerization of Light Olefins Catalyzed by Methanesulphonic Acid. Journal of the Japan Petroleum Institute，2007，50（4）：188-194.

[4] Ittel S D, Johnson L K, Brookhart M. Late-Metal Catalysts for Ethylene Homo- and Copolymerization. Chemical Reviews，2000，100（4）：1169-1204.

[5] Gibson V C, Spitzmesser S K. Advances in Non-Metallocene Olefin Polymerization Catalysis. Chemical Reviews，2003，103（1）：283-316.

[6] Agapie T. Selective Ethylene Oligomerization：Recent Advances in Chromium Catalysis and Mechanistic Investigations. Coordination Chemistry Reviews，2011，255（7）：861-880.

[7] Pines H. The Chemistry of Catalytic Hydrocarbon Conversions. New York：Academic Press Inc. ，1981.

[8] Coelho A, Caeiro G, Lemos M A N D A, et al. 1-Butene Oligomerization Over ZSM-5 Zeolite：Part 1-Effect of Reaction Conditions. Fuel，2013，111：449-460.

[9] Hauge K, Bergene E, Chen D, et al. Oligomerization of Isobutene over Solid Acid Catalysts. Catalysis Today，2005，100（3）：463-466.

[10] Mlinar A N, Baur G B, Bong G G, et al. Propene Oligomerization over Ni-Exchanged Na-X Zeolites. Journal of Catalysis，2012，296：156-164.

[11] Hawkins A P, Zachariou A, Collier P, et al. Low-Temperature Studies of Propene Oligomerization in ZSM-5 by Inelastic Neutron Scattering Spectroscopy. RSC Advanced，2019，9（33）：18785-18790.

［12］ Zhang J, Kanno M, Zhang J, et al. Preferential Oligomerization of Isobutene in a Mixture of Isobutene and 1-Butene over Sodium-Modified 12-Tungstosilicic Acid Supported on Silica. Journal of Molecular Catalysis A-Chemical, 2010, 326（1）: 107-112.

［13］ 刘冰辉, 陈志荣, 尹红, 等. 异丁烯齐聚反应研究. 浙江大学学报, 2013, 47（1）: 188-192.

［14］ Stenzel O, Brüll R, Wahner U M, et al. Oligomerization of Olefins in a Chloroaluminate Ionic Liquid. Journal of Molecular Catalysis A: Chemical, 2003, 192（1）: 217-222.

［15］ Garratt S, Carr A G, Langstein G, et al. Isobutene Polymerization and Isobutene-Isoprene Copolymerization Catalyzed by Cationic Zirconocene Hydride Complexes. Macromolecules, 2003, 36（12）: 4276-4287.

［16］ Janiak C, Lange K C H, Marquardt P. Alkyl-Substituted Cyclopentadienyl- and Phospholyl-Zirconium/ MAO Catalysts for Propene and 1-Hexene Oligomerization. Journal of Molecular Catalysis A: Chemical, 2002, 180（1）: 43-58.

［17］ Nuyken O, Vierle M. Polymerization of Isobutene: Past Research and Modern Trends. Designed Monomers and Polymers, 2005, 8（2）: 91-105.

第六章 烃类的加氢反应与机理

第一节 概　　述

一、加氢反应类型

加氢反应是指在催化剂的作用下，氢分子与不饱和有机物加成而得到饱和或饱和程度比反应物高的化合物的反应。饱和烃化合物也可以催化加氢，它是在催化剂作用下发生某些键断裂，同时加氢得到裂化产物。加氢反应可分为非均相催化加氢和均相催化加氢两类。

均相催化加氢是用能溶于反应介质的催化剂与底物一起形成均相体系所进行的加氢反应。最常用的均相催化剂有铑、钌、铱等贵金属与三苯基膦等形成的配合物。有机配位体的存在，增加了配合物催化剂在有机溶剂中的溶解度，使反应体系成为均相，提高了催化效率，使得反应可以在较低温度、较低压力下进行。例如：用三(三苯基膦)氯化合铑作催化剂，以苯为溶剂，在常温、常压下就能催化烯、炔等不饱和键加氢。均相催化剂的选择性较好，主要使碳碳不饱和键加氢，而硝基、氰基、羰基、酯基一般不受影响。由于均相催化剂中可带有手性配位体，因而在不对称合成中很有用途。

催化剂不溶于反应介质的催化加氢称为非均相催化加氢，又称多相催化加氢。多相催化加氢多使用过渡金属及它们的氧化物和硫化物作为催化剂。此外，加氢分解，CO 加氢还原合成甲醇，羰基合成以及 $-NO_2$、$-CN$、$-C=O$、$-COOR$、$-COOH$ 的加氢还原也多属于多相催化加氢。

石油馏分加氢主要分为两大类：加氢精制与加氢裂化。加氢精制包括三类反应：(1) 石油中的杂元素如硫、氮、氧、氯等与氢反应生成相应含氢化合物（如硫化氢、氨、水和氯化氢等）予以脱除。(2) 石油烃中不饱和烃，如烯烃、芳烃等加氢饱和。(3) 石油中金属有机化合物（如沥青胶束的金属桥、卟啉类金属化合物）产生断裂和氢解成为简单的金属化合物。因此，加氢精制可除去原料中的杂质，使油品质量提高。

加氢裂化是加氢与裂化两种反应的有机结合，原料在氢气存在下首先裂化，随后裂化产物加氢饱和。此时既有烷烃和烯烃的裂化、异构化和少量环化反应，也有环烷烃和芳烃断侧链、开环和芳烃饱和等反应。所以，加氢裂化不仅除去杂质，而且使原料转化，改变烃类组成，改善产品的理化性质。

烃类加氢反应在石油化工中具有极重要的地位。烃类加氢主要为不饱和烃加氢，包括烯烃、炔烃、芳烃加氢。非烃类化合物加氢在石油加工中也具有重要意义，但这里不进行讨论。

二、加氢催化剂类型

加氢催化剂根据活性金属不同可分为贵金属催化剂和非贵金属催化剂。贵金属催化剂是一种能改变化学反应速度而本身又不参与最终反应产物的贵金属材料。它们的 d 电子轨道都未填满，表面易吸附反应物，且强度适中，利于形成中间"活性化合物"，具有较高的催化活性，同时还具有耐高温、抗氧化、耐腐蚀等综合优良特性，成为最重要的催化剂材料。常用非贵金属加氢催化剂主要为第Ⅷ族过渡金属元素的金属催化剂，如镍、钴、铜等催化剂，下面分别介绍。

1. 贵金属加氢催化剂

几乎所有的贵金属都可用作加氢催化剂，但常用的是铂、钯、铑、银、钌等，其中尤以铂、铑应用最广。

1）铂系催化剂

铂系催化剂是最早应用的加氢催化剂之一，常见的铂催化剂主要有：

（1）铂黑催化剂。在碱溶液中用甲醛、肼、甲酸钠等还原剂还原氯铂酸，即可制得铂黑催化剂，该催化剂在常温、常压下，对芳环加氢具有较高的活性。

（2）胶体铂催化剂。一般以铂的离子和金属铂的胶体形式存在，比如胶体氢氧化铂。该催化剂用透析法进行精制并于真空干燥后保存，可直接使用，或预先用氢还原后再使用。

（3）负载铂催化剂。将氯铂酸溶于水，浸渍到适当的载体上并进行干燥，用氢或其他还原剂还原后，即得负载铂催化剂。常见的负载铂的载体有炭、石棉、二氧化硅和氧化铝等。

（4）均相铂催化剂。均相铂催化剂和反应物同处于一相，没有相界面存在而进行催化反应。均相铂催化剂以分子或离子独立起作用，活性中心均一，具有高活性和高选择性。比如 $SnCl_3^- - PtCl_4^{2-}$ 对多种烯烃加氢具有催化活性。

2）钯基催化剂

钯基催化剂具有很大的活性和极优良的选择性，常用作炔烃选择性加氢催化剂，如林德拉（Lindlar）催化剂，由钯吸附在载体（碳酸钙或硫酸钡）上并加入少量抑制剂（醋酸铅或喹啉）而成。常用的有 $Pd—CaCO_3—PbO$ 与 $Pd—BaSO_4$—喹啉两种，其中钯的含量为 $5\% \sim 10\%$。使用该催化剂的加氢反应中，氢对炔键进行顺式加成，生成顺式烯烃。

钯基催化剂制备的方法有浸渍法、金属蒸汽沉积法、溶剂化金属原子浸渍法、离子交换法、溶胶—凝胶法等。常见的钯基催化剂有 Pd/C、$Pd/BaSO_4$、$Pd/$硅藻土、PdO_2、$Ru-Pd/C$ 等。

（1）Pd/C 催化剂。Pd/C 催化剂是加氢反应最常用的催化剂之一。因为活性炭具有大的表面积、良好的孔结构、丰富的表面基团，同时有良好的负载性能和还原性，当 Pd 负载在活性炭上，一方面可制得高分散的 Pd，另一方面炭还能作为还原剂参与反应，提供一个还原环境，降低反应温度和压力，并提高催化剂活性。

（2）$Pd/\gamma-Al_2O_3$ 催化剂。$Pd/\gamma-Al_2O_3$ 催化剂作为一种工业化商品催化剂，具有良好的加氢活性，广泛用于加氢反应，一般采用浸渍法制备。

（3）钯基双金属催化剂。金属 Pd 被公认为是最出色的炔键和双烯键选择加氢催化剂活性组分，但仍存在许多缺点，如可催化齐聚副反应的发生，易被炔键络合，易中毒，稳定性差等。针对单金属 Pd 催化剂的这些缺点，可通过添加第二金属助催化组分来改善催化剂功能。比如，金属铅作为修饰剂制得铅修饰的 Pd—Pb/Al$_2$O$_3$ 催化剂，对环戊二烯的催化加氢选择性大大提高，催化剂稳定，不易流失；均相 Pd—Mo 双核配合物催化剂对 1,5,9-环十二碳三烯具有较高的催化加氢选择性。

（4）络合钯催化剂。PdCl$_2$ 或其他钯类配合物遇氢不稳定，故很少用作均相催化剂，但在 Sn^{2+} 存在下，钯配合物就具有催化加氢活性，如（Ph$_3$P）$_2$PdCl$_2$ 在 SnCl$_2 \cdot$ 2H$_2$O 或 GeCl$_2$ 作助剂时，对大豆油脂加氢有较好的催化活性。

3）钌（Ru）系催化剂

钌作为加氢反应的催化剂用得较多，在费托合成（Fischer-Tropsch）、芳烃化合物（特别是芳香族胺类）的加氢等反应中，均发现有良好的活性和选择性。常见的钌催化剂有负载钌、均相钌催化剂、RuO$_2$ 和 Ru（OH）$_4$ 等。

（1）负载钌催化剂。使氯化钌溶液渗透到载体中再加氢还原，或使钌的氧化物或氢氧化物在载体上析出后，再用氢还原，均可制得负载钌催化剂。常用的载体有 SiO$_2$、Al$_2$O$_3$、锌和镧的复合氧化物、BaSO$_4$ 以及分子筛等，载体不同的催化剂对苯的部分加氢有不同的活性。在负载钌催化剂中加入 K、Fe、Co、Cu、Ag 等金属元素，可以显著提高催化剂的活性和选择性。另外，水的含量对催化活性也有影响。

（2）均相钌催化剂。RuCl$_2$ 水溶液对烯烃加氢有活性，目前认为其中的活性物种是 Ru（H$_2$O）$_2$Cl$_4^-$、Ru（H$_2$O）Cl$_5^{2-}$、RuCl$_6^{3-}$。RuCl$_2$（PPh$_3$）$_3$ 是端烯加氢很好的催化剂，能保留 90% 的立体结构，RuCl$_2$（PPh$_3$）$_3$ 催化还原查尔酮，C═C 选择性 100%，且反应极为迅速。还有利用金属钌，铑配位手性膦、手性碳等配体制成手性催化剂对某些烯酮等化合物进行均相加氢，可以选择性地得到具有光学活性的物质，光学产率几近理论值。

（3）RuO$_2$。将用碱熔法制得的钌酸盐溶于水中加以酸化后，所得沉淀用过氧化氢处理，并在空气中加热，即得 RuO$_2$ 催化剂，它在有机化合物的加氢中显示较高的活性。

（4）Ru（OH）$_4$。用盐酸将氯化钌水溶液稍微酸化后加热至 85~90℃，在剧烈搅拌下逐次少量加入过量的 10%NaOH 溶液。将生成的黑色沉淀过滤，用蒸馏水反复洗涤，直至洗液 pH 值到 7.8~8.0 为止。然后在室温下真空干燥。Ru（OH）$_4$ 中含钌量为 65%，用该法得到的催化剂碱残留量少，这种催化剂可以用于芳烃化合物的加氢，活性比 RuO$_2$ 高得多。

4）铑（Rh）系催化剂

铑系催化剂类型有氧化物、氢氧化物、负载型、络合型等，它们的制备方法同钌、铂催化剂相似。铑的产量较少，但它对芳烃加氢具有较高活性和选择性。胶体铑催化剂相当稳定，放置数月活性不下降。常见负载铑系催化剂包括 Rh/Al$_2$O$_3$、Rh/CeO$_2$、Rh/SiO$_2$ 等，多用于 CO 加氢以及芳烃和硝基的加氢还原。

Rh 的均相催化加氢研究与 Ru 很相近，广泛应用于不对称加氢反应。

5）银催化剂

银催化剂为以银为主要活性组分制成的贵金属催化剂，对氧化反应显示出良好活性。银是一种非常重要的氧化催化剂，但在加氢方而却很少受到人们的关注。其原因在于，一方面氢分子与 Ag 表面作用力非常弱，另一方面反应在较低的温度下，很难发生氢的解离吸附。然而纳米 Ag 颗粒在 α、β-不饱和醛酮（比如巴豆醛）选择性加氢反应中显示出较好的不饱和醇选择性。

银催化剂的形态有金属型（丝网或银粒）和载体负载型两种。金属型银催化剂用于甲醇氧化制甲醛和乙醇氧化脱氢制乙醛。载体负载型银催化剂最主要的工业应用是乙烯氧化制环氧乙烷，从 1930 年开发一直适用至今，该催化剂一般采用 $\alpha-Al_2O_3$ 作载体，含银量为 10%~30%。为了改善催化剂的性能，常添加有铷、铯、钙、钡等助催化剂。

银催化剂典型的制备方法是用硝酸银溶液浸渍氧化铝载体，然后经热分解制成催化剂。后来发现，经有机银化合物（如烯酮银）中间体再分解，可制得银晶粒更细且分散更好的催化剂，其选择性大幅度提高。此外，载体银催化剂还有其他的应用，比如 Ag/C 用于燃料电池作催化电极，Ag/Al_2O_3 用于石油化工中甲苯歧化生产对二甲苯。

2. 非贵金属加氢催化剂

常见的非贵金属加氢催化剂有镍系、钴系和铜系等，它们在加氢反应中催化加氢的活性次序是：镍系>钴系>铜系。

1）镍系催化剂

镍系催化剂通常被用在 50~200℃温度范围内进行的加氢反应，它可以是粉末状或负载在载体上，可用作载体的物质有氧化铝、硅藻土、硅胶、氧化锌、木炭、石墨等。常见的镍系催化剂有以下几种：

（1）骨架镍催化剂。骨架镍也称雷尼镍，是应用最广泛的一类镍系加氢催化剂，它是一种由带有多孔结构的镍铝合金的细小晶粒组成的固态异相催化剂，它最早由美国工程师莫里·雷尼在植物油的氢化过程中，作为催化剂而使用。其制备过程是把镍铝合金用浓氢氧化钠溶液处理，在这一过程中，大部分的铝会和氢氧化钠反应而溶解掉，留下了活化后的骨架镍。制备骨架形催化剂的主要目的是增加催化剂的表面积，提高催化剂的催化剂活性。使用骨架镍催化剂需注意：骨架镍具有很大表面积，在催化剂的表面吸附有大量的活化氢，并且 Ni 本身的活性也很活泼，容易氧化，因此该类催化剂非常容易引起燃烧，一般在使用之前均放在有机溶剂中，如乙醇等。也可以采用钝化的方法，降低催化剂活性或采用保护膜的方式进行保护等，如加入 NaOH 稀溶液，使骨架镍表面形成很薄的氧化膜，在使用前再用氢气还原。钝化后的骨架镍催化剂可以与空气接触。

（2）分解镍催化剂。分解镍一般由甲酸镍热分解制得，它的活性低于骨架镍，是可以多次反复用于同一加氢反应的稳定催化剂。分解镍催化剂的活性仅次于骨架镍催化剂，在油脂类加氢中选择性好。分解镍催化剂选择性良好，当一个分子存在几个可加氢部位时，只要选择合适的反应温度，就可以控制在需要的加氢阶段，以高收率获得目标产物。而且，它不与卤素或磺酸基反应，所以适用于含有这类基团化合物的加氢。

（3）漆原镍催化剂。漆原镍催化剂是 1952 年漆原采用过量 Zn 粉从镍盐中沉淀出镍，并将它与雌酮的碱水溶液混合而还原得到的，目前被称为漆原催化剂系列的是以漆原镍的发现为开端的。目前通用的漆原镍有用酸处理而得的漆原镍 A(U—Ni—A) 和用碱处理沉淀而得的漆原镍 B(U—Ni—B)。漆原镍催化剂可催化与骨架镍催化剂相同的反应，其活性与骨架镍相当。

2）钴系催化剂

钴系催化剂的作用与镍系有很多相近之处，但一般来说活性较低，且价格比镍高，所以不太用来代替镍催化剂使用，但在费托合成、羰基化反应以及还原硝基高收率制备伯胺等场合，却是重要的催化剂，制造钴系催化剂的原料及方法大体与 Ni 催化剂相同。常见的钴系催化剂有以下几种：

（1）还原钴催化剂。用 H_2 还原氢氧化钴或碱式碳酸钴，即可制得还原钴催化剂，或者直接将 CoO 进行还原也可。制备还原钴催化剂的还原温度比镍高，从300℃左右起慢慢进行氧化钴的还原比较合适，在500℃以上还原钴无活性。氢氧化钴的还原在350℃进行，若加入5%~10%左右的铜，则还原温度可下降到200℃左右。

（2）骨架钴催化剂。骨架钴与还原钴一样，活性较低，性质与镍催化剂无大差别，通常使用的骨架钴合金一般含钴30%~50%左右，一般以 Co_3Al_{13} 含量高的骨架合金为好。

（3）漆原钴催化剂。与漆原镍一样，用 Zn 粉与 $CoCl_2$ 反应制得沉淀钴，用酸或碱处理后，即得漆原钴催化剂。用 Zn 粉还原 $CoCl_2$ 时，比还原镍时的反应要稍缓和些。

（4）均相钴催化剂。常用的均相钴催化剂是 $[Co(CN)_5]^{3-}$ 催化剂，其制备方便，在 Co^{2+} 溶液中加了 CN^- 即可制得。其加氢活性物种是在临氢或直接用 $NaBH_4$ 还原得到，或直接由水解制得：

$$2[Co(CN)_5]^{3-} + H_2O \longrightarrow [HCo(CN)_5]^{3-} + [Co(CN)_5OH]^{3-}$$

该催化剂使用时必须有水存在，保持碱性环境，许多加氢反应可在常温常压下进行，如烯烃、炔烃、硝基苯、苯甲醛、硝基苯酚、酮等的加氢反应。

3）铜系催化剂

铜系催化剂常用于烯烃的加氢，铜的活性接近于中毒后的镍催化剂，铜催化剂对苯甲醛还原成苯甲醇或硝基苯还原成苯胺的反应具有特殊的催化活性。铜催化剂主要用于加氢、脱氢、氧化反应，单独用铜催化剂很容易烧结，通常为了提高耐热性和抗毒性，大都采用助催化剂和载体。常用的载体有 Al_2O_3、活性炭、白炭黑、ZrO_2 和 SiO_2 等，常用的助剂有 Zn、Mn、Ni 等。

第二节　烯烃、二烯烃和炔烃加氢

一、烯烃加氢

1. 概述

一般来说，简单烯键在催化剂的存在下很容易发生加氢饱和。钯和铂是烯烃加氢反应活性最强的催化剂，而钯的作用是在加氢过程中能够促进双键的迁移。在氢存在的情况下，铂系金属促进 1-戊烯双键迁移能力的顺序是：Pd≫Ru>Rh>Pt≫Ir。只有少数具有位阻效应的烯烃比较难以加氢。乙烯是最易加氢的，在骨架 Ni、Pt 及 Pd 催化剂上室温时反应即可进行，在还原 Ni 催化剂上30℃时虽已开始加氢，但在100~130℃时反应才快速进行。

其他烯烃的加氢活性有如下的规律性：

（1）直链烯烃，随着碳数增加，反应速度顺次递减。

（2）对于取代的乙烯，取代基越多，基团越大，反应速度越小，其反应速度顺序为：$RCH{=}CH_2{>}R_2C{=}CH_2 \approx RCH{=}CHR{>}R_2C{=}CHR{>}R_2C{=}CR_2$。

不同结构的烯烃加氢反应相对反应速度见表 6-1。

表 6-1　不同结构的烯烃加氢反应相对反应速度

烯烃类型	相对反应速度 *
$R{-}CH{=}CH_2$	$(4.5 \sim 7.5) \times 10^5$
$R{-}CH{=}CH{-}R'$	$(3.3 \sim 130) \times 10^3$
$R{-}\overset{\textstyle \mid}{\underset{\textstyle R}{C}}{=}CH_2$	$(1.3 \sim 40) \times 10^3$
$R{-}\overset{\textstyle \mid}{\underset{\textstyle R}{C}}{=}\overset{\textstyle H}{\underset{\textstyle \mid}{C}}{-}R''$	$75 \sim 3700$
$R{-}\overset{\textstyle \mid}{\underset{\textstyle R}{C}}{=}\overset{\textstyle R'''}{\underset{\textstyle \mid}{C}}{-}R''$	$0.5 \sim 20$

* $\bigcirc = 10^4$（为标准）。

可以看出烯烃双键上取代基越多，加氢速度越慢。但取代基为芳基时，在 Pd 黑及骨架 Ni 催化剂上加氢速度大小次序是：$(C_6H_5)_2C{=}CH_2{>}C_6H_5CH{=}CH_2{>}CH_2{=}CH_2$。这可能是因为芳基的存在加强了烯烃在催化剂表面的吸附所致。对于互不共轭的双烯烃，取代基最少的双键优先加氢，这些可用空间效应及电子效应加以解释。

（3）油脂中烯键的加氢速度也随不饱和羧酸分子量的增大而减小，例如下面各烯基羧酸在 Pt 黑催化剂、乙醚溶液中的加氢相对反应速度大小见表 6-2。

表 6-2　不同烯基羧酸加氢相对反应速度大小

烯基羧酸类型	分子式	相对反应速度
十六烯基羧酸	$CH_3(CH_2)_{12}{-}CH{=}CH{-}COOH$	5.0
十八烯基羧酸	$CH_3(CH_2)_{14}{-}CH{=}CH{-}COOH$	4.26
二十二烯基羧酸	$CH_3(CH_2)_{18}{-}CH{=}CH{-}COOH$	2.80

这是因为分子链越长，其热运动易引起 $C{=}C$ 双键较难吸附，同时也妨碍了 H_2 的活化吸附。此外，由于羧基—COOH 较易吸附在金属表面，就可使邻近的烯键翘起，较难与催化剂表面接触而被吸附，从而影响加氢速度，所以烯键离羧基越近反应越慢。

如果烯键一旁的两个取代基很大，又为顺式结构时，由于两个大取代基 R 的空间效应作用，就较易把 $C{=}C$ 键托起，使双键远离催化剂表面，减少活化及加氢概率，所以反式结构的异油酸加氢生成硬脂酸的速度，要比油酸加氢快 2.5～4.0 倍。

此外，具有数个双键的羧酸加氢，双键越多，加氢速度越大。例如：

亚麻油酸　$C_2H_5{-}CH{=}CH{-}CH_2{-}CH{=}CH{-}CH_2{-}CH{=}CH(CH_2)_7COOH$

亚油酸　$CH_3(CH_2)_4CH{=}CH{-}CH_2{-}CH{=}CH{-}(CH_2)_7COOH$

油酸　$CH_3(CH_2)_7CH{=}CH{-}(CH_2)_7COOH$

它们的氢化速度之比约为 40：20：1，这不单由于双键数较多，与吸附氢作用机会较多，而主要是由于多个双键的共存，可以互相加强吸附，大大增加了在催化剂表面活化及加氢的概率。

工业上油脂加氢最常用的催化剂是载在硅藻土上的 Ni-Cu 催化剂 [Ni 和 Cu 质量比 =(1~3)：1]，二者与载体质量之比约为 1：1 到 1：4，在 0.15~0.2MPa 的氢压、230~240℃下反应，一般在 2~4h 即可反应完全。有时也用甲酸镍为催化剂，它在油脂中 180~190℃即开始分解，在 240~260℃就很快分解出金属镍。此外，也可以用 Cu-Mn-Cr 作为催化剂。

在烯键加氢中常会遇到两类异构化反应：一类是顺反异构化，另一类是双键位移异构化。在烯烃顺反异构体中，顺式比反式容易加氢。例如，加氢速度大小为：

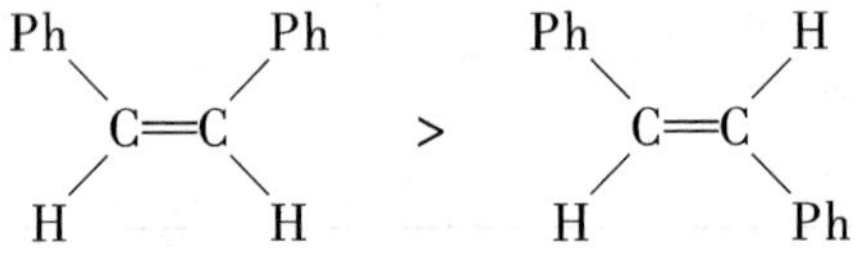

在环烯烃分子中，双键位置不同，加氢难易也不同，比如下列反应：

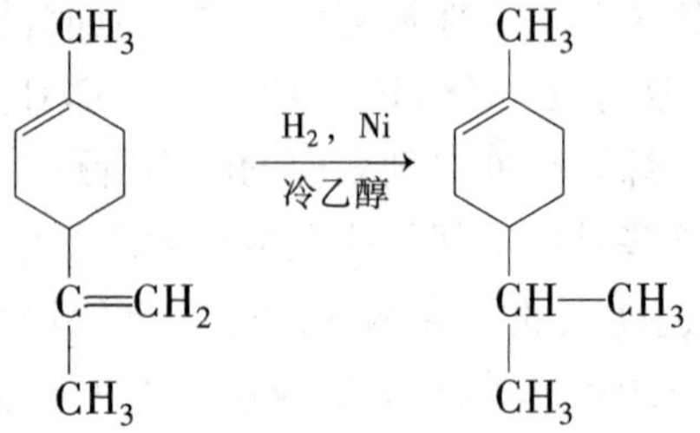

2. 反应机理

烯烃加氢是一种表面催化反应，自 20 世纪 30 年代起，H_2 先断键再加氢的 Horiuti—Polanyi 机理被长期认为是在非均相催化剂表面催化加氢过程的主要机理，有大量实验数据支持。H_2 先离解再加成解释了加氢过程中除加成以外的反应过程的发生，即双键位移和顺反异构化。这也解释了为什么当烯烃用氘进行反应时，二氘代烷烃很少是反应的唯一产物。然而 2013 年研究人员在对金催化剂表面不饱和醛酮加氢选择性调控研究中，发现了不经历 H_2 断键直接催化加氢的非 Horiuti—Polanyi 机理存在的可能性。

乙烯加氢动力学争论了很长时间，主要是反应物分子双键如何在催化剂活性部位被吸附。目前已认识到的常见吸附类型有 α,β-二位吸附、$\varPi$-吸附以及 $\varPi$-烯丙基吸附等。

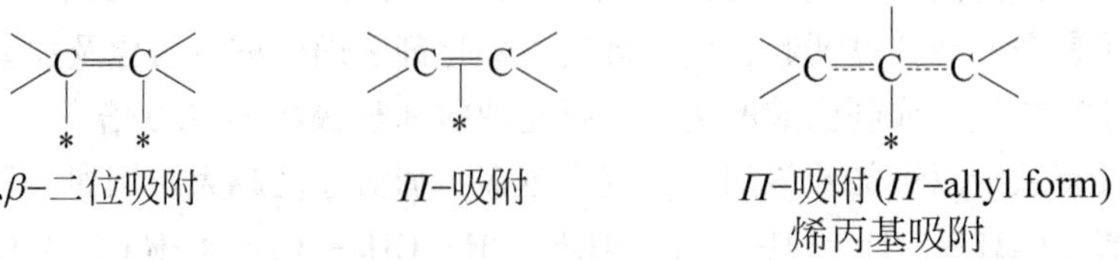

以乙烯为例，烯烃加氢的机理主要有以下几种。

1）Horiuti—Polanyi 机理

1933 年提出的该机理认为，加氢反应是化学吸附的氢加成到化学吸附的烯烃分子上，氢原子分步加成到双键上，烯烃加氢经过一个"半加氢状态"。该机理被广泛接受，能够很好解释在加氢过程中还会发生双键位移、氢—氘交换反应等。Horiuti—Polanyi 机理为：

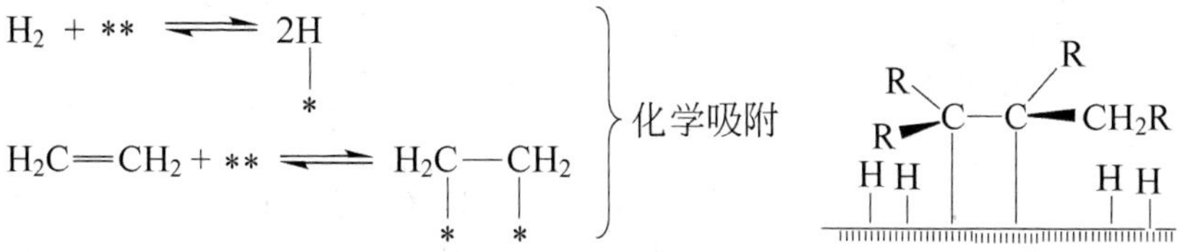

$$H_2 + ** \rightleftharpoons 2H$$

（化学吸附）

其中 * 代表催化剂活性中心

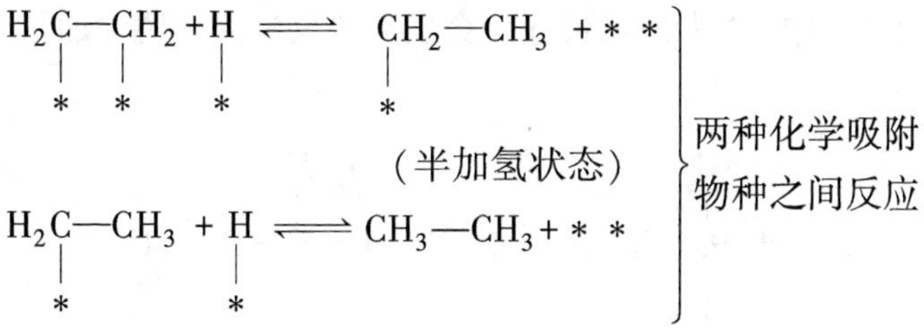

$$H_2C-CH_2 + H \rightleftharpoons CH_2-CH_3 + **$$

（半加氢状态）

两种化学吸附物种之间反应

$$H_2C-CH_3 + H \rightleftharpoons CH_3-CH_3 + **$$

2）Twigg—Rideal 机理

该机理提出烯烃首先进行化学吸附，然后非化学吸附的氢分子与化学吸附的烯烃加成，烯烃经过一个"半加氢状态"，继续加氢得到烷烃。加氢机理为：

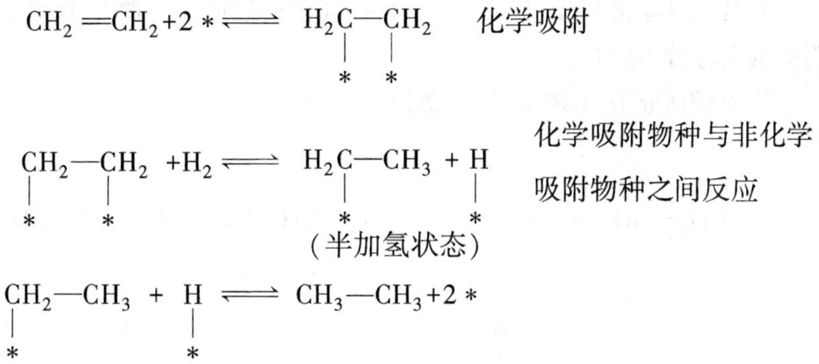

$$CH_2=CH_2 + 2* \rightleftharpoons H_2C-CH_2 \quad 化学吸附$$

化学吸附物种与非化学吸附物种之间反应

$$CH_2-CH_2 + H_2 \rightleftharpoons H_2C-CH_3 + H$$

（半加氢状态）

$$CH_2-CH_3 + H \rightleftharpoons CH_3-CH_3 + 2*$$

两种机理均可解释实验动力学，但 Horiuti—Polanyi 机理能更好解释 H-D 交换、双键位移等反应。

3）氢—氘交换反应

按 Horiuti—Polanyi 机理，乙烯加成氘主要得到二氘代乙烷：

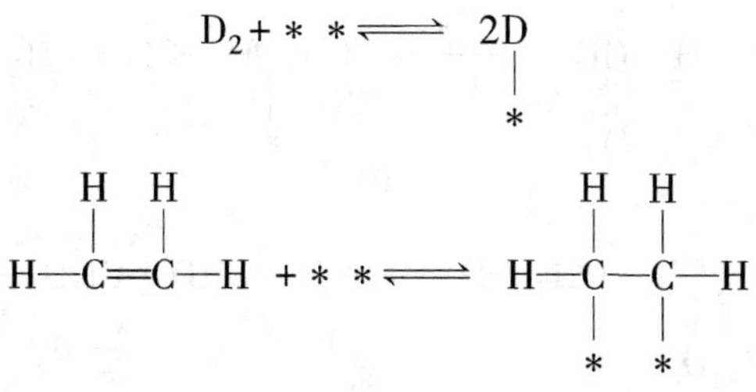

$$D_2 + ** \rightleftharpoons 2D$$

$$H-C=C-H + ** \rightleftharpoons H-C-C-H$$

$$\underset{\substack{*\quad *}}{H-\overset{\displaystyle \overset{H}{|}}{C}-\overset{\displaystyle \overset{H}{|}}{C}-H} + \underset{*}{D} \; \rightleftharpoons \; \underset{\substack{*\quad D}}{H-\overset{\displaystyle \overset{H}{|}}{C}-\overset{\displaystyle \overset{H}{|}}{C}-H} + *\,*$$

（半加氢状态）

$$\downarrow \underset{*}{\overset{\displaystyle D}{|}}$$

$$\underset{\substack{D\quad D}}{H-\overset{\displaystyle \overset{H}{|}}{C}-\overset{\displaystyle \overset{H}{|}}{C}-H}$$

产物

但在上述反应过程中，"半加氢状态"会发生脱氢反应，脱除的氢又与氘结合，得到氘代乙烯及 HD：

$$\underset{\substack{*\quad D}}{H-\overset{\displaystyle \overset{H}{|}}{C}-\overset{\displaystyle \overset{H}{|}}{C}-H} \; \rightleftharpoons \; \underset{\substack{\;}}{H-\overset{\displaystyle \overset{H}{|}}{C}=\overset{\displaystyle \overset{H}{|}}{C}-D} + \underset{*}{\overset{\displaystyle H}{|}}$$

$$\underset{*}{\overset{\displaystyle H}{|}} + \underset{*}{\overset{\displaystyle D}{|}} \; \rightleftharpoons \; HD + *\,*$$

因此氘代替氢进行加成时，发生氢—氘交换反应，产物中有 $CH_2=CHD$，HD 生成，说明加氢反应分步进行。

其他烯烃加成 D_2 的机理及产物为：

$$R-CH_2-CH=CH_2 \underset{}{\overset{*\,*}{\rightleftharpoons}} \underset{\substack{*\quad *}}{R-CH_2-\overset{}{C}H-\overset{}{C}H_2} \rightleftharpoons \underset{\substack{*\quad D}}{R-CH_2-\overset{}{C}H-\overset{}{C}H_2} \;\; \overset{\overset{\displaystyle D}{|}}{\underset{*}{}}$$

$$\underset{\substack{D}}{R-CH_2-CH=CH} \xleftarrow{-\underset{*}{\overset{\displaystyle H}{|}}} \underset{\substack{*\quad D}}{R-CH_2-\overset{}{C}H-\overset{}{C}H_2} \xrightarrow{+\underset{*}{\overset{\displaystyle D}{|}}} \underset{\substack{D\quad D}}{R-CH_2-\overset{}{C}H-\overset{}{C}H_2}$$

烯-D1   烷-D_2（主）

$$\underset{\substack{*\quad D}}{R-CH_2-\overset{}{C}H-\overset{}{C}H_2} \xrightarrow{-\underset{*}{\overset{\displaystyle H}{|}}} \underset{\substack{*\quad *}}{R-\overset{}{C}H-\overset{}{C}H-CH_2-D} \xrightarrow{\underset{*}{\overset{\displaystyle D}{|}}}$$

$$\underset{\substack{*\quad D}}{R-\overset{}{C}H-\overset{}{C}H-CH_2-D} \xrightarrow{\underset{*}{\overset{\displaystyle D}{|}}} R-CHD-CHD-CH_2-D$$

烷-D_3

154

由此可见加氢反应是按分步机理进行的。

4）双键位移

在烯烃加氢过程中，会发生双键位移，按 Horiuti-Polanyi 机理解释如下：

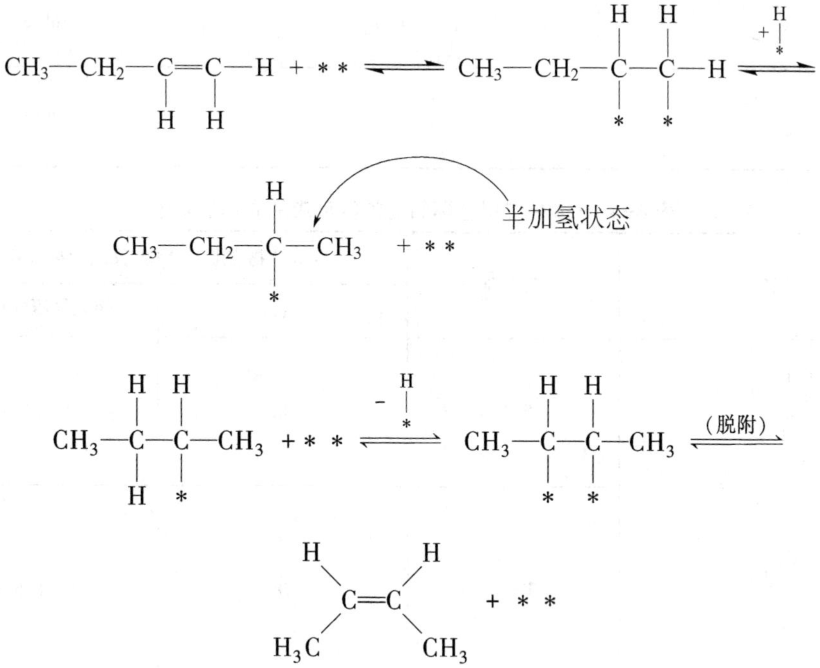

半加氢状态

（脱附）

反应过程中，有少量的 2-丁烯生成，发生了双键位移。

5）立体化学——顺式加成

环烯烃顺式加氢的过程为：

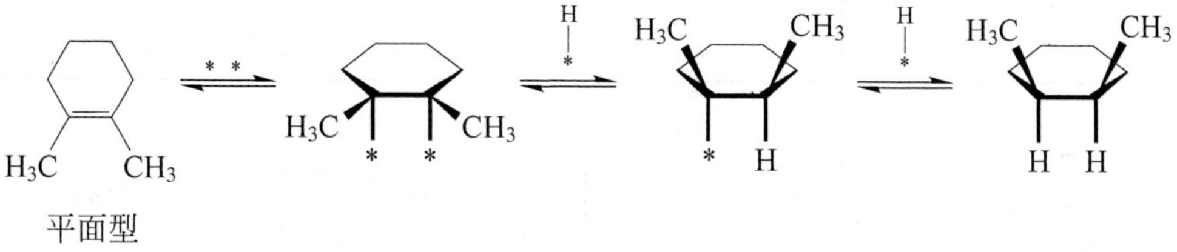

平面型

反应温度、反应压力等变化会影响顺式、反式产物分布，具体如表 6-3 所示。

1,2-二甲基环烯烃加氢的研究为加氢机理提供了进一步的理解。除 1,2-二甲基环己烯发生顺式加成外，1,2-二甲基环戊烯也主要发生顺式加成，其立体选择性如表 6-4 所示。加氢所得到的顺式异构体的比例随着压力的增大而增加。以 Horiuti-Polanyi 机理解释表 6-4 的结果更为合理。

表 6-3　反应压力对顺式产物分布的影响

烯烃	不同压力下，顺式产物分布	
	$p_{H_2} = 0.5atm$	$p_{H_2} = 500atm$
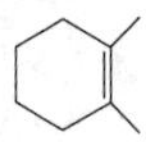	81%	99%

烯烃	不同压力下，顺式产物分布	
	$p_{H_2} = 0.5atm$	$p_{H_2} = 500atm$
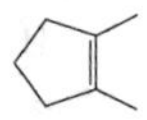 (结构图)	40%	65%
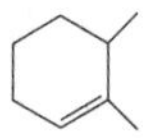 (结构图)	81%	70%

表 6-4　1，2-二甲基环烯烃加氢反应的立体选择性

烯烃	催化剂	顺式产物占顺式产物+反式产物百分比，%	
		1atm	超大气压（H_2 压力）
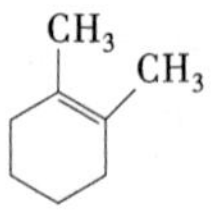 (结构图 CH₃ CH₃)	PtO_2	82	96（300atm）
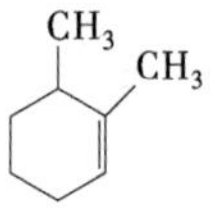 (结构图 CH₃ CH₃)	PtO_2	78	71（150atm）
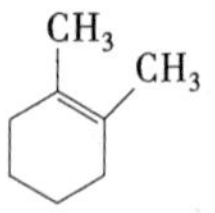 (结构图 CH₃ CH₃)	Pd/Al_2O_3	25	—
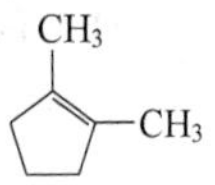 (结构图 CH₃ CH₃)	PtO_2	42	67（230atm）
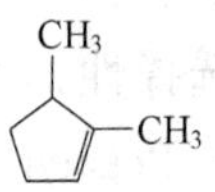 (结构图 CH₃ CH₃)	PtO_2	44	37（290atm）

Horiuti—Polanyi 机理也可以解释反式加成过程。为了形成反式二甲基环烷烃，必须将 1,2-二甲基环烯烃转化为 2，3 位甲基取代的异构体，然后通过顺式加成反应生成顺式和反式饱和产物（图 6-1）。当加氢反应中断时，特别是当用钯作催化剂时，确实检测到异构二甲基环戊烯。

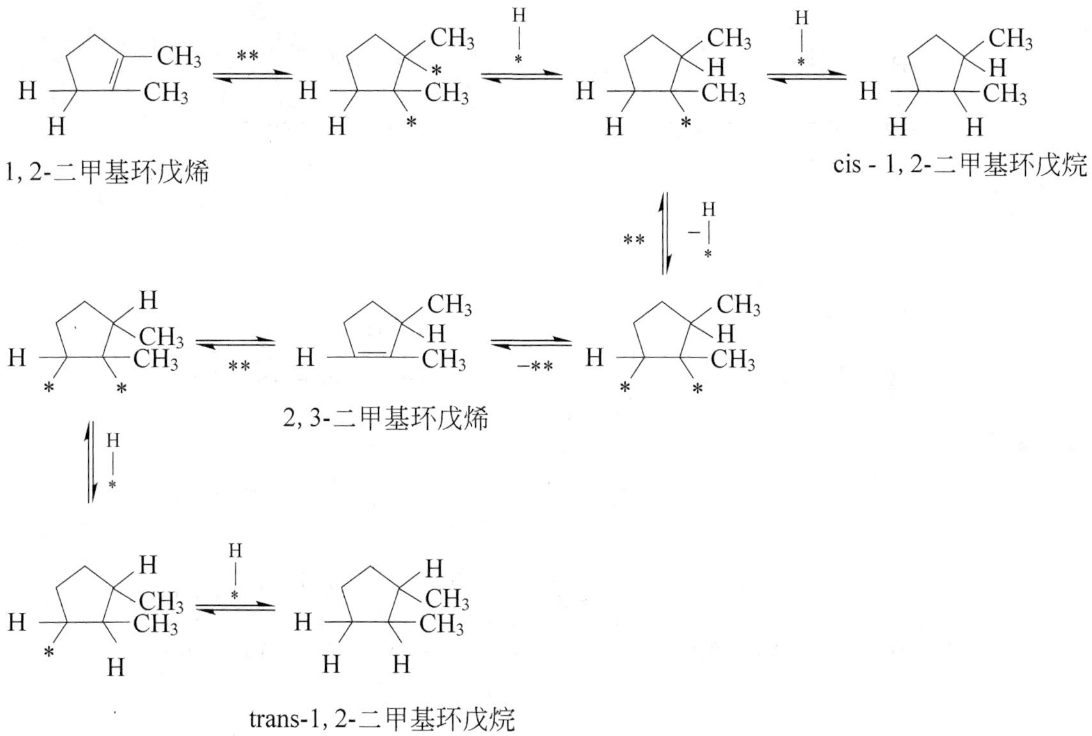

1,2-二甲基环戊烯 (structure label)

cis-1,2-二甲基环戊烷

2,3-二甲基环戊烯

trans-1,2-二甲基环戊烷

图 6-1　1,2-二甲基环戊烯的加氢还原和异构化过程

6）其他非 Horiuti—Polanyi 机理

基于理论计算，胡培君等在对金催化剂表面上不饱和醛、酮加氢选择性调控研究中，发现了不经历 H_2 断键直接催化加氢的非 Horiuti—Polanyi 机理存在的可能性。为了证明其正确性并理解其一般性规律，研究团队进一步对不同结构过渡金属表面上不同分子基团的加氢机理开展了大量的系统计算模拟研究。证实了非均相催化加氢反应在不同催化剂表面上的反应机理不同，并得到其变化规律：反应机理与反应物分子在催化剂表面的化学吸附强度，以及反应物分子被加氢官能团的极性密切相关。当反应物分子在催化剂表面上化学吸附较弱时，非 Horiuti—Polanyi 机理可能存在；而当化学吸附较强时，Horiuti—Polanyi 机理为主要加氢机理。同时，当被加氢官能团极性增强时，会有利于非 Horiuti—Polanyi 机理的发生。这些工作不仅从理论上证明了非 Horiuti—Polanyi 机理存在的可能性，而且帮助理解了在金等催化剂表面上非均相催化加氢反应的选择性和活性的内在本质，也为具有弱吸附性能的非均相催化加氢催化剂的开发提供了理论基础。原子和分子氢对端基氧和丙烯醛分子中的碳的加氢反应示意图如图 6-2 所示。

该理论计算的研究结果还被瑞士苏黎世理工大学 Christophe Copéret 教授课题组在银表面的烯烃非均相催化加氢反应的相关实验所证实。

3. 烯烃加氢反应速率

烯烃加氢反应速率很难用实验方法测量，因为反应速率对操作变量敏感，如温度、压力、溶剂、设备类型和搅拌等因素都会影响加氢速率的测定。各种环烯烃化合物的加氢反应速率见表 6-5 所示。

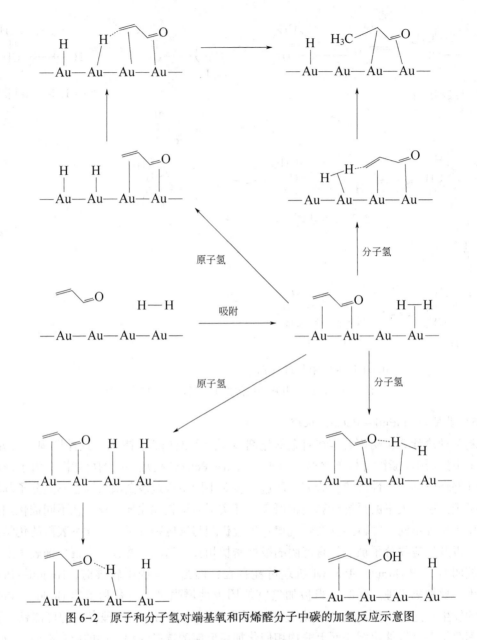

图 6-2 原子和分子氢对端基氧和丙烯醛分子中碳的加氢反应示意图

表 6-5 常见环烯烃的加氢反应速率

名称	结构	英文名称	反应速率 (mol/g-atom·min·atm)
3-甲基环戊烯		3-methylcyclopentene	153±9
环戊烯		cyclopentene	121±2
环己烯		cyclohexene	113±4

名称	结构	英文名称	反应速率 （mol/g-atom·min·atm）
3-甲基环己烯	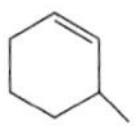	3-methylcyclohexene	103±2
4-甲基环己烯	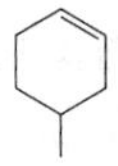	4-methylcyclohexene	94±4
1-乙基环戊烯	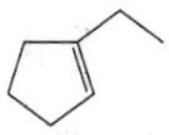	1-ethylcyclopentene	88±4
1-甲基环戊烯	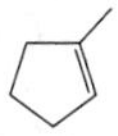	1-methylcyclopentene	85±1
亚乙基环己烷	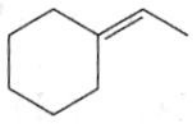	ethylidenecyclohexane	40±1
1-甲基环己烯	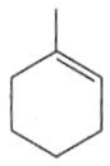	1-methylcyclohexene	57±6
1-乙基环己烯	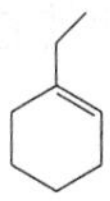	1-ethylcyclohexene	19±1

二、二烯烃加氢

二烯烃容易加氢，反应具有选择性，主要由双键上取代基多少及大小决定，反应加氢机理同单烯烃。例如苧烯在温和条件下，只在异丙烯基的双键上加氢，环内双键因立体阻碍效应较大而不发生加氢：

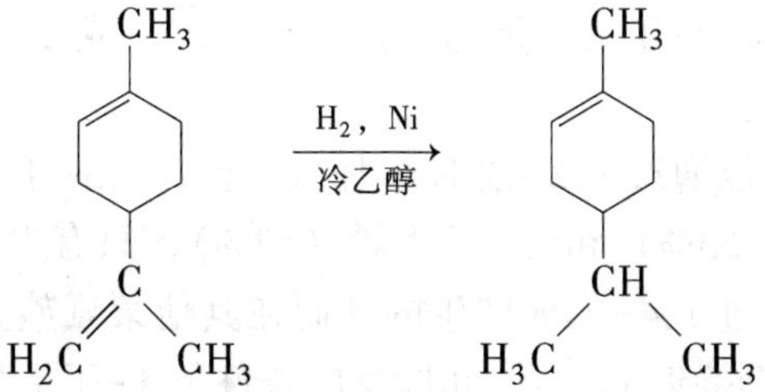

当双键取代基性质差别不大时，得到加氢混合物：

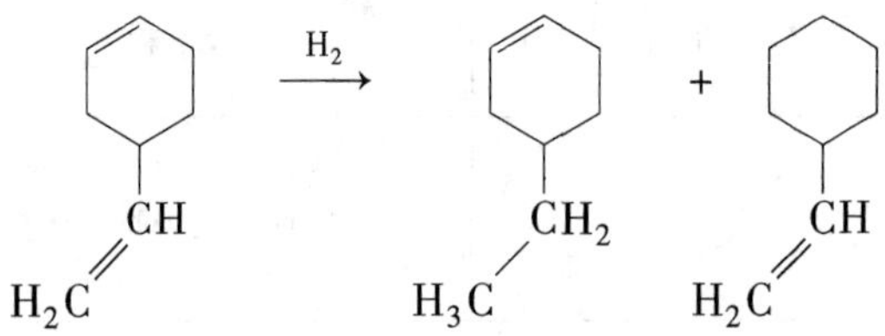

某些 $C_8 \sim C_{12}$ 共轭二烯炔在 25℃ 和大气压下，使用雷尼镍催化剂可以分四个阶段进行加氢，分别得到三烯、二烯、单烯和烷烃。如用铂催化剂则完全加氢生成烷烃。

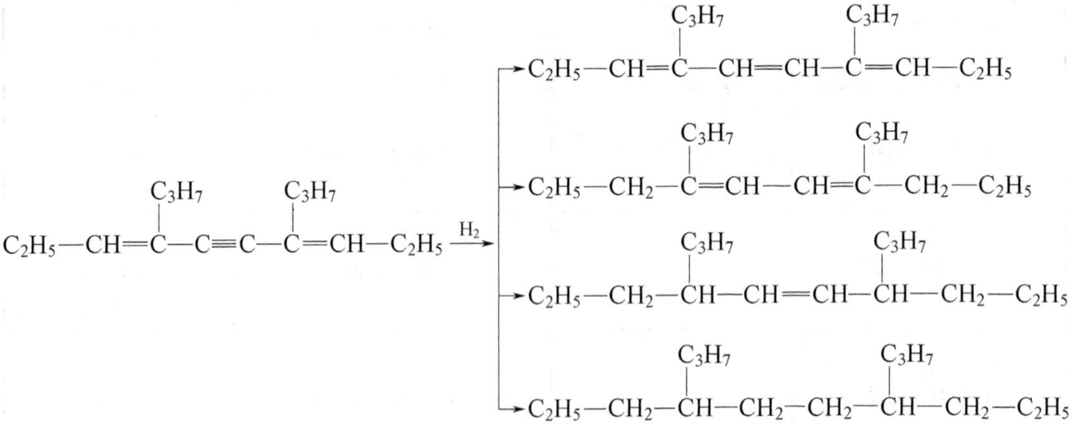

当烯烃双键所连接的侧链烷基空间阻碍较大时，即使在铂催化剂存在下，加氢也可能停留在单烯烃阶段：

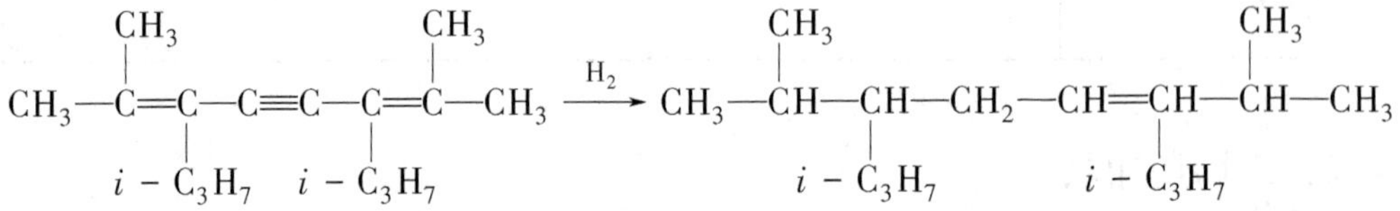

一般来说，末端双键比其他有取代的双键优先被加氢。在二烯烃加氢过程中，也会出现竞争吸附，即新生成的单烯烃和未反应的二烯烃之间在催化剂活性位上被吸附。但如果新生成的单烯烃的空间阻碍较大，则其竞争吸附不会发生。非共轭二烯烃，比如丙二烯和孤立二烯烃，它们均优先在末端双键碳上发生加氢。1,2-丁二烯在钯催化剂上的加氢反应主要产物有 1-丁烯和顺-2-丁烯。氘化实验表明，1,2-或 2,3-烯键主要发生的是顺式加成。

共轭二烯烃的加氢可以通过 1,2-或 1,4-加成进行。1,3-丁二烯在钯催化剂上的加氢反应主要产物有 1-丁烯（53%）和反-2-丁烯（42%），只有少量顺-2-丁烯。氘代产物分布表明反式异构体是通过 1,4-加成产生的。而在其他第Ⅷ族金属以及铜和金作为催化剂时，反式/顺式产物比例接近 1。这与相同反应条件下 1-丁烯异构化产生的产物比例非常相似。由此可见，这两个过程中可能涉及共同的中间体。根据加氢机理，产物分布由不同吸附中间体之间相互转化的难易决定，如图 6-3 所示。

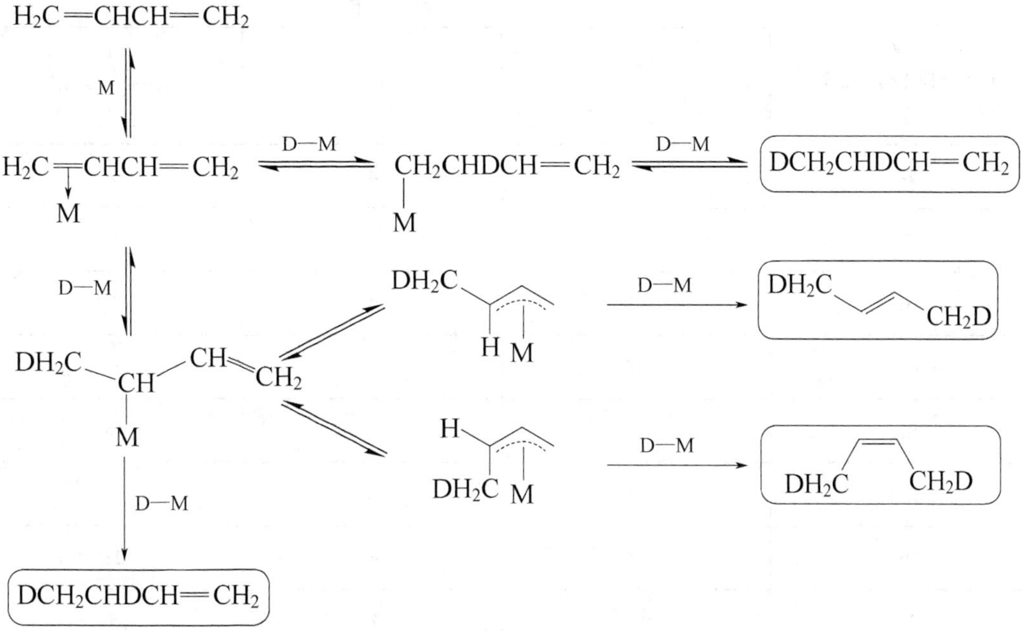

$$H_2C=CHCH=CH_2$$

图 6-3　共轭二烯烃的加氢反应机理（M 代表催化剂活性位）

三、炔烃加氢

炔烃的三键在 Pt、Pd、Ni 等催化剂存在下较易被加氢，但当三键上连接的取代基空间位阻较大时，较难加氢。

一般来说，炔烃加氢可以生成烯烃或烷烃，这取决于反应条件和所使用的催化剂。如果想要反应停留在烯烃阶段，需要采用低温和低压。

在常用的 Pt、Pd 催化剂催化下，炔烃和氢加成生成烷烃：

$$R-C\equiv C-H \xrightarrow[H_2]{Pt/C} R-CH_2-CH_3$$

在 Lindlar 催化剂 Pd/BaSO₄ 催化下，炔烃与氢顺式加成得到烯烃：

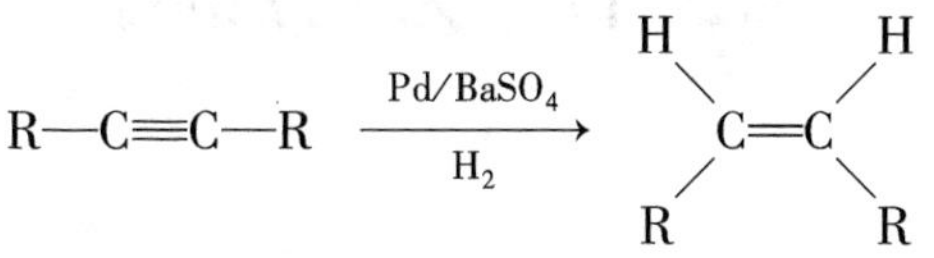

$$R-C\equiv C-R \xrightarrow[H_2]{Pd/BaSO_4} \underset{R}{\overset{H}{C}}=\underset{R}{\overset{H}{C}}$$

其加氢机理符合 Horiuti—Polyanyi 机理：

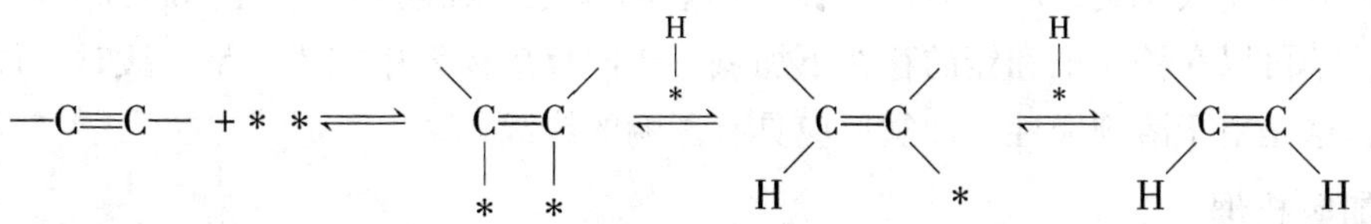

使用不同的催化剂，所得到的顺式、反式加成产物比例不一样，但主要以顺式加成产物为主，如表 6-6 所示。

表 6-6　炔烃在不同催化剂上加氢产物分布

C—C≡C—C 在不同催化剂上加氢	产物分布,%		
	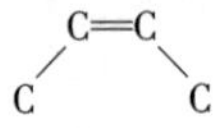 $\underset{C}{C}{>}C{=}C{<}\underset{C}{}$	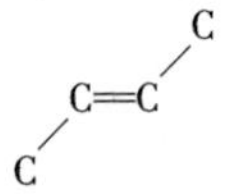 $\underset{C}{C}{>}C{=}C{-}C$	C≡C—C—C
Fe	76	4	20
Co	88	7	5
Ni	95	4	1
Cu	100	0	0
Ru	79	5	16
Rh	85	8	7
Os	74	4	22
Ir	87	8	5
Pt	87	8	5

当炔烃三键上所连接的取代基空间位阻很大时，加氢后主要得到反式烯烃，如二叔丁基乙炔经催化加氢后，反式-1,2-二叔丁基乙烯是主要产物：

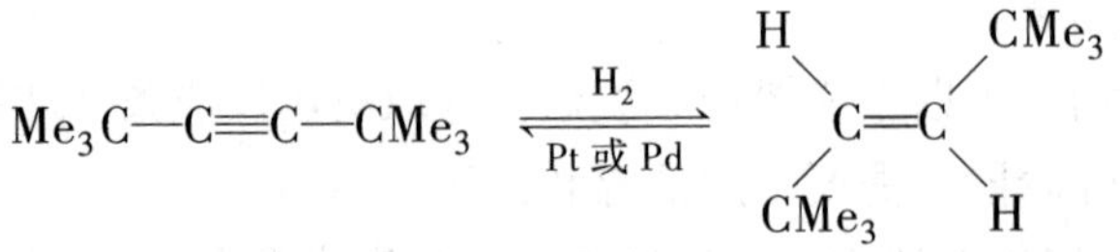

$$Me_3C—C≡C—CMe_3 \xrightarrow[\text{Pt 或 Pd}]{H_2} \underset{CMe_3}{\overset{H}{>}}C{=}C\underset{H}{\overset{CMe_3}{<}}$$

生成反式产物的机理尚不十分清楚，可能是首先生成顺式烯烃，但由于烯烃取代基空间阻碍大，顺式产物又进一步异构化为更为稳定的反式产物。

第三节　芳烃加氢

一、单环芳烃加氢

由于芳环比较稳定，所以芳烃比孤立烯烃的双键更难被加氢。在 30~50℃ 和 4~5 大气压下，苯可以在铂、钯和铑的存在下加氢，当向反应体系中加入少量乙酸时，加氢更容易进行，这是由于溶剂极性对加氢反应具有影响的缘故。

1. 加氢机理

芳烃的加氢机理主要是在活性中心上的化学吸附，按照 Horiuti—Polyanyi 机理，苯的加氢过程如图 6-4 所示。

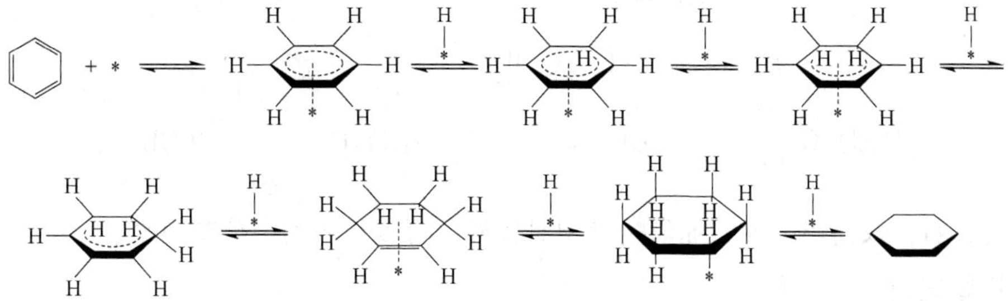

图 6-4　苯的加氢反应机理

虽然苯加氢是分步进行的，但并没有分离出中间产物环己二烯、环己烯，这是因为它们的加氢速度比苯快得多。表 6-7 给出了苯、环己二烯和环己烯的加氢速率常数，可以看出从苯到环己二烯再到环己烯，它们的反应速度是逐渐加快的，因此反应很难停留在环烯烃阶段。

表 6-7　苯、环己二烯和环己烯的加氢速率常数

烃	加氢速度常数 k，10^3L/(g · min)
苯（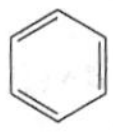）	290
1,4-环己二烯（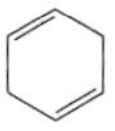）	1330
1,3-环己二烯（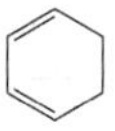）	1900
环己烯（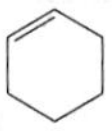）	2350

然而，当芳环上具有较大取代基时，加氢可以停留在中间产物阶段。例如在邻二甲苯加氢的液相产物中可以检测到少量的二甲基环己烯存在。对于 1,3-或 1,4-二叔丁基苯或 1,3,5-三叔丁基苯，由于苯环上连接有体积较大的叔丁基，这些芳烃加氢后的产物中烷基环己烯的含量很大。

烷基取代苯的加氢过程如下所示：

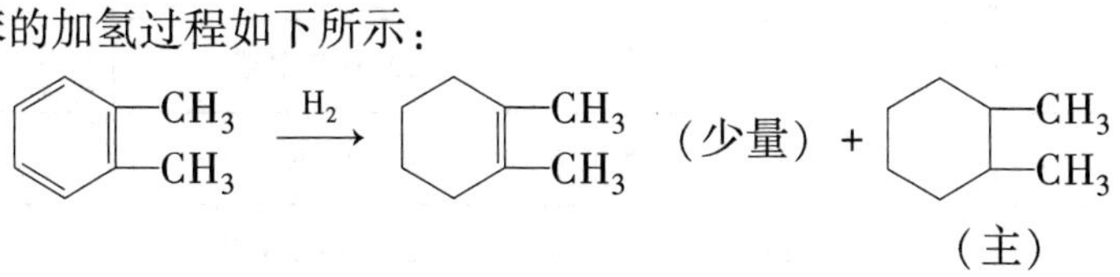

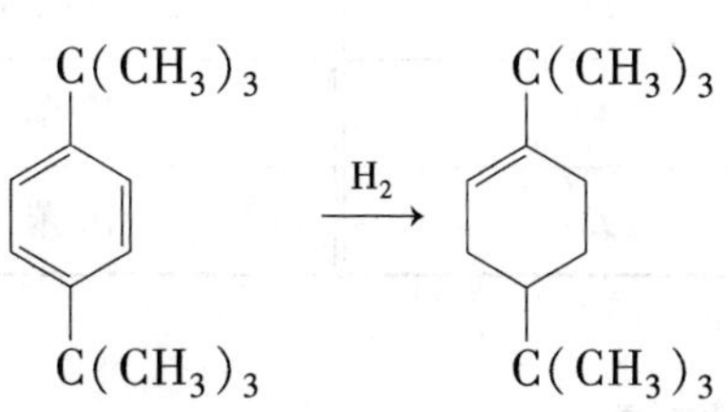

1,4-二叔丁基苯　　（较多）

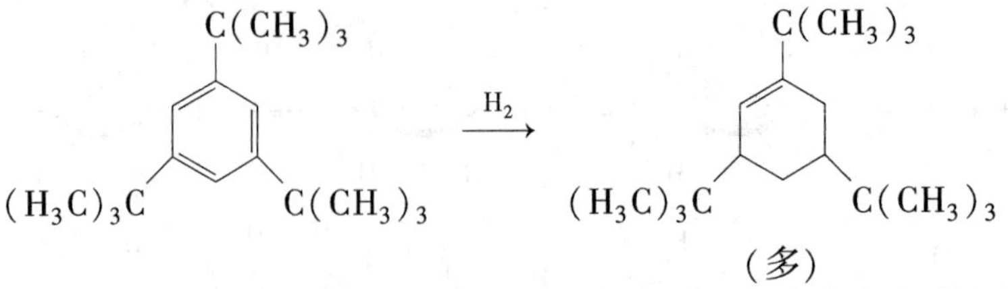

$$C(CH_3)_3 \quad \xrightarrow{H_2} \quad C(CH_3)_3$$

$$(H_3C)_3C \qquad C(CH_3)_3 \qquad (H_3C)_3C \qquad C(CH_3)_3$$

（多）

以上表明，取代环己烯的加氢速度相对较慢，可以从产物中分离出来。

2. 加氢速度

烷基苯的加氢速度比苯慢，动力学研究结果证明其加氢速率对于氢分压是一级反应，对于芳烃浓度是零级，并且当催化剂用量较小时与所用催化剂的量成正比。速率控制步骤涉及氢与化学吸附芳烃的表面反应。

烷基苯的加氢速度随着侧链的增长而降低，侧链 α 位或 β 位碳原子上有支链时，加氢速度下降更大，即取代基空间阻碍越大，越难加氢。表 6-8 列出了几种单烷基苯的相对加氢速度。表 6-9 给出了多甲苯加氢相对反应速度。从表中可以看出，苯环上甲基取代基越多，芳烃加氢速度越慢，并且甲基所处位置空间阻碍越大，加氢速度也越慢。

表 6-8 单烷基苯加氢的相对反应速度（反应条件：PtO_2，0.4MPa，室温）

芳烃 C_6H_5R R=	相对反应速度	芳烃 C_6H_5R R=	相对反应速度
H	100	$n\text{-}C_5H_{11}$	40
CH_3	62	$n\text{-}C_6H_{13}$	38
CH_2CH_3	45	$i\text{-}C_3H_7$	33
$n\text{-}C_3H_7$	41	$i\text{-}C_4H_9$	23
$n\text{-}C_4H_9$	38	$t\text{-}C_4H_9$	26

表 6-9 多甲苯加氢相对反应速度（反应条件：PtO_2，30℃）

芳烃	相对反应速度	芳烃	相对反应速度
苯	100	1,2,4-三甲苯	43
甲苯	72	1,2,3-三甲苯	22
对二甲苯	77	1,2,4,5-四甲苯	25
间二甲苯	61	1,2,3,4-四甲苯	12
邻二甲苯	44	五甲苯	7.3
1,3,5-三甲苯	73	六甲苯	1.4

二、联苯及多苯甲烷加氢

联苯和多苯甲烷加氢时，苯环逐个加氢，其产物组成取决于催化剂、溶剂及其他反应条件。

联苯在 Pd/C 催化剂上加氢反应过程如下：

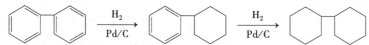

表 6-10 给出了不同催化剂和溶剂对联苯加氢产物分布的影响。

表 6-10 联苯加氢产物分布 （100℃，6.5MPa）

催化剂	溶剂	联苯 （物质的量分数），%	环己基苯 （物质的量分数），%	二环己烷 （物质的量分数），%
5%Pd/C	乙酸	10	87	3
	环己烷	3	97	0
5%Pt/C	乙酸	—	—	—
	环己烷	12	56	32
5%Rh/C	乙酸	15	58	27
	环己烷	21	43	36
5%Ru/C	乙酸	36	31	33
	环己烷	35	34	31

二苯甲烷在 Pd/C 催化剂上加氢反应过程如下：

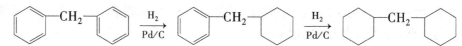

不同催化剂和反应温度对二苯甲烷加氢产物分布的影响见表 6-11。

表 6-11 二苯甲烷加氢产物分布

催化剂	温度，℃	二苯甲烷 （物质的量分数），%	苄基环己烷 （物质的量分数），%	二环己基甲烷 （物质的量分数），%
5%Pd/C	119	26	66	8
5%Pt/C	115	18	62	20
5%Rh/C	87	18	39	43
PtO_2	32	34	47	19

三、稠环芳烃加氢

稠环芳烃加氢，可以终止于一个环或某一重键被加氢阶段，与催化剂及反应条件有关。加氢后的产物为异构体或立体异构体的混合物。

1. 萘类化合物加氢

萘加氢首先生成四氢萘，再进一步加氢生成顺和反十氢萘，也能生成少量的八氢萘：

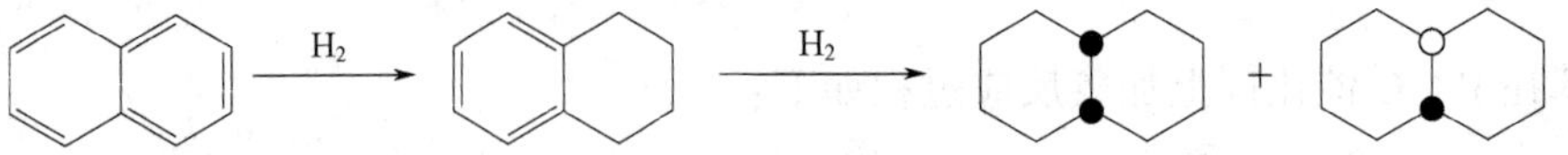

顺式十氢萘　　　反式十氢萘

在贵金属 Pt、Pd、Rh、Ir、Ru 等催化剂中，仅有 Pd 催化剂能使萘加氢停止在四氢萘阶段，Ni 催化剂在适宜的反应压力、温度时也可得到四氢萘，使用 Ru、Ir、Rh 催化剂时，产物主要是顺式十氢萘产物。

单烷基萘常是不取代的环容易被加氢：

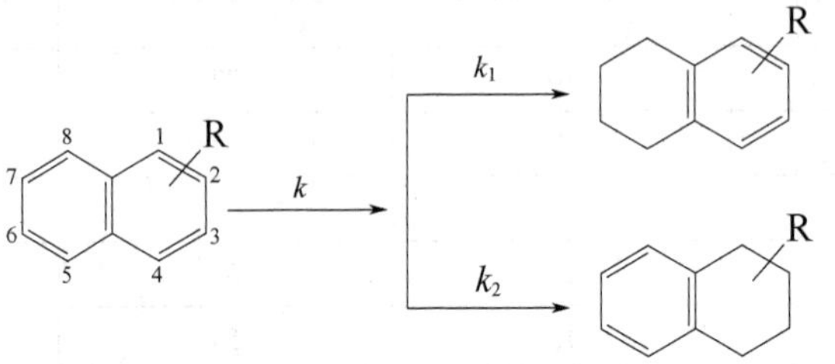

k 为总的反应速率常数，k_1、k_2 分别为未取代芳环和取代芳环的加氢反应速率常数，则加氢反应的选择性 S 为：

$$S = k_1/k_2$$

不同取代的烷基萘的加氢动力学数据见表 6-12。从表中数据可以看出，在 1-烷基萘中，加氢选择性随 1-烷基取代基的体积增大而减小。在 2-烷基萘中，除 2-叔丁基外，其他取代基的大小对萘环加氢影响不大。

表 6-12　烷基萘的加氢动力学数据[①]

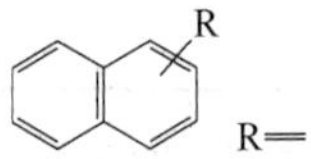 R=	k[②]	k_1	k_2	S	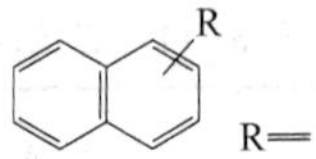 R=	k[②]	k_1	k_2	S
H—	8.6	4.3	4.3	1.00	2,6-二叔丁基—	10.2			
1-甲基—	4.9	3.3	1.7	1.95	2,6-二环己基—	2.0			
1-乙基—	6.8	3.8	3.1	1.24	2,7-二叔丁基—	5.4			
1-异丙基—	6.2	2.0	4.1	0.48	1,4-二甲基—	7.6	4.1	3.4	1.21
1-叔丁基—	22	0.54	21	0.024	1,4-二乙基—	7.1	2.1	5.0	0.42
1-环己基—	2.9	1.2	1.7	0.68	1,4-二异丙基—	17.0	1.4	15.6	0.093
2-甲基—	5.5	3.4	2.1	1.65	1,4-二叔丁基—	56	<0.2	56	<0.006
2-乙基—	5.3	3.5	1.8	1.89	1,5-二甲基—	8.2			
2-异丙基—	5.0	3.1	1.8	1.71	1,5-二异丙基—	17.5			
2-叔丁基—	2.5	1.5	1.0	1.53	1,5-二叔丁基—	48			
2-环己基—	2.7	5	—	—	1,8-二甲基—	59			
2,6-二甲基—	4.7				1,8-二乙基—	126			
2,6-二异丙基—	6.0				1,8-二异丙基—	353			

① 反应条件：温度 80℃；H_2 压：常压；催化剂：10%Pd/C；溶剂：乙酸。

② 速度常数单位：10^6 mol/(s·g 催化剂)。

从表6-12数据还可以发现，除2,6-二叔丁基萘外，2-烷基和2,6-二烷基萘的总加氢速率略低于萘。对于1,4-、1,5-和1,8-二烷基萘，总加氢速率随烷基体积的增大而急剧增加；而对于1-叔丁基和1,4-二叔丁基萘来说，烷基取代的环有较高的加氢反应速率（k_2）。这些现象可以用"围应力（Peri Strain）"以及空间立体效应等方面来解释。由于在速率控制步骤的过渡态中，体积较大的取代基的围应力部分释放，导致具有应力的分子加氢速率增加，并能决定哪个芳环优先被加氢。比如，在1,4-二烷基萘中，当1,4位的取代基体积大时，1,4位围应力均很大，导致1,4-二甲基萘和1,4-二叔丁基萘的加氢速率差异较大。

2. 蒽及菲加氢

蒽及菲发生逐步加氢，但催化剂不同加氢产物不同。

蒽分步加氢的相对速度如下：

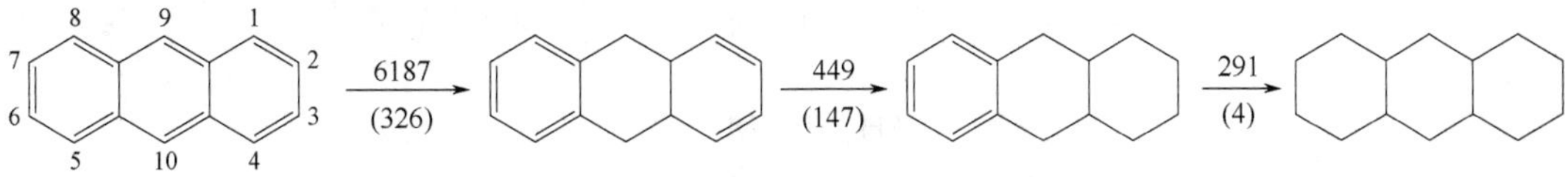

9,10-二氢蒽

以苯加氢得到环己烷的速度为100做标准，箭头上的数字为蒽各步加氢的相对速度，反应条件为：催化剂 WS_2，温度400℃，压力15MPa。括号内的数字是在催化剂 Ni/Al_2O_3、温度120~202℃、压力3~5MPa条件下得到的相对加氢速度。

菲加氢时催化剂不同、反应条件不同会得到不同的产物。一般获得二氢菲、四氢菲、八氢菲以及十氢菲的混合物：

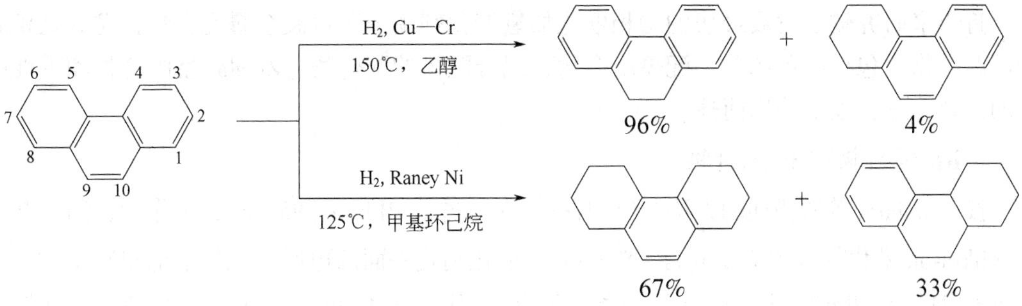

第四节　均相催化加氢

不饱和的化合物进行催化加氢反应，从理论上说应由4个过程组成，即氢分子的活化、底物的活化、氢转移以及产物的生成。H—H键的键能为436kJ/mol，而 C＝C 双键的 π 键键能只有272kJ/mol，因此，加氢过程中氢分子的活化比底物的活化更困难。换句话说，研究均相配位催化的加氢反应首先要看金属配合物催化剂能否与氢分子作用，使氢分子活化。氢分子的活化有两种方式，即均裂和异裂。

均裂主要是通过氧化加成反应实现：

$$M^n + H_2 \longrightarrow M^{n+2}H_2$$

均裂时生成金属双氢配合物，含有 M—H 键，使加氢反应能够顺利进行。

异裂导致的氢分子活化方式为：

$$M + H_2 \longrightarrow M—H^- + H^+$$

异裂过程需要一个与 H^+ 结合的碱性基团存在，而且金属的氧化态不发生变化。

不饱和化合物均相加氢一般有两种路线：一是先形成氢金属配合物，然后与不饱和化合物（S）反应，这种催化过程被称为氢化物路线；二是金属先与不饱和化合物（S）结合再与氢气反应，这种催化过程被称为不饱和路线。两种路线最终均形成加氢饱和产物，但在许多情况下，氢化物路线被证明更为有效：

$$M \underset{}{\overset{H_2}{\rightleftharpoons}} M \cdot H_2 \underset{}{\overset{S}{\rightleftharpoons}} \boxed{H_2 \cdot M \cdot S} \underset{}{\overset{H_2}{\rightleftharpoons}} M \cdot S \underset{}{\overset{S}{\rightleftharpoons}} M$$

氢化物路线(hydride route)　　　　　　　不饱和路线(unsaturate route)

$$SH_2 + M$$

一、均相催化加氢催化剂

均相催化加氢涉及的催化剂溶于反应介质，即催化剂与反应底物处于同一相。由于大多数均相催化剂都是配合物，所以又称均相催化为配位催化，催化剂称为配位催化剂。自 20 世纪 60 年代 Wilkinson 发现 $RhCl(PPh_3)_3$，Vaska 发现 $IrCl(CO)(PPh_3)_2$ 均相催化剂能在极为缓和条件下催化烯烃等加氢后，从此逐渐形成了一系列以过渡金属配合物为主体的均相催化加氢催化剂。

近年来研究较多发展最快的均相催化加氢催化剂集中于过渡金属配合物，尤其是Ⅷ族金属配合物，包括简单的单一配体配合物、混合配体的配合物、Zieglar 型配合物和手性配体的配合物等，以下分别简述。

1. Rh 配合物和 Ir 配合物

按照 Osborn 等所描述的方法，$RhCl_3 \cdot 3H_2O$ 与过量 PPh_3 在 95% 乙醇中作用，制得著名的 Wilkinson 催化剂 $RhCl(PPh_3)_3$。Wilkinson 催化剂是平面四边形（配位不饱和）结构，除了简单烯烃外，$RhCl(PPh_3)_3$ 还对一系列带有—CHO，—C=O，—NO$_2$ 等官能团的烯烃或炔烃的 C=C 和 C≡C 具有催化加氢选择性。Vaska 配合物 $IrCl(CO)(PPh_3)_2$ 的合成也是采用 $IrCl_3$ 和 PPh_3 在乙醇中反应得到，但其合成机理要复杂得多。$IrCl(CO)(PPh_3)_2$ 对 H_2、CH_3I、CH_3COCl 等多种小分子具有氧化加成作用，因而可以均相催化许多反应。

2. Ru 配合物

早在 1961 年 Haipern 就证明，$RuCl_2$ 的水溶液是乙烯加氢的有效催化剂。Adamsen 对 Ru(Ⅱ)，Ru(Ⅲ) 和 Ru(Ⅳ) 氢化物进行了深入研究，确认有效的催化活性物种为 $Ru(H_2O)_2Cl_4^-$，$Ru(H_2O)Cl_5^{2-}$ 和 $RuCl_6^{3-}$。Ru(Ⅱ) 的 HCl 溶液可以催化像马来酸这样的活泼烯基化合物进行聚合反应。

$RuClH(PPh_3)_3$ 是促进有机氢转移反应有效的均相催化剂，它是在甲醇中通过 PPh_3

与 RuCl$_3$ 反应制备出来的。对于单取代端基烯烃的氢化反应，具有最好的催化活性。RuClH(PPh$_3$)$_3$ 催化内烯烃和环烯烃的加氢速度比催化端烯烃慢 $10^3 \sim 10^4$ 倍，其催化炔烃和共轭双烯烃的加氢也很慢。

羧酸根和 PPh$_3$ 配位的 Ru 配合物对于 α-脂肪烯烃的加氢也是一类比较好的催化剂。

3. Pt、Pb、Ni 膦配合物

Bailer 和 Hatan 曾对 Pt、Pb、Ni 等Ⅷ族金属和 R$_3$Z（Z = P、As、Sb）配位形成的 (R$_3$Z)$_3$MX$_2$ 配合物的均相催化加氢速率和选择性做过系统研究，他们在这类配合物体系中引入第二种金属组分 M'X$_2$ 或 M'X$_4$（其中 M' = Si，Ge，Sn，Pb），产生了促进作用。例如，单独使用 PtCl$_2$(PPh$_3$)$_2$ 则无催化加氢活性，而 SnCl$_2$ 的加入则提高了 PtCl$_2$(PPh$_3$)$_2$ 或 PdCl$_2$(PPh$_3$)$_2$ 的催化活性。过量的 SnCl$_2$ 存在促进了 [H(SnCl$_2$)$_3$Pt(PPh$_3$)$_2$] 的生成，SnCl$_2$ 作为 π-受体配体使这个氢化配合物的反应活性增强，使其具有了更强的加氢活性。

这类配合物对于含两个或多个双键的化合物加氢具有明显的选择性。一般只催化加氢还原端烯键，有取代基的烯键则不反应。例如 1,5-己二烯加氢主要生成己烯（20%），只有少量完全氢化产物己烷（2.5%）。而 1,4-己二烯和 1,3-己二烯的加氢只产生 2-己烯和 3-己烯而无己烷生成。还发现当 Pt-Sn-膦配合物存在时，某些烯的加氢伴随有异构化反应。

4. 钴的氰基配合物

[Co(CN)$_5$]$^{3-}$ 在水溶液中对含 C=C 键、C=O 键、—NO$_2$ 及 C=N—OH 基团都具有加氢催化作用，是一类适用范围比较广的均相加氢催化剂。该配合物只溶于水中，在有机溶剂中溶解度很小，这限制了它的应用。采用甲醇和甲醇—甘油混合溶剂以及其他醇—水混合溶剂，可以扩大其应用范围。

除了氰基配体外，还可用其他配体，如 2,2-联吡啶，生成二氰（联吡啶）钴（Ⅱ）。该配合物与 [Co(CN)$_5$]$^{3-}$ 相似，也能使碳多重键活化。它催化氢化的起始速度一般较 [Co(CN)$_5$]$^{3-}$ 快，但催化剂寿命要短些。两种催化剂的选择性基本相同。

5. Ziegler 型加氢催化剂

由过渡金属盐与乙酰丙酮盐或醇盐和有机铝化合物原位生成的 Ziegler 型催化剂，在比较温和条件下也可以用于不饱和化合物的均相催化加氢。通常，Co(Ⅱ)、Co(Ⅲ)、Cr(Ⅲ)、Cu(Ⅱ)、Fe(Ⅲ)、Mn(Ⅱ)、Mn(Ⅲ)、Mo(Ⅵ)、Ni(Ⅱ)、Pd(Ⅱ)、Ru(Ⅲ)、Ti(Ⅳ) 和 V(Ⅴ) 的乙酰丙酮盐或醇盐都具有催化加氢活性，而其卤化物活性很差。除了 Cu(Ⅱ) 以外，所有这些过渡金属都可构成高效的催化剂体系。双（π-环戊二烯基）二氯合钛和锆也是令人满意的 Ziegler 型加氢催化体系。最活泼的乙酰丙酮 Co(Ⅱ)、Fe(Ⅲ) 和 Cr(Ⅲ) 盐的催化加氢活性顺序为 Co(Ⅱ)>Fe(Ⅲ)>Cr(Ⅲ)。

典型的环己烯、1-己烯、1-辛烯、2-甲基-1-丁烯、1-戊烯、1,2-二苯基乙烯都可以用各种 Ziegler 催化剂在 25~40℃ 和 3.7atm 的氢压下进行加氢还原。烯烃加氢速率按以下顺序递减：二取代烯>三取代烯>四取代烯。随着底物空间位阻的增大，反应活性降低。与多相催化剂的催化效果相反，在这类催化剂上环己烯的加氢比 1-己烯快。

二、烯烃的催化加氢

不饱和烃均相催化加氢是 1965 年 Wilkinson 提出的，他用 Rh[P(C$_6$H$_5$)$_3$]$_3$Cl 为催化

剂，以苯为溶剂，在 25℃ 及 0.1MPa 压力下，使烯烃、炔烃及其他的不饱和烃加氢还原，其中催化 1-辛烯加氢反应为：

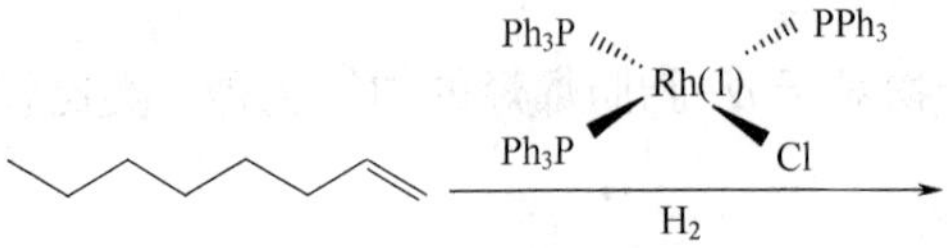

催化剂 $Rh[P(C_6H_5)_3]_3Cl$ 在溶剂中首先发生溶剂化，然后与分子 H_2 结合而使得氢活化，烯烃催化加氢机理为：

$$Rh[P(C_6H_5)_3]_3Cl \xrightarrow[-P(C_6H_5)_3]{S(溶剂)} Rh[P(C_6H_5)_3]_2Cl(S) \xrightleftharpoons[-S]{H_2}$$

$$RhClH_2[P(C_6H_5)_3]_2 \xrightleftharpoons[]{C=C} RhClH_2[P(C_6H_5)_3]_2\left(\begin{matrix} C=C \end{matrix}\right)$$

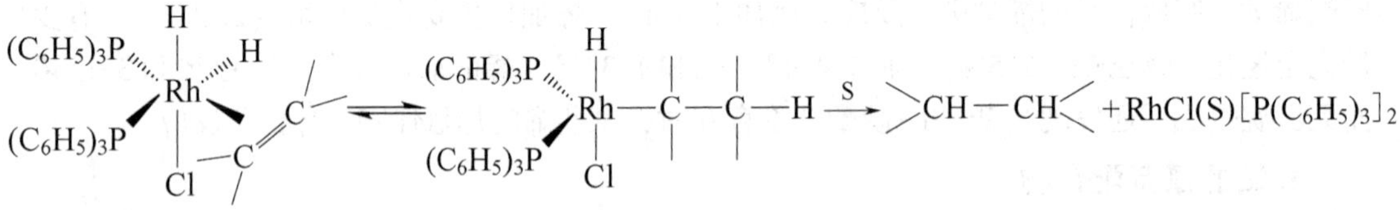

该催化剂对烯烃、炔烃底物均具有催化加氢活性，而且含有—OH、—CN、—OEt 官能团的烯烃、炔烃更易被催化加氢。端烯键、炔键比中间烯键、炔键容易加氢，并且端烯烃、炔烃加氢速度与不饱和化合物的碳链长短几乎无关。

以 1-辛烯催化加氢为标准，其他不饱和底物的加氢速率与 1-辛烯加氢速率的比值定义为竞争数（competition figure）：

$$竞争数=不饱和底物的加氢速率/1-辛烯加氢速率$$

部分不饱和底物在 $Rh[P(C_6H_5)_3]_3Cl$ 催化下加氢的竞争数见表 6-13。

表 6-13　不饱和底物在 $Rh[P(C_6H_5)_3]_3Cl$ 催化下加氢的竞争数

不饱和底物	竞争数	不饱和底物	竞争数
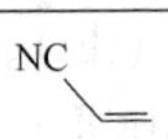 NC⟍⟍	14.7	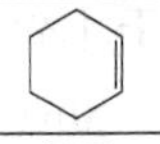 ⬡	0.92
 HO⟍⟍	9.1	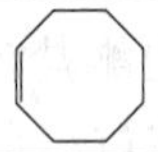 ⯃	0.75
 HO⟍⟍	3.4	C_2H_5—≡—C_2H_5	0.71
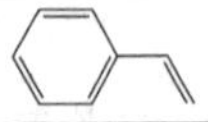 ⌬⟍	2.6	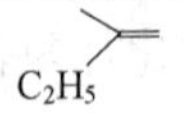 C_2H_5⟍	0.69
 EtO⟍	1.8	 C_3H_7⟍⟍C_3H_7	0.54
C_3H_7—≡≡ （还有 1-庚炔，1-辛炔）	1.7	 C_3H_7⟍⟍C_3H_7	0.17
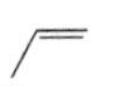 ⟍⟍ C_4H_9 （还有 1-癸烯，1-十二烯）	1.0		

170

从上述竞争数可以看出，环烯烃、中间烯、炔键都比 1-辛烯加氢速度慢。

Halpern 等人研究提出的 Rh(PPh$_3$)$_3$Cl 催化下，烯烃加氢反应的循环催化机理已被广泛接受，如图 6-5 所示。该循环由内循环和外循环两个部分组成，反应主要按内循环进行。内循环由 4 个基元步骤组成，即首先 16 电子的 Rh(PPh$_3$)$_3$Cl 脱掉一个三苯基膦配体形成配位不饱和的 14 电子配合物 Rh(PPh$_3$)$_2$Cl；该配合物作为活性物种立刻与 H$_2$ 发生氧化加成反应生成 16 电子双氢配合物 Rh(PPh$_3$)$_2$ClH$_2$，使氢分子活化，该配合物仍是配位不饱和的，这时烯烃分子可以配位到铑原子上，得到配位饱和的配合物，使烯烃分子被活化；然后烯烃分子插入与之顺位的 H—M 键中生成 16 电子的烷基配合物；最后发生还原消除生成烷烃，同时再生活性物种 Rh(PPh$_3$)$_2$Cl。H$_2$ 与活性物种 Rh(PPh$_3$)$_2$Cl 的氧化加成反应生成双氢配合物的过程是决定反应速率的步骤，所以该循环被称作双氢机理。

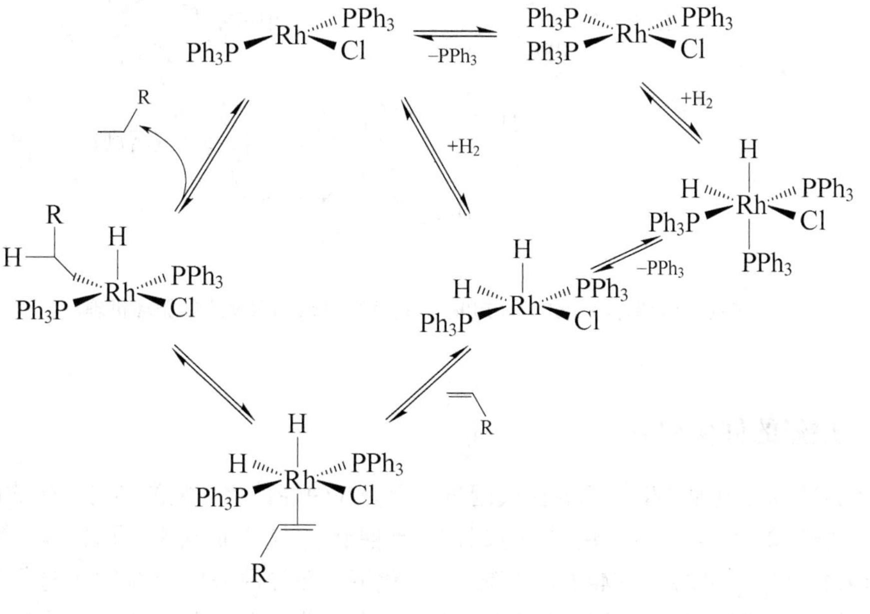

图 6-5　Rh(PPh$_3$)$_3$Cl 催化烯烃加氢反应的循环机理

Bolafios 等人研究认为，RuCl$_2$(4-^{t}BuPy)$_2$(PPh$_3$)$_2$ 催化环己烯加氢的循环机理如图 6-6 所示。该催化反应首先需 RuCl$_2$(4-^{t}BuPy)$_2$(PPh$_3$)$_2$ 脱除掉一个 4-^{t}BuPy（4-叔丁基吡啶）配体生成配位不饱和的中间体 RuCl$_2$(4-^{t}BuPy)(PPh$_3$)$_2$，该中间体在被脱掉的 4-^{t}BuPy 帮助下使氢分子发生异裂，生成催化剂活性物种 RuHCl(4-^{t}BuPy)(PPh$_3$)$_2$；这个 Ru—H 单氢配合物迅速与环己烯配位，并可逆地转化为环烷基钌配合物，紧接着与分子氢发生氧化加成生成双氢配合物，该步为速率决定步骤；最后通过还原消除生成加氢产物环己烷并再生活性物种 RuHCl(4-^{t}BuPy)(PPh$_3$)$_2$。

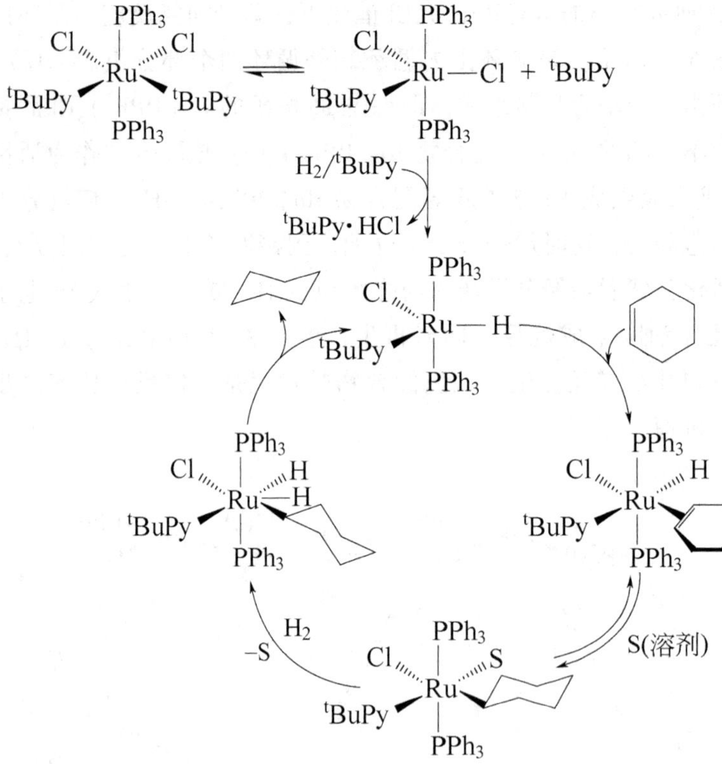

图 6-6 RuCl$_2$(4-^{t}BuPy)$_2$(PPh$_3$)$_2$ 催化环己烯加氢反应的循环机理

三、炔烃的催化加氢

炔烃高选择性地加氢生成烯烃比较困难，因为在炔烃催化加氢的同时，生成的烯烃更容易进一步加氢生成烷烃。炔烃高选择性地催化加氢生成烯烃的最典型的例子是 OsHCl(CO)(PR$_3$)$_2$(PR$_3$=PMe^{t}Bu$_2$,P^{i}Pr$_3$) 催化下，在异丙醇中于 60℃下选择性地将苯乙炔催化加氢生成苯乙烯，选择性接近 100%。动力学研究表明，该反应的速率与催化剂、底物以及氢气浓度的一次方成正比。结合该催化剂分子与氢气、炔烃单独反应的研究结果，人们提出了如图 6-7 所示的循环反应机理。

起始配合物与苯乙炔通过叁键与金属 Os 配位，紧接着发生异构化生成苯乙炔与氢原子互为顺式构型的中间体，以便苯乙炔分子插入到 Os—H 之间，得到稳定的苯乙烯基配合物 Os(CH=CHPh)Cl(CO)(PR$_3$)$_2$。该循环反应中最慢的一步是苯乙烯基配合物与氢分子反应生成苯乙烯和起始催化剂配合物分子。

当以该催化剂催化苯乙烯加氢反应时，苯乙烯催化加氢生成苯乙烷的速率是苯乙炔加氢生成苯乙烯的 10 倍。从动力学上来说苯乙烯催化加氢反应要比苯乙炔有利，但从热力学上来说，由苯乙炔与催化剂生成的中间体苯乙烯基配合物 Os(CH=CHPh)Cl(CO)(PR$_3$)$_2$ 很稳定，因此，导致体系中的锇配合物即使有催化量的苯乙炔存在，都以苯乙烯基配合物 Os(CH=CHPh)Cl(CO)(PR$_3$)$_2$ 的形式存在，苯乙烯不能与 Os 原子配位，因

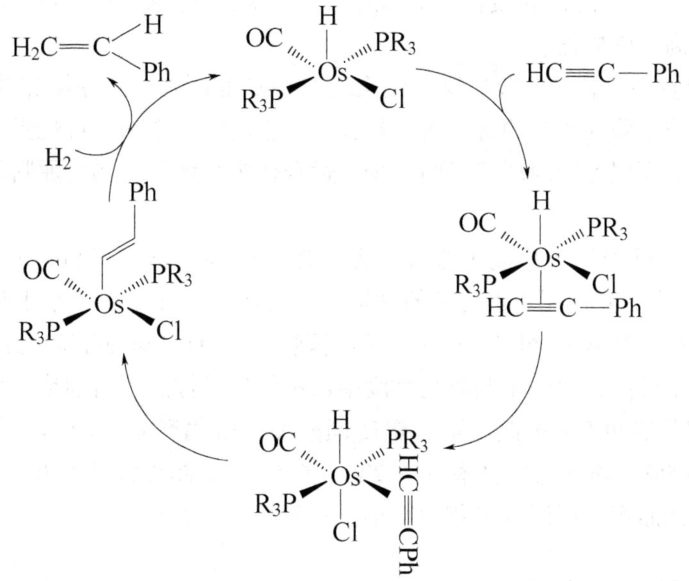

图 6-7　OsHCl(CO)(PR$_3$)$_2$(PR$_3$ ═PMe^{t}Bu$_2$,P^{i}Pr$_3$)催化苯乙炔加氢反应的循环机理

此，反应只能停留在生成苯乙烯阶段。

第五节　加氢裂化反应与机理

一、加氢裂化反应概述

加氢裂化反应是在高温、高压和催化剂存在下，使重质油发生裂化反应，转化为气体、汽油、柴油等过程。其原料通常为减压瓦斯油（VGO）、常压渣油（AR）、减压渣油（VR）和渣油脱沥青油（DAR）。

加氢裂化催化剂（Co-Mo/分子筛）与加氢精制催化剂（Co-Mo/Al$_2$O$_3$）有相似的地方，但是前者是一种双功能的催化剂，既有裂化中心，又有加氢中心。加氢裂化催化剂由具有加氢活性的金属组分（Mo、Ni、Co、W、Pt 等）载于具有裂化和异构化活性的酸性载体（硅酸铝，沸石分子筛等）上组成。与催化裂化相比，产物分布相似，但产物基本是饱和烃类。加氢裂化工艺根据原料及产品要求不同，可分为一段法、二段法。一段法主要用于较好的原料，裂化深度浅，一般以生产中间馏分油为主；两段法适用于劣质原料，裂化深度深，以生产汽油为主，高压加氢的压力为 10MPa，中压加氢的压力在 8MPa 左右。

加氢裂化产品与其他石油二次加工产品相比较具有如下一些优点：

（1）加氢裂化液体产率高，C$_5$ 以上液体产率可超过 94%~95%，体积产率则超过110%。而催化裂化液体产率只有 75%~80%，延迟焦化只有 65%~70%。

（2）加氢裂化气体产率很低，通常 C$_1$~C$_4$ 只有 4%~6%，C$_1$~C$_2$ 更少，仅有 1%~2%。而催化裂化 C$_1$~C$_4$ 通常达 15% 以上，C$_1$~C$_2$ 达 3%~5%。延迟焦化的气体产率较催化裂化略低一些，C$_1$~C$_4$ 约 6%~10%。

（3）加氢裂化产品的饱和度高，烯烃极少，非烃含量也很低，故产品的安定性好。柴油的十六烷值高，胶质低。

（4）原料中多环芳烃在进行加氢裂化反应时经加氢断环后，主要集中在石脑油馏分和中间馏分中，使石脑油馏分的芳烃潜含量较高，中间馏分中的环烷烃具有较好的燃烧性能和较高的热值。而尾油则因环状烃的减少，适合作为裂解制乙烯的原料及高黏度指数润滑油原料。

（5）加氢裂化过程异构化能力很强，无论加工何种原料，产品中的异构烃都较多，例如气体 C_3、C_4 中的异构烃与正构烷的含量比例通常在 2~3 以上，小于80℃石脑油馏分具有较好的抗爆性，其 RON 可达 75~80。喷气燃料冰点低，柴油有较低的凝点，尾油中由于异构烷烃含量较高，适合于制取高黏度指数和低挥发性的润滑油或乙烯。

（6）通过催化剂和工艺的改变可大幅度调整加氢裂化产品的产率分布，石脑油馏分收率可达 20%~65%，喷气燃料收率可达 20%~60%，柴油收率可达 30%~80%。而催化裂化与延迟焦化产品产率可调变得范围很小，一般都小于10%。

二、加氢裂化反应机理

1. 烷烃和烯烃的反应

烷烃和烯烃在加氢裂化过程中主要发生的反应有：裂化反应、异构化反应和环化反应。

1）裂化反应

烷烃和烯烃在加氢裂化条件下，都生成分子量更小的烷烃，其反应通式为：

$$C_nH_{2n+2} + H_2 \longrightarrow C_mH_{2m+2} + C_{n-m}H_{2(n-m)+2}$$
$$C_nH_{2n} + 2H_2 \longrightarrow C_mH_{2m+2} + C_{n-m}H_{2(n-m)+2}$$

以十六烷为例，其具体的反应为：

$$C_{16}H_{34} \xrightarrow{H_2} C_8H_{18} + C_8H_{16}$$
$$\downarrow{H_2}$$
$$C_8H_{18}$$

反应机理：烷烃首先在酸性中心上裂化，以 C^+ 机理进行；生成的烯烃随后加氢，按烯烃的加氢机理进行。图6-8给出了长链烷烃分子在双功能催化剂上的反应途径示例。

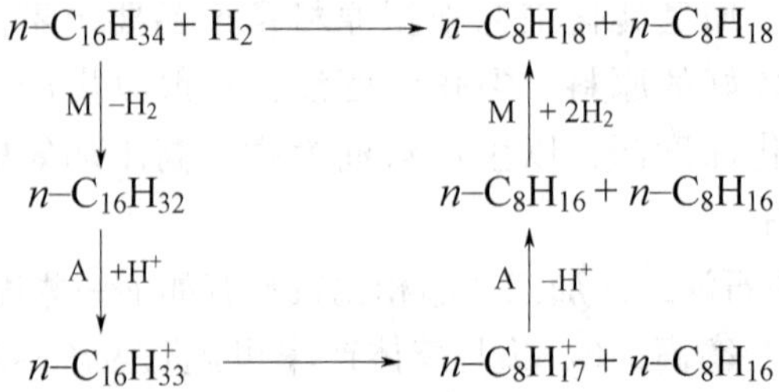

$$n\text{-}C_{16}H_{34} + H_2 \longrightarrow n\text{-}C_8H_{18} + n\text{-}C_8H_{18}$$

$$M \Big| -H_2 \qquad\qquad M \Big| +2H_2$$

$$n\text{-}C_{16}H_{32} \qquad\qquad n\text{-}C_8H_{16} + n\text{-}C_8H_{16}$$

$$A \Big| +H^+ \qquad\qquad A \Big| -H^+$$

$$n\text{-}C_{16}H_{33}^+ \longrightarrow n\text{-}C_8H_{17}^+ + n\text{-}C_8H_{16}$$

图6-8　长链烷烃分子在双功能催化剂上的反应途径（M—金属中心，A—酸性中心）

由图6-8可见，在加氢裂化过程中，大分子裂化成小分子也是通过较大的碳正离子进行 β 位 C—C 键断裂，而生成较小的碳正离子和烯烃这一途径来进行的。但与催化裂化不同的是，在加氢活性中心的作用下烯烃会很快加氢饱和，而来不及再进一步裂化或吸附于催化剂表面而脱氢缩合生成焦炭。因此，加氢裂化催化剂的加氢活性与酸性活性要很好地匹配。如果加氢活性过强，就会使二次裂化反应过于受抑制；而当酸性活性过强时，则会使二次裂化反应过于强烈，反应产物中的较小分子及不饱和烃增多，严重时还会造成生焦。

2）异构化反应

在加氢裂化过程中，烷烃和烯烃均会发生异构化反应，从而使产物中异构烃与正构烃的比值较高。烷烃及烯烃的异构化反应也是在双功能催化剂上进行的。图6-9给出了正庚烷异构化反应的途径。

$$n\text{--}C_7H_{16} \longrightarrow i\text{--}C_7H_{16}$$

$$M \downarrow -H_2 \qquad\qquad M \uparrow +H_2$$

$$n\text{--}C_7H_{14} \qquad\qquad i\text{--}C_7H_{14}$$

$$A \downarrow +H^+ \qquad\qquad A \uparrow -H^+$$

$$n\text{--}C_7H_{15}^+ \xrightarrow{\text{正碳离子异构化}} i\text{--}C_7H_{15}^+$$

（正构正碳离子）　　　　　（异构正碳离子）

图6-9　正庚烷异构化反应的途径（M—金属中心，A—酸性中心）

由图6-9可见，此反应虽然是在氢压下进行的，但氢并未进入反应的化学计量中，在反应完成之后氢并没有消耗，因此这一过程又叫临氢异构化。反应产物的异构化与催化剂的加氢活性及酸性活性有关。当催化剂的酸性活性相对较高时，产物的异构化程度也较高；而当催化剂的加氢活性相对较高时，则产物的异构化程度就较低些。

3）环化反应

在加氢裂化过程中烷烃和烯烃会发生少部分环化而生成环烷烃的反应。例如：

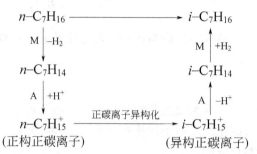

$$n\text{--}C_7H_{16} \longrightarrow \quad + H_2$$

2. 环烷烃的反应

带长侧链的单环环烷烃在加氢裂化条件下主要是发生断链反应。六元环烷环相对比较稳定，一般是先通过异构化反应转化为五元环烷环后再断环成为相应的烷烃。其反应机理为：

双六元环烷烃在加氢裂化条件下往往是其中的一个六元环先异构化为五元环后再断环，然后才是第二个六元环的异构化和断环。这两个环中，第一个环的断环是比较容易的，而第二个环则较难断开。此反应的过程为：

$$\text{双环己烷} \longrightarrow \text{环} + CH_3 \longrightarrow \text{环己基} - CH_2 - \overset{\displaystyle CH_3}{\underset{\displaystyle |}{CH}} - CH_3 \longrightarrow$$

$$\overset{CH_3}{\underset{|}{\text{环戊基}}} - CH_2 - \overset{\displaystyle CH_3}{\underset{\displaystyle |}{CH}} - CH_3 \longrightarrow i\text{-}C_{10}H_{22}$$

环烷烃加氢裂化产物中的异构烷烃与正构烷烃之比及五元环烷烃与六元环烷烃之比都比较大。

3. 芳烃的反应

芳烃中的芳环十分稳定，很难直接断裂开环。在一般条件下，带有烷基侧链的芳烃只是侧链断裂。但由于加氢裂化的反应条件比较苛刻，芳烃除侧链断裂外，还会发生芳环的加氢饱和反应及开环、裂化反应。

单环芳烃加氢裂化反应机理如下：

$$\underset{R}{\text{苯}} \xrightarrow[\text{加氢机理}]{H_2} \underset{R}{\text{环己烷}} \xrightarrow{\text{裂化机理}} \underset{\text{开环, }\beta\text{-断裂}}{\xrightarrow{\text{异构化}}} \text{开链异构烷烃}$$

大分子的稠环及多环芳烃只有在芳环加氢饱和之后才能开环，并进一步发生裂化反应。因此，在讨论稠环芳烃加氢裂化反应时，必须同时考虑芳烃的加氢饱和反应。稠环芳烃加氢裂化反应机理如下：

$$\underset{R}{\text{萘}} \xrightarrow[\text{加氢机理}]{H_2} \underset{R}{\text{四氢萘}} \xrightarrow{\text{裂化机理}} \left\{ \begin{array}{l} \text{环开} \\ \\ \text{环异构化五元环} \end{array} \right\} \xrightarrow[\text{加氢机理}]{H_2}$$

$$\left[\begin{array}{l} \text{环}R' \\ \\ \text{环} \end{array} \right] \xrightarrow{\text{裂化机理}} \left\{ \begin{array}{l} \text{开环} \\ \\ \text{环异构化开环} \end{array} \right\} \xrightarrow[\text{异构化}]{\text{裂化机理}} \text{烯} \xrightarrow[\text{加氢机理}]{H_2} \text{开链异构烷烃}$$

表6-14列出了无侧链芳烃加氢饱和反应的平衡常数和它们的相对反应速率常数。

表 6-14　无侧链芳烃加氢饱和反应平衡常数及相对反应速率常数

反应	$\lg K_p$			相对反应速率常数
	500K	600K	700K	
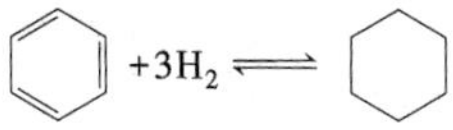	2.11	−1.64	−4.36	1.0
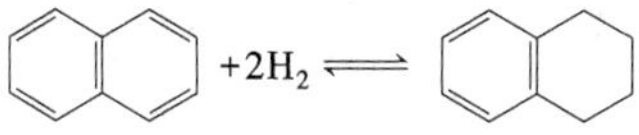	0.75	−1.50	−3.10	23.0
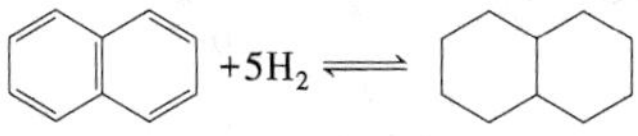	2.40	−3.80	−8.20	2.5
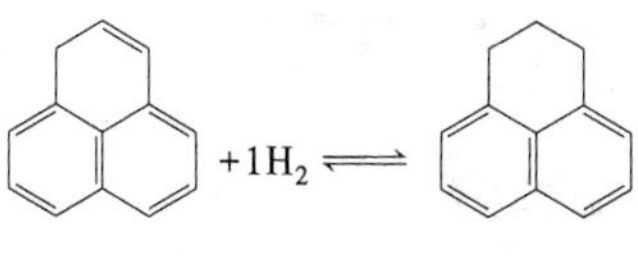	−0.10	−2.30	−3.85	13.8
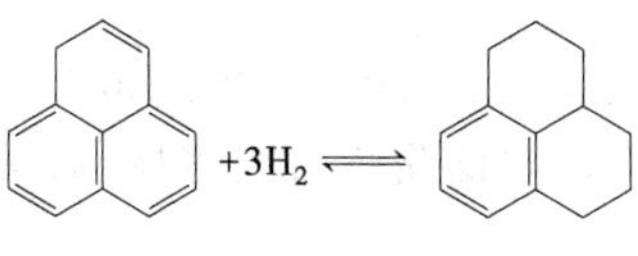	−0.30	−4.60	−7.75	4.6
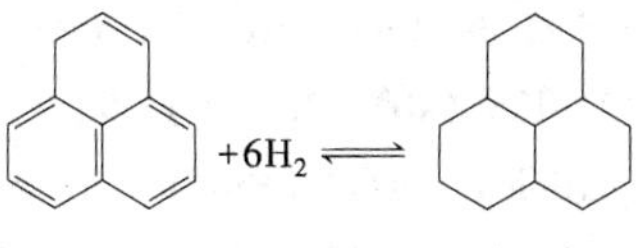	−0.10	−9.89	−13.40	2.9

　　由表 6-14 可见，芳烃加氢反应的平衡常数随反应温度的升高而减小；在 600～700K 温度范围内，芳烃完全加氢饱和反应的平衡常数随分子中环数的增多而减小，而稠环芳烃中第一个环饱和反应的平衡常数最大，第二个、第三个环饱和反应的平衡常数依次减小。

　　芳烃加氢饱和反应的平衡常数都较小，因而必须在较高的压力下才能提高平衡转化率。例如，若将氢分压从 0.97MPa 增至 3.7MPa，在 396℃ 时萘的平衡转化率可从 17% 提高到 84%。

　　从表 6-14 中的相对反应速率常数数据还可以看出，稠环芳烃中的第一个芳环的加氢饱和是比较容易的，其反应速率常数比苯的要大一个数量级；而其最后剩下的一个芳环的加氢饱和是比较困难的，其反应速率与苯的接近。

　　带有烷基的芳环的加氢饱和反应平衡常数值比不带烷基的要低。例如，苯的 $\lg K_p$ 为 −3.70，甲苯的 $\lg K_p$ 为 −4.19，而 1,2,4-三甲苯的 $\lg K_p$ 为 −5.11。

以蒽为例，稠环芳烃的加氢裂化反应过程可描述如图 6-10 所示。

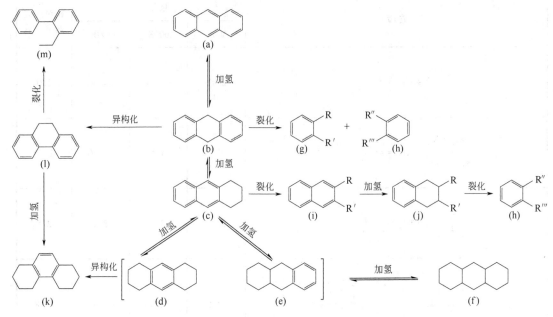

图 6-10　蒽的加氢裂化反应途径

参 考 文 献

[1]　李大东，聂红，孙丽丽. 加氢处理工艺与工程. 2 版. 北京：中国石化出版社，2016.

[2]　姬宝艳，吴彤彤，周可，等. 稠环芳烃加氢裂化机理和催化剂研究进展. 石油化工，2016，45（10）：1263-1271.

[3]　Yang B，Cao X，Hu P，et al. Evidence to Challenge the Universality of the Horiuti-Polanyi Mechanism for Hydrogenation in Heterogeneous Catalysis：Origin and Trend of the Preference of a Non-Horiuti-Polanyi Mechanism. Journal of the American Chemical Society，2013，135（40）：15244-15250.

[4]　Vilé G，Baudouin D，Remediakis I N，et al. Silver Nanoparticles for Olefin Production：New Insights into the Mechanistic Description of Propyne Hydrogenation. ChemCatChem，2013，5：3750-3759.

[5]　Germaim J E. Catalytic conversion of hydrocarbons. New York：Academic press Inc.，1969.

[6]　Olah G A，Molnar A，Surya Prakash G K. Hydrocarbon Chemistry. 3rd ed. Hoboken：John Wiley & Sons，Inc.，2018.

[7]　Pines H. The Chemistry of Catalytic Hydrocarbon Conversions. New York：Academic Press Inc.，1981.

[8]　Gates B C，Katzer J R，Schuit G C A. Chemistry of Catalytic Processes. New York：McGraw-Hill Inc.，1979.

[9]　赵继全. 均相络合催化：小分子的活化. 北京：化学工业出版社，2011.

[10]　Osborn J A，Jardine F H，Young J F，et al. The Preparation and Properties of Tris（triphenylphosphine）halogenorhodium（I）and Some Reactions Thereof Including Catalytic Homogeneous Hydrogenation of Olefins and Acetylenes and Their Derivatives. Journal of the Chemical Society A. 1966：1711-1732.

[11]　Halpern J，Wong C S. Hydrogenation of Tris（triphenylphosphine）chlororhodium（I）. Journal of the Chemical Society Chemical Communications，1973，17：629-630.

[12]　Halpern J，Okamoto T，Zakhariev A. Mechanism of the Chlorotris（triphenylphosphine）rhodium（I）-Catalyzed Hydrogenation of Alkenes. The Reaction of Chlorodihydridotris（triphenyl-phosphine）rhodium（Ⅲ）with Cyclohexene. Journal of Molecular Catalysis，1977，2（1）：65-68.

[13] Halpern J. Mechanism and Stereoselectivity of Asymmetric Hydrogenation. Science, 1982, 217 (4558):
      401-407.

[14] Arguello E, Bolanos A, Cuenu F, et al. Synthesis, Characterization and Some Catalytic Properties of
      Ruthenium Complexes Ru(PPh$_3$)2Cl$_2$(L)2[L=4-But-py, 4-vinyl-py, 4-CN-py, 4-Me-py, 3-Me-
      py, L2= 4,4'-bipy]. Kinetics of Cyclohexene Hydrogenation Catalysed by Ru (PPh$_3$) 2Cl$_2$ (4-But-
      py) 2. Polyhedron, 1996, 15 (5-6): 909-915.

第七章 烃类的脱氢及环化 脱氢反应与机理

第一节 概 述

不饱和烃例如像烯烃、二烯烃以及芳烃是制备化学品及高分子材料的主要化工原料，因此获取不饱和烃是目前石化工业发展的重要任务之一。饱和烃类脱氢为制备不饱和烃提供了可行的化学途径。目前饱和烃脱氢制备烯烃主要有两条路线，一是高温热解脱氢，另一是在催化剂作用下进行催化脱氢。烷烃催化脱氢又分为直接催化脱氢和催化氧化脱氢，直接催化脱氢是强吸热反应，需要的反应温度高，易导致烷烃深度裂解及深度脱氢，催化剂易因结焦而失活，但具有烯烃收率高、设备费用低等优点。催化氧化脱氢则是放热反应，能够大大降低反应的能耗，反应过程中催化剂不易积炭，避免了催化剂的反复再生，但容易导致烷烃深度氧化为 CO、CO_2，使烯烃的选择性降低。目前，烷烃直接催化脱氢制备烯烃从催化剂到工艺都较为成熟，部分工艺已实现工业化。

作为加氢反应的逆反应，烷烃脱氢反应一般需要在高温及低压下进行。当反应压力为常压（0.1MPa）时，通常反应温度在300℃以上即能发生脱氢反应。如果反应压力增加，例如，反应压力为5MPa，反应温度必须相应提高，要在550℃以上才发生脱氢反应。由于 C—H 键平均键能为 414.2kJ/mol，C—H 键不易被活化，因此发生饱和烃 C—H 键断裂进行脱氢反应所需活化能较高，无论是热解脱氢还是催化脱氢，饱和烃脱氢单程转化率均不高。此外，由于饱和烃分子中 C—H 键具有相同机会参与反应，因此脱氢反应的选择性较差。当分子内相邻两个碳原子上的氢原子脱去时，形成双键（烯烃）：

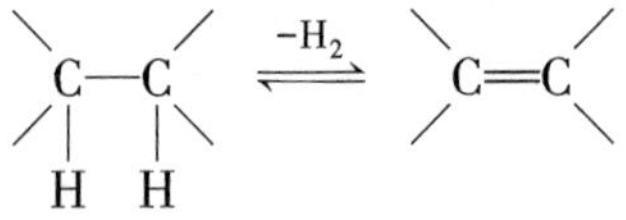

$$\diagdown \kern-0.3em C\!-\!C \kern-0.3em \diagdown \enspace \underset{-H_2}{\rightleftharpoons} \enspace \diagdown \kern-0.3em C\!=\!C \kern-0.3em \diagdown$$

由此，烷烃（alkanes）转化为烯烃（alkenes）、二烯（dienes）或多烯（polyenes）。当分子内不相邻碳原子上的氢原子脱去时，形成六元环，进而脱氢得到芳烃：

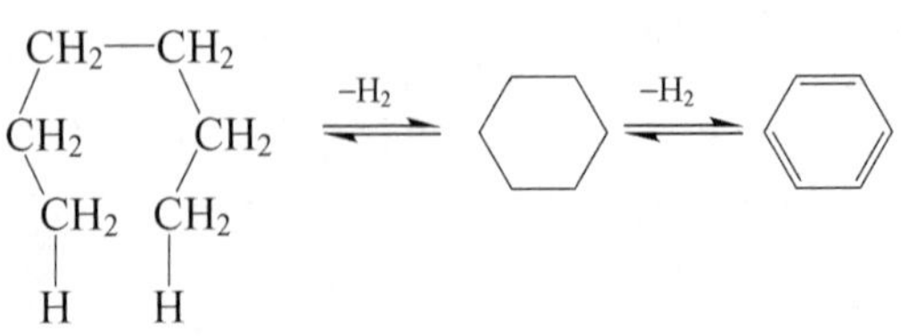

$$\underset{-H_2}{\rightleftharpoons} \quad \bigcirc \quad \underset{-H_2}{\rightleftharpoons} \quad \bigcirc$$

当不同烃分子间的碳原子上氢原子脱去时，便形成了大分子量的烃类，继续脱氢形成更大分子量的烃，直至结焦，结焦沉积在催化剂表面，使催化剂失活。

烷烃脱氢生成烯烃，在工业上具有重要意义，利用石脑油经过蒸汽裂解方法制备乙烯是目前工业乙烯的主要来源。丙烯除来源于石脑油热解、催化裂化过程外，通过丙烷催化脱氢制取丙烯也是重要的来源渠道。利用烷烃热解脱氢制备烯烃仅限于 C_2、C_3 烯烃，因为在高温下由烷烃通过裂解得到分子量更大烯烃的选择性很低。与催化脱氢制备烯烃相比，烷烃热解脱氢制备烯烃存在能耗大、反应温度高以及烯烃收率低等缺点，目前利用催化丙烷直接脱氢制取丙烯技术得到快速发展，主要应用的工艺有美国 Lummus 公司的 Catofin 工艺、UOP 公司的 Oleflex 工艺。丁烷或异丁烷脱氢可得到丁烯或异丁烯，这两种烯烃都具有重要的化工用途。目前，C_4 烯烃主要来自于炼厂催化裂化过程以及 C_4 烷烃催化脱氢过程。异丁烷催化脱氢制备异丁烯技术已经非常成熟，当前在全世界范围内已经开发出五种工艺，主要有美国 Lummus 公司的 Catofin 工艺、UOP 公司的 Oleflex 工艺以及德国 Linde 公司的 Linde 工艺等。对异戊烷催化脱氢也进行了较早的研究，主要用来制备异戊烯及异戊二烯，但是异戊烷脱氢过程中裂解副反应显著，至今未见有规模化工业生产装置。长链烷烃催化脱氢制取长链单烯烃，进而与苯烷基化生产的长链烷基苯是合成洗涤剂的主要原料，因此，长链烷烃催化脱氢制取长链单烯烃在洗涤剂工业上占有重要地位。长链烷烃催化脱氢工艺主要有美国 UOP 公司开发的 Pacol 工艺。

除上述烷烃催化脱氢制取烯烃外，低碳烷烃在催化剂存在下，经过脱氢、聚合、环化以及异构化等反应发生芳构化生成苯、甲苯及二甲苯（BTX）等芳烃，同样在工业上具有重要意义。BTX 是有机化工基础原料，广泛应用于合成橡胶、纤维、树脂等化工产品以及精细化学品。轻烃芳构化工艺能将 $C_3 \sim C_8$ 烷烃及烯烃通过脱氢转化为 BTX 及少量重芳烃（C_9^+），同时副产氢气及少量干气（甲烷、乙烷）。近年来，随着轻烃原料来源多样化，轻烃芳构化工艺得到大力发展。目前，国内外开发的轻烃芳构化工艺有 8 种之多，主要包括英国石油公司（BP）及美国 UOP 公司最早共同开发的 Cyclar 芳构化工艺、日本 Sanyo 公司开发的 Alpha 芳构化工艺以及大连理工大学开发的 Nano-forming 工艺。目前，芳烃除来自轻烃芳构化过程以及石脑油蒸汽裂解制乙烯过程外，另外的重要来源是由炼厂催化重整装置提供或由煤化工制取。催化重整是指烃类分子在催化剂作用下经过重新变换形成新的分子结构而达到产物需求的过程，若催化重整装置以生产芳烃为目标，反应一般使烷烃、环烷烃脱氢转化为芳烃。目前，作为芳烃重要来源的催化重整技术在炼厂应用普遍。

烷烃分子中含有 C—C、C—H 键，C—C 键平均键能为 347.3kJ/mol、C—H 键平均键能为 414.2kJ/mol，在高温条件下，C—C 键比 C—H 键更易发生断裂。因此，若要烷烃分子发生脱氢反应而不是裂解反应，必须选择性催化活化 C—H 键，使 C—H 键比 C—C 键更易断裂，所以烷烃催化脱氢制备烯烃的关键之一是高活性、高选择性和高稳定性催化剂的制备与应用。脱氢反应催化剂一般不使用酸性活性组分或酸性载体，因为催化剂酸性会使烷烃催化裂化导致 C—C 键断键反应发生。为减弱载体的酸性，避免在催化脱氢的同时，促进烃类的裂化、聚合反应，通常在载体中添加碱性助剂，例如添加 K_2O、K_2CO_3，以中和载体的酸性。丙烷脱氢催化剂有 Pt 系催化剂、Cr 系催化剂以及 Ni 等非贵金属催化剂，这些催化剂各有优缺点。Cr 系催化剂开发应用较早，美国 Lummus 公司的 Catofin 工艺采用的是该种催化剂体系。工业上常用的 Cr 系催化剂主要为 Cr_2O_3/Al_2O_3，采取浸渍法制备，这类催化剂催化脱氢活性很高，且价格低廉，对原料中的杂质不敏感，但由于 Cr 属于重金属组分，容易造成环境污染，且在反应中催化剂失活较快，需要反复再生，工业操作繁琐。Pt 系催化剂具有活性高、低污染、低磨损等优点，一般将 Pt 负载在 γ-

Al_2O_3、SiO_2 上，使用该类催化剂的有 UOP 公司的 Oleflex 工艺和 Phillips 公司的 STAR 工艺，其在丁烷催化脱氢催化剂体系中占有重要地位。通过添加第二金属组分，例如 Sn、Ce、Zn 等可以大幅度提高 Pt 系催化剂的脱氢性能以及抗烧结能力，目前工业上使用的 Pt 系催化剂主要是 Pt-Sn 催化剂。Pt 系催化剂的主要缺点是价格昂贵、对原料中的硫比较敏感、易中毒失活、对原料净化要求苛刻。其他 Ni 等非贵金属脱氢催化剂大多处于研究阶段，目前实际应用的并不多。异丁烷脱氢催化剂与丙烷脱氢催化剂基本类似，主要是 Cr_2O_3/Al_2O_3、$Pt-Sn/\gamma-Al_2O_3$ 等催化剂。

　　轻烃芳构化催化剂分为负载型及非负载型催化剂，采用何种类型的催化剂与芳构化原料有关。与催化脱氢制备烯烃所用催化剂不同，轻烃芳构化催化剂根据原料不同，可以采用非酸性催化剂，也可以采用酸性催化剂。早期开发的负载型催化剂 Pt/Al_2O_3、Pd/Al_2O_3、Cr_2O_3/Al_2O_3 等在催化芳构化时需要的反应温度较高，导致原料烃类裂解生成较多的甲烷、乙烷，芳烃选择性低。近来以金属改性分子筛为催化剂，可以提高烷烃芳构化率。Cyclar 芳构化工艺采用液化石油气（LPG）为原料，以 Ga 改性的 ZSM-5 分子筛为催化剂，芳构化率高且催化剂的使用寿命较长。针对富含烯烃的轻烃原料，Alpha 芳构化工艺采用 Zn 改性的 ZSM-5 分子筛为催化剂，采用固定床反应器，反应温度在 480℃ 以上，得到的芳烃产物中甲苯、二甲苯含量较大，二者总的质量分数在 70% 以上。对更重的烃类原料，例如催化裂化汽油、裂解汽油、焦化汽油等，采用酸性更强的 HZSM-5 分子筛非负载型催化剂，可以促进大分子烷烃裂化、环化，进而脱氢芳构化得到芳烃，具有较高的催化活性及选择性，但缺点是催化剂积炭较重。由炼厂催化重整装置生产芳烃的催化剂为双功能催化剂，主要由贵金属以及酸性载体组成。最早工业应用的重整催化剂为 Pt/Al_2O_3，随后又使用了 $Pt-Re/Al_2O_3$、$Pt-Sn/Al_2O_3$ 双金属催化剂，双金属重整催化剂不仅活性高、选择性好，其突出优点是容炭能力强，而且稳定性好。

第二节　烷烃催化脱氢制备烯烃反应与机理

　　烷烃催化脱氢制备烯烃在工业上具有重要意义，目前主要包括丙烷、丁烷、异丁烷以及长链烷烃脱氢得到相应的烯烃。乙烷催化脱氢在常压、700℃ 时的平衡转化率为 40% 左右，当温度降低为 600℃ 时，平衡转化率不到 20%，而且乙烷和乙烯还需要深冷才能分离，所以乙烷按照催化脱氢路线制备乙烯，能耗高，没有竞争力，目前工业上制取乙烯的方法仍然以蒸汽裂解路线为主。戊烷、己烷等可以催化脱氢制取相应的烯烃，但这些单烯烃的化工利用价值还没有得到充分开发。本节主要介绍 C_3、C_4 烷烃催化脱氢反应与机理。

一、烷烃脱氢转化率与温度、压力的关系

　　$C_2 \sim C_4$ 烷烃脱氢平衡转化率与温度的关系如图 7-1 所示。相同条件下，随着烷烃碳原子数增加，总体上平衡转化率增大，长碳链烷烃脱氢得到烯烃的产率较高。在常压、600℃ 时，乙烷的平衡转化率不到 20%，丙烷、正丁烷的平衡转化率约为 50%，异丁烷比正丁烷平衡转化率要高出约 20 个百分点。可以看出，要达到工业上有意义的原料单程转

化率，反应温度要在 500℃ 以上。实际操作中，反应温度宜在 550~600℃ 范围内，当温度低于 550℃ 时，反应速率慢，平衡转化率低，高于 600℃，热裂解加剧，烯烃选择性下降。

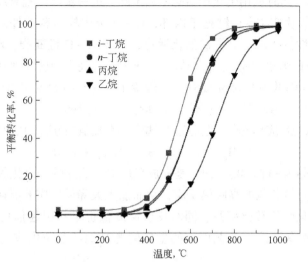

图 7-1　$C_2 \sim C_4$ 烷烃脱氢平衡转化率与温度的关系

压力对烷烃脱氢的平衡转化率也具有重要影响。例如在 580℃ 的条件下，丙烷、异丁烷脱氢的平衡转化率随压力的升高呈指数降低，当绝对压力由 0.1MPa 升高至 0.2MPa 时，丙烷脱氢的平衡转化率由 40% 降低到 30%，异丁烷脱氢的平衡转化率由 65% 降低到 55%。实际生产中，为了保证烷烃催化脱氢单程转化率足够高，一般选择在略高于常压的条件下操作，反应压力一般控制在 0.15~0.20MPa。

二、烷烃脱氢反应热力学、动力学

烷烃脱氢总的反应如下：

$$C_n H_{2n+2} \Longleftrightarrow C_n H_{2n} + H_2$$

这是一个由烷烃分子中 C—H 键断裂而导致的吸热反应，而且还是一个产物分子数增加的反应，因此温度和压力对烷烃脱氢转化率都具有显著的影响。丙烷、异丁烷在 600℃ 下，反应热均较高，在 120~130kJ/mol 之间，表明由丙烷、异丁烷制取相应烯烃的过程是强吸热过程。下面以异丁烷脱氢为例进一步说明反应的热力学，异丁烷的脱氢产物中，除目的产物异丁烯外，主要副产物为丙烯及甲烷，反应式如下：

$$CH_3CH(CH_3)CH_3 \longrightarrow CH_3(CH_3)C{=\!=}CH_2 + H_2 \tag{1}$$

$$CH_3CH(CH_3)CH_3 \longrightarrow CH_2{=\!=}CHCH_3 + CH_4 \tag{2}$$

$$CH_3CH(CH_3)CH_3 \longrightarrow 2CH_2{=\!=}CH_2 + H_2 \tag{3}$$

反应（1）为主反应，反应（2）、（3）为副反应。这三个反应均为吸热反应，提高反应温度，对上述三个反应均有利，但反应热差别很大。反应（1）发生脱氢反应，C—H 键断裂需要较高的能量，在标准状况下其反应热为 117.6kJ/mol；反应（2）发生热解反应，C—C 键断裂与 C—H 键断裂相比容易一些，反应热为 80.1kJ/mol；反应（3）既发生热解反应，又发生脱氢反应，其反应热最高为 239.0kJ/mol，反应（3）在一般反应温度下较难发生。因此根据反应的热效应情况，异丁烷脱氢必须选择合理的加热温度及催化剂条件。脱氢温度在 550~600℃ 之间，既能够降低反应(2)、(3) 的发生程度，又能够保证反应(1) 的平衡转化率，同时利用催化剂活化 C—H 键，进一步降低脱氢反应的活化能。在烷烃分子空间结构中，由于 C—C 键处于内部，C—H 键比较暴露于外部，因此 C—H 键易于与催化剂表面活性位接触，更易被催化活化，促进 C—H 键断裂，利于烷烃脱氢反应。由于烷烃脱氢为分子数增加的反应，降低反应压力对提高平衡转化率有利。实验证明，当反应压力由 0.1MPa 降低为 0.05MPa 时，平衡转化率的升高大致相当于提高 100℃ 反应温度的效果，因此反应压力对脱氢反应转化率具有显著的影响。

鉴于烷烃直接脱氢反应热较高，为此提出了烷烃氧化脱氢的方法。丙烷氧化脱氢反应如下：

$$C_3H_8 + 1/2O_2 \longrightarrow C_3H_6 + H_2O$$

该反应的反应热为 -116.8kJ/mol，是强放热反应。因此烷烃氧化脱氢则是以低温下的强放热反应替代了直接脱氢的高吸热反应，从而能大大降低反应的能耗。由于几乎不受热力学平衡限制，氧化脱氢转化率高，同时反应温度低也不易引起催化剂积炭而失活的现象。然而，目前烷烃氧化脱氢工艺面临的主要问题是如何避免生成的烯烃被深度氧化为 CO、CO_2。

烷烃脱氢反应属于化工过程中的气—固多相催化反应，远比均相催化反应复杂，其动力学除包含化学动力学外，往往还包括传质动力学，总反应速率由速率控制步骤决定。

对于低分子烷烃脱氢动力学，研究较早的是在 Cr_2O_3/Al_2O_3（K_2O 为碱性助剂）催化剂催化下丁烷的脱氢反应，丁烷脱氢产物通常包括丁烯、二丁烯、焦炭及气体（氢气及轻烃），其动力学集总图如图 7-2 所示。

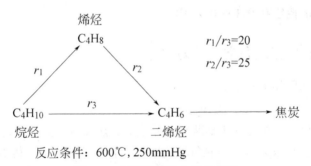

反应条件：600℃，250mmHg

图 7-2　丁烷脱氢动力学集总图

可以看出，烷烃首先脱氢转化为烯烃，烯烃再快速地转化为二烯烃，直接由烷烃转化为二烯烃是比较慢的反应，二烯烃分子间脱氢形成长链多烯烃，继续脱氢会形成焦炭。

研究测得丙烷在负载型 Pt 系催化剂上脱氢的活化能为 121±8kJ/mol，乙烷在 Pt/MgAlO 以及 Pt—Sn/MgAlO 催化剂上脱氢反应活化能分别为 114、102kJ/mol，并证明了乙烷催化脱氢为一级反应。

乙苯侧链脱氢制苯乙烯在工业上有重要意义，其反应如下：

催化剂一般为金属氧化物，包括 $ZnO—Al_2O_3—CaO$、$K_2CO_3—Cr_2O_3$、$ZnO—Cr_2O_3$ 以及 $MgO—Fe_2O_3—K_2O$ 等，最理想的催化剂是载有 7% K_2CO_3、5% Cr_2O_3 的氧化铁。在脱氢过程中，需要用水蒸气稀释原料乙苯蒸气，水蒸气和乙苯蒸气体积比为 12∶1，这样可提高平衡产物中苯乙烯浓度，保持氧化铁的氧化态，提高苯乙烯选择性，以及使沉积在催化剂上的焦炭转换为 CO_2、CO，延长催化剂寿命。上述条件下，可以高产率得到苯乙烯（90%~94%），催化剂的寿命可长达一年。并且研究发现，在乙苯侧链的 α-碳上、β-碳上以及苯环上连有取代基时，其脱氢速度都比乙苯快，脱氢速度大小（反应活性）顺序如下：

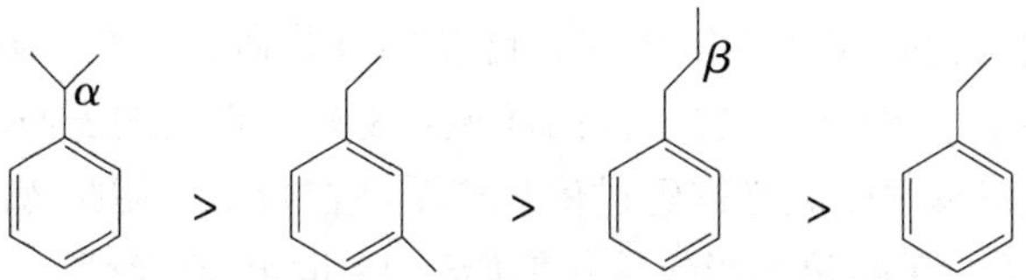

α-碳取代基　　环取代基　　β-碳取代基

三、烷烃催化脱氢制备烯烃反应机理

烷烃催化脱氢反应机理较为复杂，很早就进行了研究，目前认为烷烃脱氢机理与加氢机理类似，也是通过催化剂活性位的吸附进行的。烷烃在催化剂 Cr_2O_3 作用下脱氢形成烯烃的机理如下：

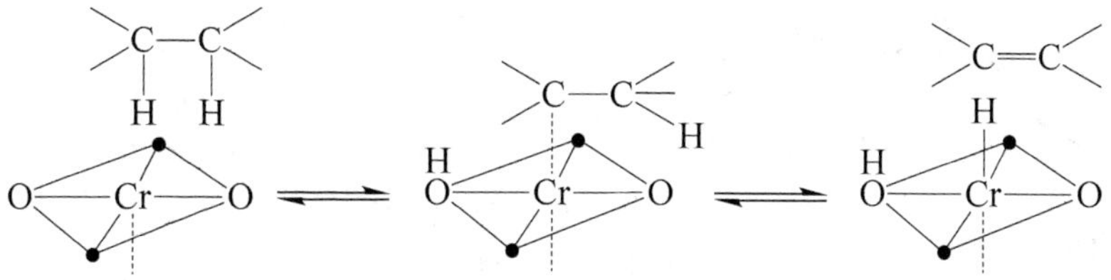

在上述机理中，烷烃 C—H 键在催化剂活性位作用下首先断裂，氢转移至氧原子上，碳原子被吸附在金属 Cr 活性位上，随后被吸附碳原子的相邻碳原子的 C—H 键继续断裂，两相邻碳原子间形成双键，脱附生成烯烃，氢原子吸附在 Cr 活性位上，被吸附的两个氢原子脱附，形成分子 H_2，催化剂得到再生。

丙烷催化脱氢机理研究主要集中在丙烷在催化剂表面的吸附形式，是单位吸附还是多位吸附；速率控制步骤是脱附还是表面反应，目前倾向认为表面反应为速率控制步骤，即丙烷 C—H 键断裂生成丙烯的过程是主要反应。因此，丙烷催化脱氢机理与催化剂活性位类型、数目，催化剂孔结构、比表面积以及载体酸碱性均有很大关系。

丙烷在 Pt 系催化剂上的脱氢反应机理如下：

$$CH_3CH_2CH_3+2* \rightleftharpoons CH_3\underset{*}{\underset{|}{C}}HCH_3 + \underset{*}{\underset{|}{H}}$$

$$CH_3\underset{*}{\underset{|}{C}}HCH_3 +2* \rightleftharpoons CH_3\underset{*}{\underset{|}{C}}H\underset{*}{\underset{|}{C}}H_2 + \underset{*}{\underset{|}{H}}$$

$$CH_3\underset{*}{\underset{|}{C}}H\underset{*}{\underset{|}{C}}H_2 \rightleftharpoons CH_3CH{=}CH_2+2*$$

$$2H \rightleftharpoons H_2 + 2 *$$
$$|$$
$$*$$

* 代表 Pt 活性位

上述机理中，丙烷经过两步 C—H 键活化，形成双位吸附或 π-吸附的丙烯物种以及吸附氢物种，最后脱附得到丙烯及氢气，活性位得到释放。至于反应中先活化哪一个 C—H 键，由于在脱氢条件下丙烷分子中伯氢与仲氢的 C—H 键活化能十分接近，因此几乎没有选择性。上述第二个 C—H 键活化（C—H 键断裂）即为 β-H 消除反应，由此形成了丙烯吸附物种，被认为是速率控制步骤。目前还有些研究认为，在 Pt 催化剂上 C—H 键活化形成丙烯并不是速率控制步骤，而丙烯吸附物种在催化剂表面的脱附才是速率控制步骤，但对上述催化过程中烷烃必需经过催化剂活性位吸附才能脱氢的认识是统一的。

Cr_2O_3/Al_2O_3 作为一种最早的脱氢催化剂始于 19 世纪 30 年代，对其催化下烷烃脱氢机理研究主要集中在催化剂脱氢的活性位点上。由于在催化剂制备时 Cr 负载量、载体性质以及焙烧温度等不同，导致 Cr 在 Al_2O_3 表面能以多种价态和多种相态存在，其化合物可以 Cr^{2+}、Cr^{3+}、Cr^{5+} 及 Cr^{6+} 价态存在，这些不同价态的化合物具有不同的氧化还原性和催化行为。部分研究认为，分散在载体表面的 Cr^{6+} 是烷烃脱氢反应的催化活性中心，但目前更倾向认为 Cr^{3+} 物种是主要的催化活性位。在催化过程中，Cr—O 活性位发挥重要作用，例如有研究者提出异丁烷催化脱氢机理如下：

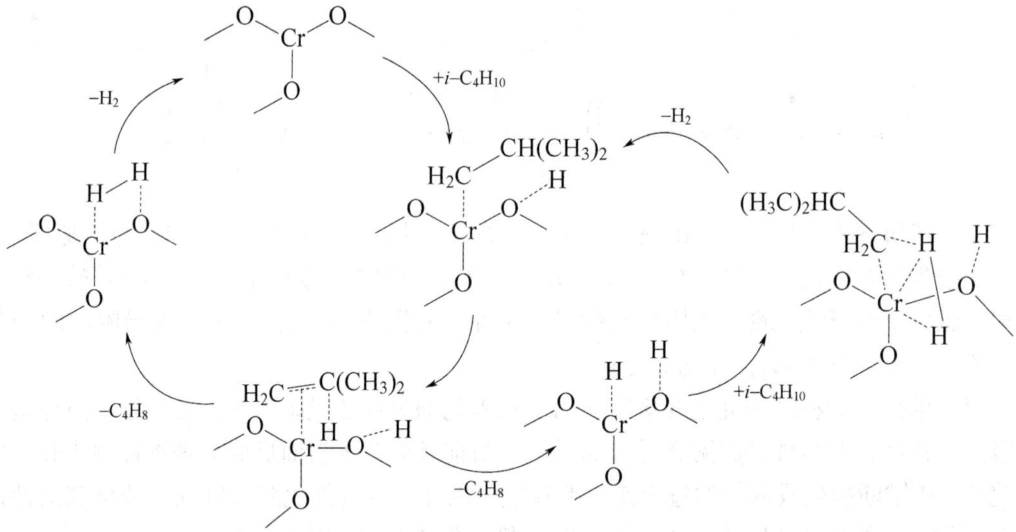

当然上述反应机理仅仅是基于化学转化过程提出的，未考虑催化过程的传质、传热问题。

从较长碳链烷烃脱氢首先得到烯烃，烯烃继续脱氢得到二烯烃，从烯烃脱氢形成二烯烃的过程，可能经过在催化剂活性位上的三碳原子 π-吸附或烯丙基吸附：

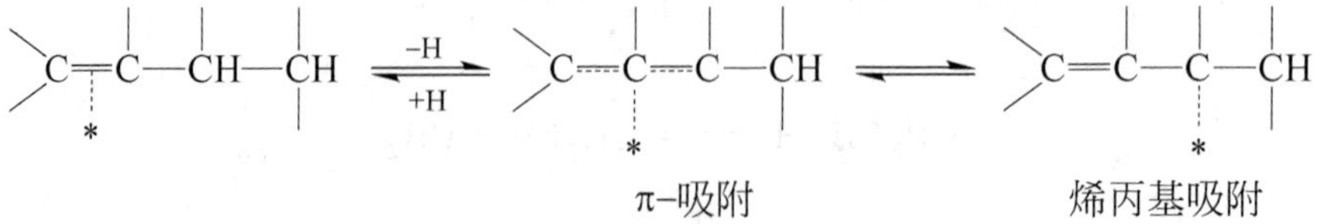

第三节 烃类脱氢芳构化反应与机理

随着对 BTX 需求量的增加，烃类通过芳构化工艺制备轻质芳烃日益变得重要。芳构化是指低分子烃类在催化剂存在下，发生环化、脱氢等一系列反应生成芳烃的过程。不仅低分子烯烃、环烷烃可以芳构化，而且低分子烷烃也可以进行芳构化得到芳烃，目前低分子烷烃是国内外芳构化装置的主要原料。

烃类芳构化过程比较复杂，与所使用的催化剂以及反应条件密切相关。早期研究与应用较多的烷烃脱氢芳构化催化剂主要为非酸性金属氧化物催化剂，包括 Cr_2O_3/Al_2O_3、Cr_2O_3—Al_2O_3—Na_2O 等。由于这些催化剂使用温度高、反应结焦较严重，加之存在重金属污染问题，目前已更多的转向研究及应用分子筛以及金属改性分子筛芳构化催化剂。在酸性分子筛类催化剂催化下，烃类脱氢芳构化反应与机理也发生了变化，在这类催化剂作用下烃类可能发生裂解、脱氢、齐聚、异构化以及环化等过程最终形成 BTX 和少量重芳烃（C_9^+），同时副产氢气和少量干气（甲烷、乙烷）。从烃类芳构化的化学反应的角度来看，分子筛类芳构化催化剂一般具有脱氢活性作用的金属相，包括主族金属、过渡金属以及镧系金属等，同时还具有裂解、氢转移、齐聚、环化以及异构化功能的酸性中心，酸活性中心包括 B 酸中心、L 酸中心。

一、烷烃脱氢芳构化反应与机理

烷烃分子化学反应性能相对惰性，其 C—H、C—C 键能较高，酸碱性较弱，定向活化及转化相对较难，一般比低分子烯烃、含 6~8 个碳原子的环烷烃芳构化困难。因此，低碳烷烃活化和转化是低碳烷烃芳环化反应的关键。

1. 酸性分子筛催化下烷烃脱氢芳构化反应与机理

1）甲烷芳构化

对甲烷的芳构化反应，研究较多的是金属改性 HZSM-5 分子筛催化甲烷制备苯的反应：

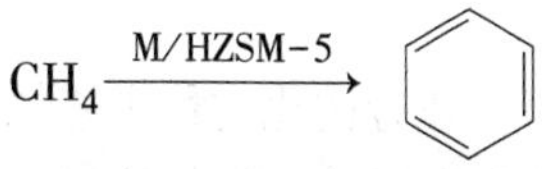

$$CH_4 \xrightarrow{M/HZSM-5} \bigcirc$$

其反应机理主要是甲烷分子中 C—H 键被催化剂活化机理。当以金属 Mo 改性分子筛为催化剂时，甲烷分子的 C—H 键在 MoO_3 活性物种上得到活化，生成 CH_x 活性中间产物，随即 CH_x 转化为乙烯或乙炔等初始产物，乙烯等在催化剂 B 酸中心上进一步聚合、环化、脱氢生成苯。目前以天然气为原料的芳构化技术也得到了开发。

2）C_2~C_4 烷烃芳构化

相比于甲烷催化脱氢芳构化机理，C_2~C_4 烷烃催化活化机理除了 C—H 键活化外，还涉及 C—C 键的形成及断裂。在 Zn/HZSM-5 分子筛催化下，乙烷芳构化反应机理包括乙烷首先在 L 酸中心（Zn-L）上脱氢形成烯烃中间产物，随后烯烃在 B 酸中心（H^+）上发生聚合、环化，最后在 L 酸中心（Zn-L）上经过脱氢形成芳烃，反应过程如下：

$$C_2H_6 \xrightarrow[-H_2]{Zn-L} C_2H_4 \xrightarrow[聚合]{H^+} C_6 \sim C_8 \text{ 烯烃} \xrightarrow[-H_2]{Zn-L} C_6 \sim C_8 \text{ 烷基环己烯} \xrightarrow[-H_2]{Zn-L} C_6 \sim C_8 \text{ 芳烃}$$

在上述反应过程中，若仅采用 HZSM-5 为催化剂，在温度为 873K 下，乙烷反应活性很低，转化率低于 0.5%，主要产物为乙烯和少量甲烷，并没有芳烃生成，说明分子筛中的 B 酸中心几乎不活化乙烷。当分子筛中引入 Zn 组分后，情况发生了变化，高温下 ZnO 通过固相反应能够进入到分子筛的阳离子位，处于阳离子位的锌离子是一种强的 L 酸中心，能够异裂活化 C—H 键使得烷烃直接脱氢形成烯烃，随后在 B 酸中心上发生烯烃聚合，最后再在 L 酸中心上脱氢环化直至芳构化完成。

丙烷、丁烷在 Zn/HZSM-5、Ni/HZSM-5 分子筛催化下芳构化机理与乙烷类似，也需要催化剂 L 酸、B 酸的协同作用。只是烷烃在 L 酸作用下脱氢形成烯烃后，烯烃发生聚合、环化得到烷基环烷烃，然后烷基环烷烃脱氢得到环烯烃，继续脱氢直至得到烷基芳烃，反应机理如下：

$$C_nH_{2n+2} \xrightarrow[-H_2]{Zn-L} C_nH_{2n} \xrightarrow[聚合、环化]{H^+} C_6 \sim C_8 \text{ 烷基环己烷} \xrightarrow[-H_2]{Zn-L} C_6 \sim C_8 \text{ 烷基环己烯} \xrightarrow[-H_2]{Zn-L} C_6 \sim C_8 \text{ 芳烃}$$
$$n=3, 4$$

在上述芳构化过程中，同时会发生大量副反应，包括烃类在 B 酸中心上的裂解反应，烯烃通过氢转移反应生成烷烃以及烯烃不可控聚合形成积炭等。

3）$C_5 \sim C_6$ 烷烃芳构化

$C_5 \sim C_6$ 烷烃芳构化过程中催化剂及其作用与上述 $C_2 \sim C_4$ 烷烃芳构化类似，所不同的是 $C_5 \sim C_6$ 烷烃在反应初期会发生一定的裂解反应，反应体系中生成一定量的低碳烯烃（$C_2 \sim C_5$），不同碳数的烯烃发生聚合，再经环化、脱氢、异构化等系列反应，生成不同碳数的芳烃（$C_6 \sim C_9$）。与 $C_2 \sim C_4$ 烷烃芳构化产物相比，$C_5 \sim C_6$ 烷烃芳构化所得到的芳烃种类更加多样化。反应机理如下：

$$C_5 \sim C_6 \text{ 烷烃} \xrightarrow[裂化]{H^+} C_2 \sim C_5 \text{ 烯烃} \xrightarrow[聚合]{H^+} C_6 \sim C_9 \text{ 烯烃} \xrightarrow[环化]{H^+} C_6 \sim C_9 \text{ 烷基环己烯} \xrightarrow[-H_2]{Zn-L} C_6 \sim C_9 \text{ 芳烃}$$

由以上烷烃芳构化机理可以看出，在芳构化过程中烯烃为关键中间产物，通过氢转移或直接脱氢得到的烯烃十分活泼，在酸性催化剂及高温条件下，进一步发生聚合、环化、异构化以及脱氢反应，得到芳构化产物。

2. 非酸性金属氧化物催化下烷烃脱氢芳构化反应与机理

在非酸性金属氧化物 Cr_2O_3/Al_2O_3、$Cr_2O_3—Al_2O_3—K_2O$ 等催化下，C_6 及 C_6 以上烷烃脱氢主要得到苯、甲苯及二甲苯，不同芳烃产物含量分布主要与所使用的烃类原料与烃类异构体类型有关。

1）己烷

己烷在进料氢烃体积比为 3（氢气为稀释气体），反应温度 565℃，以催化剂 $Cr_2O_3—Al_2O_3—Na_2O$ 催化下进行脱氢芳构化反应，产物主要是苯，同时得到少量己烯以及一定量的焦炭及气体。

$$C_6H_{14} \xrightarrow{Cr_2O_3—Al_2O_3—Na_2O} C_6H_{12} + C_6H_6 + \text{coke and gas}$$

$$\quad\quad\quad\quad\quad\quad\quad\quad\quad\quad\quad\quad 3.7\% \quad\quad 81\% \quad\quad 15.3\%$$

$$\quad\quad\quad\quad\quad\quad\quad\quad\quad\quad\quad\quad \text{己烯} \quad\quad \text{苯} \quad\quad \text{焦炭及气体}$$

反应过程中产物分布情况随反应时间而变化，反应 15min 时，O/A（烯烃/芳烃）比到达最大，随着反应时间的延长，O/A 比又降低，数据见表 7-1。

表 7-1 己烷催化脱氢产物分布随时间变化

反应时间, min	O,%	A,%
0	0	95
15	11	77
45	4	95

注：“O”代表烯烃；“A”代表芳烃。

己烷脱氢芳构化得到苯，从反应形式上看是己烷 1，6-位碳原子脱氢关环的结果：

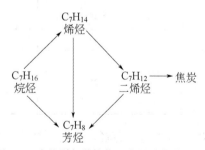

2）庚烷

在非酸性 Cr_2O_3/Al_2O_3 催化下，庚烷脱氢主要得到甲苯和少量庚烯。如果反应接触时间很短，庚烯浓度比甲苯浓度提高得快。随着反应时间延长，烯烃含量达到一个最大值后，浓度开始下降，而甲苯浓度继续提高。

庚烷脱氢芳构化反应的动力学集总图见图 7-3。

$$
\begin{array}{ccc}
 & C_7H_{14} & \\
 & \text{烯烃} & \\
\nearrow & & \searrow \\
C_7H_{16} & & C_7H_{12} \rightarrow \text{焦炭} \\
\text{烷烃} & & \text{二烯烃} \\
\searrow & & \swarrow \\
 & C_7H_8 & \\
 & \text{芳烃} &
\end{array}
$$

图 7-3 庚烷脱氢芳构化反应的动力学集总图

在上述转化过程中，烷烃经过脱氢到烯烃，烯烃脱氢得到二烯烃，二烯烃再脱氢得到芳烃这条转化路线是速率最快的顺序反应。

在 Cr_2O_3/Al_2O_3 催化剂上，反应温度为 550℃，正庚烷接触时间为 3s 时，产物分布情况见表 7-2。

表 7-2 正庚烷脱氢瞬时产物分布（含原料)

产物	C_7H_{16}（正庚烷）	C_7H_{14}（庚烯）	C_7H_8（甲苯）	coke and gas（焦炭及气体）
含量,%	15.9	10.9	53.7	18.7

水蒸气稀释能降低正庚烷转化率，并能使芳烃产率急剧下降，烯烃产率稍微增加，数据见表7-3。

表7-3　水蒸气稀释对庚烷脱氢主要产物分布的影响（含原料）

蒸汽/烷烃体积比	C_7H_{16}含量,%	C_7H_{14}含量,%	C_7H_8含量,%
0	37.4	10.5	39.2
2.3	80	13.5	2.9

庚烷脱氢芳构化得到甲苯，从反应形式上看也是庚烷1，6-位碳原子脱氢关环的结果：

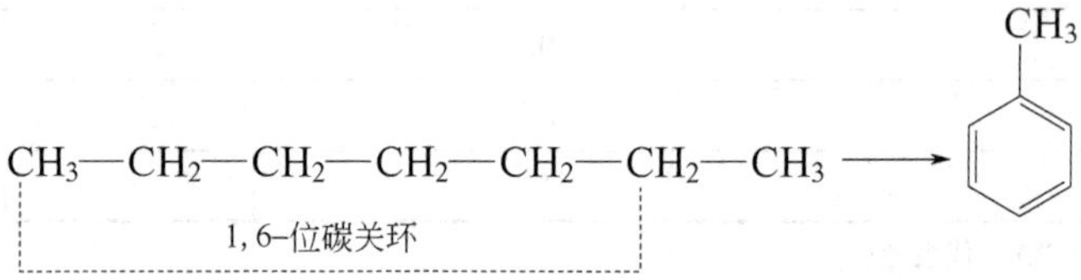

3）C_8烷烃

（1）辛烷及单烷基取代异构体。辛烷芳构化不仅可以生成乙苯、邻二甲苯，同时还生成间或对二甲苯。不同辛烷异构体芳构化所得到的烷基芳烃产物分布不同，主要与烷烃异构体结构有关。

不同辛烷异构体脱氢芳构化产物分布（非酸性Cr_2O_3/Al_2O_3为催化剂，475℃）情况见表7-4。

表7-4　不同辛烷异构体脱氢芳构化产物分布情况

辛烷异构体	产物分布,%			
	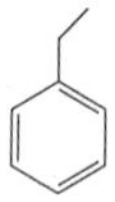	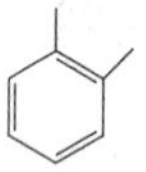	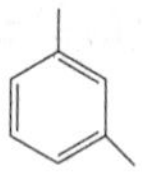	
正辛烷	33	33	27	7
2-甲基庚烷	—	—	100	—
3-甲基庚烷	15	25	—	60
3-乙基己烷	100	—	—	—

由以上产物分布可以看出，各种主要芳烃产物的形成也与相应烷烃碳链1，6-位碳原子关环有关。

（2）二甲基己烷。在Cr_2O_3/Al_2O_3（非酸性）催化剂催化下，二甲基己烷各异构体芳构化产物组成见表7-5。

表7-5　二甲基己烷异构体芳构化产物组成

二甲基己烷异构体	转化率%	芳烃组成（物质的量分数）,%				
2,2-	19.9	 7.9	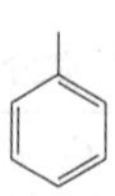 57.4	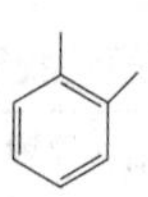 8.5	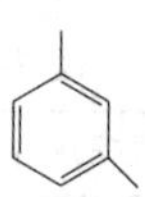 11.6	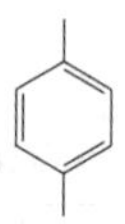 8.8	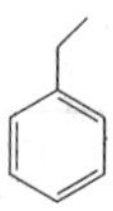 5.9

二甲基己烷异构体	转化率%	芳烃组成（物质的量分数），%					
		 苯	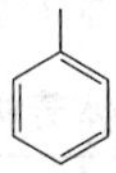 甲苯	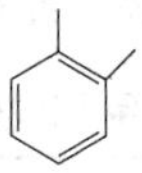 邻二甲苯	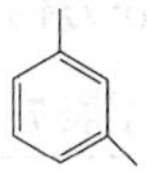 间二甲苯	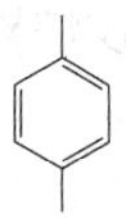 对二甲苯	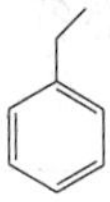 乙苯
3,3-	22.5	12.8	53.8	2.1	25.1	4.1	2.0
2,3-	17.3	25.7	15.6	36.3	5.0	1.7	15.6
3,4-	15.3	16.8	18.9	22.4	2.1	27.9	11.9
2,4-	12.7	12.1	32.2	1.2	48.1	4.1	2.3
2,5-	31.7	—	16.8	1.9	7.5	73.8	痕量

从表 7-5 可以看出，所有二甲基己烷异构体芳构化都得到苯、二甲苯（邻、间、对位）以及乙苯，但产物分布不同，与各异构体碳链 1,6-位碳原子关环相关：

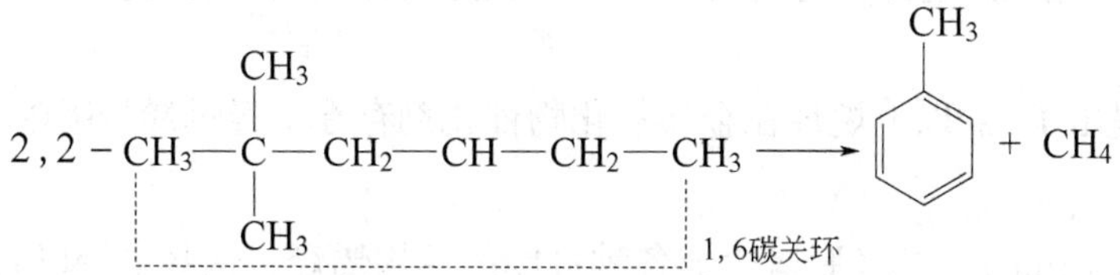

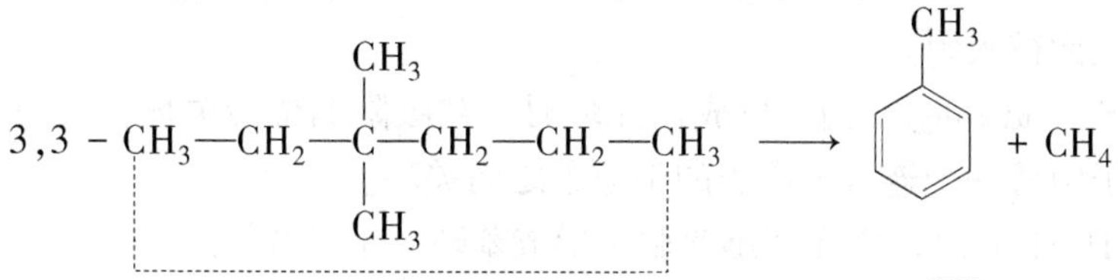

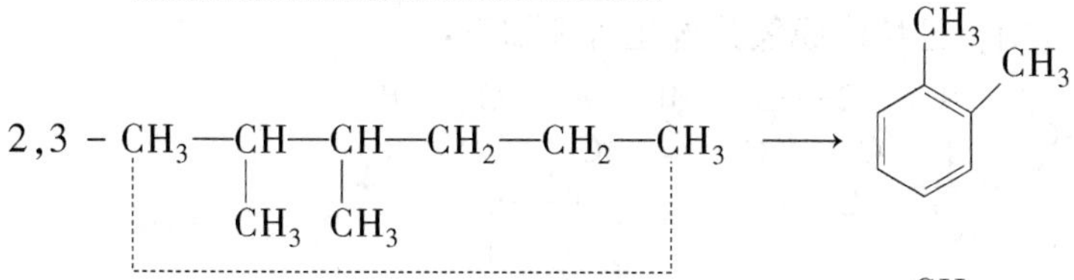

$$2,2-\ CH_3-\underset{\underset{CH_3}{|}}{\overset{\overset{CH_3}{|}}{C}}-CH_2-CH-CH_2-CH_3 \longrightarrow C_6H_5CH_3 + CH_4 \quad (1,6\text{碳关环})$$

$$3,3-\ CH_3-CH_2-\underset{\underset{CH_3}{|}}{\overset{\overset{CH_3}{|}}{C}}-CH_2-CH_2-CH_3 \longrightarrow C_6H_5CH_3 + CH_4$$

$$2,3-\ CH_3-\underset{\underset{CH_3}{|}}{CH}-\underset{\underset{CH_3}{|}}{CH}-CH_2-CH_2-CH_3 \longrightarrow \text{邻二甲苯}$$

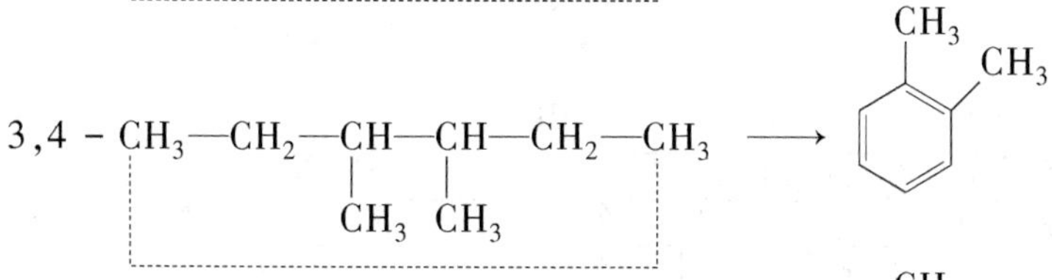

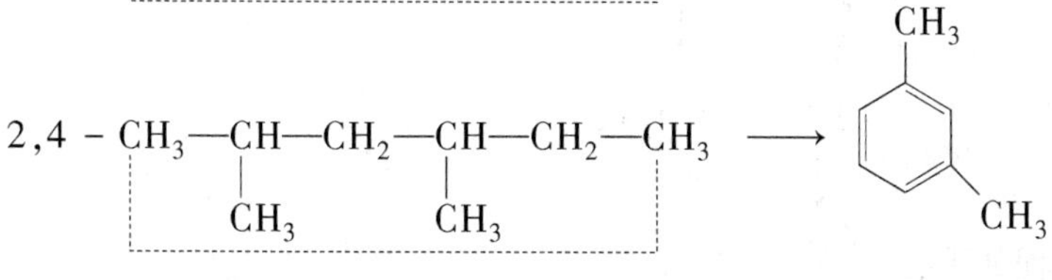

$$3,4-\ CH_3-CH_2-\underset{\underset{CH_3}{|}}{CH}-\underset{\underset{CH_3}{|}}{CH}-CH_2-CH_3 \longrightarrow \text{邻二甲苯}$$

$$2,4-\ CH_3-\underset{\underset{CH_3}{|}}{CH}-CH_2-\underset{\underset{CH_3}{|}}{CH}-CH_2-CH_3 \longrightarrow \text{间二甲苯}$$

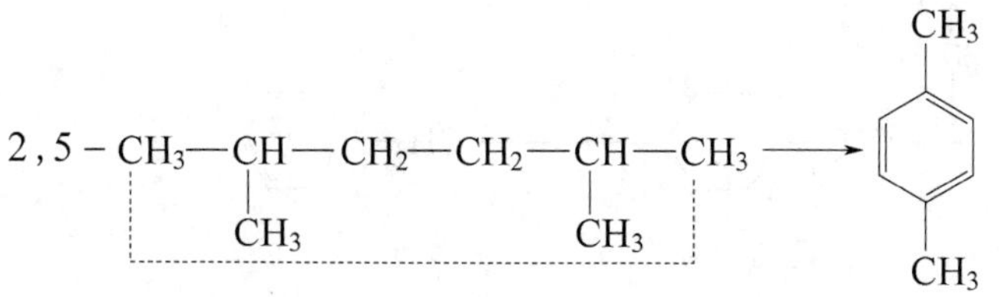

$$2,5-\ CH_3-\underset{\underset{CH_3}{|}}{CH}-CH_2-CH_2-\underset{\underset{CH_3}{|}}{CH}-CH_3 \longrightarrow \text{对二甲苯}$$

（3）三甲基戊烷。三甲基戊烷异构体在非酸性 Cr_2O_3/Al_2O_3 催化剂存在下脱氢芳构化主要产物仍然是邻、间、对二甲苯（表 7-6）。由于三甲基戊烷分子中主链碳原子数只有五个，显然各三甲基戊烷异构体在芳构化时必须经过碳骨架异构以增长碳链，才能形成芳烃。

表 7-6　三甲基戊烷异构体芳构化产物组成

三甲基戊烷异构体	转化率,%	产物组成,%		
		邻二甲苯	间二甲苯	对二甲苯
2,2,4-	36～26	—	—	100
2,2,3-	40～29	10～7	77～84	13～9
2,3,4-	36～26	22～54	56～20	22～26

由表 7-6 看出，2,2,4-三甲基戊烷芳构化只生成对二甲苯；2,2,3-三甲基戊烷则主要生成间二甲苯及少量邻二甲苯、对二甲苯；2,3,4-三甲基戊烷芳构化得到三种二甲苯的含量相对比较平均一些。这些产物组成也与各三甲基戊烷异构体的结构有关。

4）烷烃芳构化机理

Herrington 和 Rideal 提出了 C_6 以上烷烃在金属氧化物催化剂存在下经过烯烃吸附过程的芳构化机理：

（1）第一条规则（First rule）。烷烃脱氢生成各种可能的异构烯烃，这些烯烃以 α,β-二位吸附形式在催化剂表面被吸附。

（2）第二条规则（Second rule）。当可形成六元环时，被吸附的烯烃关环，其中一个吸附的碳原子与同一分子中另一个连有氢原子的碳原子之间关环。

（3）第三条规则（Third rule）。六元环迅速脱氢形成苯环，生成芳烃。

根据以上脱氢芳构化规则，己烷的脱氢芳构化机理如下：

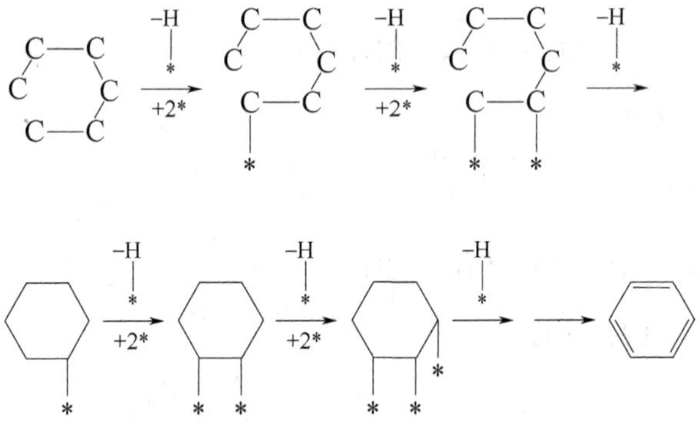

$$2H \rightleftharpoons H_2 + 2\ *$$

庚烷的脱氢芳构化过程如下：

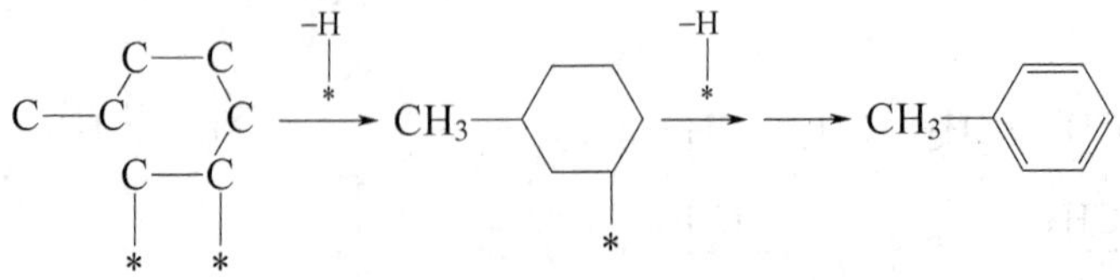

在环化之前，烷烃有可能进行骨架异构：

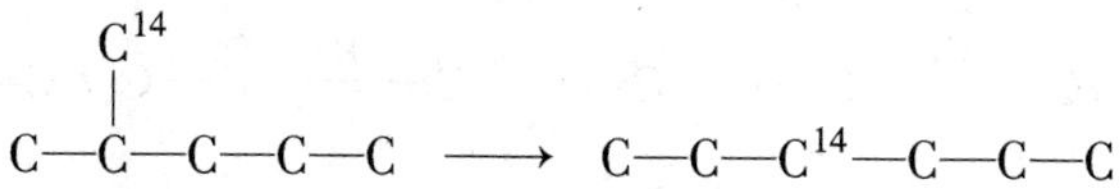

$$C-\overset{\overset{\displaystyle C^{14}}{|}}{C}-C-C-C \longrightarrow C-C-C^{14}-C-C$$

提出烷烃发生骨架异构的依据为，在 6 号碳原子被标记为 ^{14}C 的 2-甲基己烷的脱氢芳构化产物中，除检测到 ^{14}C 处于甲苯芳环上的产物外，还检测到了少量甲苯中的甲基为 ^{14}C 标记的产物，即在芳构化之前发生了骨架异构：

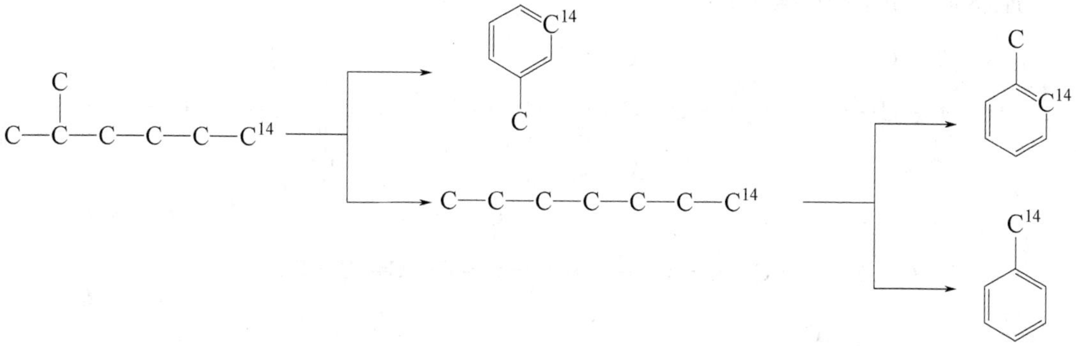

此外，在 2-甲基己烷脱氢过程中，不仅检测到了一定量的 2-甲基-2-己烯，还检测到了少量的 2-庚烯：

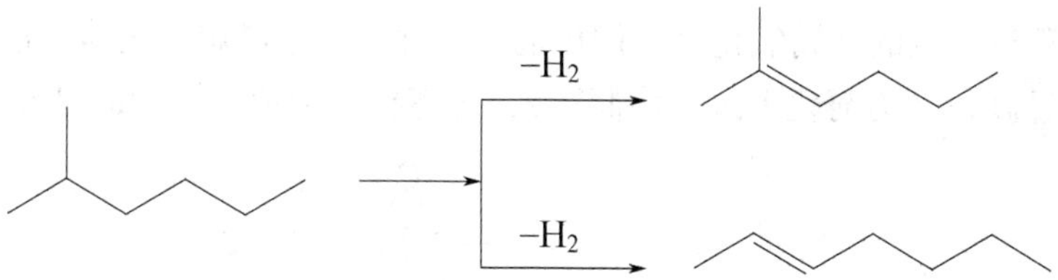

同样表明在反应过程中进行了碳骨架异构。

那么，上述烷烃骨架异构化的机理是什么？关于这个问题有许多研究，但一直没有定论。一种观点认为，受催化剂载体酸性的影响，烷烃脱氢转化为烯烃后，可能按碳正离子异构化机理形成了质子化环丙烷（五配位碳正离子）过渡态；另外有人认为，在非酸性催化剂作用下，促进了自由基反应，骨架异构化按自由基机理进行。

碳骨架异构化碳正离子机理如下：

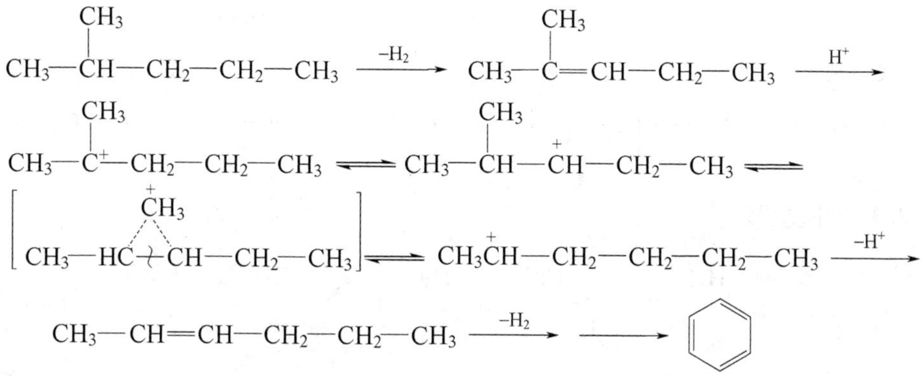

碳骨架异构化自由基机理如下：

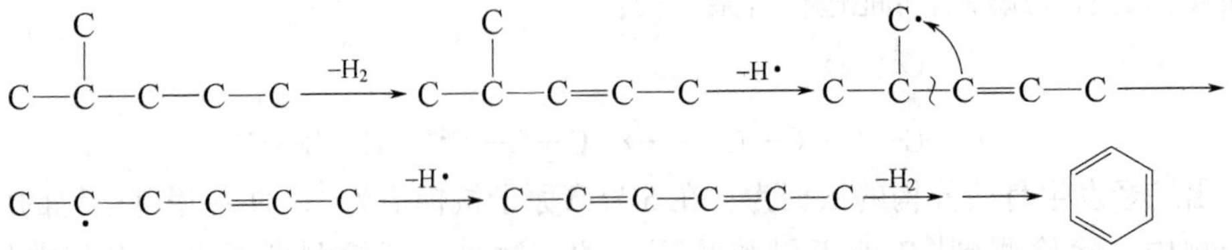

2,2,3-三甲基戊烷在非酸性 Cr_2O_3/Al_2O_3 催化剂上，经过自由基进行骨架异构化，再芳构化为间二甲苯的过程如下：

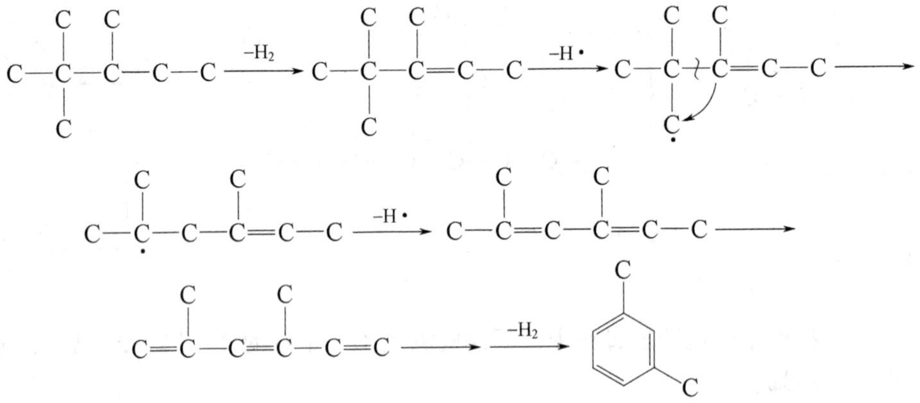

若以酸性载体负载的金属氧化物为催化剂，三种三甲基戊烷异构体经过碳正离子形成质子化环丙烷过渡态（为简化下式中均简写），再芳构化形成二甲苯的过程如下：

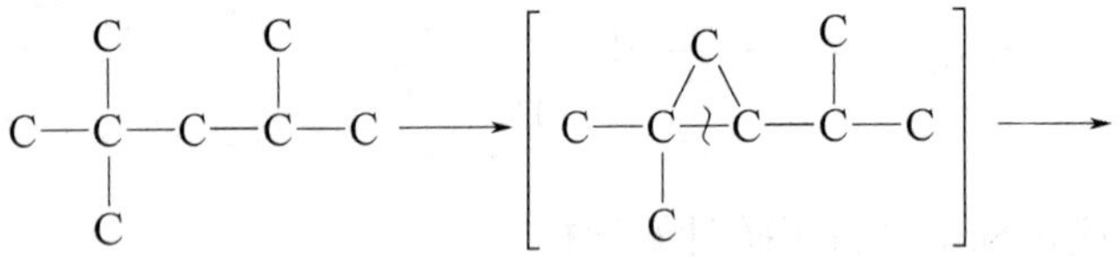

2,2,4-三甲基戊烷

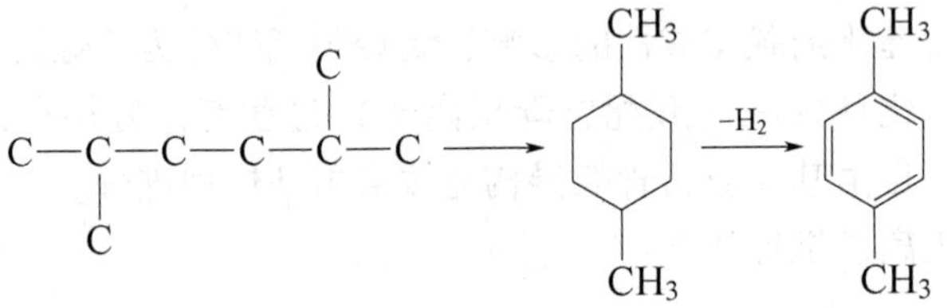

100%

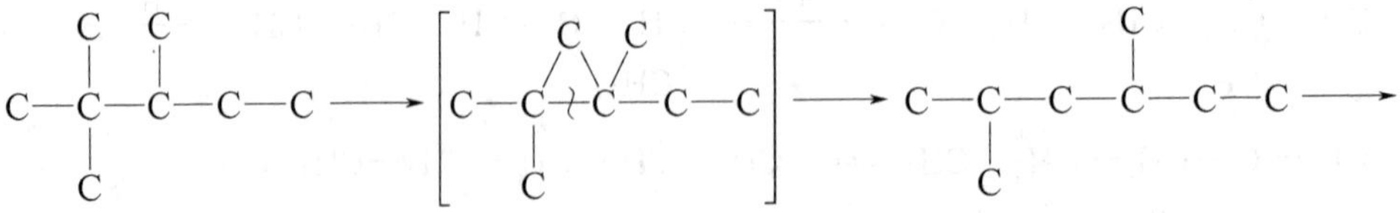

2,2,3-三甲基戊烷

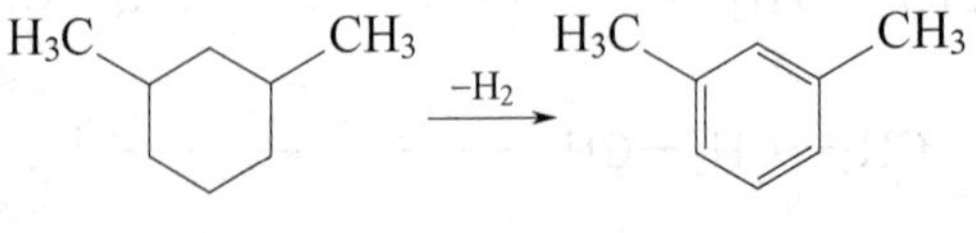

77%～84%

194

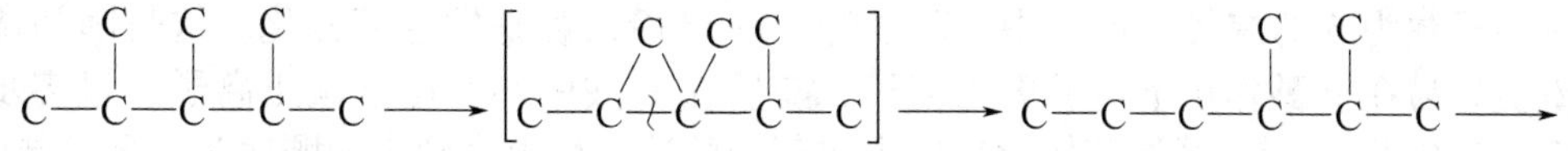

2,3,4-三甲基戊烷

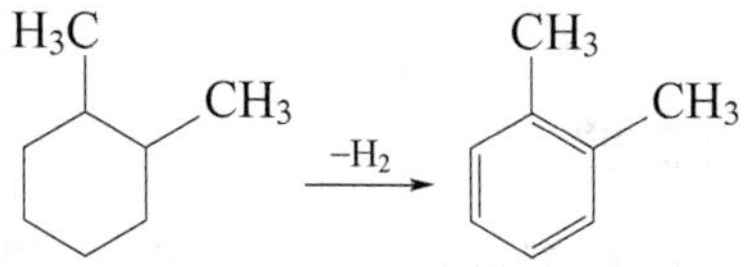

或者

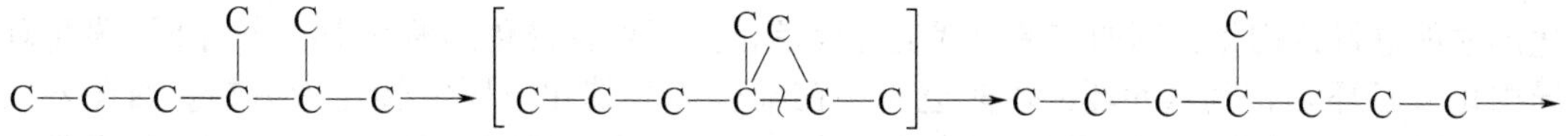

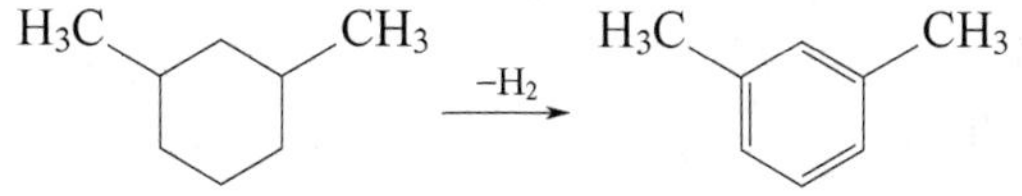

二、烯烃脱氢芳构化反应与机理

与烷烃脱氢芳构化相比，烯烃发生芳构化则容易得多，因为烷烃发生芳构化是通过生成烯烃而进行的，烯烃芳构化需要催化剂具有酸性中心。

研究证明，乙烯、丙烯以及1-丁烯在HZSM-5分子筛上芳构化所得到的芳烃产物分布相似，与采用什么烯烃原料没有明显的依赖关系，而且芳构化过程中烯烃可以相互转化。在乙烯的芳构化过程中，检测到丙烯的生成，在丙烯的芳构化过程中也检测到了丁烯的存在。这表明，烯烃芳构化包括两个过程：（1）烯烃的相互转化；（2）烯烃的芳构化。这两个过程均基于酸催化的碳正离子机理。烯烃的相互转化包括齐聚、裂化及异构化，烯烃的芳构化包括环化、脱氢等步骤。烯烃的芳构化机理如下：

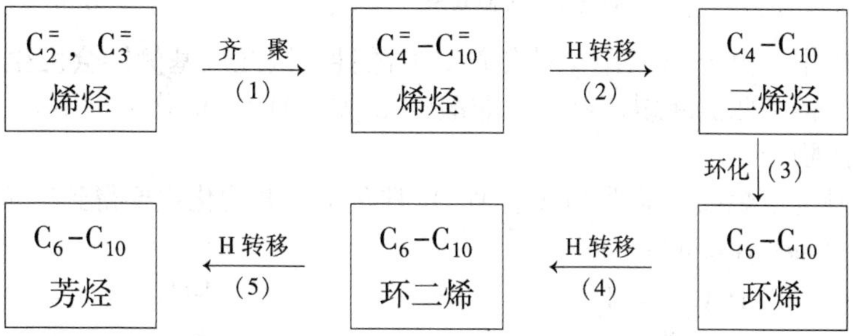

1-丁烯在Ni/HZSM-5分子筛催化下芳构化，芳构化产物主要为C_8芳烃，催化芳构化过程包括B酸催化下烯烃的聚合，以及烯烃二聚体发生环化得到烷基环烷烃，随后环烷烃在L酸作用下脱氢得到芳烃，B酸、L酸在1-丁烯的芳构化过程中具有协同作用。金属Ni的引入增加了分子筛的L酸含量，使得烷基环烷烃不仅可以在L酸中心作用下经过氢转移反应生成芳烃，而且更为主要的是在L酸中心作用下经过直接脱氢反应生成了芳烃。反应过程如下：

$$C_4H_8 \xrightarrow[\text{聚合}]{H^+} C_4 \text{烯烃二聚体} \xrightarrow[\text{环化}]{H^+} C_8 \text{烷基环己烷} \xrightarrow[-H_2]{Ni-L} C_8 \text{烷基环己烯} \xrightarrow[-H_2]{Ni-L} C_8 \text{芳烃}$$

在碳原子数为 6 的烷烃、烯烃中，环己烯、1-己烯最容易发生芳构化，这是因为烯烃的双键更容易在 B 酸作用下生成碳正离子，随后在 L 酸中心作用下碳正离子经过多步氢转移反应生成芳烃。C_6 烃按芳构化反应生成芳烃的选择性由大到小的顺序为：环己烯>1-己烯>甲基环戊烷>环己烷>己烷。

三、环烷烃脱氢芳构化反应与机理

环烷烃特别是六元环烷烃在催化剂作用下较易进行芳构化得到芳烃，所使用的催化剂包括非酸性催化剂以及酸性催化剂（双功能催化剂）。某些环烷烃原料必需采用双功能催化剂才能进行芳构化，例如烷基取代的环戊烷首先需要在催化剂酸性中心作用下，发生环异构化（扩环）得到六元环，才能进一步在金属中心催化下脱氢转化为芳烃。对于六元环系环烷烃，在非酸性以及酸性催化剂催化下，芳构化会得到不同的产物，因此需要根据实际情况选择不同的催化剂。

1. C_6 环系环烷烃芳构化

在常压、300℃以上时，六元环容易催化脱氢芳构化。环己烷在非酸性 Cr_2O_3/Al_2O_3 催化下，可以高产率的得到苯：

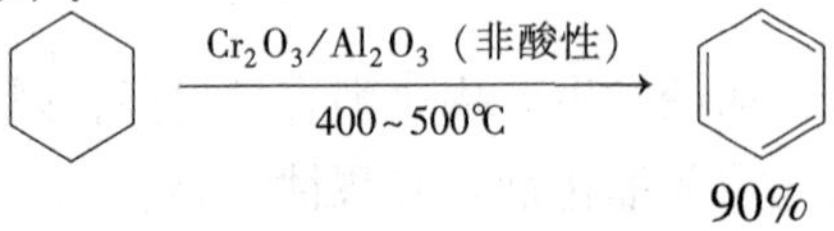

取代环己烷芳构化时，所采用的催化剂不同，芳构化方式及产物也不同。例如：

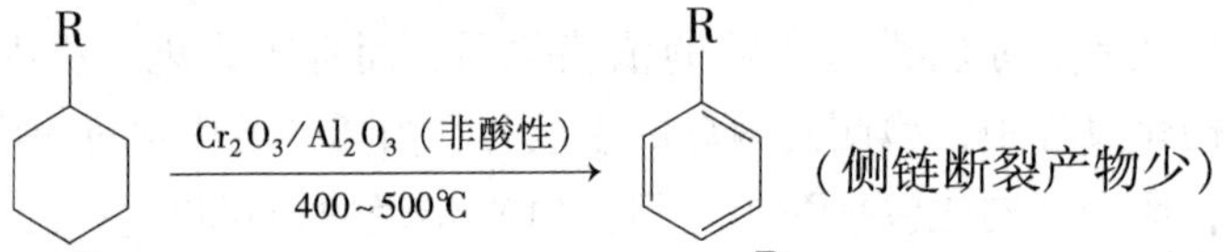

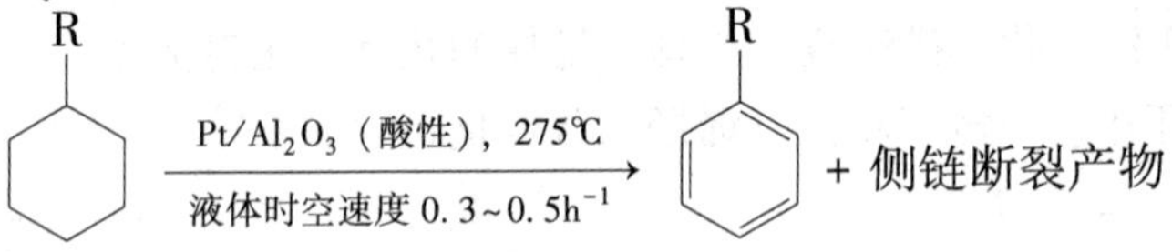

在上述反应中，由于 Pt/Al_2O_3 催化剂具有酸性，因此烷基侧链会发生以碳正离子形式的裂化反应，得到侧链断裂产物；在非酸性 Cr_2O_3/Al_2O_3 催化下，不会生成碳正离子，因此侧链断裂产物较少。

1,1-二甲基环己烷在非酸性 Cr_2O_3/Al_2O_3 催化下，芳构化主要得到甲苯和甲烷，发生了"甲基消除（methyl elimination）"。

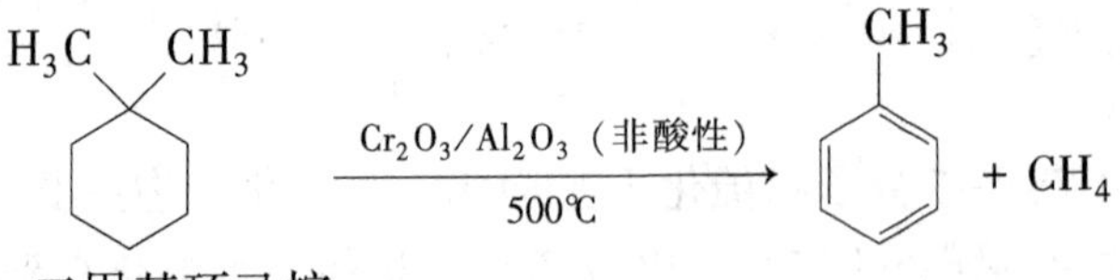

若采用 Pt/Al_2O_3 酸性催化剂，则芳构化时会生成二甲苯，发生了"甲基迁移（methyl migration）"。

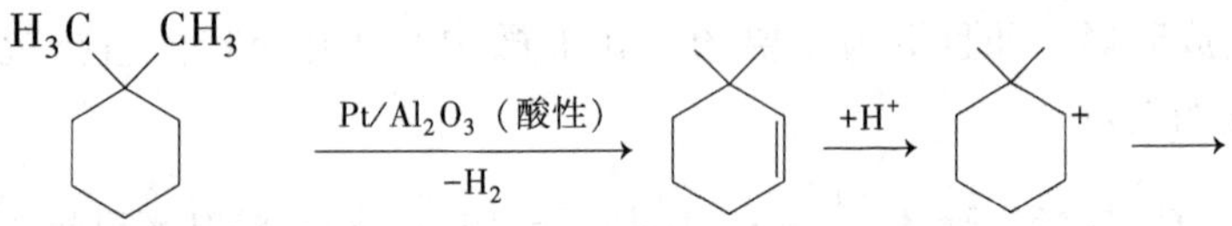

196

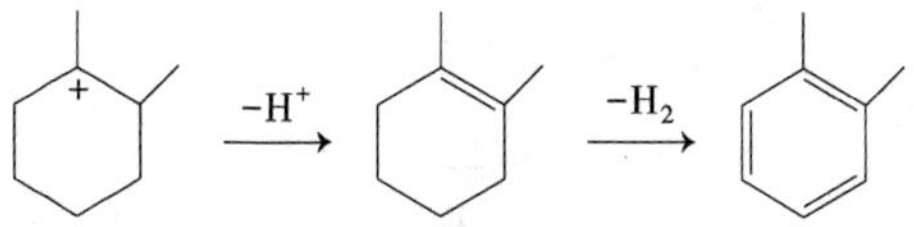

  1,1-二甲基环己烷芳构化时，不同的进料液体时空速度也会影响芳构化产物的分布，数据见表7-7。

表7-7 液体时空速度对1,1-二甲基环己烷芳构化产物组成的影响

液体时空速度 h^{-1}	转化率 %	产物组成,%				
		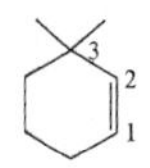	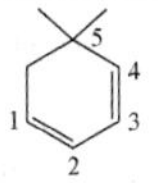	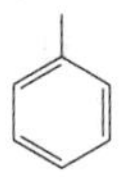	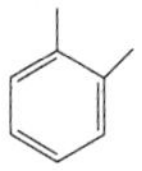	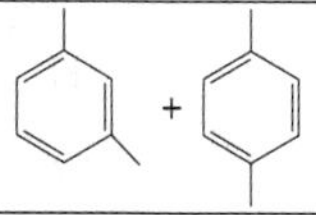
0.5	33	7	—	52	34	6
1.0	15	12	痕量	38	46	3
2.0	9	20	6	29	40	4
4.0	4	48	7	21	23	—

  从表7-7看出，1,1-二甲基环己烷脱氢芳构化时，会生成取代环己烯、环基二烯等中间产物，表明脱氢过程也是分步进行的。

  其他类型的六元环己烷环芳构化产物如下：

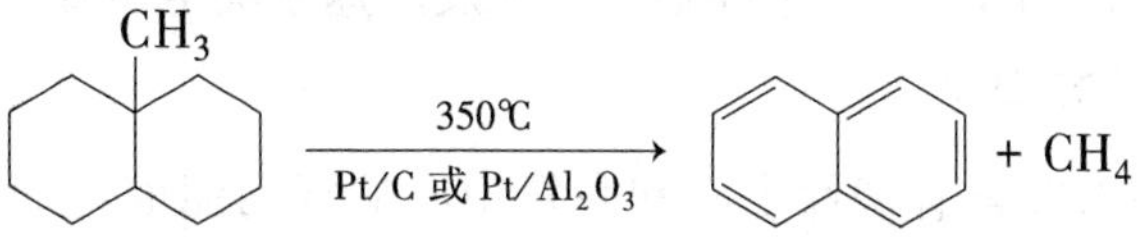

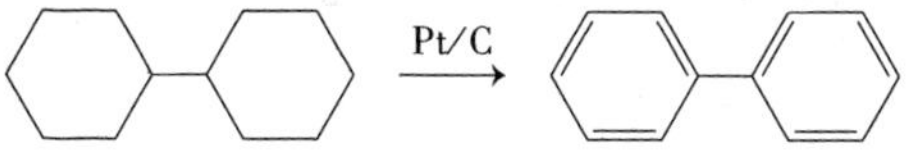

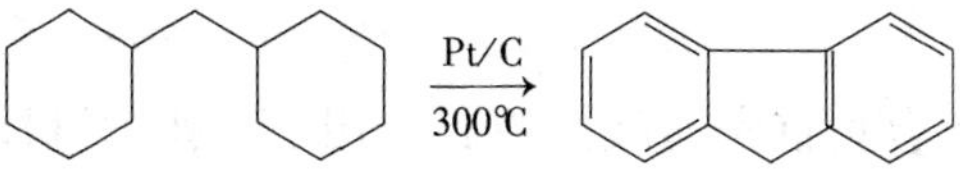

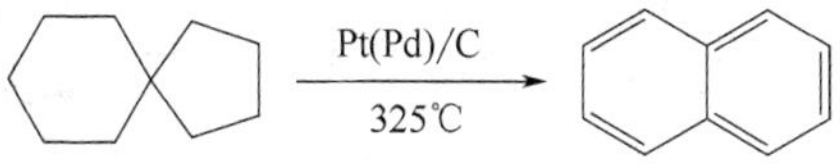

  C$_6$环系环烷烃芳构化机理如下：

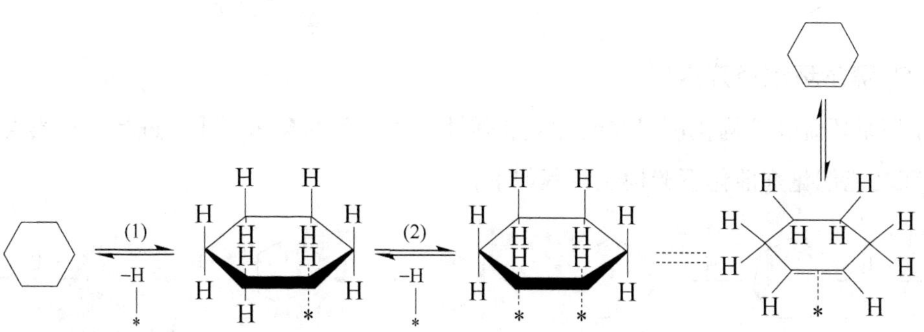

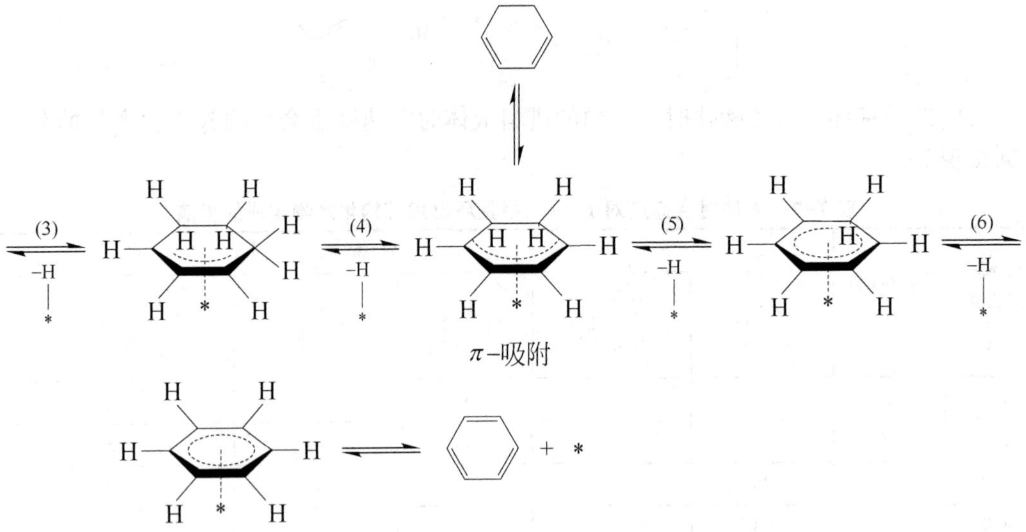

(在230℃以上，苯在催化剂表面脱附很快)

与苯加氢机理相反，在催化剂活性中心上反应生成的双键首先被 α、β-二位吸附，随后形成 π-吸附，随着脱氢的进行，π 体系不断扩大。整个过程中，环己烯与环己二烯转化很快，产物中仅含微量的这两种中间物。整个反应速率决定步骤为（1）、（2）步。

2. C₅ 环系环烷烃芳构化

C_5 环系环烷烃只有在含有酸性中心和脱氢中心的双功能催化剂存在下，才能发生脱氢芳构化。最常用的催化剂是将 Pt 载于酸性 Al_2O_3 上，再添加一些卤素增加其酸性，例如：

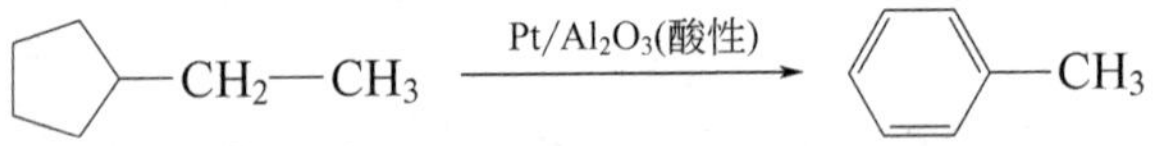

反应机理：C_5 环系化合物首先在酸性中心作用下，按 C^+ 机理异构化为 C_6 环系，然后按六元环脱氢机理进一步芳构化：

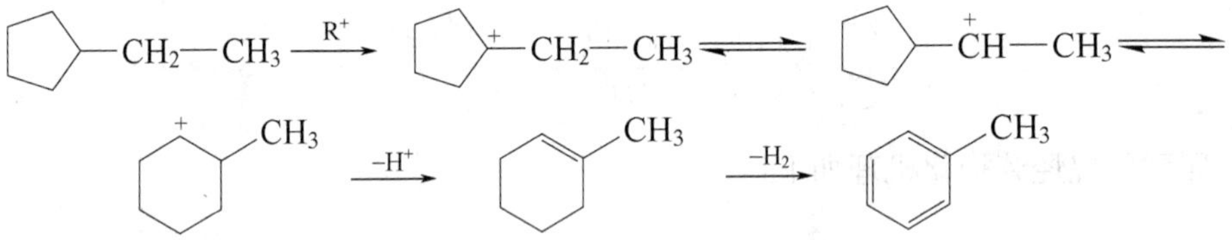

3. C₇ 环系环烷烃芳构化

C_7 环系环烷烃芳构化可以在酸性或非酸性载体负载的金属催化下进行。环庚烷在 Pt/Al_2O_3 双功能催化剂催化下芳构化过程如下：

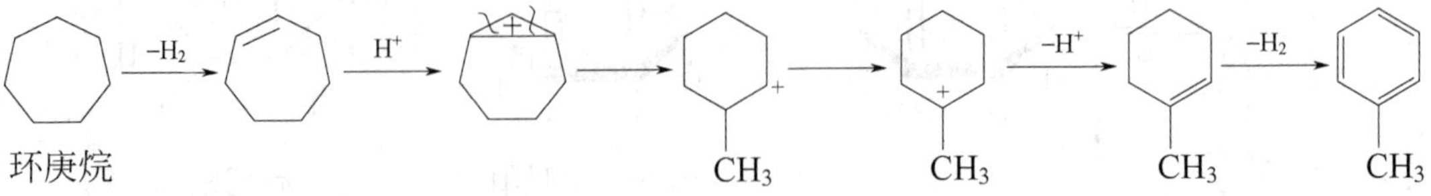

甲基环庚烷在 Pt/Al_2O_3 催化下的芳构化过程如下：

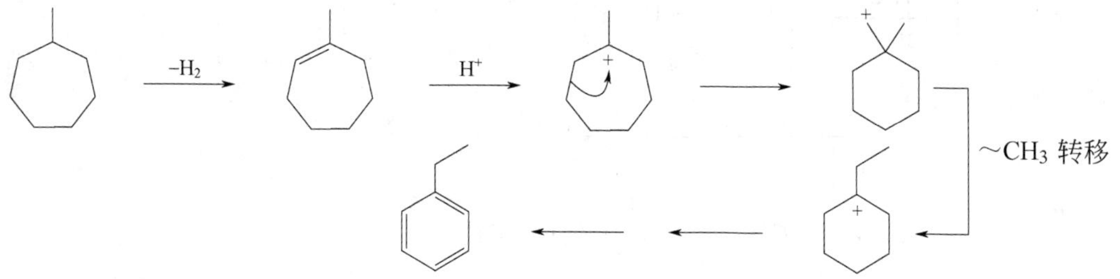

由上述芳构化过程可以看出，甲基环庚烷在双功能催化剂催化下芳构化的主要产物为乙苯。

若采用非酸性的金属催化剂（Pt/C），甲基环庚烷则经过双环烷中间体机理发生芳构化，主要得到甲苯、二甲苯产物：

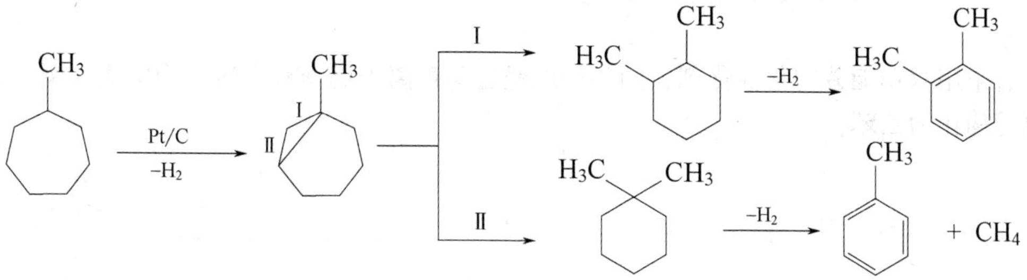

或者经过其他形式的双环烷中间体，进而得到邻、间、对二甲苯及少量乙苯：

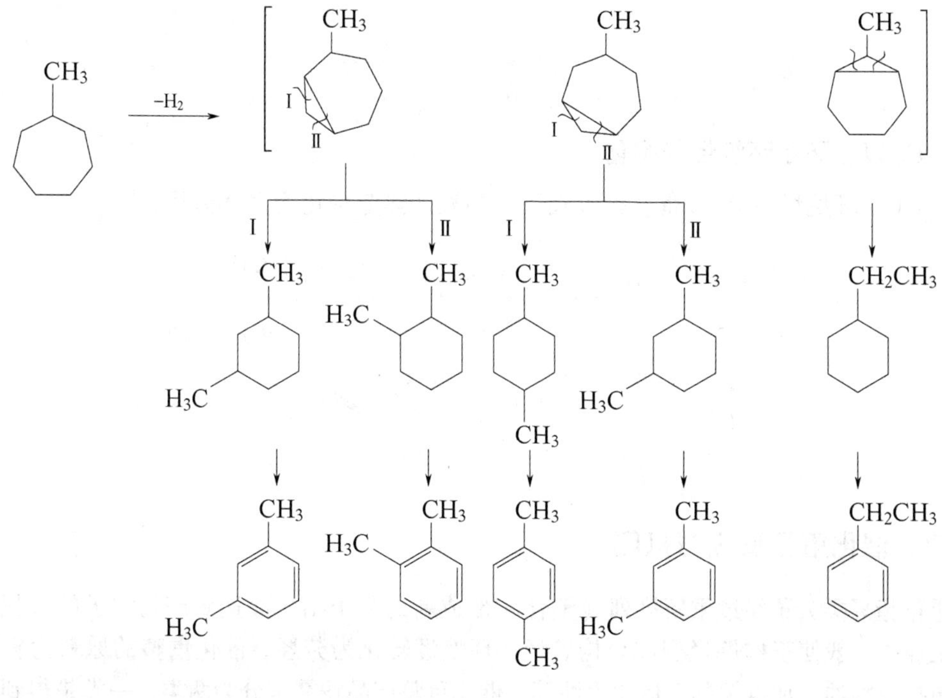

4. C$_8$ 环系环烷烃芳构化

环辛烷在 Pt/C 催化剂催化下经过双环烷中间体机理芳构化产物如下：

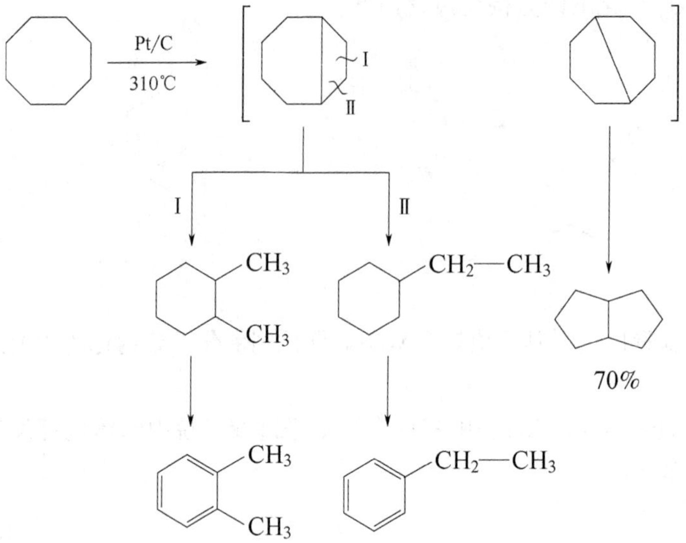

主要产物为戊搭烷

70%

若采用双功能芳构化催化剂，则环辛烷经过碳正离子机理首先转化为甲基环庚烷，随后再芳构化为乙苯：

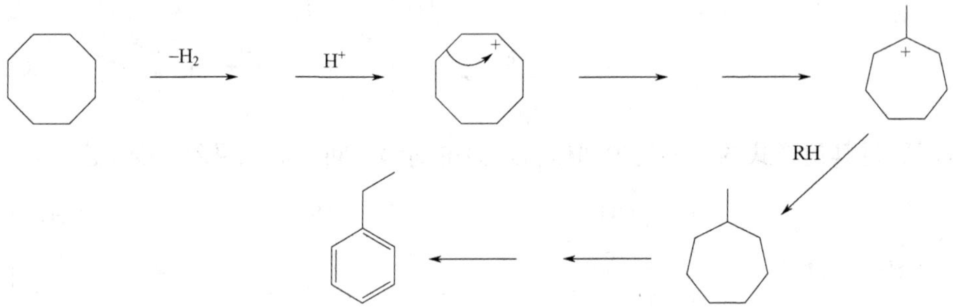

5. C₉ 以上环系环烷烃芳构化

$C_9 \sim C_{18}$ 环烷烃在 Pt/C 催化剂存在下，高温加热芳构化为多环芳烃：

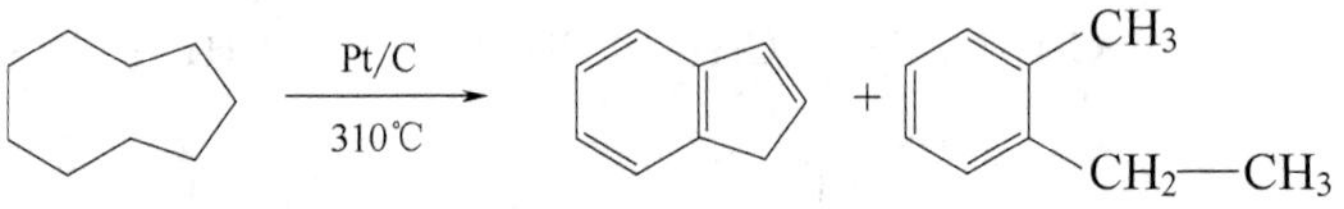

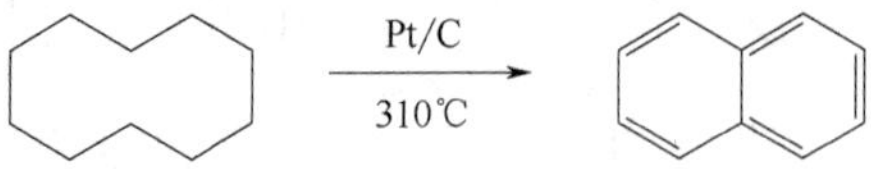

四、催化重整反应与机理

重整指烃类分子经过重新排列（整合）形成新的分子结构而达到产物需求的过程。在炼油工业中一般使正构烷烃变成异构烷烃，环烷烃转化为芳烃。催化重整的原料为轻馏分油，包括石脑油、加氢精制后焦化汽油等。催化重整产品按需求分为两类，一类是得到高辛烷值汽油，另一类是制取芳烃 BTX；催化重整过程副产 H_2，是由烃分子脱氢得到的。催化重整催化剂经历了三个发展阶段：（1）Cr_2O_3/Al_2O_3（1940 年工业化）；（2）Pt/Al_2O_3 双功能催化剂，通过添加卤素提高酸性（1949 年 UOP 公司）；（3）Pt—Re（铂—铼）/Al$_2$O$_3$（1967 年雪弗隆公司）等多金属催化剂等，目前使用广泛。

催化重整反应条件：温度 490~525℃，压力 1~2MPa。催化重整主要是脱氢反应，因此是较强的吸热反应。

各类烃在催化重整过程中的反应与机理如下。

1. 烷烃

1）直链烷烃异构化

以正庚烷异构化为例：

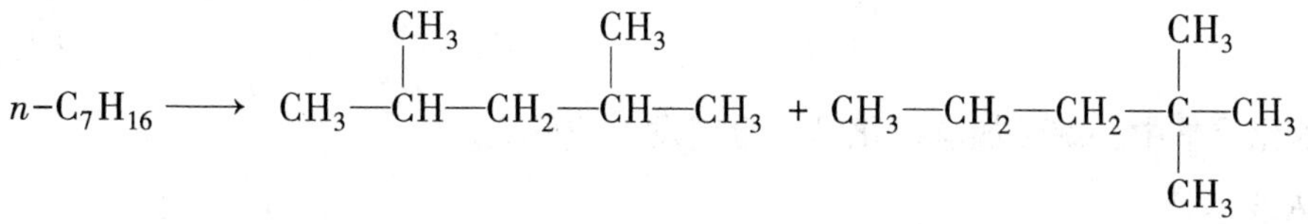

异构化机理：

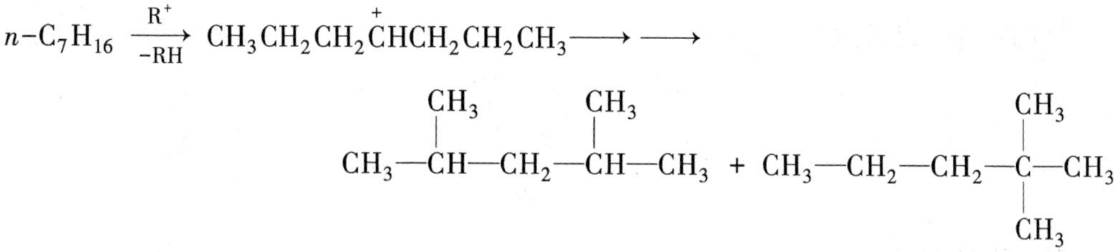

2）烷烃脱氢环化

以正己烷、正庚烷脱氢环化为例：

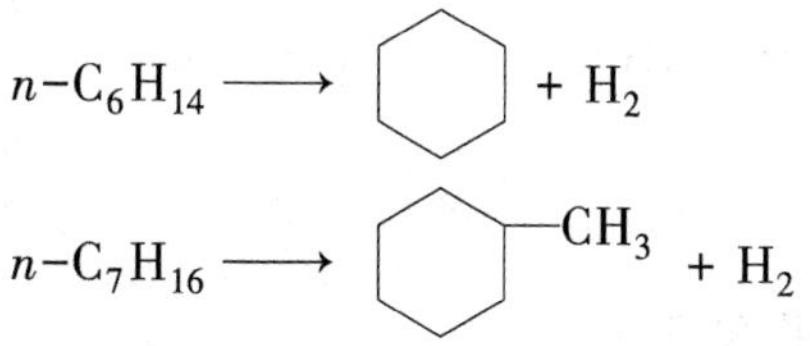

在金属活性中心上脱氢机理为：

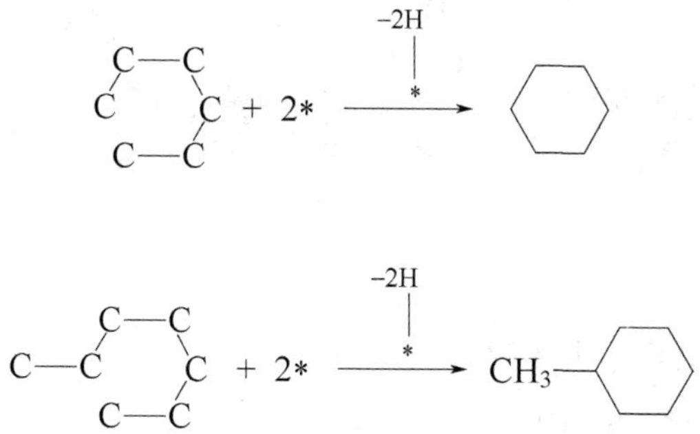

3）烷烃加氢裂化

以正庚烷加氢裂化为例：

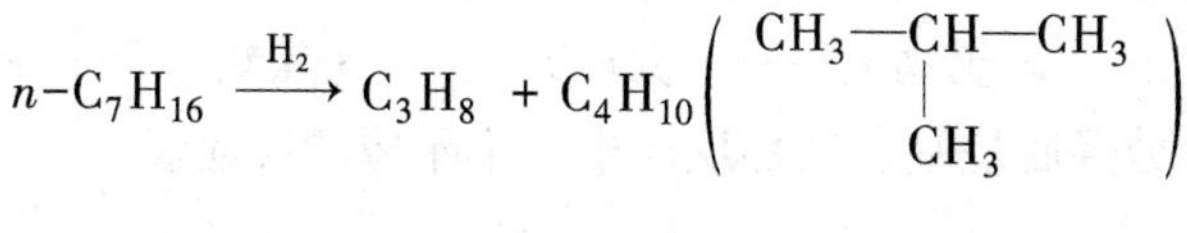

加氢裂化机理如下：

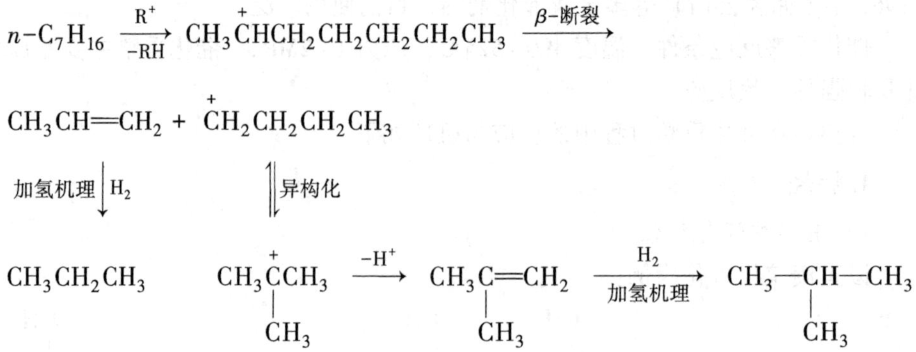

$$n\text{-}C_7H_{16} \xrightarrow[\text{-RH}]{R^+} CH_3\overset{+}{C}HCH_2CH_2CH_2CH_3 \xrightarrow{\beta-\text{断裂}}$$

$$CH_3CH{=}CH_2 + \overset{+}{C}H_2CH_2CH_2CH_3$$

加氢机理 $\downarrow H_2$ $\uparrow\downarrow$ 异构化

$$CH_3CH_2CH_3 \qquad CH_3\overset{+}{C}CH_3 \xrightarrow{-H^+} CH_3C{=}CH_2 \xrightarrow[\text{加氢机理}]{H_2} CH_3-CH-CH_3$$
$$\qquad\qquad\qquad CH_3 \qquad\qquad CH_3 \qquad\qquad\qquad CH_3$$

在催化重整中，烷烃加氢裂化是不希望发生的反应。

2. 环烷烃

1）六元环烷烃脱氢

例如甲基环己烷脱氢：

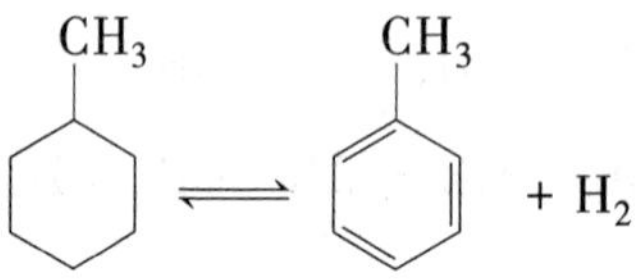

脱氢机理如下：

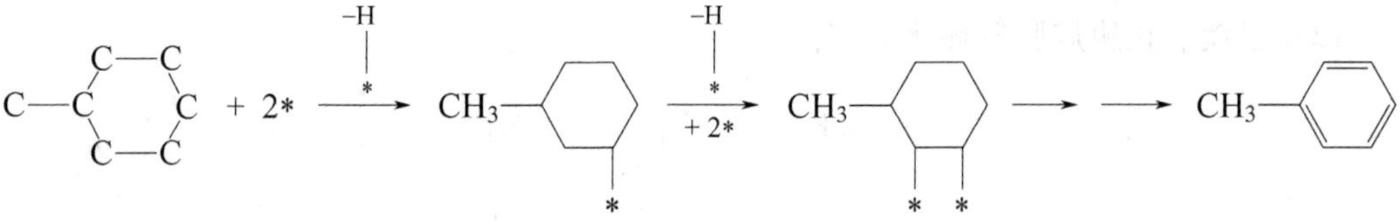

2）五元环烷烃环异构化及脱氢

五元环烷烃首先在酸性中心上发生扩环反应，形成六元环，随后继续脱氢形成芳烃：

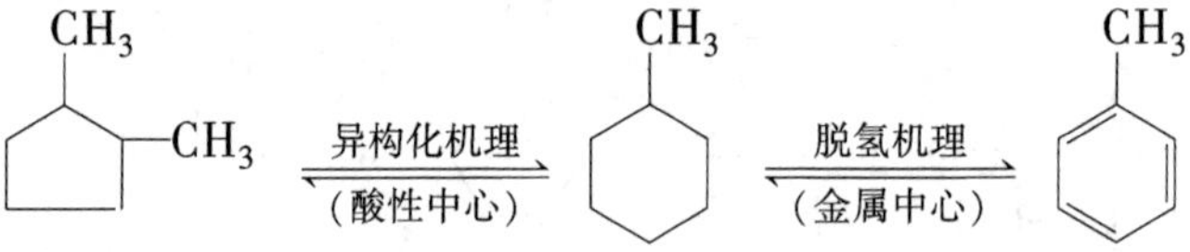

3. 芳烃

1）脱烷基反应

芳环上的烷基通过氢作用被脱除：

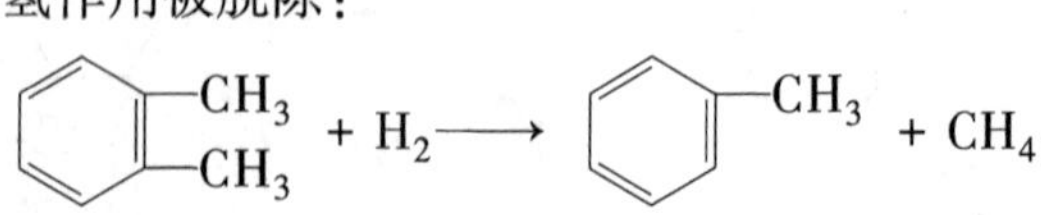

2）结焦反应

芳烃在高温下易形成稠环芳烃，进而结焦：

$$\text{芳香烃} \longrightarrow \text{稠环芳烃} \longrightarrow \text{焦炭}$$

在催化重整中，芳烃脱烷基、结焦反应也是不希望的反应。

第四节　烯烃环氧化反应与机理

烯烃的环氧化反应是合成环氧化合物的重要途径，在有机合成中占有重要地位。环氧化合物是指分子中含有单个、双个或多个环氧基的一类化合物，它包括环氧乙烷、环氧氯丙烷、脂肪族环氧化合物、脂环族环氧化合物、缩水甘油醚等。环氧基具有很高的反应活性，它容易与含有活泼氢原子的基团如胺基、羟基、羧基、巯基、酰胺基等发生反应，这主要是由于环氧基团中电荷的极化和环氧环存在张力导致的。

环氧化合物是一类重要的应用广泛的有机合成中间体，其结构中的三元环具有特殊的张力，因此，此类化合物可以很容易通过选择性开环的方式或官能团转换的方式来合成人们所需要的多种物质，所以环氧化合物在国民经济中有着重要的地位。环氧化合物具有良好的黏结、耐腐蚀、绝缘等性能。它已被广泛应用于多种金属与非金属材料的黏结，以及耐腐蚀涂料、电气绝缘材料、玻璃钢度合材料等的制造，在电子、电气、机械制造、化工防腐、航空航天、船舶运输、化学建材及其他许多工业领域中起着重要的作用。因此，近年来，研究合成环氧化合物的方法已成为化学研究的热门课题之一。目前比较普遍的生产方法有 Halcon 法、氯醇法和过氧酸（过酸）法。Halcon 法以烷基过氧化氢为氧源，反应后产生大量联产品，整个过程受到联产品市场的影响，生产过程复杂，一次性投资大。氯醇法是从烯烃间接生产环氧化合物的传统合成方法，原料易得，但合成步骤较长，副产物多，物耗高，设备腐蚀严重，特别是生产过程中产生大量的含氯污水，对环境污染严重。过氧酸作为氧源的过氧酸法工艺可靠，效率最高，但是过酸价格昂贵，并且有安全隐患，通常只用于附加值较高、吨位小的环氧化合物的生产。

一、烯烃环氧化催化剂

目前在烯烃环氧化反应中所使用的催化剂主要有金属卟啉类、钛硅分子筛、甲基三氧化铼、单金属盐类、杂多酸化合物等催化剂。下面分别对它们进行简要介绍。

1. 金属卟啉类

金属卟啉可在温和的条件下单选择性地催化许多化合物的氧化反应，并表现出较高的催化活性。在模拟细胞色素 P450 催化氧化活性的基础上，开发了各种金属卟啉配合物并将它们用作不对称环氧化反应的催化剂，其中以铁、锰卟啉配合物的催化效果最好。但金属卟啉类催化剂由于其成本高、制备步骤繁琐、活性稳定性差、收率低等缺陷，其应用受到一定限制。

2. 钛硅分子筛

钛硅分子筛由于具有多样性和稳定性以及独特的择形性，使其在催化氧化、分离等方面得到广泛应用。TS-1 钛硅分子筛（具有 MFI 拓扑结构，属 Pentasil 型杂原子分子筛，正交晶系）的成功合成在分子筛催化领域具有里程碑意义。不同孔道结构的钛硅分子筛对于反应物及产物有不同的择形性，已有研究表明，TS-1 和 TS-2 钛硅分子筛（具有 MEL 拓扑结构）系具有微孔结构的分子筛，对位阻较小的烯烃有较好的催化转化率和选择性，但对长链烯烃和环烯烃催化效果不明显；Ti-SBA-15、Ti-MCM-48 等介孔分子筛则有利于催化较大分子的反应。在以过氧化氢为氧源、钛硅分子筛为催化剂的烯烃环氧化过程中，TS-1钛硅分子筛骨架中的钛与过氧化氢作用形成钛的过氧化物，该过氧化物作为氧的供体，可以与烯烃进一步反应，将氧转移到烯烃分子上以实现烯烃环氧化过程，其催化机理如下式所示：

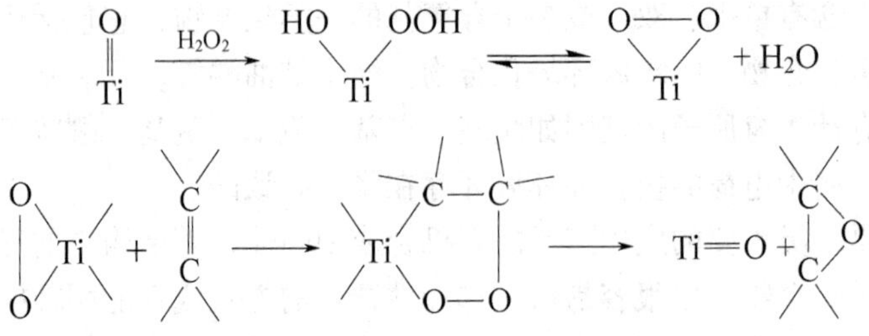

钛硅分子筛的应用为绿色化工及环境友好工艺开发提供了新的途径。目前对于这类催化剂的研究，国内外都给予了高度的关注，并已合成了多种具有不同结构的钛硅分子筛，以便适应催化不同尺寸分子的反应。

3. 甲基三氧化铼

一般的金属有机化合物对水都是敏感的，但甲基三氧化铼与一般金属有机化合物的性质有很大不同，它不但能在水溶液中稳定存在，而且还能有效催化过氧化氢环氧化烯烃的反应。室温条件下，在叔丁醇或四氢呋喃溶液中，甲基三氧化铼可催化环氧化一系列烯烃。甲基三氧化铼催化剂的主要缺点是其 Lewis 酸性比较强，会导致生成的环氧化合物开环，致使环氧化合物的选择性降低，影响了催化剂的使用。

4. 单金属盐类

锰盐类催化剂价格便宜，稳定性好，相对无毒，且在烯烃环氧化过程中表现出良好的催化活性。Burgess 等发现无机硫酸锰盐具有较好的催化效果，以硫酸锰为催化剂，碳酸氢盐作为助催化剂，使用质量分数为 30% 的过氧化氢作氧化剂，常温下在叔丁醇或 N,N-二甲基甲酰胺溶剂中就能催化烯烃的环氧化反应，并且与以往报道的金属催化剂相比较，反应时间明显缩短。Burgess 催化剂体系可对芳基取代烯烃、环状烯烃和三烷基取代烯烃进行催化环氧化，但反应需要在均相体系中进行，由于使用较多的溶剂，后处理过程较繁琐，一定程度上影响产品收率，该体系对末端烯烃和缺电子烯烃的催化环氧化效果较差。

5. 杂多酸化合物

杂多酸化合物泛指杂多酸及其盐，是近些年来开发的一类环境友好的催化剂，可以避免传统过氧酸法或卤醇法对环境造成的污染及对生产设备的腐蚀。杂多酸化合物是一个多电子体，在以过氧化物为底物时，杂多酸化合物的活化氧可参与形成环氧化物中间体。在工业生产中，长链烯烃和环烯烃的环氧化反应大多采用杂多酸化合物催化剂。杂多酸化合物催化剂能在相对温和的反应条件和相对短的反应时间内有效催化烯烃环氧化反应。纯固体杂多酸化合物比表面积小，影响其催化效率，应用时可以将固体杂多酸化合物溶于水相，使用季铵盐类相转移催化剂，可有效增大催化剂与反应物的接触面积，提高催化效果。实际应用中还可以将杂多酸化合物负载于合适的载体上，增大表面积，改善其催化活性，而且负载催化剂易于回收、可以重复使用。目前杂多酸化合物催化剂在烯烃环氧化反应中越来越受到重视，是以过氧化氢为氧源的烯烃环氧化工艺中最具工业化前景的催化剂之一。

二、环氧化合物制备方法

1. 非催化环氧化方法

1）卤醇法

氯醇法是较早实现工业化的方法，包括氯醇化、皂化和精馏 3 个步骤，反应过程如下：

$$Cl_2 + H_2O \longrightarrow HClO + HCl$$

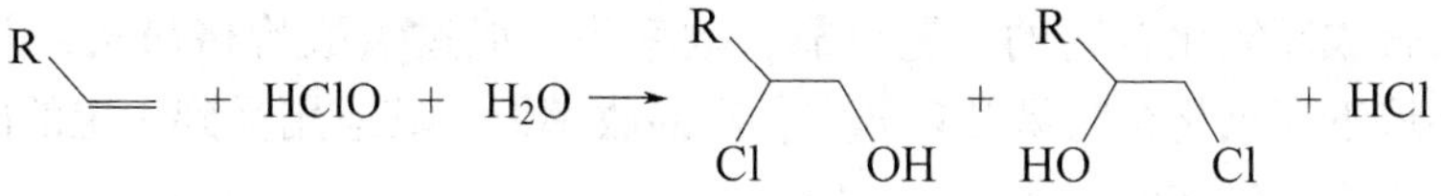

$$1或2 + 0.5Ca(OH)_2 \longrightarrow R\text{—}\triangle\!\!O + 0.5CaCl_2 + H_2O$$

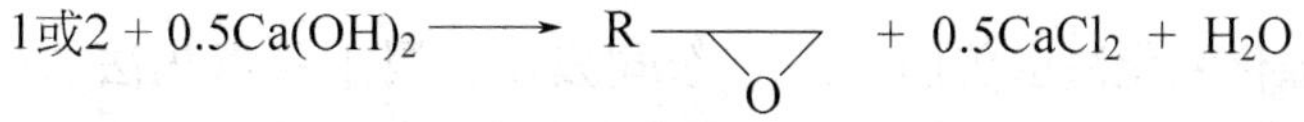

卤醇法合成环氧环己烷工艺采用环己醇脱水生成环己烯，再将环己烯用次氯酸氧化法制备 1,2-环氧环己烷。反应中使用的次氯酸由次氯酸钠水溶液与稀硫酸在反应过程中生成。首先环己烯双键与次氯酸亲电加成生成邻氯醇，然后邻氯醇在氢氧化钠作用下，分子内脱去一分子氯化氢生成环氧环己烷，其环氧化反应过程如下：

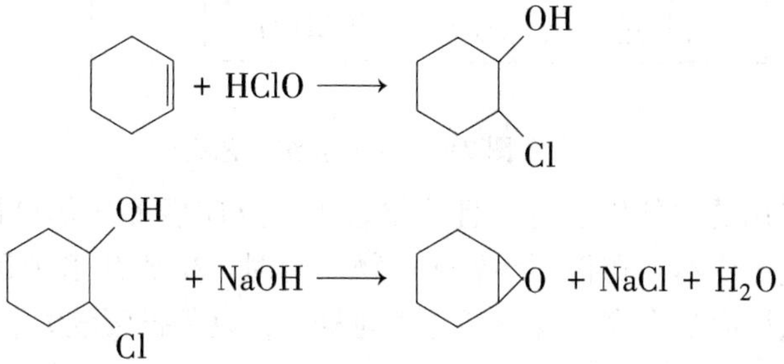

卤醇法的生产原料较容易获得，但合成步骤多，副产物较多，设备腐蚀严重，特别是生产过程中会产生大量的含氯污水，环境污染问题较严重，目前已逐步被淘汰。

2）过氧酸氧化法

过氧酸氧化法是早期研究的烯烃环氧化方法，自从烯烃环氧化反应问世以来，用过氧酸作为氧源的环氧化方法取得了很大的进展。有机过氧酸由羧酸被过氧化氢氧化生成或由醛类自动氧化生成。无机过氧酸一般通过酸酐、氯化物或酸的盐与过氧化氢或碱金属过氧化物相互作用制得。钒、钼、钨、硒、硼、砷和铝等金属的氧化物都可以用于环氧化反应，原钒酸（H_3VO_4）、钨酸和钼酸的过氧化物衍生物能环氧化烯丙醇、富马酸和它的盐。但由于过氧酸具有强酸性，在使用过程中会使烯烃生成的环氧化合物开环分解，并且过氧酸的酸性越强，产物分解的倾向性越大，因而其应用受到一定的限制。

有机过氧酸为氧源的烯烃环氧化反应是过氧酸对双键的亲电加成，当烯烃分子中存在给电子取代基时，能加速反应，其反应机理如下：

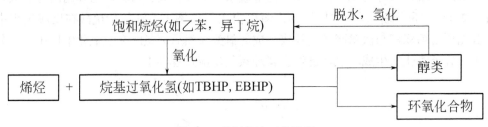

常用的有机过氧酸包括过甲酸、过乙酸以及过苯甲酸等。这些过氧酸结构简单、易制备、成本低，并能氧化各种双键，在烯烃环氧化领域得到广泛应用。但由于其化学结构不稳定、易分解、不易储存，因而其制备一般是在酸性催化剂作用下，用羧酸或酸酐与过氧化氢进行反应。有机过氧酸氧化制备环氧化合物时，在不同反应条件下，既可以生成环氧乙烷衍生物，也可以进一步反应生成1,2-二醇，为避免环氧化合物开环分解，反应过程中需要控制反应时间与反应温度。

过氧酸法合成环氧化合物的工艺可靠，效率高，但过氧酸价格昂贵，并且有安全隐患，在酸性环境下环氧化合物易开环分解，产品收率低，其应用受到一定的限制，目前正逐渐被其他更为安全经济的方法取代。

2. Halcon 均相催化氧化法

Halcon 均相催化氧化法由美国 Halcon 公司发明，属于共氧化法的一种。该法采用金属铝、有机铝或铝盐作催化剂，使用过氧化氢作氧化剂。共氧化法的流程如图7-4所示。

```
                              ┌─────────────────────────┐    脱水，氢化
            ┌────────────────▶│ 饱和烷烃(如乙苯，异丁烷) │◀──────────┐
            │                 └─────────────────────────┘           │
            │                           │ 氧化                      │
            │                           ▼                   ┌──────────┐
 ┌──────┐   │     ┌──────────────────────────────────┐     │   醇类   │
 │ 烯烃 │ + └────▶│ 烷基过氧化氢(如TBHP, EBHP)        │─────┤          │
 └──────┘         └──────────────────────────────────┘     └──────────┘
                                                           ┌────────────┐
                                                           │ 环氧化合物 │
                                                           └────────────┘
```

图7-4 共氧化法工艺流程

Halcon 法采用的铝催化剂有毒且价格较贵，反应后催化剂分散在均相体系中又难于回收，增加了生产成本。在得到环氧化产物的同时，生成几倍于目的产物的醇类联产品。此外，共氧化法反应步骤多，反应工艺较为复杂，设备投资较大。

3. 多相催化法

1）Shell 多相催化法

Shell 多相催化法也属于共氧化法。Shell 公司的负载型 TiO_2/SiO_2 型催化剂是最早的真正意义上的可供环氧化连续操作的多相催化剂。该催化剂制造过程十分简单，一般以四氯化钛或钛酸酐为前驱体，液相浸渍或气相沉积（CVD）在具有一定比表面积的无定形二氧化硅或硅胶上，钛源原料与硅羟基发生反应，然后经灼烧，得到催化剂产品。若以四氯化钛为钛源，反应过程如下：

2）钛硅混合氧化物催化法

钛硅混合氧化物催化氧化也属于共氧化法，是在 Shell 法基础上发展而来的。与负载型催化剂不同的是，在钛硅混合氧化物催化剂中，硅与钛达到原子级别的混合。钛硅混合氧化物催化剂多以溶胶凝胶法制备，制备过程中水解步骤和条件、老化时间、干燥方法、钛含量及灼烧温度都对催化性能有较大影响，其中干燥方式和钛含量的影响最大。Hutter 等发现，在催化剂凝胶的干燥过程中，溶剂在两相界面上蒸发，产生很大的表面张力，因此普通的干燥方法会造成胶体的收缩和毛细管微孔的坍塌。而采用超临界气体干燥法，由于不存在气液两相界面，避免了表面张力的产生，干燥时溶剂被气体"置换"出来，从而保持了催化剂原来的孔结构。他们还发现，钛含量在 2% ~ 20% 范围内的催化剂的活性随钛含量的增加而升高，但超过这个范围就不能避免游离态 TiO_2 的产生。

钛硅混合氧化物制造方法要比钛硅分子筛简单，并且催化剂中钛的含量可提高到 20%，由于其活性高，对有空间位阻和带官能团的烯烃催化环氧化更具有意义。Hutter 等用 CO_2 半连续超临界干燥法制得含 TiO_2 20% 的催化剂，以异丙苯过氧化氢氧化环己烯作探针，60℃温度下反应 1.2h，结果氧化剂的转化率达 100%，环氧化产物的选择性为 93%。相同条件下催化氧化 α-异佛尔酮，当氧化剂转化率为 50% 时，环氧化产物选择性为 99%，但使用 35% 的 H_2O_2 代替异丙苯过氧化氢作氧化剂则没有环氧化物产生。Dutoit 等通过 FT-IR 和 ICP-AES 证明，溶剂水会造成 Ti—O—Si 键的水解，从而造成钛的流失。

3）钛硅分子筛法

1983 年，意大利的 Taramasso 等首次报道合成了钛硅分子筛。各类钛硅分子筛中，TS-1、TS-2 具有微孔结构，Ti-ZS-11 具有介孔结构，属于中孔结构的有 Ti-β 和 Ti-MCM-41，大孔结构的有 Ti-MCM-48、Ti-APO 和 Ti-SAPO。利用钛硅分子筛作催化剂，以 30% 的工业 H_2O_2 作氧化剂，对烯烃环氧化、烷烃部分氧化、醇类氧化、苯酚及苯的羟基化等反应均具有很好的催化效果。

4）其他多相催化法

除钛硅类催化剂外，还有使用 H_2O_2 作氧化剂，以锰、铝的阴离子黏土为催化剂，或使用烃基过氧化氢作氧化剂，以蒙脱石、离子交换树脂等为催化剂进行烯烃催化环氧化的方法。

参 考 文 献

[1] Olah G A, Molnar A, Surya Prakash G K. Hydrocarbon Chemistry 3rd. ed. Hoboken：John Wiley & Sons, Inc.，2018.

[2] Germain J E. Catalytic Conversion of Hydrocarbons. London：Academic Press Inc.，1969.

[3] Pines H. The Chemistry of Catalytic Hydrocarbon Conversions. New York：Academic Press Inc.，1981.

[4] 苏贻勋. 烃类的相互转变反应. 北京：高等教育出版社，1989.

[5] 周力，吴肖群，吕德伟. C5 全组分异构烯烃化的催化反应原理与催化剂. 石油炼制与化工，1995，26（11）：30-35.

[6] 张凌峰 刘亚录，胡忠攀，等. 丙烷脱氢制丙烯催化剂研究的进展. 石油学报（石油加工），2015，31（2），400-417.

[7] 刘莹.异丁烷脱氢制异丁烯技术的现状与发展趋势.石油化工, 2016, 45 (5)：630-635.

[8] 王红秋, 郑轶丹.丙烷脱氢生产丙烯技术进展.石化技术, 2011, 18 (2)：63-66.

[9] 柏凌, 陈功东, 刘程, 等.丙烷直接脱氢制丙烯的催化剂研究进展.现代化工, 2015, 35 (8)：23-27.

[10] 李春义, 王国玮.丙烷和丁烷气固相催化脱氢制烯烃.中国科学：化学, 2018, 48 (4)：342-361.

[11] 李春义, 王国玮.丙烷/异丁烷脱氢铂系催化剂研究进展.石化技术与应用, 2017, 35 (1)：1-5.

[12] 段然, 巩雁军, 孔德嘉, 等.轻烃芳构化催化剂的研究进展.石油学报 (石油加工), 2013, 29 (4)：726-737.

[13] 纪玉国, 商宜美.异丁烷脱氢制异丁烯体系的热力学分析.化学通报, 2015, 78 (1)：68-72.

[14] 刘淑鹤, 方向晨, 张喜文, 等.丙烷脱氢催化反应机理及动力学研究进展.化工进展, 2009, 28 (2)：259-282.

[15] 王堂博, 王广建, 孙万堂, 等.异丁烷催化脱氢反应机理与失活动力学研究进展.工业催化, 2016, 24 (4)：1-6.

[16] 黄慧子, 陆江银, 马空军, 等.低碳烷烃芳构化的研究进展.现代化工, 2018, 38 (3)：52-56.

[17] Bhan A, Delgass W N. Propane aromatization over HZSM－5 and Ga／HZSM－5 catalysts. Catalysis Reviews, 2008, 50（1）：19-151.

[18] 程谟杰, 杨亚书.ZnHZSM-5上乙烷脱氢芳构化过程的研究.天然气化工, 1977, 24 (3)：10-14.

[19] 陈治平, 徐建, 鲍晓军.低碳烯烃异构化/芳构化反应机理研究进展.化工进展, 2015, 34 (3)：617-637.

[20] 孙曼灵, 吴良义.环氧化合物应用原理与技术.北京：机械工业出版社, 2002.

[21] 常慧.烯烃环氧化技术及其催化剂发展概述.石油化工技术与经济, 2015, 31 (06), 45-49.

[22] 魏文德.有机化工原料大全.北京：化学工业出版社, 1989.

[23] 盛卫坚.烯烃的催化环氧化反应及环氧环己烷的绿色合成新工艺研究.杭州：浙江工业大学, 2003.

[24] 张南燕, 陈立班.烯烃的环氧化反应.广州化学, 1999 (4)：49-54.

[25] 王永珊, 章亚东, 王振兴.三相相转移催化法制备二氧化双环戊二烯.应用化学, 2010, 27 (9)：1021-1025.

[26] 孟静.烯烃环氧化反应研究.上海：华东师范大学, 2009.

第八章 烃类的制氢反应与机理

第一节 概　述

一、烃类制氢工艺方法

目前全球的能量来源绝大部分还是来自化石燃料，这种不可再生能源在给我们带来便利的同时也会带来严重的环境污染，不符合当前日益严峻的环保形势及可持续发展要求，所以开发清洁、高效的能源是人们长期以来努力的方向。氢气因燃烧后生成无污染的水，一直被认为是未来最理想的绿色能源。就目前各行业发展状况而言，氢气在化工、交通、电子、医药、航天等领域具有不可替代的作用。在石油化工领域，氢气是石油炼制加氢过程以及石油化工精细化学品生产过程中的重要原料。

近年来，随着在石油炼制过程中含硫或劣质原油的比例增加以及国家对油品清洁化标准的不断提高，炼油厂对于氢气的需求量不断增加。与此同时，在以生产大宗化学品及精细化学品为主的石化行业中，合成氨、合成甲醇、费托合成等对氢气的需求也呈增长趋势。面对氢气日益增长的需求量，氢气以及氢能的开发和大规模应用首要解决的就是氢源问题。自然界中并没有矿藏氢，氢气作为典型的二次能源需要人工制备，制氢一直备受人们关注。一方面，由煤、石油、天然气这三大类化石能源制氢，进一步生产水煤气、合成氨、尿素等化工产品，已经发展为成熟的碳氢平衡的工艺技术；另一方面，氢经过燃料电池转化为电，开辟了氢气利用的新用途，也伴生了新问题，对制氢工艺提出了新的要求。

在炼油行业中，催化重整的副产氢气是石油加氢过程所需氢气的重要来源，根据统计，在炼油厂中催化重整装置所产氢气约占总需氢量的20%，催化重整装置副产的氢气只能满足氢耗低的装置及加氢精制过程的需要，对于耗氢量较高的加氢裂化过程［其耗氢量约占进料量的2%~4%（质量分数）］以及以生产精细化学品为主的过程则往往还需要专门生产氢气的装置。目前工业上制取氢气的方法主要有：甲烷水蒸气重整法、甲醇蒸气重整法、煤和焦炭的水煤气法、渣油或重油的部分氧化法、炼油厂富氢气体净化分离法以及电解水法等。

1. 甲烷制氢工艺方法

我国是天然气储量大国，根据自然资源部的统计数据，我国天然气储量达 $90.3 \times 10^{12} m^3$，探明率为16%，截至2018年底，我国天然气探明剩余可采储量为 $6.1 \times 10^{12} m^3$，占世界总和的3.1%，储产比为37.6，低于世界平均水平50.9。2018年，我国天然气消费量 $0.2803 \times 10^{12} m^3$，占一次能源消费比例为8%，远低于世界平均水平的23.4%。据预测，2030年我国天然气需求量可达到 $0.62 \times 10^{12} m^3$，因此我国需要调整能源结构，加大对天然气资源的合理有效利用。

天然气可分为干气和湿气两大类，前者甲烷含量在90%以上，后者除甲烷外还含有乙烷、丙烷和丁烷等低碳烷烃。以甲烷为原料制取氢气主要有两种途径：一种是通过甲烷制取合成气（H_2和CO的混合气），然后利用物理方法或化学方法除去一氧化碳得到纯净的氢气，其代表性的方法主要有甲烷水蒸气重整法（SMR）、甲烷二氧化碳重整法（CRM）、甲烷部分氧化法（POM）以及甲烷自热重整法（ATMR）；另外一种途径是通过甲烷直接裂解得到氢气，其代表性的方法为甲烷催化裂解法（MCC）。由于甲烷分子在空间上为稳定的四面体结构，反应惰性很强，不论哪种途径都需要活化甲烷分子。以甲烷制合成气为例，在温度低于700K时，甲烷就可以生成合成气，但只有在高于1100K的温度下，才能生成高产率的合成气。

甲烷部分氧化法制氢优点是反应空速大、反应速率快、整体能耗偏低，但该工艺问题也比较突出：（1）其需要大量纯氧或富氧作为原料，大大增加了加工成本；（2）甲烷和氧气的配比难以控制，操作难度高；（3）反应温度高，不仅增加了能耗还使得催化剂床层容易发生局部过热的问题；（4）反应压力需要4~8MPa，对设备要求高，而且生产过程中容易发生意外危险，目前极少有对于此方法的报道。

于1926年首次提出的甲烷水蒸气重整是大规模制氢最常用的方法之一，经过90多年的不断改进和完善已经成为目前全世界工业应用最广泛的天然气制氢技术，其工艺流程简单、成本低、不易积炭。采用天然气为主要原料，将天然气脱硫后与水蒸气在高温与催化剂的作用下发生重整反应，产生的合成气通过中低温水汽变换反应使得一氧化碳绝大部分转换为二氧化碳，最后通过变压吸附技术（PSA）将二氧化碳分离出去便可以得到高浓度氢气。虽然该方法是目前应用最为广泛的制氢工艺，但是其也存在一定的不足之处：（1）甲烷与水蒸气的重整反应是强吸热反应，反应器温度需要达到750~900℃重整反应才能顺利进行，由此造成加热反应器能耗过大，其产生的能耗占整个生产成本的50%，不符合国家节能的要求；（2）重整反应中氢气的浓度受到化学平衡的限制低于80%，而产生的二氧化碳最终直接排放也不符合国家减少碳排放的要求。

甲烷自热重整制氢技术是将SMR吸热反应与POM放热反应进行整合，通过控制这两个过程实现自热重整反应，系统高度集成使设备制造成本大大降低，其不足之处是工艺流程比较复杂，系统同时涉及多种反应过程，且与POM工艺一样需要纯氧，造成了该工艺经济成本的上升。

甲烷二氧化碳重整制氢技术在重整过程中加入了二氧化碳作原料，在制取氢气的同时消耗了二氧化碳，这对于未来大规模减少碳排放具有深远的意义，其制得的合成气可直接用于二甲醚合成、羰基合成、费托合成等，对于化工行业具有举足轻重的作用。其主要问题为实际生产过程中受水汽变换反应影响较大，实际反应中H_2/CO比例小于1，氢气的浓度和产量都不高，未来需要进一步研究反应的催化剂以提高产物的选择性，同时也存在着严重的积炭问题。

以上四种方法均为以甲烷为原料制取混合气的制氢工艺，其在产生氢气的同时会产生大量的一氧化碳，同时其都会产生或者混入二氧化碳，想要得到高纯度的氢气需要复杂的分离提纯过程。随着氢燃料电池的迅速发展，其对氢气的纯度提出了越来越高的要求，少量的一氧化碳也会使燃料电池中的贵金属催化剂中毒，而甲烷直接裂解制氢过程简单，固体产物只有炭且气体产物只有氢气而没有二氧化碳与一氧化碳等其他气体，生成的固体产物与气体产物易于分离，同时甲烷裂解产生 1mol 氢气的能耗大约为 37.8kJ，远低于甲烷水蒸气重整法需要的能量（约为 63.3kJ/mol），是一种前景广阔的制氢工艺。目前甲烷直接裂解制氢仍处于实验室研究阶段，其主要存在的问题为生成的炭会富集在催化剂表面造成催化剂因积炭而失活，物理剥离炭的方法可以有效延长催化剂寿命，但其会增加制氢成本以及不利于长周期运转，而化学方法则需向反应器中通入空气、氧气等氧源，不可避免地再次产生二氧化碳，使其失去环保上的优势。为了使甲烷直接裂解法走出实验室，研究人员需要开发出更加高效和容碳能力高的催化剂或者开发更为有效的物理方法移除积炭。

2. 甲醇制氢工艺方法

氢气作为一种清洁能源载体，在化工、炼油等领域应用越来越广泛，传统制氢主要有电解水制氢和化石燃料制氢两种方式，均存在缺点。电解水制氢能耗大，标准状况下，制备每立方米氢气消耗的电能高达 5.5kW·h，制氢成本高，不适合大规模应用。采用天然气、轻油、煤焦为原料的大规模制氢，原料不可再生，制氢过程需要外界提供很高的反应热，损失大量化学能的同时，排放的温室气体 CO_2 造成环境污染。并且由于使用煤、天然气为原料，往往会受到地域的限制，在一些化石资源匮乏的区域，使用煤气化合成气和天然气重整制氢都是不现实的。所以，甲醇制氢工艺找到了自己的立足点。在许多硅材料的产地，基本没有天然气供应，而氢气又是生产光伏硅材料不可缺少的原料，所以许多甲醇制氢气工厂就依傍建造。

与传统的制氢相比，甲醇重整制氢主要有以下优势：（1）甲醇资源丰富且来源广，甲醇作为一种基本有机化工原料和能源代用材料，除了由煤、石油、天然气等化石资源制备，还可以由新能源（例如生物质能）制得，年产量较大；（2）氢元素利用率高，甲醇氢碳比高，能量密度高，可以产生高体积比氢气的同时排放较少的 CO_2，单位质量甲醇的理论氢气收率为 18.8%（质量分数）；（3）甲醇制备氢气的条件相对温和，在常压和 250℃左右，甲醇水蒸气重整制氢的反应转化率已经接近 100%；（4）甲醇纯度高，不含有毒杂质，转化和分离工艺简单，易于操作，制氢过程相对容易；（5）制氢装置简单，甲醇储存和运输成本低，可以做成组装式或可移动式的甲醇制氢装置，操作灵活方便。甲醇制氢技术在我国的工业化应用开始于 1995 年，之后得到迅速推广。随着对工艺的不断改进，甲醇制氢规模也在不断扩大，制氢成本不断减小。此外，对甲醇催化剂的研究也在不断深入，活性更高、更稳定的催化剂也在不断地研发出来。甲醇制氢在工艺流程、设备形式和结构、自动化水平、运行的稳定性、安全性等方面仍有一定的改进空间。甲醇制氢在我国具有切实的可实施性和广阔的应用前景，是未来制氢技术的一个重要发展方向。

甲醇制氢主要有甲醇裂解、甲醇水蒸气重整和甲醇部分氧化三类技术，其中甲醇裂解和甲醇水蒸气重整技术较为成熟，甲醇部分氧化技术在开发中。甲醇裂解制氢即 CH_3OH 在加热条件下分解为 H_2 和 CO，是合成气制甲醇的逆反应。采用该工艺制氢，单位质量甲醇的理论 H_2 收率为 12.5%（质量分数），但产物中还有高含量的 CO（约占 1/3），导致后续分离装置复杂，投资高。甲醇水蒸气重整制氢即 CH_3OH 在水蒸气的存在条件下转化生成 H_2 和 CO_2，该过程将 CH_3OH 和 H_2O 中的氢全部转化为 H_2。甲醇水蒸气重整制氢具有反应温度低，产物中 H_2 含量高、CO 含量较甲醇分解制氢法低等优点。采用该工艺单位质量甲醇的理论 H_2 收率为 18.8%（质量分数），明显高于甲醇裂解制氢。甲醇部分氧化制氢是在氧气（空气）存在的条件下甲醇发生部分氧化反应生成 H_2 和 CO_2，主要是通过甲醇的部分氧化实现系统自供热，大幅提高能源利用效率，达到进一步降低制氢成本的目的，被认为是很有研究价值的制氢方法，目前仍处于开发中，尚未实现工业化。在以上三类技术中，由于甲醇裂解反应以及甲醇部分氧化产物里氢气含量低，CO 含量高（一般在 10% 以上），故应用较少。而甲醇水蒸气重整制氢技术的产物中 H_2 含量高、CO 含量低，且技术成熟，当前甲醇制氢主要采用该工艺。

3. 煤/石油制氢工艺方法

在我国能源资源结构中，相比于天然气资源，我国拥有更为丰富的煤炭资源，且煤质量较高、开采成本相对较低，面对节能减排、石油价格不断高涨以及天然气用量不断增加的压力，以煤炭为主的能源结构在目前来看将长期存在和发展，因此从煤炭入手是解决我国能源问题的途径之一，实现煤炭资源利用从高碳向低碳最终走向无碳的转化，是保持我国能源、环境以及经济协调可持续发展的重要途径。

一般来说，以煤为原料制取氢气的方法主要有两种：一种是将煤间接转化为氢气，先将煤通过反应转化为甲醇，然后再通过甲醇的重整法制取氢气；另外一种方法是将煤直接转化为氢气。将煤直接转化为氢气又分两种方法：煤通过焦化反应制取氢气和煤直接通过气化反应制取氢气。煤的焦化制氢也就是俗称的城市煤气，其首先将煤做隔绝空气处理，随后加热至 $900 \sim 1000 \, ℃$ 制取焦炭，在此过程中会有焦炉煤气产生，焦炉煤气中含有 $55\% \sim 60\%$ 的氢气，最后经过提纯处理可得到较为纯净的氢气。

当前的煤制氢最主要的技术就是煤的气化，其主要流程为：煤在一定条件下，与气化剂（水蒸气或空气、氧气）反应，转化为气体产物，其中氢气的含量随着气化方法的不同有着一定的变化，将得到的以 H_2 和 CO 为主要成分的混合气态产品经过净化、CO 变换和分离、提纯等处理获得一定纯度的产品氢，其具体流程如图 8-1 所示。目前煤气化制氢的主要优势在于其原料资源十分丰富且其过程符合我国清洁煤技术的路线，可有效保护环境，但是其也存在着一些问题：首先目前煤气化技术多采用间歇式的固定床气化技术，气化炉内吹入大量的空气，大量空气的吹入使气化炉内的气体产物被吹出，气体产物中主要有氢气、二氧化碳、一氧化碳以及一些硫化物和氮氧化物等，除了气体产物被排空外，一些煤粉也会随气体一同排出，这些污染物的直接排放都会带来很严重的环境问题；其次粗煤气中的污染气体也有很多，经过净化处理的粗煤气在变成清洁的氢气之前，还要经过脱硫和水蒸气重整等多道工序，这些工序的延长有助于减少污染，但是处理工艺过多且每道工序较为复杂，增加了煤制氢技术的成本。

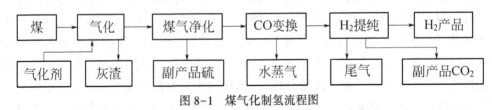

图 8-1 煤气化制氢流程图

氢气是现代炼油行业不可缺少的原料，广泛应用于产品的碳氢调节、脱硫、脱氮以及脱除金属杂质的过程。炼油厂对氢气需求的日益增长主要体现在以下两个方面：（1）从全球范围来看，原油重质化、劣质化趋势明显，炼油厂也希望通过提高劣质原油的加工比例来提升经济效益，加氢裂化和加氢处理工艺有利于合理充分地利用目前的原料油，是今后炼油行业的主要发展方向；（2）基于环境保护的需求，我国正大力推进清洁油品的质量升级，深度加氢脱硫是重要的手段。炼油厂目前氢气的来源途径主要有两个：一是通过上述介绍的甲烷制氢工艺产氢；二是以催化重整为代表的炼油装置副产氢气和富氢气体分离氢。连续重整装置的产氢量可以接近重整加工原料油量的4%，催化重整干气中含有较高含量的氢气，对其进行回收再利用可以有效降低污染物排放，提供能源利用效率，是炼厂重要的廉价氢源，对于催化加氢等装置至关重要。据统计，美国炼油加氢装置用氢50%以上由催化重整装置提供。现阶段也有部分炼厂使用渣油、重质油制氢工艺，重质油气化路线与煤气化路线相似，主要工艺装置有空分、油气化、耐硫变换、低温甲醇洗、PSA以及为低温甲醇洗提供冷量的制冷单元，其工艺流程图如图8-2所示。

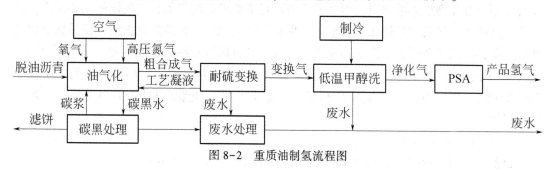

图 8-2　重质油制氢流程图

如前文所述，催化重整的副产氢气是石油加工过程所需氢气的重要来源，但是这一般只能满足氢耗低的加氢处理过程的需要，对于耗氢高达2%~4%（质量分数）的加氢裂化过程往往还需要增加专门生产氢气的装置，轻烃水蒸气转化法由于工艺成熟、投资低廉、操作方便而占有主导地位，约90%的制氢装置采用轻烃水蒸气转化法。炼油厂轻烃水蒸气转化法制氢的常用原料为天然气、炼厂气和轻石脑油，按照粗氢提纯方式的不同分为常规法和变压吸附法（PSA）两种，其工艺流程图如图8-3和图8-4所示。变压吸附法与常规法相比，两者的工艺成熟度和技术可靠度相近，除装置投资和原料消耗较常规法的高外，其他如燃料、水、电、汽等消耗均低于常规法，总能耗比常规法低10%左右；另外，变压吸附法具有流程简单、工序较少、化学试剂使用少、操作灵活、开停工简单、产品氢纯度高（常规法一般为95%，变压吸附法大于99.9%）等优点。

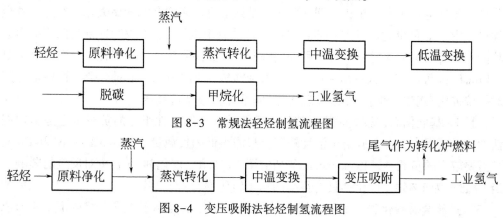

图 8-3　常规法轻烃制氢流程图

图 8-4　变压吸附法轻烃制氢流程图

二、烃类制氢催化剂

1. 甲烷制氢催化剂

甲烷分子的 C—H 键能为 414kJ/mol，甲烷制氢首先需要对其进行活化解离，在不添加任何催化剂的情况下 C—H 键的解离活化需要 1000℃以上的高温，因此为了使反应能够在温和条件下进行，催化剂经常被运用到反应过程中。虽然甲烷制取氢气的途径、原料、工艺不尽相同，但是其所用的催化剂大体相同。根据研究表明甲烷制氢催化加应具备解离活化 C—H 键、O—O 键以及 H—O 键的能力，目前已经研究了 Ni、Co、Pd、Pt、Rh、Ru、Ir 等多种过渡金属和贵金属负载型催化剂。这些催化剂都可以在较为苛刻的条件下使反应快速达到热力学平衡，并且提高 CH_4 转化率和 H_2/CO 的选择性。由于甲烷制氢副反应中不可避免会生成单质炭，因此积炭失活是造成甲烷制氢催化剂失活的主要因素，副反应生成的单质炭会堵塞催化剂孔道导致催化剂孔径减小、覆盖催化剂活性位导致催化剂活性下降，甚至还会引起催化剂的粉化。甲烷制备合成气途径积炭主要是由于 CO、CH_4、H_2 存在下的体系存在副反应生成 C，甲烷热解反应积炭主要是由于 CH_4 不断脱氢生成中间产物 CH_3、CH_2、CH 最终生成 C 和 H_2。一般常见的积炭形式主要有丝状炭、聚合炭和石墨炭等。

1) 催化剂的活性组分

目前人们研究较多的甲烷制氢催化剂主要可以分为以下三类：

（1）贵金属催化剂。以 Pt、Pd、Rh、Ir 等为主要活性组分，一般活性顺序为 Rh>Pt>Pd>Ir，其中 Rh 和 Pt 的抗积炭能力和催化活性均较强。贵金属催化剂的优缺点均十分明显，其优点为催化活性高、稳定性好以及抗积炭能力强，但是由于贵金属本身价格较高，因此在工业化生产中需要衡量催化成本与催化效果之间的关系。Tetsuya 等系统研究了一些过渡金属在甲烷部分氧化反应的积炭性能，发现积炭量 Pd≫Rh、Ru、Pt 和 Ir，且 Pt 和 Ir 具有非常好的抗积炭性，但由于贵金属使用温度高，通常面临由于活性组分容易烧结和流失而造成失活的问题。

（2）非贵金属催化剂。以 Ni、Co、Fe 等为主要活性组分，一般活性顺序为 Ni>Co>Fe。由于贵金属催化剂价格较为昂贵，综合经济效益以及催化效果考虑，非贵金属催化剂成为研究的重点，其催化活性和稳定性不如部分贵金属催化剂，但是由于其低廉的价格有效降低了氢气生产成本，在达到催化要求的基础上可以实现利润的最大化。在这三种金属活性组分中，Ni 的催化活性和稳定性最高，氢的收率也最高，Fe 和 Co 催化剂能够形成特定功能和形貌的碳纳米材料，对于甲烷裂解制氢生成高附加值的功能性碳材料具有重要意义。Ermakova 等研究了 90%Ni—10%SiO_2 和 90%Fe—10%SiO_2（质量分数）两种催化剂体系对甲烷催化裂解的影响，结果发现 Ni 基体系催化效率远高于后者，且氢气产量也高于后者，且 Fe 基催化剂在较短时间内就失去了活性。金属活性组分的负载量也是影响催化剂活性的重要因素，贵金属由于活性较高，只需很低的负载量（1%~5%）；Ni 和 Co 催化剂则需要较高的负载量。Ruckenstein 等研究了 Ni/Al_2O_3 催化剂 Ni 含量对反应的影响，发现当 Ni 含量为 1%时，催化剂具有很高的初始转化率和 CO 产率。

（3）过渡金属碳化物、氮化物催化剂。由元素 C、N 插入到金属晶格内部中所形成的一类"空间型"化合物被称为过渡金属碳化物、氮化物。由于元素 C、N 原子的插入使得晶格扩张，金属表面密度也随之增加，并且其由于 C、N 元素的存在其抗积炭能力也显著增加，在催化性能方面过渡金属碳化物、氮化物接近贵金属催化剂，在部分催化反应中可以代替贵金属催化剂并显著降低催化成本。Mo、W 的碳化物均有较好的反应活性和抗积炭性能，高比表面积的 Mo_2C、W_2C 表现了良好的重整活性和稳定性，它们的抗积炭能力与贵金属相当。

2）催化剂的载体

催化剂的载体对于催化剂的活性组分起到了重要的支撑作用，具有分散活性组分并增强活性组分的效果，是催化剂不可或缺的重要组成部分。由资料可知甲烷分子的 C—H 键能为 414kJ/mol，即使在有催化剂存在的情况下甲烷制氢反应温度也通常高于 500℃，因此甲烷制氢催化剂在具有较强反应活性的基础上必须同时具备较好的热稳定性。因此选择合适的载体不但可以提高催化剂的催化活性也能保证其在高温下的热稳定性。目前甲烷制氢催化剂的载体主要有三类：

（1）单一氧化物载体，如 Al_2O_3、SiO_2、MgO、CaO、ZrO_2、TiO_2、$MgCO_3$、硅石、稀土氧化物等；

（2）复合氧化物载体，如 ZrO_2—SiO_2（$ZrSiO_4$）、SiO_2—Al_2O_3、Al_2O_3—CaO（$CaAl_2O_4$、$Ca_{12}Al_{14}O_{33}$）、$MgAl_2O_4$、MgO—CaO、CaO—TiO_2—Al_2O_3 等尖晶石类，$LaNiO_3$、$LaNiCoO_3$、$LaCoO_3$、$LaCoCuO_3$ 等钙钛矿类的复合氧化物载体；

（3）分子筛等规则孔道结构的载体，如 ZSM-5、HY、USY、SBA-15、MCM-41 等。

载体的结构、性质以及其与金属组分的相互作用产生了催化剂体相结构、组成、颗粒大小、分散度的变化，从而对活性组分可还原性、反应活性、选择性以及抗积炭性产生了不同程度的影响。王军科等使用 NiO 分别负载在 SiO_2、Al_2O_3 以及 La_2O_3 上进行甲烷部分氧化研究，结果表明 NiO 会与载体发生相互作用，不同的载体与 NiO 的作用也不同，负载在 Al_2O_3 和 La_2O_3 催化剂具有较高的热稳定性。

载体的酸碱性对催化剂的结构和反应性也有一定的影响。唐松柏等研究了 Al_2O_3 和 SiO_2 作为载体的差别，由于载体 Al_2O_3 的表面碱性强于 SiO_2，所以在以 Ni 为活性组分使用于相同条件后发现，以 Al_2O_3 为载体的催化剂体系在稳定性以及抗积炭能力上均强于后者。

载体表面不同的氧化还原性质也会对催化剂的性能产生一定的影响。一类载体是具有氧化还原性的氧化物载体，包括 CeO_2、TiO_2、ZrO_2 等；另一类载体是不具有氧化还原性的氧化物载体，包括 γ-Al_2O_3、SiO_2、MgO 等。Wang 等通过以具有不同氧化还原性质的载体负载的 Rh 催化剂上进行制氢研究表明，以有氧化还原性氧化物作为载体的催化剂合成气收率降低，不适宜作为重整催化剂的载体，而 Al_2O_3 和 MgO 是目前最有应用前景的载体。

3）催化剂的助剂

催化剂在制备时需要加入一些助剂以提高催化剂的催化活性以及抗积炭能力。常用的助剂主要为以 K_2O、MgO、CaO、BaO 为代表的碱金属、碱土金属，还包括一些稀土金属氧化物，例如 CeO_2、La_2O_3 以及混合稀土等。助剂主要从以下两个方面影响活催化剂的催化活性：（1）其可以提高催化剂活性中心在催化剂载体上的分散程度，提高催化剂的初始活性和抗积炭等反应性能；（2）其可以有效改变催化剂活性中心的势能，降低活性金属的表面自由能，从而增强催化剂在高温下的热稳定性。助剂对载体的作用也体现在两个方面：（1）助剂可以增大载体的比表面积从而改善载体结构，提高载体的热稳定性；（2）助剂可以增强载体与催化剂活性中心的相互协同作用，从而提高活性组分在载体上的分散度，增强了催化剂在高温下的热稳定性。Cheng 等考察助剂 CaO、MgO、La_2O_3、CeO_2 对 Ni/Al_2O_3 催化剂的影响，发现 CaO 的添加削弱了活性组分 Ni 与载体之间的相互作用，增加了 Ni 的电子云密度，加速了 CO 与 H_2 的脱附，从而抑制了 CH_4 深度裂解积炭和 CO 歧化积炭，且助剂的添加也提高了 Ni 的分散度，增加了催化剂的抗积炭能力。

2. 甲醇制氢催化剂

甲醇制氢工艺催化剂主要包括铜基催化剂和贵金属催化剂。其中铜基催化剂是传统的催化剂，具有成本低和低温条件下活性高等优点，已大量应用于实际的化工生产中。目前工业上应用最广泛的铜基催化剂是 $Cu/ZnO/A_2O_3$ 催化剂，铜含量较高（CuO 质量分数约50%），多采用并流共沉淀法制备。该催化剂不但对甲醇水蒸气重整制氢催化效果非常好，对甲醇部分氧化重整制氢催化效果也很好，在该催化剂作用下，甲醇的转化率接近100%，H_2 的产率非常高，且低温下对 CO 的选择性非常低。但也存在缺点，CO 是很多加氢催化剂和燃料电池电极材料的毒物，其存在会导致后续 H_2 的分离及应用困难，因此目前的研究重点是通过改变催化剂载体或添加助剂来改变催化剂的结构和催化性能，从而降低 CO 的选择性。

1）催化剂的活性组分

目前人们研究较多的甲醇制氢催化剂主要可以分为以下四种：

（1）Cu 系催化剂。该类催化剂在甲醇制氢反应中应用广泛，它又可分二元 Cu 系催化剂、三元 Cu 系催化剂和四元 Cu 系催化剂。该类催化剂的主要特点是较低温度下具有较高的活性，且对 CO 的选择性较低，有利于 H_2 的生成。Jiang 等对比了 $CuO/ZnO/Al_2O_3$、$Cu/(Fe,Mg)Cr_2O_4$、CuO/ZnO、$CuO/\gamma-Al_2O_3$ 和 Cu/Zn 五种 Cu 系催化剂的 MSR 制氢性能，得到 $CuO/ZnO/Al_2O_3$ 具有较高的甲醇转化率，并基于该催化剂进行了反应动力学的研究，发现 CO_2 对反应速率没有明显的影响，而 H_2 对反应速率具有抑制作用。

（2）$Cr—Zn$ 系催化剂。ZnO 也可作为活性成分用于甲醇重整制氢，但纯 ZnO 的活性不高，与 Cr_2O_3 结合形成的 ZnO/Cr_2O_3 催化剂，具有长寿命和耐毒性等优点，但活性和选择性比 Cu 系催化剂略差，活性温度也较高（350~450℃）。王胜年等自主开发了 ZnO/Cr_2O_3 催化剂，并研究了其 MSR 过程的本征和宏观动力学，引进了平衡温差的概念，提出了双曲线型的双速率模型。

（3）贵金属系催化剂。与 Cu 相比，Pd 和 Pt 具有较高的催化活性、较好的选择性和较强的热稳定性，近年来针对 Pd 或 Pt 系催化剂的研究越来越多，认为其可替代 Cu 系催化剂应用于 MSR 系统中。Chin 等实验测试了三种成分含量不同的 Pd/ZnO 催化剂的 MSR 制氢性能，得到随着 Pd 含量（质量分数）由 4.8%升至 16.7%，在相同反应条件下可获得更高的甲醇转化率，且均有较低的 CO 选择性。Azenha 等将 Cu 引入 Pd/ZrO_2 催化剂中，得到在实验所测试的所有反应温度（180~260℃）下，$CuPd/ZrO_2$ 的甲醇转化率均高于

Pd/ZrO_2，且前者的 CO 选择性均在后者的 50% 以内。

（4）Ni 系催化剂。该类催化剂的特点是在温度较高时具有很好的活性和稳定性，适用范围广，不易引起催化剂中毒，但是其低温活性比 Cu 系催化剂差，且在相同的低温条件下，其选择性也没 Cu 系催化剂高，产物中有较多的 CO 和 CH_4。Ni 系催化剂的选择性差的原因是它对 CH_3OH 的吸附性要优于对 CO 的吸附，因此在反应过程中，CH_3OH 吸附在还原的镍活性位上，而 H_2O 的吸附位被催化剂中氧化铝或者镍和氧化铝载体的界面所吸附，使得甲醇与水的反应存在能垒，只有当温度升高时，才能消除能垒进行反应。随着 Cu 系催化剂不断改进和贵金属催化剂的开发，Ni 系催化剂在甲醇制氢反应中的应用不断减少。但是，如果在铜系催化剂中加入适量的 Ni，可提高催化剂的稳定性和活性，对开发 Cu 系催化剂有很好的指导作用。

2）催化剂的载体

催化剂的性能与制备方法、载体和助剂等均有关系，其中载体是影响催化剂性能的重要因素。不同载体催化剂的比表面积、孔容、分散度等物理性质、还原性能及储放氧能力等相差较大。选择合适的载体有利于改善催化剂的性能，从而提高催化剂活性。黄媛媛等采用浸渍法制备了 $Cu—ZrO_2$ 催化剂，选择质量分数分别为 20% 和 15% 的 Cu 和 ZrO_2 作为活性组分，该催化剂以凹凸棒石为载体，将其应用到甲醇制氢反应中，在适宜条件下，甲醇转化率、H_2 选择性和 CO 选择性分别为 99.83%、99.23% 和 2.31%。巢磊等采用浸渍法制备的铜系催化剂，以 $AlPO_4-5$ 分子筛为载体，选择质量分数分别为 15%、6% 和 1% 的 Cu、Fe 和 MgO 作为活性组分，将其应用到甲醇制氢反应中，在适宜条件下，甲醇转化率、CO_2 选择性、H_2 选择性和副产物 CO 选择性分别为 93.08%、95.80%、96.93% 和 1.70%。刘玉娟等以纳米材料 CeO_2 为载体，选择质量分数为 10% 的 CuO 作为活性组分，采用浸渍法制备的催化剂在适宜条件下，甲醇转化率可达到 100%，重整尾气中 CO 的体积分数为 0.87%。张磊等以 $CeO_2—ZrO_2$ 为载体，选择 CuO/ZnO 作为活性组分，采用共沉淀法制备的催化剂在适宜条件下，甲醇最高转化率可达 100%，重整尾气中 CO 的体积分数为 0.46%，且连续稳定运行超过 360h，表明该催化剂稳定性较好。

研究者们经过长期实验探索，通过对比不同载体催化剂的各项性能并对催化剂进行改进，大幅度提高了甲醇制氢反应催化剂的活性和反应的转化速率，同时降低了活性金属铜的负载量，有效减少了催化剂成本。此外，覃发玢等还开发了一种新型的 Cu—Al 尖晶石结构的催化剂，该催化剂在反应前无需预还原处理，首先由催化剂中的非尖晶石 CuO 物种启动反应，随后 Cu—Al 尖晶石逐渐缓释活性中心 Cu，持续催化反应的进行，能显著提高催化剂的催化性能。

3）催化剂的助剂

助剂的作用是通过调节催化剂电子结构和几何结构来实现，添加适当的助剂可以改变活性组分的分散情况，提高催化剂活性和稳定性。黄媛媛等在 $Cu/\gamma-Al_2O_3$ 催化剂中添加 ZrO_2 和 CeO_2 为助剂，进行改性研究，结果表明当 Cu、ZrO_2 和 CeO_2 的质量分数分别为 15%、7% 和 2% 时，在适宜条件下，甲醇转化率可达 99.63%、CO 选择性为 1.79%。杨淑倩等在 Cu-Zn/Al 催化剂添加稀土元素 Ce、Sm、Gd、Y 和 La 进行改性研究，发现前三者可以能促进 Cu 的分散，有效防止 Cu 晶格的聚集和烧结，同时增大活性 Cu 比表面积，降低催化剂的还原温度，进而提高催化剂活性，后两者则与其相反。其中，Ce 改性的

Cu—Zn／Al 催化剂具有最佳的催化活性。原因是稀土元素存在可变价态，带变价的稀土元素在氧化还原反应中具有独特的催化性能，此外稀土元素还具有顺磁感应性，也可影响其催化活性。

第二节　烃类制氢过程主要化学反应

一、甲烷制氢过程主要化学反应

1. 甲烷水蒸气重整制氢主要化学反应

1926 年甲烷水蒸气重整制氢技术首先在工业上得到了应用，经过 90 多年的发展，其已经成为制取氢气的重要途径之一，是目前最为简单以及经济实用的制氢方法。传统的甲烷水蒸气重整制氢技术主要包括以下过程：原料的预热和预处理、重整、高温和低温水汽置换、一氧化碳的除去和甲烷化。甲烷水蒸气重整反应体系中主要存在的物质包括 CH_4、CO、CO_2、H_2 和 H_2O，主要反应有：

重整反应：

$$CH_4 + H_2O \longrightarrow CO + 3H_2 \qquad \Delta H = 206kJ/mol \qquad (8-1)$$

$$CH_4 + 2H_2O \longrightarrow CO_2 + 4H_2 \qquad \Delta H = 165kJ/mol \qquad (8-2)$$

水汽变换反应：

$$CO + H_2O \longrightarrow CO_2 + H_2 \qquad \Delta H = -41kJ/mol \qquad (8-3)$$

主要积炭反应：

$$CH_4 \longrightarrow C + 2H_2 \qquad (8-4)$$

$$2CO \longrightarrow C + CO_2 \qquad (8-5)$$

$$CO + H_2 \longrightarrow C + H_2O \qquad (8-6)$$

$$CO_2 + 2H_2 \longrightarrow C + 2H_2O \qquad (8-7)$$

$$CH_4 + 2CO \longrightarrow 3C + 2H_2O \qquad (8-8)$$

$$CH_4 + CO \longrightarrow 2C + 2H_2O \qquad (8-9)$$

在实际操作过程中，为了防止积炭反应的发生，水蒸气是过量加入的，避免了式(8-4)～式(8-9) 所示的积炭反应。而式(8-2) 可以由式(8-1) 和式(8-3) 叠加形成，因此，实际甲烷水蒸气重整制氢反应的平衡是由式(8-1) 和式(8-3) 所决定的，重整反应(8-1) 是强吸热反应，工业上一般使用 750~900℃的高温，而水汽变换反应(8-3) 是放热反应，低温有利于水汽变换反应。因此工业上一般采用高温和低温转化，通过两段反应来实现制氢过程和 CO 向 CO_2 转化过程。由于甲烷水蒸气重整制氢反应整体上是吸热反应，且反应都可逆，因此反应体系受到热力学平衡限制。根据勒夏特列原理可知，通过吸附和分离技术，原位移除反应产物 CO、CO_2 和 H_2 都可以打破化学平衡限制，使得反应向生成 H_2 的方向进行，进而提高甲烷转化率。根据现有技术 CO 难以原位移除，H_2 可以通过膜分离的方式来移除，但操作难度高且经济性低，所以最有效的方法应该是脱除 CO_2。

目前工业上甲烷水蒸气重整制氢采用的工艺流程主要有美国的 Kellogg 流程、Braun

流程以及英国帝国化学公司的 ICI-AMV 流程。但无论哪种工艺，其流程均由上述提到的原料的预热和预处理、重整、高温和低温水汽置换、氢气提纯四大部分组成，其工艺流程图见图 8-5。

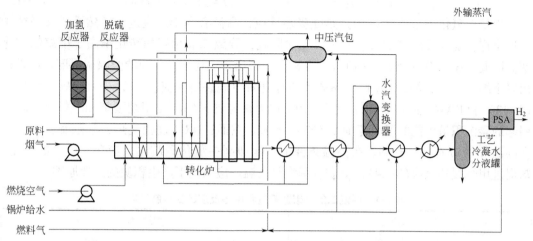

图 8-5　甲烷水蒸气重整制氢工艺流程

原料经过加氢、脱硫、脱氯等预处理后通过混合器与水蒸气按照一定的水碳比进行混合，然后进入转化反应器中进行甲烷水蒸气重整反应。该反应属于强吸热反应，工业上为了得到较高的甲烷转化率，一般将反应温度设置为 750~920℃，压力设置为 2~3MPa。甲烷水蒸气重整主要工艺参数包括入口温度 T_0、空速 V_{sp}、热强度 Q、水碳比 S/C 和压力 p。目前，工业上节能型制氢流程主要采取的是"三高一低"的工艺参数，"三高一低"指的是高出/入口温度、高空速、高热强度和低水碳比。虽然水碳比增加可以有效控制积炭的生成和提高反应速率，但是增加水蒸气进料会导致生产成本增加，所以工业上水碳比一般控制在物质的量比满足 3~5 之间，同时所得 H_2/CO 的物质的量比一般不小于 3。对于压力因素，虽然从化学平衡来看低压条件有利于促进甲烷转化，但考虑到产品气压力要求和变压吸附设备实际运行的压力需要，一般控制反应的压力在 2MPa 以上。

2. 甲烷二氧化碳重整制氢主要化学反应

甲烷二氧化碳重整制氢是处理二氧化碳的有效反应，其为强吸热反应，理论上其反应得到的合成气中 H_2/CO 的物质的量比约为 1。由甲烷二氧化碳重整反应制得的合成气可直接用于二甲醚合成、羰基合成、费托合成等，对于化工行业具有举足轻重的作用。同时甲烷二氧化碳重整所用的原料之一是重要的温室气体二氧化碳，整体工艺符合目前低碳环保的要求与趋势。甲烷二氧化碳重整制氢过程可能发生如下反应：

主要反应：

$$CH_4 + CO_2 \longrightarrow 2CO + 2H_2 \quad \Delta H = 247.3 kJ/mol \quad (8-10)$$

副反应：

$$CH_4 + H_2O \longrightarrow CO + 3H_2 \quad \Delta H = 206.0 kJ/mol \quad (8-11)$$

$$CO_2 + H_2 \longrightarrow CO + H_2O \quad \Delta H = 41.2 kJ/mol \quad (8-12)$$

积炭反应：

$$2CO \longrightarrow CO_2 + C \qquad \Delta H = -171.0kJ/mol \qquad (8-13)$$

$$CH_4 \longrightarrow C + 2H_2 \qquad \Delta H = 75.0kJ/mol \qquad (8-14)$$

$$CO + H_2 \longrightarrow C + H_2O \qquad \Delta H = -131.0kJ/mol \qquad (8-15)$$

甲烷二氧化碳重整（8-10）是强吸热反应，高温有利于反应进行。然而，其平衡受到逆水煤气变换反应（RWGS）（8-12）的影响，导致二氧化碳的转化率高于甲烷的转化率。因此，H_2/CO 比率通常小于 1。表 8-1 中列出了上述不同反应的受限制温度。可以得出以下结论：（1）640℃以上，DRM 反应伴随着甲烷裂解反应；（2）一氧化碳歧化反应（8-13）和 RWGS 反应（8-12）将在 820℃以上被抑制；（3）由甲烷裂解和一氧化碳歧化引起的碳沉积最可能的温度范围是 557~700℃。然而，DRM 过程受热力学限制，反应仅在高温（>727℃）时有利。在高温条件下，能抑制一氧化碳歧化反应（8-13）的发生，却促进甲烷裂解反应（8-14），甲烷裂解将是高温反应条件下产生积炭的主要原因。

表 8-1　甲烷二氧化碳重整过程中各反应的受限制温度

化学反应	温度，℃	
DRM 反应（8-10）	下限温度	640
甲烷裂解反应（8-14）	下限温度	557
CO 歧化反应（8-13）	上限温度	700
RWGS 反应（8-12）	上限温度	820

3. 甲烷部分氧化法制氢主要化学反应

甲烷部分氧化可分为非催化部分氧化（POX）和催化部分氧化（POM）两种。非催化部分氧化是将 O_2/CH_4 物质的量比约为 0.75 的混合气通入 130bar、1000~1500℃ 的反应器中参与反应，制得合成气 H_2/CO 物质的量比约为 1.7。此工艺中氧气需过量 50%，过量的氧气易使 CH_4 发生完全氧化反应，放出大量的热，致使气体出口温度通常高达 1400℃。苛刻的压力和温度条件对反应器材质提出了严格的要求，同时由于高温下甲烷的部分氧化易产生固态 C 聚集，在反应器出口有烟尘产生。甲烷催化部分氧化以 O_2 和 CH_4 混合气为原料通入反应器中，在反应器的催化剂表面发生催化氧化反应。POM 是一个温和的放热反应，在温度达到 750~800℃ 左右时，CH_4 转化率通常可达到 90% 以上，同时 H_2 和 CO 的选择性可达到 95% 以上，反应后制得合成气 H_2/CO 物质的量比接近 2，是合成甲醇、F-T、二甲醚等理想的原料气。POM 的主要反应有：

甲烷部分氧化：

$$CH_4 + O_2 \longrightarrow CO + 2H_2 \qquad \Delta H = -36kJ/mol \qquad (8-16)$$

完全氧化反应：

$$CH_4 + 2O_2 \longrightarrow CO_2 + 2H_2O \qquad \Delta H = -803kJ/mol \qquad (8-17)$$

$$2H_2 + O_2 \longrightarrow 2H_2O \qquad \Delta H = -240kJ/mol \qquad (8-18)$$

$$CO + O_2 \longrightarrow CO_2 \qquad \Delta H = -172kJ/mol \qquad (8-19)$$

重整反应：

$$CH_4 + H_2O \longrightarrow CO + 3H_2 \qquad \Delta H = 206kJ/mol \qquad (8-20)$$

$$CH_4 + CO_2 \longrightarrow 2CO + 2H_2 \qquad \Delta H = 247kJ/mol \qquad (8-21)$$

水汽变化反应：

$$CH + H_2O \longrightarrow CO_2 + H_2 \qquad \Delta H = -41 kJ/mol \qquad (8-22)$$

积炭反应：

$$CH_4 \longrightarrow C + 2H_2 \qquad \Delta H = 75.0 kJ/mol \qquad (8-23)$$

$$2CO \longrightarrow CO_2 + C \qquad \Delta H = -171.0 kJ/mol \qquad (8-24)$$

4. 甲烷自热重整法制氢主要化学反应

甲烷自热重整工艺在20世纪30年代最早由BASF和SBA公司提出，其是在结合了甲烷部分氧化和甲烷水蒸气重整工艺的基础上形成的。甲烷自热重整在甲烷水蒸气重整反应器后串联一个二级反应器，氧作为氧化剂部分氧化合成气并二次重整，通过甲烷联合重整可以制得H_2/CO在2.5~4的合成气，可以有效提高氢气产量并且降低能耗。自热重整反应将甲烷、氧气和水蒸气在绝热的条件下进行反应，该反应主要分为两个步骤：首先甲烷与氧气发生强放热的均相反应，在吸收了甲烷与氧气反应所放出的热量后，甲烷与水蒸气进行重整反应。该反应体系将放热反应和吸热反应联用，可以有效降低整个反应体系的能量消耗，同时由于甲烷水蒸气重整反应是强吸热反应可以降低反应器内的温度，抑制局部过热的形成，其可以在空速较大的情况下反应，提高了氢气产量。该工艺目前也存在一些问题：其燃烧区容易形成烟气和积炭，导致催化剂因碳沉淀而失活；反应过程中会存在局部温度过高，导致燃烧器被烧坏；由于反应空速较大和反应温度较高，其对催化剂的热稳定性和机械强度要求较高。甲烷自热重整制合成气的主要反应为：

完全氧化反应：

$$CH_4 + 2O_2 \longrightarrow CO_2 + 2H_2O \qquad \Delta H = -802.0 kJ/mol \qquad (8-25)$$

部分氧化反应：

$$CH_4 + O_2 \longrightarrow CO + 2H_2 \qquad \Delta H = -36 kJ/mol \qquad (8-26)$$

$$CH_4 + O_2 \longrightarrow CO_2 + 2H_2 \qquad \Delta H = -323.4 kJ/mol \qquad (8-27)$$

水蒸气重整反应：

$$CH_4 + H_2O \longrightarrow CO + 3H_2 \qquad \Delta H = 206 kJ/mol \qquad (8-28)$$

水蒸气重整与水气变换耦合反应：

$$CH_4 + 2H_2O \longrightarrow CO_2 + 4H_2 \qquad \Delta H = 163.8 kJ/mol \qquad (8-29)$$

水汽转换反应：

$$CH_4 + H_2O \longrightarrow CO_2 + H_2 \qquad \Delta H = -41.2 kJ/mol \qquad (8-30)$$

5. 甲烷直接裂解法制氢主要化学反应

随着低温燃料电池产业的迅猛发展，对氢气纯度的要求越来越高，碳氧化合物含量要在几个到几十个 $\mu g/g$ 之间，上述传统的制氢工艺（例如 SMR 等）已经无法满足要求。甲烷直接裂解制氢过程简单，固体产物只有炭且气体产物只有氢气而没有二氧化碳与一氧化碳等其他气体，生成的固体产物与气体产物易于分离，因此是一种前景广阔的制氢工艺。甲烷直接裂解制氢分两种：热裂解和催化热裂解，其主要区别在于是否使用催化剂。甲烷热裂解的反应温度为 1000~1100℃，而催化裂解由于加入催化剂降低了反应的活化能，依据催化剂性能不同，反应温度降幅在 500~1100℃ 之间。目前甲烷裂解生产单位摩尔的氢气需要耗能大约 37.8kJ，远低于甲烷水蒸气重整法产氢的耗能（63.3kJ/mol）。甲烷受热分解产生固体的碳和气态的氢，其具体反应方程式为：

$$CH_4 \longrightarrow C + 2H_2 \quad \Delta H = 75.6 \text{kJ/mol} \tag{8-31}$$

此反应为吸热反应，甲烷转化率随温度升高而增大，增大压力不利于甲烷的裂解。甲烷分子的结构稳定，C—H 键能高达 414kJ/mol，在催化剂的存在条件下可以显著的降低反应温度，这个过程即甲烷的催化裂解制氢过程。副产物碳存在三种潜在用途：作为建筑材料用于建筑、用于直接碳燃料电池以及用于改良土壤。

二、甲醇制氢过程主要化学反应

1. 甲醇水蒸气重整制氢主要化学反应

1）甲醇分解反应

甲醇直接分解的反应产物主要是 H_2 和 CO，反应式如下：

$$CH_3OH \longrightarrow CO + 2H_2 \quad \Delta H = 90.7 \text{kJ/mol} \tag{8-32}$$

该反应过程是一个强吸热过程，是合成气制取甲醇的逆反应。

2）变换反应

这步反应是用 CO 在水蒸气存在下反应生成 H_2 和 CO_2，反应式如下：

$$CO + H_2O \longrightarrow CO_2 + H_2 \quad \Delta H = -41.2 \text{kJ/mol} \tag{8-33}$$

该反应主要受制于化学平衡，若增大进料水碳比，在高活性催化剂和低温度条件下可以提高 CO 的转化率。

3）甲醇转化制氢

甲醇水蒸气转化反应如下：

$$CH_3OH + H_2O \longrightarrow CO_2 + 3H_2 \quad \Delta H = 49.5 \text{kJ/mol} \tag{8-34}$$

该反应实际上被认为是反应（8-30）和（8-31）的组合。选取适合的同时具有裂解和转化作用的双功能催化剂，两步反应可耦合在一起同时在转化器内完成。式（8-32）甲醇分解反应为强吸热反应，式（8-33）CO 变换反应为放热反应，这种耦合既节省了能量又简化了流程。如反应式（8-34）所示，整个反应过程为吸热反应，原料汽化和反应所需要的热量由外部导热油锅炉提供。

4）副反应

甲醇制氢过程除了主反应外，还存在甲醇脱氢反应、醇脱水反应、烷基化反应、歧化析碳反应等副反应，其反应式如下：

$$CH_3OH \longrightarrow HCHO + H_2 \tag{8-35}$$
$$CH_3OH \longrightarrow HCOOCH_3 + H_2 \tag{8-36}$$
$$CH_3OH \longrightarrow HCHO + H_2 \tag{8-37}$$
$$CO + H_2 \longrightarrow CH_4 + H_2O \tag{8-38}$$
$$CO \longrightarrow CO_2 + C \tag{8-39}$$

副反应的选择性可以通过改变催化剂性能和工艺参数来调节。当选择合适的催化剂和工艺条件时，副反应转化率可控制在 1% 以下。

2. 甲醇水蒸气重整制氢反应动力学

由于甲醇重整反应比较复杂，不是简单的一级反应或者二级反应。许多学者对甲醇重整反应动力学进行了详尽的研究。由于催化剂种类和成分不同，得到的反应动力学速率方程也有所不同。代表性的研究有如下几种。

Jiang 等较早采用了 $Cu/ZnO/Al_2O_3$ 催化剂，在 170~260℃ 的温度范围内对甲醇重整反应动力学模型进行了实验研究，得出以下结论：产物中 CO_2 的浓度对甲醇重整反应动力学没有影响，CO 的浓度对它的影响可以忽略，提出了 Langmuir—Hinselwood 型动力学方程。Agrell 等采用 Jiang 方程进行数据拟合得到了新的指数反应速率方程，活化能为 100kJ/mol。

Peppley 等也进行了开创性的研究，在一个固定床微型反应器中进行了实验，得到了不同反应条件下的实验数据，并运用非线性最小二乘归理论对数据进行了分析，得出了甲醇重整反应、水汽变换反应和甲醇分解反应的反应速率表达式。甲醇水蒸气重整的催化剂循环过程如图 8-6 所示。甲醇水蒸气重整的催化剂循环过程开始于甲醇在催化剂表面的解离吸附，该催化循环假设包括两种不同类型的活性吸附位点：一种代表吸附氢的活性基团（A 型），另一种代表吸收其他反应中间产物的活性基团（B 型）。在甲醇水蒸气重整的催化剂循环研究中，其中一个途径是以甲氧基脱氢反应为整个反应的限速步骤，这样形成的甲醛会迅速被甲氧基攻击，产生中间体甲酸乙酯；另一种生成甲酸甲酯的反应途径是甲醇与甲酸酯的反应，但是这种反应途径在部分还原的铜催化剂上不可行。当甲酸甲酯在与羟基接触时可以分解为甲氧基和甲酸酯基，还存在一种再作用机制是甲醛通过表面羟基进行攻击，形成二氧甲基乙烯作为反应中间体，它可以脱氢生成甲酸酯基。然后，在研究人员进行研究时既没有观察到甲酸甲酯，也没有观察到二氧甲基乙烯，因此不会出现在微动速率定律的吸附项中，在这种情况下，微动速率对两种反应机制都是一样的。甲酸酯基再次脱氢释放 A 型表面的二氧化碳，积聚的氢分子从 B 型表面解吸。

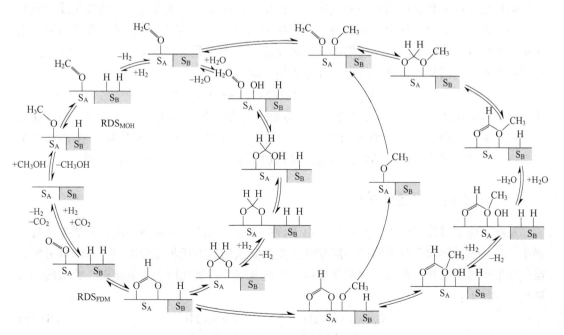

图 8-6 甲醇水蒸气重整的催化剂循环过程

三、煤气化制氢主要化学反应

煤炭的气化过程主要包括热解、气化与燃烧三部分。热解作为煤气化的第一步是至关重要的，在煤热解阶段，煤中的挥发组分逸出，残留下焦炭和半焦。热解过程首先进行的是干燥阶段，这一过程非常缓慢并且消耗热量大；此过程结束后煤的温度开始逐渐升高，首先释放出甲烷、二氧化碳和氮气气体；温度达到300℃分解产生烃、焦油并且焦油量不断升高在450℃达到最大，气体释放量在600℃左右达到最大。整个过程产生的混合气体主要是水蒸气、一氧化碳、氢气、二氧化碳和烃类，反应剩下的主要是灰分。气化和燃烧过程主要在气化炉中进行，其主要经过干燥过程、干馏过程、气化过程和燃烧过程。含有水分的煤进入气化炉后，由于反应时间和气化炉温度的升高，挥发物从煤中析出，干馏过程主要进行的是煤的热分解反应：

$$干煤 \longrightarrow 煤气(CO_2、CO、H_2、CH_4、H_2O、NH_3、H_2S) + 焦油 + 焦$$

干馏后得到的焦与气流中 CO_2、H_2O、H_2 反应，生成可燃烧气体 H_2 和 CO 的混合气：

$$C + H_2O \longrightarrow CO + H_2 \qquad \Delta H = 135.0 kJ/mol \qquad (8-40)$$

$$C + 2H_2 \longrightarrow CH_4 \qquad \Delta H = -84.3 kJ/mol \qquad (8-41)$$

$$CO + H_2O \longrightarrow CO_2 + H_2 \qquad \Delta H = -38.4 kJ/mol \qquad (8-42)$$

$$C + CO_2 \longrightarrow 2CO \qquad \Delta H = 173.3 kJ/mol \qquad (8-43)$$

$$CO + 3H_2 \longrightarrow CH_4 + H_2O \qquad \Delta H = -219.3 kJ/mol \qquad (8-44)$$

以上反应过程需要很高的温度才能顺利进行。反应炉内进行气化反应(8-40)，变换系统发生 CO 的变换反应(8-42)，参与反应的物质为煤和水蒸气时，反应(8-40) 为一次反应，生成 CO 和 H_2，这两种气体是二次反应的反应剂，反应(8-41)~(8-43) 为一次反应剂与二次反应剂之间的反应，式(8-44) 是二次反应剂之间的反应，生成三次产物。煤的气化反应实际上是煤中的碳与氧气发生不完全燃烧反应和与水蒸气发生的气化反应同时进行的，因此其所得气体中主要成分还是 CO 和 H_2，只是二者所占比例会有所不同。由于碳与水蒸气、CO_2 之间的反应都是强吸热反应，因此气化炉中必须保持非常高的温度，为了提供必要的能量，需要采取煤的部分燃烧反应：

$$焦 + O_2 \longrightarrow 2(\zeta-1)CO + 2(\zeta-1)CO_2 + 灰$$

式中的 ζ 是统计系数，取决于燃烧物中的 CO 和 CO_2 的比例，其值在 1~2 之间。煤气化后产生的焦炉煤气中氢含量一般为 50%~60%，CH_4 含量约为 20%，另外还含有 CO、CO_2 等杂质，为了得到高纯的产品氢，还需要对焦炉气做进一步的分离和净化处理。

四、重油制氢主要化学反应

重油是炼油过程中产生的重组分，由于价格低廉，利用重油制氢一度因为成本优势而逐步扩张，然后随着石油价格的一路攀升，重油制氢的成本优势逐渐消失。重油部分氧化反应是指碳氢化合物与氧气、水蒸气反应，生成氢气、一氧化碳和二氧化碳，典型的部分氧化反应如下：

$$C_nH_m + n/2O_2 \longrightarrow nCO + m/2H_2 \qquad (8-45)$$

$$C_nH_m + nH_2O \longrightarrow nCO + (n+m/2)H_2 \qquad (8-46)$$

$$H_2O + CO \longrightarrow H_2 + CO_2 \qquad (8-47)$$

上述反应是在一定压力情况下发生的，该反应可以用催化剂，也可以不用催化剂，其主要取决于原料及工艺过程。采用催化剂的部分氧化通常是以甲烷或石脑油为主的低碳烃为原料，而非催化的部分氧化则是以重油为原料，反应温度在 $1150 \sim 1315 \,^{\circ}\mathrm{C}$。重油部分氧化是放热反应，重油与蒸汽的反应是吸热反应，当反应吸热量大于放热量时，可以燃烧额外的重油来平衡热量。与甲烷相比，重油的碳氢比较高，因此重油部分氧化制得的氢气主要来自蒸汽和一氧化碳。

五、轻烃水蒸气转化法制氢主要化学反应

由于轻烃水蒸气转化反应的温度很高（一般在 $700 \sim 900 \,^{\circ}\mathrm{C}$），所以反应在管式反应器（又称水蒸气转化反应炉）内进行。在水蒸气转化反应炉管内，在催化剂的存在下，轻烃进行转化及一氧化碳变换反应，低分子烷烃与水蒸气的主要反应为：

$$C_nH_{2n+2} + nH_2O \longrightarrow nCO + (2n+1)3H_2 \qquad (8-48)$$
$$C_nH_{2n+2} + 2nH_2O \longrightarrow nCO + (3n+1)3H_2 \qquad (8-49)$$
$$CO + 3H_2O \longrightarrow CH_4 + H_2O \quad \Delta H = -206\mathrm{kJ/mol} \qquad (8-50)$$
$$CO + H_2O \longrightarrow CO_2 + H_2 \qquad (8-51)$$

当原料为轻烃时，其反应通式为：

$$C_nH_m + nH_2O \longrightarrow nCO + (n+m/2)2H_2 \qquad (8-52)$$
$$CO + 3H_2O \longrightarrow CH_4 + H_2O \qquad (8-53)$$
$$CO + H_2O \longrightarrow CO_2 + H_2 \qquad (8-54)$$

此外，轻烃水蒸气反应还存在积炭的副反应，其主要积炭反应与甲烷水蒸气重整法制取氢气的积炭反应相同，在此不再过多赘述。

第三节　烃类制氢过程化学反应机理

一、甲烷制氢过程化学反应机理

1. 甲烷水蒸气重整制氢化学反应机理

从甲烷水蒸气重整被应用于工业生产，众多学者就开始对其反应机理进行研究，主要分为两类：热裂解机理和两段反应理论。前者认为在重整反应体系中甲烷与水蒸气在相互作用下直接裂解生成氢气和一氧化碳；后者认为甲烷首先生成氢气，然后生成的碳再进一步与水反应生成一氧化碳。其中，由于后者的机理可以更好解释反应出现积炭现象，因此被更多的学者所接受。

Xu 等人以 $\mathrm{Ni/MgAl_2O_4}$ 为催化剂对甲烷水蒸气重整反应的机理进行了研究，认为甲烷水蒸气重整反应按照式(8-55)～式(8-67) 所示的机理进行。其中 L 表示催化剂的表面活性中心，和 L 相连接的表示各物质的吸附态。该模型主要包含 13 个步骤，其中式(8-65)～式(8-67) 为反应体系的限速步骤，从而控制整个反应体系的反应速率。这一机理认为水与活性位发生反应得到的吸附态的氧参与了随后的甲烷活化过程，形成一氧化碳。

$$H_2O + L \longrightarrow O—L + H_2 \tag{8-55}$$

$$CH_4 + L \longrightarrow CH_4—L \tag{8-56}$$

$$CH_4—L + L \longrightarrow CH_3—L + H—L \tag{8-57}$$

$$CH_3—L + L \longrightarrow CH_2—L + H—L \tag{8-58}$$

$$CH_2—L + O—L \longrightarrow CH_2O—L + L \tag{8-59}$$

$$CH_2O—L + L \longrightarrow CHO—L + H—L \tag{8-60}$$

$$2H—L \longrightarrow H_2—L + L \tag{8-61}$$

$$CO—L \longrightarrow CO + L \tag{8-62}$$

$$H_2—L \longrightarrow H_2 + L \tag{8-63}$$

$$CO_2—L \longrightarrow CO_2 + L \tag{8-64}$$

$$CO—L + O—L \longrightarrow CO_2—L + L \tag{8-65}$$

$$CHO—L + L \longrightarrow CO—L + H—L \tag{8-66}$$

$$CHO—L + O—L \longrightarrow CO_2—L + H—L \tag{8-67}$$

Hou 等针对在 $Ni/\alpha\text{-}Al_2O_3$ 催化剂上甲烷水蒸气重整反应过程进行动力学分析，同时给出了对应的反应机理，见式（8-68）~式（8-75），其中 S 表示催化剂表面活性中心，式（8-71）~式（8-73）为反应体系的限速步骤。根据反应机理可以得出，H_2O 与 Ni 基催化剂表面的 Ni 原子反应，得到 O 原子与 $H_2(g)$，同时 CH_4 分子在 Ni 基催化剂的作用下解离得到 CH_2，最终 CH_2 与 O(S) 加成生成 CO 和 H_2。当温度高于 700℃时，在水蒸气过量的情况下，限速步骤反应速率大大加快，实际的总速率受甲烷吸附速率控制［式（8-69）］，这时反应速率只与甲烷的浓度有关。

$$H_2O + S \longrightarrow H_2 + O(S) \tag{8-68}$$

$$CH_4 + 3S \longrightarrow CH_2(S) + 2H(S) \tag{8-69}$$

$$CH_2(S) + O(S) \longrightarrow CHO(S) + H(S) \tag{8-70}$$

$$CHO(S) + S \longrightarrow CO(S) + H(S) \tag{8-71}$$

$$CO + O(S) \longrightarrow CO_2(S) + S \tag{8-72}$$

$$CHO(S) + O(S) \longrightarrow CO_2(S) + H(S) \tag{8-73}$$

$$CO(S) \longrightarrow CO + S \tag{8-74}$$

$$2H(S) \longrightarrow H_2 + 2S \tag{8-75}$$

2. 甲烷二氧化碳重整制氢化学反应机理

甲烷二氧化碳重整制氢目前还没有被广泛认可的机理，并且在不同的催化剂和反应条件下呈现出不同的反应机理模式，但普遍认为甲烷二氧化碳重整制合成气反应主要受表面氧原子、表面氢原子及催化剂的表面活性位三者的影响：CH_4 在金属氧化物催化剂表面以金属活性位为中心而进行逐步分解脱氢，生成 CH_x；CO_2 在金属活性位上直接分解为 CO 和表面氢氧物种 OH^*；表面氢氧物种 OH^* 与 CH_x 重整得到 CO 和 H_2。该过程见式（8-76）~式（8-81）。

$$CH_4 + (5-x)^* \longrightarrow CH_x^* + (4-x)H^* \tag{8-76}$$

$$CO_2 + H^* \longrightarrow CO + OH^* \tag{8-77}$$

$$CH_x^* + OH^* \longrightarrow CH_xO^* + H^* \tag{8-78}$$

$$CH_xO^* \longrightarrow CO^* + \frac{x}{2}H_2 \tag{8-79}$$

$$CO^* \longrightarrow CO + * \tag{8-80}$$

$$2H^* \longrightarrow H_2 + 2^* \tag{8-81}$$

Nguyen 等在分子水平上提出了甲烷二氧化碳制氢反应的基本步骤。首先，CH_4 逐步分解为 CH_x、C^* 和 H^* [(8-82)~(8-85)]。后续生成 H^* 物种的速率常数大于原始 C—H 键激发的速率常数，因此，CH_x^* 在催化剂表面覆盖率较低。最终，活性炭物种（C^*）和氢物种（H^*）被吸附在金属活性位点上。同时，CO_2 分解为 CO 和吸附氧 O^* [(8-86)~(8-88)]。随后，C^* 和吸附 O^* 被氧化成 CO^* [(8-89)]。CO^* 进一步解吸生成 CO(g)，同时两个 H^* 物种反应形成 H_2(g) [(8-90)~(8-91)]。从而活性位点被恢复。式(8-82)~式(8-91)显示了具体的反应步骤。

$$CH_4 + 2^* \longrightarrow CH_3^* \, H^* \tag{8-82}$$

$$CH_3^* + {}^* \longrightarrow CH_2^* \, H^* \tag{8-83}$$

$$CH_2^* + {}^* \longrightarrow CH^* \, H^* \tag{8-84}$$

$$CH^* + {}^* \longrightarrow C^* \, H^* \tag{8-85}$$

$$CO_2 + {}^* \longrightarrow CO_2^* \tag{8-86}$$

$$CO_2^* + {}^* \longrightarrow CO^* + O^* \tag{8-87}$$

$$CO^* \longrightarrow CO + {}^* \tag{8-88}$$

$$C^* + O^* \longrightarrow CO^* + {}^* \tag{8-89}$$

$$CO^* \longrightarrow CO + {}^* \tag{8-90}$$

$$H^* + H^* \longrightarrow H_2 + 2^* \tag{8-91}$$

3. 甲烷部分氧化法制氢化学反应机理

甲烷部分氧化反应的机理较为复杂，目前对其尚有分歧，但大致可分为两类：直接氧化和间接氧化。这两类机理的区别在于 CO 是否为反应的初级物种，直接氧化机理认为是 CO 一步反应产生的，即认为 CO 和 H_2 是甲烷部分氧化的直接产物，甲烷首先解离生成表面 C 和 H_2，表面 C 再和表面 O 反应生成 CO，而 H_2O 和 CO_2 则是 CO 和 H_2 深度氧化的产物；而间接氧化机理则认为 CO 是由 CH_4 燃烧产生的 CO_2 经重整反应得到的，接着剩余的 CH_4 再和 H_2O 及 CO_2 发生重整反应生成合成气，整个过程分两步进行，CO_2 是反应的中间产物。Schmidt 和 Hickman 通过在整体型催化剂上的研究，提出甲烷部分氧化应遵循如下的直接氧化机理：

$$CH_4 \longrightarrow CH_x^* + (4-x)H^* \tag{8-92}$$

$$2H^* \longrightarrow H_2 \tag{8-93}$$

$$O_2 \longrightarrow 2O^* \tag{8-94}$$

$$C^* + O^* \longrightarrow CO^* \, CO \tag{8-95}$$

$$CH_x^* + O^* \longrightarrow CH_{x-1}^* + OH^* \tag{8-96}$$

$$H_2 + O^* \longrightarrow OH^* + H^* \tag{8-97}$$

$$OH^* + H^* \longrightarrow H_2O \tag{8-98}$$

$$CO^* + O^* \longrightarrow CO_2 \tag{8-99}$$

可以看出，甲烷首先在催化剂表面上活化裂解为碳物种 CH_x^*（$x=0\sim3$）和氢，随后表面碳物种和 O 反应生成 CO，CO 可能被深度氧化为 CO_2。吸附态的 H 原子可能相互结合生成 H_2 或与 O 结合生成 OH 物种，而 OH 与另外吸附的 H 原子结合生成 H_2O。由于不少甲烷部分氧化反应的催化剂又是很好的重整催化剂，因此重整反应的发生几乎是不可避免的。

4. 甲烷自热重整法制氢化学反应机理

王爱菊等对甲烷自热重整法制氢的催化剂做了深入研究，发现自热重整积炭与催化剂活性成分有很大关系，自热重整的机理如图 8-7 所示，催化剂活性组分首先对 CH_4 发生吸附，M 为催化剂表面的活性位，碱性助剂 Zr—O^- 中配位不饱和的 O（Lweis 碱位）插入到 CH_4 分子的碳氢键中形成极不稳定的中间态（CH_3OH），继而发生吸附—脱附过程。

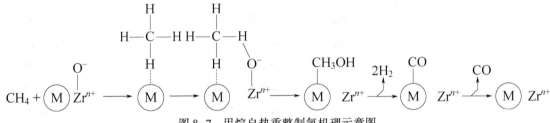

图 8-7　甲烷自热重整制氢机理示意图

5. 甲烷直接裂解法制氢化学反应机理

甲烷分子中 C—H 键非常稳定，非催化甲烷裂解反应在 1000℃ 以下时的裂解速率非常低，而催化裂解可以在 500℃ 低温下进行。甲烷催化裂解常用的两类催化剂为 Fe、Co、Ni 等过渡金属催化剂和炭催化剂。

Grabke 提出了一种反应机理，成为后来甲烷裂解反应机理的基础。总体为甲烷在催化剂上吸附、甲基逐步脱氢、溶解碳生成的过程，Grabke 假设甲烷在催化剂上的吸附是非解离吸附，具体步骤见式(8-100)~式(8-106)。

$$CH_4 + I(空位) \longrightarrow CH_4(ad) \tag{8-100}$$
$$CH_4(ad) \longrightarrow CH_3(ad) + H(ad) \tag{8-101}$$
$$CH_3(ad) \longrightarrow CH_2(ad) + H(ad) \tag{8-102}$$
$$CH_2(ad) \longrightarrow CH(ad) + H(ad) \tag{8-103}$$
$$CH(ad) \longrightarrow C(ad) + H(ad) \tag{8-104}$$
$$C(ad) \longrightarrow C(dissolved) \tag{8-105}$$
$$H(ad) \longrightarrow 2H_2 + 2I \tag{8-106}$$

这一过程被后来的许多研究者作为反应机理的基础，甲烷在催化剂上的非解离吸附也被广泛应用。但也有学者提出甲烷在催化剂上的解离吸附，到目前为止比较认可的是 Muradov 提出的设想，即甲烷分子在催化剂上的裂解过程从甲烷在活性位点解离吸附开始，而后发生一系列表面解离反应，最后形成元素碳和氢气，其具体步骤如下：

甲烷分子吸附在催化剂颗粒的表面：

$$(CH_4)_g \longrightarrow (CH_3)_g + (H)_a \tag{8-107}$$

甲基的进一步裂解过程：

$$(CH_{3-x})_a \longrightarrow (CH_{2-x})_a + (H)_a (0 \leqslant x \leqslant 2) \tag{8-108}$$

炭晶的形成与生产：

$$n(C)_a \longrightarrow (C_n)_c \tag{8-109}$$

氢气的形成、脱附：

$$2(H)_a \longrightarrow H_2 \tag{8-110}$$

副反应

$$2(CH_2)_a \longrightarrow (C_2H_4)_g \tag{8-111}$$

$$2(CH_3)_a \longrightarrow (C_2H_6)_g \tag{8-112}$$

下角标"g"表示气态，"a"表示吸附态，"c"表示结晶态。

二、甲醇制氢过程化学反应机理

1. 平行反应过程

早期的研究认为，甲醇会经过不同反应过程同时生成 CO 和 CO_2，反应过程如下：

$$CH_3OH \longrightarrow H_2 + CO_2 \tag{8-113}$$

$$CH_3OH \longrightarrow H_2 + CO \tag{8-114}$$

$$H_2O + CO \longrightarrow CO_2 + H_2 \tag{8-115}$$

2. 分解变换过程

该过程即甲醇先分解生成 CO 和 H_2，再变换生成 CO_2。该研究指出甲醇水蒸气重整反应主要由 CH_3OH 裂解反应和 CO 转化反应组成，反应式如下：

$$CH_3OH \longrightarrow CO + H_2 \tag{8-116}$$

$$H_2O + CO \longrightarrow CO_2 + H_2 \tag{8-117}$$

该理论认为 CO 主要来自于甲醇的直接分解反应，当反应趋于平衡时，CO 的总浓度应与第二步转化反应中的浓度相等或稍高。然而，在实验过程中检测到的 CO 浓度却比理论浓度低很多，一开始认为是部分反应生成的 CO 在 Cu 催化剂表面形成了积炭，但反应期间并没有明显检测到催化剂失活，这说明 CO 的主要来源不是甲醇的直接分解。

3. 分解逆变换过程

随着对反应机理研究得越发深入，Takahashi 等发现并证实了中间产物甲酸甲酯的存在，通过实验提出了另一种反应过程：

$$CH_3OH \longrightarrow CH_3OCHO + H_2 \tag{8-118}$$

$$CH_3OCHO + H_2O \longrightarrow CH_3OH + HCOOH \tag{8-119}$$

$$HCOOH \longrightarrow CO_2 + H_2 \tag{8-120}$$

甲醇在水蒸气存在条件下首先生成甲酸甲酯和 H_2，甲酸甲酯再经过一系列的反应生成 CO_2 和 H_2；式（8-119）是控速反应，另外，通过 CO 转化的逆反应（RWGS）会生成含量极少的 CO，反应式如下：

$$CO_2 + H_2 \longrightarrow CO + H_2O \qquad (8-121)$$

该理论认为甲醇先产生甲酸甲酯等中间产物，而不是直接生成 CO；CO 是由式(8-121) RWGS 反应生成的。然而有学者在对甲醇脱氢反应的研究过程中发现，H_2 和 CO 在催化剂上的吸附热较小，说明 CO 并不是由 RWGS 反应产生，认为 CO 可能是甲酸甲酯去羰基化的产物。另外在甲醇重整制氢的过程中，Cu 催化剂上的活性位点发挥的作用的机理如下：在反应的过程中，第一类活性位点主要催化甲醇重整制氢的反应，将反应过程中生成的含碳化合物中的羟基脱去，使其成为甲酸或甲酸盐；第二类活性位点主要催化 RWGS 反应，促进活性 H 的生成，使其生成 OH，OH 可进一步生成表面活性氧。

早期研究认为 Cu 基催化剂的活性位点就是金属 Cu，然而一些研究结果显示除了金属 Cu 本身外，在催化剂的表面还发现了大量 Cu_2O，且根据催化剂的催化活性越强，Cu_2O 含量越高这一现象，说明 Cu_2O 具有催化反应的活性。有研究者将原因归于 Cu_2O 易于断裂醇类的 O—H 键，促进了甲醇的裂解；另一方面，金属 Cu 起到了断裂 C—H 键的作用；两者共同构成了活性中心，目前对 Cu_2O 和金属 Cu 对于活性中心贡献的大小依然存在争论。

对于使用 Cu-Zn-Al 催化剂的反应过程如下：含 C 以及含 O 的物质在催化剂的同一个活性位点进行竞争吸附，而质子则在催化剂表面的另一个位点进行吸附，质子与其他中间物种不存在竞争吸附。由此可以看出，催化剂的活性位点具有双重性。对于甲醇水蒸气重整，一个活性位点用来催化重整反应，而另一个位点则是用来催化"水汽变换反应"。具体来说，第一类型的活性位点（S_1）主要是将吸附在催化剂表面含碳或含氧物质脱羟基化成为相应的甲酸盐。第二类活性位点（S_{1a}）主要作用是用于 H 的活化，这种活化有可能是对于溢出在 ZnO/Al_2O_3 表面 H 的活化。通过对催化剂活性位点的确立，Breen 等人在此基础上提出了以下反应机理：甲醇在催化剂表面的解离吸附形成相应的甲氧基以及 H（$CH_3O^{(1)}$ 和 $H^{(1a)}$），甲氧基进一步脱氢生成甲醛；水在催化剂表面同样也会发生类似的解离吸附，生成相应的活性 H 以及 OH，生成的 OH 可以进一步脱氢生成表面活性氧（O）。生成的甲醛被表面活性氧氧化生成相应的甲酸，甲酸又进一步分解得到 CO 和 CO_2（图 8-8）。上述反应过程的具体机理如下：

$$S_1 + S_{1a} + CH_3OH(g) \longrightarrow CH_3O^{(1)} + H^{(1a)} \qquad (8-122)$$

$$S_1 + S_{1a} + H_2O(g) \longrightarrow OH^{(1)} + H^{(1a)} \qquad (8-123)$$

$$CH_3O^{(1)} + S_{(1a)} \longrightarrow CH_2O^{(1)} + H^{(1a)} \qquad (8-124)$$

$$OH^{(1)} + S_{1a} \longrightarrow O^{(1)} + H^{(1a)} \qquad (8-125)$$

$$CH_2O^{(1)} + O^{(1)} \longrightarrow HCOOH^{(1)} + S_1 \qquad (8-126)$$

$$HCOOH^{(1)} + S_{1a} \longrightarrow HCOO^{(1)} + H^{(1a)} \qquad (8-127)$$

$$HCOO^{(1)} + S_{1a} \longrightarrow CO_2^{(1)} + H^{(1)} \qquad (8-128)$$

$$HCOO^{(1)} + S_1 \longrightarrow CO^{(1)} + OH^{(1)} \qquad (8-129)$$

$$H^{(1a)} \longrightarrow H_2(g) + S_{1a} \qquad (8-130)$$

$$CO^{(1)} \longrightarrow CO(g) + S_1 \qquad (8-131)$$

$$CO_2^{(1)} \longrightarrow CO_2(g) + S_1 \qquad (8-132)$$

上述反应机理中认为甲醛的进一步氧化得到甲酸，然而甲酸甲酯中间物种的存在也已

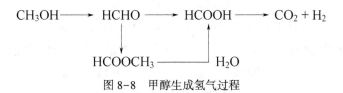

图 8-8 甲醇生成氢气过程

经被证实，甲酸也可由甲酸甲酯的水解得到。对此研究学学者还在讨论中。

常使用的 Cu 基催化剂都在反应前进行预还原，通过这一活化过程来提供大量的活性位，因为研究学者们普遍认为催化剂活性位就是金属态的 Cu。从反应后催化剂的物相分析中，也能得到金属 Cu 的存在的结论。然而随着在催化剂表面发现了大量 Cu_2O，对于催化剂活性位的认识上又有了新的发现。另外，Cu^{2+} 向 CuO 的还原过程中有 Cu^+ 的存在。但 Cu^+ 的催化活性并没有得到证实。有人在 Cu/ZrO_2 的甲醇水蒸气重整反应中发现，Cu 含量较高的催化剂中 Cu_2O 的含量也明显增加，同时催化剂的活性也随之增加，从而证实了 Cu_2O 在反应中所具有的催化作用。其原因主要是在于 Cu_2O 具有很好的 OH 断裂能力，有助于促进催化剂表面吸附甲醇的转化。相对于 Cu_2O 来说，金属 Cu 在整个甲醇水蒸气重整中的催化作用主要在于 C—H 键的断裂。

经研究发现甲醇合成（甲醇重整的逆过程）中的活性中心是 Cu^+，并且在催化剂中加入碱金属能够很好地稳定 Cu^+，提高反应的速率。由于大多数 Cu^+ 都存在于 Cu 与氧化物载体之间的界面上，所以氧化物载体对于 Cu^+ 的形成以及稳定有很大影响。氧化物载体渗透到 Cu 的晶格中形成了含有 Cu^+—O—M 结构的合金，成为反应的活性中心。Cu^+ 通过氧化还原过程来实现其催化作用。首先是 Cu^+ 吸附 CO 后还原为 CuO 并释放出 CO_2，而后通过 H_2O 再将其氧化为 Cu^+。Cu^+ 活性物种在一般的反应温度下（200℃左右）不稳定，通过在 Cu 系催化剂中加入 Cr、Mn 等电子受体得到高活性甲醇水蒸气重整催化剂，更进一步证明了 Cu^+ 活性中心的存在。

综上所述，虽然甲醇制氢的具体反应机理还存在争议，但甲醇首先在 Cu 催化剂表面脱氢生成甲氧基，生成的甲酸甲酯等中间产物再生成 H_2、CO_2、CO 等；Cu 催化剂中的活性位点不仅是金属 Cu，还包括 Cu_2O，这两者都对提高催化剂的活性起到了很大作用。

Su 等人通过研究证明，在 Ni/Al_2O_3 催化剂上，还原的镍活性位为 CH_3OH 吸附位，H_2O 的吸附位为 Al_2O_3 或镍与 Al_2O_3 的界面，两者的吸附位之间存在能垒，使得水蒸气直接与 CH_3OH 或其脱氢中间体反应极为困难，因而在 Ni/Al_2O_3 催化剂上反应机理为裂解—水蒸气转化，当反应温度升高时，$H_2O(g)$ 和 CH_3OH 获得足够的能量，因而能克服吸附位之间的能量差别直接反应，这与 Ni/Al_2O_3 催化剂上反应选择性随温度升高而上升的事实相符合。这一机理各步骤如下：

$$CH_3OH + S_M \longrightarrow CH_3OHS_M \tag{8-133}$$

$$H_2O + S_{Al} \longrightarrow H_2OS_{Al} \tag{8-134}$$

$$H_2OS_{Al} + S_M \longrightarrow H_yOS_{Al} + HS_M \tag{8-135}$$

$$CH_3OHS_M + S_M \longrightarrow CH_3OS_M + HS_M \tag{8-136}$$

$$CH_3OH + (3-x)S_M \longrightarrow CH_xOS_M + (3-x)HS_M \tag{8-137}$$

$$CH_xOS_M + xS_M \longrightarrow COS_M + xHS_M \tag{8-138}$$

$$COS_M \longrightarrow CO + S_M \tag{8-139}$$

$$CH_xOS_M + H_yOS_{Al} \longrightarrow CH_xOS_MOH_y + S_{Al} \tag{8-140}$$

$$CH_xOS_MOH_y + (x+y-1)S_M \longrightarrow HCOOS_M + (x+y-1)HS_M \tag{8-141}$$

$$HCOOS_M + S_M \longrightarrow CO_2 + HS_M + S_M \tag{8-142}$$

$$2HS_M \longrightarrow H_2 + 2S_M \tag{8-143}$$

综上所述，反应机理与催化剂体系直接相关，脱离催化剂体系来讨论反应机理是不恰当的。

三、煤/石油制氢过程化学反应机理

煤与重油部分氧化生产合成气（$CO+H_2$）的反应机理比较复杂，主要反应如下：

$$C_nH_m + 0.5nO_2 \longrightarrow nCO + 0.5mH_2 \tag{8-144}$$

$$C_nH_m + nH_2O \longrightarrow nCO + (0.5m+n)H_2 \tag{8-145}$$

实际上整个反应经历了下述三个阶段：

（1）重油的预热和汽化反应阶段。当重油自气化炉顶部喷嘴随同氧气和水蒸气一起被喷入炉内后，首先被炉内高温火焰和炉膛的辐射热加热并汽化。

（2）反应阶段。当重油被加热达到着火点后就和氧按下述反应式进行反应，并放出大量热量：

$$C_nH_m + (0.5n+0.25m)O_2 \longrightarrow nCO + 0.5mH_2O \tag{8-146}$$

这一反应很容易进行，但因供应的氧气量仅为达到完全燃烧所需氧量的 $30\% \sim 40\%$，故尚未起反应的烃类大部分和水蒸气进行反应生成大量 CO 和 H_2，小部分烃类在高温下按下述反应式自行分解生成甲烷、碳和氢气：

$$C_nH_m \longrightarrow \alpha CH_4 + \beta C + \gamma H_2 \tag{8-147}$$

（3）均热反应。该阶段是在气化炉内的剩余空间进行的。在第二阶段反应生成的各类反应物处在高温下，其中的甲烷和碳还会与过剩的水蒸气及少量 CO_2 发生一些副反应，使气体组成稍有变化，甲烷由于反应趋于减少。

$$CH_4 + H_2O \longrightarrow CO + 3H_2 \tag{8-148}$$

$$CH_4 + CO_2 \longrightarrow 2CO + 2H_2 \tag{8-149}$$

但由于上述反应的反应速率较低，故气体中最终的残余甲烷量要高于化学平衡值，在工业装置上一般为 $0.2\% \sim 0.5\%$，在均热阶段如果有足够的停留时间生成的碳理论上应随反应全部消耗掉，但实际上在反应生成气中总有少量的碳，约为原料量的 $1\% \sim 3\%$，其量与氧油比、气化压力及停留时间有关：

$$C + H_2O \longrightarrow CO + H_2 \tag{8-150}$$

$$C + CO_2 \longrightarrow 2CO \tag{8-151}$$

参 考 文 献

［1］ Frir W，Savitz M L. Rethinking Energy Innovation and Social Science. Energy Research & Social Science，2014，1：183-187.

［2］ 陈骥，吴登定，雷涯邻，等. 全球天然气资源现状与利用趋势. 矿产保护与利用，2019（5）.

［3］ 史云伟, 刘瑾. 天然气制氢工艺技术研究进展. 化工时刊, 2009, 023 (003): 59-61, 68.

［4］ Carvill B T, Hufton J R, Anand M, et al. Sorption-enhanced Reaction Process. Aiche Journal, 1999, 45 (2): 248-256.

［5］ 贺黎明, 沈召军. 甲烷的转化和利用. 北京: 化学工业出版社, 2005.

［6］ 闫月君, 刘启斌, 隋军, 等. 甲醇水蒸气催化重整制氢技术研究进展. 化工进展, 2012, 31 (7): 1468-1476.

［7］ 王小美, 李志扬, 朱昱, 等. 甲醇重整制氢方法的研究. 化工新型材料, 2014 (3): 42-44.

［8］ 廖腾飞, 洪慧, 刘柏谦. 中低温废热与甲醇重整结合的氢电联产系统. 热能动力工程, 2009, 24 (5): 670-675.

［9］ John P Breen, Julian R H Ross. Methanol Reforming for Fuel-cell Applications: Development of Zirconia-containing Cu-Zn-Al Catalysts. Catalysis Today, 1999, 51 (3-4): 521-533.

［10］ 苏海兰, 史立杰, 高珠, 等. 甲醇水蒸气重整制氢研究进展. 工业催化, 2019, 27 (04): 28-31.

［11］ Tetsuya S, Masanori S, Hiroyuki M, et al. Partial Oxidation of Methane over Ni/Mg-Al Oxide Catalysts Prepared by Soild Phase Crystallization Method form Mg-Al Hydrotal Cite-like Precursors. Applied Catalysis A: General, 2002, 223 (1-2): 35-42.

［12］ Zhang Y, Smith K J. Carbon Formation Thresholds and Catalyst Deactivation during CH_4 Decomposition on Supported Co and Ni Catalysts. Catalysis Letters, 2004, 95 (1-2): 7-12.

［13］ Labunov V A, Basaev A S, Shulitski B G, et al. Growth of Few-wall Carbon Nanotubes with Narrow Diameter Distribution over Fe-Mo-MgO Catalyst by Methane/Acetylene Catalytic Decomposition. Nanoscale Research Letters, 2012, 7 (1): 1-8.

［14］ Ermakova M A, Ermakova D Yu. Ni/SiO_2 and Fe/SiO_2 Catalysts for Production of Hydrogen and Filamentous Carbon via Methane Decomposition. Catalysis Today, 2002, 77: 225-235.

［15］ Takenata S, Ermakova M A, Otsuka K. Formation of Filamentous Carbons over Supported Fe Catalysis through Methane Decomposition. Journal of Catalysis, 2004, 222: 520-531.

［16］ Ruckenstein E, Hu Y H. Role of Support in CO_2 Reforming of CH_4 Syngas over Ni catalysts. Catalysis, 1996, 162: 230-236.

［17］ Claridge J B, York A P E, Brungs A J, et al. New Catalysts for the Conversion of Methane to Synthesis Gas: Molybdenum and Tungsten Carbide. Journal of Catalysis, 1998, 180 (1): 85-100.

［18］ Brungs A. J, York A P E, Green M L H. Comparison of the Group V and VI Transition Metal Carbides for Methane Dry Reforming and Thermodynamic Prediction of Their Relative Stabilities. Catalysis Letters, 1999, 57 (1-2): 65-69.

［19］ 王军科, 胡云行, 翁维正, 等. 镍基催化剂上甲烷部分氧化反应的研究. 化学学报, 1996, 54 (9): 869-873.

［20］ 唐松柏, 邱发礼, 吕绍洁, 等. CH_4—CO_2 转化反应载体对负载型 Ni 催化剂抗积炭性能的影响. 天然气化工, 1994, 18 (6): 10-14.

［21］ Wang H Y, Au C T. Carbon Dioxide Reforming of Methane to Syngas over SiO_2 Supported Rhodium Catalysts. Applied Catalysis A: General, 1997, 155 (2): 239-252.

［22］ Cheng Z X, Wu Q L, Li J L, et al. Effects of Promoters and Preparation Procedures on Reforming of Methane with Carbon Dioxide over Ni/Al_2O_3 catalyst. Catalysis Today, 1996, 30 (1-3): 147-155.

［23］ 陈明旭, 梅占强, 陈柯臻, 等. 铜基催化剂催化甲醇水蒸气重整制氢研究进展. 石油化工, 2017, 46 (12): 1536-1541.

［24］ Yong S T. Review of Methanol Reforming-Cu-based Catalysts, Surface Reaction Mechanisms, and Reaction Schemes. International Journal of Hydrogen Energy, 2013, 38 (22): 9541-9552.

[25]　Jiang C J, Trimm D L, Wainwright M S, et al. Kinetic Study of Steam Reforming of Methanol over Copper-based Catalysts. Applied Catalysis A：General, 1993, 93（2）：245-255.

[26]　王胜年. Cr—Zn 催化剂上甲醇水蒸气重整制氢反应动力学研究. 大连：中科院大连化学物理研究所. 2000.

[27]　王胜年, 洪学伦, 王树东, 等. Cr—Zn 催化剂上甲醇水蒸气转化反应动力学 Ⅰ. 本征动力学 [J]. 石油化工, 2001, 30（4）：259-262.

[28]　YaHuei, DAGLE, Robert, et al. Steam Reforming of Methanol over Highly Active Pd/ZnO Catalyst [J]. Catalysis Today, 2002, 77（1）：79-88.

[29]　AZENHA C SR-MATEOS-PEDRERO C, QUEIROS S, et al. Innovative ZrO_2-supported CuPd Catalysts for the Selective Production of Hydrogen from Methanol Steam Reforming. Applied Catalysis B：Environmental, 2017, 203：400-407.

[30]　黄媛媛, 李工, 丁嘉, 等. Cu-ZrO_2/凹凸棒石催化剂在甲醇水蒸气重整制氢反应中的性能. 石油化工, 2016, 45（7）：790-797.

[31]　巢磊, 武丹丹, 李工. Cu-Fe-MgO/$AlPO_4$-5 对甲醇水蒸气重整制氢的催化性能研究. 燃料化学学报, 2017, 45（9）：1105-1113.

[32]　刘玉娟, 王东哲, 张磊, 等. 载体焙烧气氛对甲醇水蒸气重整制氢 CuO/CeO_2 催化剂的影响. 燃料化学学报, 2018, 46（08）：992-999.

[33]　张磊, 雷俊腾, 田园, 等. 前驱体和沉淀剂浓度对 CuO/ZnO/CeO_2—ZrO_2 甲醇水蒸气重整制氢催化剂性能的影响. 燃料化学学报, 2015, 43（11）：1366-1374.

[34]　覃发玠, 刘雅杰, 庆绍军, 等. 甲醇制氢铜铝尖晶石缓释催化剂的研究：不同铜源合成的影响. 燃料化学学报, 2017, 45（12）：84-91.

[35]　黄媛媛, 巢磊, 李工, 等. Cu—ZrO_2—CeO_2/γ-Al_2O_3 催化甲醇水蒸气重整制氢反应的性能. 化工进展, 2017, 36（1）：216-223.

[36]　杨淑倩, 贺建平, 张娜, 等. 稀土掺杂改性对 Cu/ZnAl 水滑石衍生催化剂甲醇水蒸气重整制氢性能的影响. 燃料化学学报, 2018, 46（2）：179-188.

[37]　贺建平, 张磊, 陈琳, 等. CeO_2 改性 Cu/Zn—Al 水滑石衍生催化剂对甲醇水蒸气重整制氢性能的影响. 高等学校化学学报, 2017, 38（10）：1822-1828.

[38]　张艳红, 汤继强, 张清江. CN-23 型天然气转化催化剂在合成氨装置中的应用. 天然气化工, 2000, 25（1）：41-43.

[39]　汪寿建. 天然气综合利用技术. 北京：化学工业出版社, 2003.

[40]　Jiang C J, Trimm D L, Wainwright M S, et al. Kinetic Mechanism for the Reaction between Methanol and Water over a Cu-ZnO-Al_2O_3 Catalyst. Applied Catalysis A：General, 1993, 97（2）：145-158.

[41]　Johan A, Henrik B, Magali B. Steam Reforming of Methanol over a Cu/ZnO/Al_2O_3 Catalyst：a Kinetic Analysis and Strategies for Suppression of CO Formation. Journal of Power Sources, 2002, 106（1）：249-257.

[42]　Peppley B A, Amphlett J C, Kearns L M, et al. Methanol-steam Reforming on Cu/ZnO/Al_2O_3. Part 1：The Reaction Network. Applied Catalysis A：General, 1999, 179（1-2）：21-29.

[43]　Xu J, Froment G F. Methane Steam Reforming Methanation and Water-gas shift：I, Intrinsic Kinetics. AICHEJ, 1898（35）：88-96.

[44]　Hou K, Hughes R. The Kinetics of Methane Steam Reforming over a Ni/α-Al_2O_3 Catalyst. Chemical Engineering Journal, 2001, 82（13）：311.

［45］ Nguyen T H, Lamacz A, Krzton A, et al. Parital Oxidation of Methane over NiO/La$_2$O$_3$ Bifunctional CatalystIII. Steady State Activity of Methane Total Oxidation, Dry Reforming, Steam Reforming and Partial Oxidation. Sequences of Elementary Steps. Applied Catalysis B: Environmental, 2016, 182: 385-391.

［46］ Hickman D A, Schmidt L D. Synthesis Gas Formation by Direct Oxidation of Methane over Pt Monoliths. Catalysis, 1992, 138 (1): 267-274.

［47］ 王爱菊, 钟顺和. CH$_4$ 部分氧化制氢 Ni—Cu/ZrSiO 催化剂的研究. 燃料化学学报, 2003, 31 (12): 531-537.

［48］ Grabke H J. Evidence on the Surface Concentration of Carbon on Gamma Iron from the Kinetics of the Carburization in CH$_4$—H$_2$. Metallurgical and Materials Transactions B, 1970, 1 (10): 2972-2975.

［49］ Muradov N, Smith F, T-Raissi A, et al. Catalytic Activity of Carbons for Methane Decomposition Reaction. Catalysis Today, 2005, 102-103 (11): 225-233.

［50］ 李言浩, 马沛生, 苏旭, 等. 铜系催化剂上甲醇蒸气转化制氢过程的原位红外研究. 催化学报, 2003, V24 (2): 93-96.

［51］ Amphelett J C, Evans M, Mann J, et al. Hydrogen Production by the Catalytic Steam Reforming of methanol: Part 2: Kinetics of Methanol Decomposition Using Girdler G66B catalyst. Canadian Journal of Chemical Engineering, 1985, 63: 605-611.

［52］ Takahashi K, Takezawa N, Kobayashi H. The Mechanism of Steam Reforming of Methanol over a Copper-silica. Applied Catalysis, 1982, 6 (2): 363-366.

［53］ Peppley B A, Amphlett J C, Kearns L M, et al. Methanol-steam Reforming on Cu/ZnO/Al$_2$O$_3$ Catalysts Part 2: A comprehensive kinetic model. Applied Catalysis A General, 1999, 179 (1-2): 31-49.

［54］ Patel S, Pant K K. Selective Production of Hydrogen via Oxidative Steam Reforming of Methanol Using Cu-Zn-Ce-Al Oxide Catalysts. Chemical Engineering Science, 2007, 62 (18): 5436-5443.

［55］ Conner W C, Falconer J L. Spillover in Heterogeneous Catalysis. Progress in Chemistry, 1995, 95 (3): 123-130.

［56］ Breen J P, Meunier F C, Ross J R H. Mechanistic Aspects of the Steam Reforming of Methanol over a CuO/ZnO/ZrO$_2$/Al$_2$O$_3$ Catalyst. Chemical Communications, 1999, 22 (22): 2247-2248.

［57］ Su Tien-Bau, Rei Min-Hon. Steam Reforming of Methanol over Nickle and Copper Catalysts. Journal of the Chinese Chemical Society, 1991, 38: 535-541.